国家自然科学基金项目"新城区居住就业空间协调发展机制及规划调控研究——以苏南地区为实证"资助（项目批准号：51678131）

# 供需共轭视角的存量规划控制技术

CONTROL TECHNOLOGY OF INVENTORY PLANNING
FROM THE PERSPECTIVE OF SUPPLY
AND DEMAND CONJUGATION

巢耀明　蒋　星　唐尧峰　王兆伟·著

东南大学出版社
SOUTHEAST UNIVERSITY PRESS
·南京·

## 内 容 提 要

随着我国城市化的快速发展，城市化地区面临着用地、设施等供给紧缺和需求高涨的巨大供需矛盾，城市由增量发展进入存量发展的转型阶段，协调城市供应端和需求端的矛盾成为城市持续良性发展的瓶颈问题。在此背景下，本书基于供需共轭视角，以城市存量空间为实证研究对象，借鉴国际前沿理论和方法，针对存量地区有限的空间资源应对多元的发展需求这一主要矛盾，采用 SPSS 相关性分析和 GIS 空间关系分析模型，系统剖析存量地区转型发展的特征、内在规律及运作机制，围绕供给侧和需求侧双向创新，提出基于供需共轭测度模型的"以供调需、需供平衡"的规划调控模式，建构多因子研究体系，探讨多层次、系统化的存量规划控制技术及优化策略。本书旨在探索存量空间研究的新视角，总结存量空间发展的客观规律和内在机制，丰富存量空间研究的理论内涵，为城市存量空间的提质增效和优化规划、调控管理提供理论依据。

本书可供城乡规划、建筑学、经济地理、人文地理及相关专业领域的从业人员阅读，也可供高等院校有关专业的师生阅读和参考。

**图书在版编目(CIP)数据**

供需共轭视角的存量规划控制技术 / 巢耀明等著.
南京：东南大学出版社，2025.7. -- ISBN 978-7
-5766-1745-0
Ⅰ. TU984.2
中国国家版本馆 CIP 数据核字第 20243GP724 号

责任编辑：丁 丁　责任校对：韩小亮　封面设计：王 玥　责任印制：周荣虎

### 供需共轭视角的存量规划控制技术
GONGXU GONG'E SHIJIAO DE CUNLIANG GUIHUA KONGZHI JISHU

| | |
|---|---|
| 著　　　者： | 巢耀明　蒋　星　唐尧峰　王兆伟 |
| 出版发行： | 东南大学出版社 |
| 社　　　址： | 南京市四牌楼 2 号　邮编：210096　电话：025-83793330 |
| 出　版　人： | 白云飞 |
| 网　　　址： | http://www.seupress.com |
| 电子邮箱： | press@seupress.com |
| 经　　　销： | 全国各地新华书店 |
| 印　　　刷： | 苏州市古得堡数码印刷有限公司 |
| 开　　　本： | 787 mm×1092 mm　1/16 |
| 印　　　张： | 18.75 |
| 字　　　数： | 450 千 |
| 版　　　次： | 2025 年 7 月第 1 版 |
| 印　　　次： | 2025 年 7 月第 1 次印刷 |
| 书　　　号： | ISBN 978-7-5766-1745-0 |
| 定　　　价： | 79.00 元 |

本社图书若有印装质量问题，请直接与营销部调换。电话(传真)：025-83791830

# 目 录

1 绪 论 ………………………………………………………………… 001
　1.1 研究背景 ……………………………………………………… 001
　1.2 国内外相关研究综述 ………………………………………… 003
　　1.2.1 存量规划的相关研究进展 ……………………………… 003
　　1.2.2 城市供给能力的相关研究进展 ………………………… 006
　　1.2.3 城市需求理论的相关研究进展 ………………………… 008
　　1.2.4 城市供需关系理论的相关研究进展 …………………… 011
　　1.2.5 相关研究现状的评析 …………………………………… 012
　1.3 研究目的与意义 ……………………………………………… 013
　　1.3.1 研究目的 ………………………………………………… 013
　　1.3.2 研究意义 ………………………………………………… 013
　1.4 研究对象、内容及研究关键环节 …………………………… 014
　　1.4.1 相关概念界定 …………………………………………… 014
　　1.4.2 研究对象 ………………………………………………… 015
　　1.4.3 研究内容 ………………………………………………… 015
　　1.4.4 研究关键环节 …………………………………………… 017
　1.5 研究方法与技术路线 ………………………………………… 018
　　1.5.1 研究方法 ………………………………………………… 018
　　1.5.2 研究技术路线 …………………………………………… 019

## 2 存量规划中基于用地发展策略的规划控制技术 ································ 021
### 2.1 存量规划中用地规划控制面临的问题及挑战 ································ 021
#### 2.1.1 存量规划对用地规划控制提出新要求 ································ 021
#### 2.1.2 存量建设用地的特征 ································ 022
#### 2.1.3 存量规划中用地规划控制面临的问题及挑战 ································ 024
### 2.2 存量规划中的用地发展策略研究 ································ 025
#### 2.2.1 用地发展导向研究 ································ 025
#### 2.2.2 用地管控措施研究 ································ 028
#### 2.2.3 基于用地发展导向及管控措施的用地发展策略研究 ································ 033
### 2.3 基于用地发展策略的规划控制技术研究 ································ 034
#### 2.3.1 控规指标体系的优化建议 ································ 034
#### 2.3.2 基于指标体系优化的规划控制策略研究 ································ 039
### 2.4 存量建设用地发展策略的实证研究——以南京市秦淮老城单元控制性详细规划为例 ································ 052
#### 2.4.1 秦淮老城单元存量建设用地现状与问题 ································ 052
#### 2.4.2 存量建设用地发展策略分析 ································ 055

## 3 存量规划中基于存量资源供给能力的公共设施配置模式 ································ 064
### 3.1 存量规划中公共设施配置面临的问题与挑战 ································ 064
#### 3.1.1 背景——存量规划中的发展限制 ································ 064
#### 3.1.2 问题——原有规划与建设不足 ································ 066
#### 3.1.3 挑战——原公共设施配置模式难以为继 ································ 068
### 3.2 基于存量资源供给能力的公共设施配置模式 ································ 070
#### 3.2.1 基本原则与总体构架 ································ 070
#### 3.2.2 公共设施分级与分类 ································ 071
#### 3.2.3 可配置公共设施的存量资源梳理 ································ 073
#### 3.2.4 基于存量资源供给能力的人口规模预测 ································ 076
#### 3.2.5 基于存量资源梳理的公共设施用地分配方式 ································ 078
### 3.3 基于存量资源供给能力的公共设施布局与建设形式选择 ································ 083
#### 3.3.1 基于存量资源供给能力的布局形式建议 ································ 083
#### 3.3.2 基于存量资源供给能力的建设及管理形式选择 ································ 086
### 3.4 基于存量资源供给能力的公共设施配置实证研究——以南京市玄武老城单元控制性详细规划为例 ································ 088
#### 3.4.1 玄武老城单元公共设施配置现状与问题 ································ 088
#### 3.4.2 玄武老城单元存量用地潜力分析与公共设施分级分类 ································ 090
#### 3.4.3 基于存量资源供给能力的玄武老城单元公共设施配置 ································ 092

  3.4.4 玄武老城单元公共设施规划实施管理建议 …………………………………… 101

**4 多因子视角下的存量改造用地适宜开发强度控制** …………………………………… 103
 4.1 多因子的研究体系建构与方法研究 ……………………………………………… 103
  4.1.1 存量规划背景下对老城区改造建设的思考 ……………………………… 103
  4.1.2 多因子视角的提出和探讨 ………………………………………………… 104
  4.1.3 多因子研究体系的构建 …………………………………………………… 105
  4.1.4 多因子视角下的开发强度确定方法 ……………………………………… 110
 4.2 基于研究分析类因子的开发强度极限区间的测算 ……………………………… 111
  4.2.1 存量改造用地案例地块的选取 …………………………………………… 111
  4.2.2 基于交通承载力因子分析的开发强度上限值测算 ……………………… 112
  4.2.3 基于城市设计因子分析的开发强度上限值测算 ………………………… 115
  4.2.4 基于经济利益因子分析的开发强度下限值测算 ………………………… 119
  4.2.5 开发强度极限区间的确定 ………………………………………………… 121
 4.3 基于相似判定类因子的开发强度最终值的测算 ………………………………… 121
  4.3.1 基于相似判定类因子的开发强度确定方法研究 ………………………… 121
  4.3.2 地块相似判定类因子数据库的建立 ……………………………………… 123
  4.3.3 地块相似度分析确定开发强度最终值 …………………………………… 132
 4.4 多因子视角下的存量改造用地开发强度控制实证研究——以南京市玄武老城
    单元控制性详细规划为例 ………………………………………………………… 140
  4.4.1 玄武老城单元存量改造用地规划 ………………………………………… 140
  4.4.2 多因子视角下的玄武老城单元存量改造用地开发强度测算 …………… 143
  4.4.3 玄武老城单元存量改造用地开发强度控制 ……………………………… 146

**5 供需共轭视角的存量规划控制技术在规划实践中的应用** ………………………… 148
 5.1 南京市秦淮老城单元控制性详细规划成果概要 ………………………………… 148
  5.1.1 项目概况 …………………………………………………………………… 148
  5.1.2 现状综合分析 ……………………………………………………………… 150
  5.1.3 规划核心问题与应对策略 ………………………………………………… 152
 5.2 存量用地发展策略及规划控制技术在秦淮老城单元控规中的应用 …………… 155
  5.2.1 秦淮老城单元土地利用现状分析 ………………………………………… 155
  5.2.2 存量建设用地发展策略研究 ……………………………………………… 159
  5.2.3 秦淮老城单元土地利用规划 ……………………………………………… 162
  5.2.4 保护用地规划策略 ………………………………………………………… 166
  5.2.5 保留用地及发展用地规划策略 …………………………………………… 188
 5.3 南京市玄武老城单元控制性详细规划成果概要 ………………………………… 204

5.3.1　项目概况 …………………………………………………………… 204
　　5.3.2　现状综合分析 ……………………………………………………… 208
　　5.3.3　规划核心问题与应对策略 ………………………………………… 209
　5.4　基于存量资源供给能力的公共设施配置模式在玄武老城单元控规中的应用 … 214
　　5.4.1　玄武老城单元现状用地特征及公共设施配置情况分析 ………… 214
　　5.4.2　玄武老城单元土地利用规划 ……………………………………… 221
　　5.4.3　公共设施配置专项——规划人口规模测算 ……………………… 227
　　5.4.4　公共设施配置专项——公共管理与公共服务设施规划 ………… 228
　　5.4.5　公共设施配置专项——居住区及配套设施规划 ………………… 234
　　5.4.6　公共设施配置专项——绿地系统规划 …………………………… 250
　5.5　多因子视角下的存量改造用地适宜开发强度控制方法在玄武老城单元控规中的
　　　　应用 ………………………………………………………………………… 254
　　5.5.1　玄武老城单元现状用地开发强度分析 …………………………… 254
　　5.5.2　玄武老城单元存量改造用地规划 ………………………………… 255
　　5.5.3　存量改造用地土地开发强度控制 ………………………………… 259

**6　结论与展望** ………………………………………………………………………… 264
　6.1　研究的指导性与应用领域 ………………………………………………… 264
　6.2　研究的主要结论 …………………………………………………………… 265
　6.3　研究的创新点 ……………………………………………………………… 268
　6.4　研究的不足与展望 ………………………………………………………… 269

**参考文献** ……………………………………………………………………………… 271
　学术著作 …………………………………………………………………………… 271
　学术期刊 …………………………………………………………………………… 272
　学位论文 …………………………………………………………………………… 276
　论文集 ……………………………………………………………………………… 276
　规划资料 …………………………………………………………………………… 276
　网络资源 …………………………………………………………………………… 277

附录一　开发强度影响因子筛选调查问卷 …………………………………………… 278
附录二　地块因子数据库 ……………………………………………………………… 280
附录三　地块相似度计算 Python 程序代码 ………………………………………… 291

**后　　记** ……………………………………………………………………………… 293

# 1 绪 论

## 1.1 研究背景

**1. 中国城市发展方式由外延扩张转向内涵提升,"城市双修"推动转型**

改革开放后,我国经历了城镇化高速发展期,城市数量和城市空间结构迅速增长与扩张。随之而来的人口、环境、交通、内城衰败等城市问题也逐渐凸显,城市发展方式亟需转型。在此背景下,为贯彻落实中央城市工作会议和习近平总书记系列重要讲话精神,住房城乡建设部于 2017 年 3 月 6 日印发了《关于加强生态修复城市修补工作的指导意见》,安排部署在全国全面开展"城市双修"工作。意见指出,生态修复城市修补是治理"城市病"、改善人居环境的重要行动,是推动供给侧结构性改革、补足城市短板的客观需要,是城市转变发展方式的重要标志[1]。我国城市发展方式由关注城市规模扩张的"增量发展"转向关注品质提升的"存量发展",由外延扩张转向内涵提升,并以"城市双修"推动转型。

**2. 存量发展背景下,规划的思路和手段面临转型**

在城市从增量向存量发展转型的背景下,城市规划以往的工作思路和方法难以适应新型城市发展的道路。城市发展方式的转型需要规划编制思路与方法的同步跟进与调整。这要求面向存量建设用地的规划从以往的满足土地出让需求转向高效利用**存量空间资源(包括存量土地资源及存量建筑资源)**、提升存量品质为主。调整的关键在于规划思路的彻底转

---

① 中华人民共和国住房和城乡建设部. 住房城乡建设部关于加强生态修复城市修补工作的指导意见 [EB/OL]. (2017-03-12) https://www.gov.cn/xinwen/2017-03/12/content_5176047.htm

变以及规划手段的及时更新。目前,三亚、深圳、厦门、上海、南京等城市进行了存量规划的探索和有力尝试,但尚未形成系统化的规划控制体系。探索总结系统化的存量规划、适宜规划技术体系是城市由外延扩张转向内涵提升发展所迫切需要解决的关键问题。

**3. 城市供需矛盾逐渐凸显,"供给满足需求"的单向思路难以实现可持续发展**

在高度城市化地区,城市面临着用地、设施等供给紧缺和需求高涨的巨大供需矛盾。而存量空间资源地区(简称存量地区)作为依靠存量资源发展的主战场,城市的承载力已不能满足人口、交通等的迫切需求。以往"供给满足需求"的单向发展思路难以解决城市发展问题,也难以维持城市的可持续发展。面对各方面的发展需求和城市品质提升的要求,**协调城市供给端和需求端的矛盾**成为城市永续良性发展的瓶颈问题。在此背景下,规划控制技术作为公共政策的有力手段,亟需基于供需共轭视角,从双向思路出发,正视矛盾、协调总量、科学调控。

以南京老城为例:一方面,较高的人口密度带来了巨大的基本服务需求压力,加剧了城市交通、人居、环境等问题。虽然经过多年的疏解,南京市老城人口密度已从2000年的3.05万人/km$^2$下降到2020年的2.3万人/km$^2$,但人口密度仍然较高[①]。与之相悖的是,作为城市最早发展的区域,老城的增量发展空间几近"粮绝",公共服务设施、道路用地、景观环境等难以根据相关行业标准进行配置,供给难以满足需求。另一方面,老城地区往往是城市政治、经济、社会服务、商业、文化中心地区,承载了相对完善且较难疏解的城市功能。高度的功能集聚与复合进一步增加了老城的吸引力、人口流动性和密集度。南京老城面临的是一系列的发展困境与压力,且受限于历史基底和建成环境等多重影响,以往相关行业规范和标准难以照搬适用。单向的目标导向和一味地满足需求的思路难以实现老城区的良性运转和可持续发展。

国外城市化地区的发展经历了从形体规划为核心到理性、人本主义规划,从单一的物质空间整治到多维社会结构的协调完善的过程。当前中国诸多城市也已迈向高度城市化的自我完善阶段,传统的城市化定义已不能作为评判城市发展水平的指标。田深圳等[②]、方创琳等[③]、欧定余等[④]分别从人居环境、经济集聚效应、"三维"综合测度等方面提出了检验当前城市化质量的评判模型,使城市化的概念趋向多元。为了实现城市从"量"的发展到"质"的发展的转变,国内大中城市早已实施"退二进三""疏散并限制中心区人口""合理转移中心城区功能"等进程,但推进缓慢且收效甚微,中国的城市问题仍然严峻。**作为城市规划工作者,我们必须反思以下问题:城市存量发展为何难以实现规划目标?造成存量地区"城市病"的具

---

① 现代快报. 有活力有温度,南京全力打造魅力古都[EB/OL]. (2023-08-24)https://new.qq.com/rain/a/20230824A04SLX00

② 田深圳,李雪铭,杨俊,等. 人居环境:检验城市化质量的重要标准[J]. 西部人居环境学刊,2016,31(4):84-89.

③ 方创琳,王德利. 中国城市化发展质量的综合测度与提升路径[J]. 地理研究,2011,30(11):1931-1946.

④ 欧定余,尹碧波. 现代城市化标准与城市边界[J]. 统计与决策,2006,22(20):68-70.

体内因是什么？面对发展困境和矛盾多重的城市存量地区，如何通过优化存量规划的途径实现城市存量地区的更新与可持续发展？

在城市由增量发展进入存量发展的转型阶段，本书以城市存量空间作为研究对象，深入调研城市存量空间的发展状况，在总结城市存量地区发展的瓶颈问题的基础上，抓住问题的主要矛盾——供需矛盾，借鉴国内外前沿学术理论方法和规划实践经验，比较研究城市存量地区转型发展的特征、问题和内在机制，进而对存量地区以供需冲突为内因引发的城市问题作出回应，对存量发展地区的规划控制引导技术和优化策略进行探讨，以期推动城市存量地区在供需共轭的协调下有序、理性、可持续地发展。这正是本书的出发点和研究背景所在。

## 1.2 国内外相关研究综述

国内外学者对城市存量空间的研究存在较大差别。国外在该领域的研究起步较早，取得了较为丰富的理论成果。国内对存量空间的研究起步较晚，理论化、系统化的研究成果相对较少。本书将从存量规划、城市供给、城市需求和城市供需关系四个方面对国内外研究现状及发展动态进行分析总结。

### 1.2.1 存量规划的相关研究进展

存量规划与城市更新具有相近的内涵。城市更新主要是指将城市中已经不适应现代化城市社会生活的地区做必要的、有计划的改建活动。在我国当前城市建设与规划学科发展的过程中，相对于城市外延扩张的"增量规划"，国内学者提出了符合中国国情的"存量规划"概念，主要是指关注城市内涵提升的城市更新的相关理论与实践。

**1. 国外城市更新的相关研究进展**

20世纪60年代，随着城市问题的日益凸显，与之相关的种种社会矛盾也日益尖锐。在此背景下，城市更新成为全球最具影响力的城市政策。其始于对不良住宅区的改造，随后扩展至城市的其他功能地区，并着重于城市中土地使用功能需要转换的区域。其发展历程可概括为：从大规模的推倒重来，转变为小规模、分阶段的渐进式更新；从只关注纯物质层面的空间美化建设转向社会、经济、环境相结合的综合城市更新[1]。

（1）空间政治经济学的相关研究：

在经济学视角下，Lowe等通过比较评价认为，旗舰式更新项目不仅应考虑内城地区的经济和社会效益影响，还应考虑更广泛的更新效果，以寻求可持续的经济增长[2]。刘鹏飞等

---

[1] 卢丹梅. 规划：走向存量改造与旧区更新——"三旧"改造规划思路探索[J]. 城市发展研究，2013，20(6)：43-48，71.

[2] LOWE M. The regional shopping centre in the inner city: A study of retail-led urban regeneration [J]. Urban Studies, 2005, 42(3): 449-470.

则从空间政治经济学的视角下提出西方城市更新是资本在空间中循环的必然结果,其取决于城市空间的理论收益率和实际收益率的高低①。

(2) 城市社会学的相关研究:

在社会学研究的基础上,Lee 和 Chan 通过对不同主体进行广泛的调查,数据归纳了促进城市更新项目社会可持续发展的关键因素,如公共设施、人居环境、社会责任感、邻里生活质量等②。

(3) 城市更新指标测度的相关研究:

在具体的城市更新实践上,Gullino 以科学性、技术性、易识别性、灵活性、可度量性为关键内容,建立可持续性城市更新指标,该指标涉及物质、经济、社会等方面,并采用了层次模型、德尔菲法及多准则分析技术,综合确定了各项权重③。Lee 和 Chan 则提出了政府主导的城市更新项目可持续发展评价的 17 个设计指标,并在调研与实证的基础上提出了城市更新中经济、环境和社会可持续发展的影响因子。

(4) 城市更新运作模式的相关研究:

基于城市更新的运作模式,张更立总结了二战后英国城市更新的三个阶段:"政府主导、具有福利主义色彩的城市更新,市场主导、基于公私伙伴关系的城市更新,以公-私-社区三方伙伴关系为导向的城市更新。"他指出,当代英国城市更新机制的发展方向将是社区参与型——三方伙伴关系的更新运作模式④。王兰等则探讨了 20 世纪后半叶美国城市中心区更新中参与者角色变化的动因,并指出城市更新运作模式与利益相关参与者紧密相关⑤。

## 2. 国内存量规划的相关研究进展

国内关于城市更新的研究兴起于 20 世纪 80 年代。吴良镛提出了"有机更新"理论⑥。伴随着中国城市化进程的快速发展,老城区的功能性、结构性、社会性衰退渐趋严重,城市更新也受到各方关注。近年来,国内学者针对以往城市建设盲目扩张的问题提出了存量规划的新概念,标志着我国城市规划的重点开始由增量规划向存量规划转型。

(1) 规划理论层面:

赵燕菁指出,存量规划的理论基础是经济学,其核心是交易成本,内容则是规划变更。围绕产权因素展开,存量资源将进行价值与质量的提升,以满足高端服务业的发展以及公共服务、市政设施、生态环境等配套建设的需求。他强调,对于公共利益的考虑将作为规划评

---

① 刘鹏飞,赵海月. 空间政治经济学视角下的城市更新[J]. 学术交流,2016(12):135-139.

② LEE G K L, CHAN E H W. The analytic hierarchy process (AHP) approach for assessment of urban renewal proposals[J]. Social Indicators Research,2008,89(1):155-168.

③ GULLINO S. Urban regeneration and democratization of information access: CitiStat experience in Baltimore[J]. Journal of Environmental Management,2009,90(6):2012-2019.

④ 张更立. 走向三方合作的伙伴关系:西方城市更新政策的演变及其对中国的启示[J]. 城市发展研究,2004,11(4):26-32.

⑤ 王兰,刘刚. 上海和芝加哥中心城区的邻里再开发模式及规划:基于两个案例的比较[J]. 城市规划学刊,2011(4):101-110.

⑥ 吴良镛. 北京旧城保护研究[J]. 北京规划建设,2005(1):18-28.

价的最重要因素,以工程设计为主要工具的增量规划应转向以制度设计为主的存量规划[①]。刘晓斌等认为,存量规划不再是城市利用土地扩张拉动经济增长的工具,而是对城乡规划的调控功能和再分配功能的回归[②]。邹兵提出,存量用地管理要更加尊重土地产权人的权益,需要参与降低交易成本的规则设计[③]。杨槿等从土地的交易成本视角剖析了城市更新产权交易的特点和困境,并指出存量规划应完善制度供给、采取多元化政府干预手段,以实现社会福利的最大化与公平分享[④]。

(2) 规划方法层面:

在规划方法层面,石爱华等提出建立以土地供应调整为核心的转型机制,通过建设用地供应结构的控制,将有限的土地供应转向高附加值的产业和城市公共服务配套及环境设施建设上来,以推动产业结构调整升级。同时,通过城市服务能力和生态环境改善提升城市品质[⑤]。邹兵认为,存量规划需要探索政府、社区和市场主体共同参与、兼顾各方利益、上下互动协商式的规划方法。他强调,存量规划的研究内容不仅包括传统的物质空间设计,还包括市场评估、经济测算、财务分析等。此外,还要研究规划配套政策,做到利益共享、责任共担[⑥]。张帆则提出建立由"编制—跟踪—评估—年度指导"构成的持续式"进行性"规划方法推进城市更新[⑦]。

(3) 规划编制层面:

在规划编制领域,《深圳市城市总体规划(2010—2020)》是第一个从增量为主转向存量为主的城市总体规划。该规划提出了非扩张型土地利用模式,探索出一套不以增量空间为主的编制方法[⑧]。在《上海市城市总体规划(2016—2040)》中提出"严守用地底线,实现建设用地'零增长'甚至负增长"这一规划目标。西安则在控规的层面,通过对存量用地进行景观环境整治、设施系统更新、绿色建筑改造等提升空间品质[⑨]。

(4) 规划标准层面:

在规划标准方面,针对城市更新地区从规划对象到规划方式等的不同,国内部分城市相

---

① 赵燕菁. 存量规划:理论与实践[J]. 北京规划建设,2014(4):153-156.
② 刘晓斌,温锋华. 系统规划理论在存量空间规划中的应用模型研究[J]. 城市发展研究,2014,21(2):119-124.
③ 邹兵. 增量规划向存量规划转型:理论解析与实践应对[J]. 城市规划学刊,2015(5):12-19.
④ 杨槿,徐辰. 城市更新市场化的突破与局限:基于交易成本的视角[J]. 城市规划,2016,40(9):32-38,48.
⑤ 石爱华,范钟铭. 从"增量扩张"转向"存量挖潜"的建设用地规模调控[J]. 城市规划,2011,35(8):88-90,96.
⑥ 邹兵. 增量规划、存量规划与政策规划[J]. 城市规划,2013,37(2):35-37,55.
⑦ 张帆. 城市更新的"进行性"规划方法研究[J]. 城市规划学刊,2012(5):99-104.
⑧ 王芃. 探索城市转型和可持续发展的新路径:《深圳市城市总体规划(2010—2020)》综述[J]. 城市规划,2011,35(8):66-71,82.
⑨ 张波,于姗姗,成亮,等. 存量型控制性详细规划编制:以西安浐灞生态区A片区控制性详细规划为例[J]. 规划师,2015,31(5):43-48.

继制定了针对更新地区的技术标准。有的是针对全市范围的标准,如走在改革开放前列,发展超出了一般城市进化历程的深圳[①];有的是提出针对地区的规划标准,如长沙和上海对旧城地区制定了一套有别于新区的规划标准,具体内容有所区别。上海主要针对公共设施制定标准,而长沙则从各个方面都给出了旧城区改建的标准,并在用地标准、道路与停车场及建筑拆建比等方面给出了具体指标。王建国等提出了城市设计干预下基于用地属性相似关系的开发强度决策模型,研究了规划改造新建地块开发强度的评价参考标准[②]。

### 1.2.2 城市供给能力的相关研究进展

城市供给能力与城市各系统承载力息息相关,即城市在一定条件下,可持续承载的人口数量、经济强度、交通状况或可提供的开发土地、公共服务、生态景观等。

**1. 国外城市承载力的相关研究进展**

早在1842年,英国学者马尔萨斯在其《人口原理》的著作中就提出了人口承载力的概念[③],之后对承载力的相关研究在人类生态学、经济学和生态环境学等多个领域扩展。

(1) 人类生态学视角相关研究:

1921年Park和Burgess[④]在人类生态学领域中首次使用了"生态承载力"的概念。20世纪40年代后,随着全球人口膨胀、生态逐渐恶化,资源短缺问题严重,承载力的研究扩展到土地承载力、环境承载力和资源承载力等领域。20世纪70年代初,Millington等人从生态资源对人口的各种限制角度出发,对澳大利亚的土地资源承载力进行了研究与评价[⑤]。

(2) 经济学视角相关研究:

20世纪80年代,霍华德·T.奥德姆基于生态系统和经济系统的特征及热力学定律,提出了能值分析理论,定量分析了资源环境的生态承载力与经济活动的真实价值以及两者关系[⑥]。1995年曾获得诺贝尔经济学奖的Arrow在《科学》杂志上发表了"经济增长、承载力和环境",分析了经济发展对环境的影响,以及环境的承载力和生态恢复能力等问题,在学术界产生了很大的影响,让更多的学者提高了对环境承载力的关注[⑦]。

---

① 贺传皎,李江. 深圳城市更新地区规划标准编制探讨[J]. 城市规划,2011,35(4):74-79.
② 王建国,张愚,冯瀚. 城市设计干预下基于用地属性相似关系的开发强度决策模型[J]. 中国科学:技术科学,2010,40(9):983-993.
③ [英]马尔萨斯. 人口原理[M]. 陈小白,译. 北京:华夏出版社,2012.
④ PARK R E, BURGESS E W. Introduction to the Science of Sociology[M]. Chicago:The University of Chicago Press,1921.
⑤ MILLINGTON R, GIFFORD R. Energy and How We Live[M]. Australian UNESCOS Seminar, Committee for Man and Biosphere,1973.
⑥ 刘瑞亮."能值理论"可以一试[J]. 中国土地,2009(5):62.
⑦ ARROW K, BOLIN B, COSTANZA R, et al. Economic growth, carrying capacity, and the environment[J]. Science,1995,268(5210):520-521.

(3) 生态环境学视角相关研究：

1998年Joardor等人从水资源供给的角度对城市的水资源承载能力进行了相关研究，并将其纳入城市发展规划中[①]。2000年Saveriades对塞浦路斯东海岸的旅游承载力进行了综合的研究，并提出了提高旅游承载能力的一系列措施[②]。随着承载力概念与城市系统的逐渐融合，2002年韩国学者Oh等提出城市综合承载力概念，即人类活动、人口增长、土地利用和物质发展状态，为了使城市人居环境系统可持续发展，不引起其退化和不可逆转的破坏[③]。

(4) 城市承载力评价和模型测度相关研究：

在城市承载力的评价方法和模型测度研究上，McLeod在分析了不同的计量承载力模型和方法后认为，承载力概念仅能计算变化模式固定或者细微的系统。而对于复杂变动的系统，仅能计算其短期的能力，对于长期趋势的评估则无能为力[④]。目前对物质环境承载能力的评价方法较多，主要为数学模型的指标体系评价和基于地理信息系统(GIS)进行的数据库系统评价。后者的科学性、直观性、成果的易管理性较前者更好，但是数据收集、技术实现难度大，并且目前的评价方法普遍存在指标选取不够全面、研究数据不够翔实的问题[⑤]。

### 2. 国内城市承载力的相关研究进展

(1) 土地承载力相关研究：

我国关于承载力的研究起步较晚，在20世纪40年代末任美锷先生以农业生产力为基础对"土地承载力"进行研究[⑥]。1986年张海鱼建立了土地与人口承载量的数理评价关系，是中国较为全面开展的一次土地承载力的调查和研究活动[⑦]。80年代后，随着研究深入，承载力研究更加强调综合性，内涵不断丰富，并提出了一系列关于承载力的量化分析方法。

(2) 城市承载力相关研究：

在可持续发展的背景下，2005年建筑部发布《关于加强城市总体规划修编和审批工作的通知》，明确要求总体规划中要进行城市综合承载力的研究[⑧]。近年各学科领域都有学者

---

① JOARDAR S D. Carrying capacities and standards as bases towards urban infrastructure planning in India[J]. Habitat International，1998，22(3)：327-337.

② SAVERIADES A. Establishing the social tourism carrying capacity for the tourist resorts of the east coast of the Republic of Cyprus[J]. Tourism Management，2000，21(2)：147-156.

③ OH K，JEONG Y，LEE D，et al. An integrated framework for the assessment of urban carrying capacity[J]. Journal of Korea Planning Association，2002，37(5)：7-26.

④ MCLEOD S R. Is the concept of carrying capacity useful in variable environments? [J]. Oikos，1997，79(3)：529-542.

⑤ 谭文垦，石忆邵，孙莉. 关于城市综合承载能力若干理论问题的认识[J]. 中国人口·资源与环境，2008，18(1)：40-44.

⑥ 陈天民. 评任美锷著"四川省农作物生产力的地理分布"[J]. 地理学报，1952，7(S1)：117-119.

⑦ 张海鱼. 土地生产潜力及人口承载量的研究[J]. 自然资源研究，1987(4)：6-11.

⑧ 建设部关于加强城市总体规划修编和审批工作的通知，(建规〔2005〕2号)[Z]. 建设部，2005.

对城市综合承载力进行了深入研究。林晓娟等利用主成分分析法和熵权法确定各类承载系统权重,综合分析十年内北京各项承载人口和适度人口,指出经济承载力是维持适度人口规模的主要动力[1]。张博文等从土地承载力、生态环境承载力、水资源承载力、基础设施承载力和社会承载力5个方面构建了城市综合承载力的评价指标体系,并基于历史数据分析了兰州综合承载力指数及其供需指数比,对兰州未来城市发展做出控制引导[2]。曾鹏等通过构建十大城市群104座城市的城市综合承载力评价模型和要素耦合度模型,总结了十大城市群城市综合承载力及其要素耦合度时空分异特征[3]。

(3) 城市承载力评价和模型测度相关研究：

目前城市综合承载力评价与测度方法还处于探索阶段,现阶段的方法主要包括专家调查法、层次分析法、灰色关联分析方法、系统动力学法、状态空间法、模糊综合评价法、生态足迹法和多目标决策法等[4]。在评价方法上,刑娜等基于动态分析思路建立了由1个目标层、4个准则层、11个指标层和25个分指标层构成的指标体系[5]。方创琳等以县级尺度作为测度对象,构建了由1个一级指标、3个二级指标、21个三级指标构成的土地生态-生产-生活承载力测度指标体系及量化辨识方法,并进一步优选出SD情景模型[6]。蒙海花等基于均方差决策法构建了综合承载力评价模型,对辽宁省14个地级市综合承载力展开分析[7]。在测度方法上,高媛基于可能-满意度多目标分析法构建了京津冀城市群社会环境承载力综合指标体系,对京津冀城市群的社会环境承载力进行预测研究[8]。李文龙等运用系统动力学仿真模型研究了呼和浩特市未来10年不同社会经济情景下的城市综合承载力变化,根据模拟结果提出了解决呼和浩特城市承载力的对策与建议[9]。

### 1.2.3　城市需求理论的相关研究进展

需求理论起源于经济学领域,与"供给"相对并与供给产生互动制约关系。随后扩展到

---

[1] 林晓娟,房世峰,杜加强,等. 基于综合承载力的北京市适度人口研究[J]. 地球信息科学学报,2017,19(11):1495-1503.
[2] 张博文,何苑. 兰州市城市综合承载力问题研究[J]. 生产力研究,2017(9):74-78.
[3] 曾鹏,晁操. 十大城市群城市综合承载力及要素耦合度特征分析[J]. 统计与决策,2017,33(13):92-95.
[4] 刘龙华. 福建省三大中心城市综合承载力研究[D]. 福州:福建师范大学,2014.
[5] 邢娜,杨松茂,张婉金. 西安市城市综合承载力动态评价分析[J]. 当代经济,2017,34(11):74-75.
[6] 方创琳,贾克敬,李广东,等. 市县土地生态-生产-生活承载力测度指标体系及核算模型解析[J]. 生态学报,2017,37(15):5198-5209.
[7] 蒙海花,赵静,卞子浩,等. 基于均方差决策法的辽宁省城市综合承载力研究[J]. 环境保护科学,2016,42(5):56-62.
[8] 高媛. 京津冀城市群社会环境承载力预测研究:基于可能-满意度分析法[J]. 经济研究导刊,2016(22):55-56.
[9] 李文龙,任圆. 城市综合承载力系统动力学仿真模型研究[J]. 生态经济,2017,33(2):78-80,189.

心理学、城市学等领域,并由狭隘的"数量匹配"等物质性概念,延伸到基于生理需要、归属和情感的社会需要等方面。

**1. 国外城市需求理论的相关研究进展**

(1) 城市交通、市政设施需求研究:

国外基于城市系统的需求研究在交通方面最为丰富,Kim[①]、Yamamoto[②]、Lam[③]、Suryani[④]等分别从时间维度、仿真模型、舒适度、系统动力学角度研究了道路交通、公共交通等方面需求量的预测方法。在市政系统的需求预测上,Zhou[⑤]、Mohamed[⑥]等分别利用时间序列模型、恒率模型进行需水量预测,而电力需求侧管理[⑦]、需求调度[⑧]等理论也引入了电力需求管控中。

(2) 城市用地需求研究:

在用地需求的研究上,国外较早运用 Cobb 与 Douglas 的生产函数[⑨],基于投入和产出的经济数学模型预测用地需求量。Knaap 引入用地容量概念,应用 GIS 支持平台预测未来土地利用的混合程度和建筑密度,以此来推测合理建设用地规模[⑩]。

(3) 城市公共设施需求研究:

Alexander 批判公共设施配置的等级理论并提出以社会行为学的多样性角度理解人的

---

① KIM W, PARK Y, KIM B J. Estimating hourly variations in passenger volume at airports using dwelling time distributions[J]. Journal of Air Transport Management, 2004, 10(6): 395-400.

② YAMAMOTO K, KOKUBO S, NISHINARI K. Simulation for pedestrian dynamics by real-coded cellular automata (RCA)[J]. Physica A: Statistical Mechanics and its Applications, 2007, 379(2): 654-660.

③ LAM W H K, CHEUNG C Y, LAM C F. A study of crowding effects at the Hong Kong light rail transit stations[J]. Transportation Research Part A: Policy and Practice, 1999, 33(5): 401-415.

④ SURYANI E, CHOU S Y, CHEN C H. Air passenger demand forecasting and passenger terminal capacity expansion: A system dynamics framework[J]. Expert Systems with Applications, 2010, 37(3): 2324-2339.

⑤ ZHOU S L, MCMAHON T A, WALTON A, et al. Forecasting operational demand for an urban water supply zone[J]. Journal of Hydrology, 2002, 259(1-4): 189-202.

⑥ MOHAMED M M, AL-MUALLA A A. Water demand forecasting in Umm Al-Quwain using the constant rate model [J]. Desalination, 2010, 259(3): 161-168.

⑦ GELLINGS C W. The concept of demand-side management for electric utilities[J]. Proceedings of the IEEE, 1985, 73(10): 1468-1470.

⑧ BROOKS A, LU E, REICHER D, et al. Demand dispatch[J]. IEEE Power and Energy Magazine, 2010, 8(3): 20-29.

⑨ COBB C W, DOUGLAS P H. A theory of production [J]. American Economic Review, 1928, 18 (Supplement): 139-165.

⑩ [美]KNAAP G J. 土地市场监控与城市理性发展[M]. 国土资源部信息中心, 译. 北京: 中国大地出版社, 2003.

需求①，Monnikhof 等探讨了影响地下空间开发需求的因素②。对于城市各系统的需求研究从单纯关注数量、空间布局等方面，逐渐向满足更高层次的需求过渡，开始关注到需求的多样性和复杂性并转向社会学、人本思想的角度。

### 2. 国内城市需求理论的相关研究进展

国内目前的研究基于现实需求进行探讨，考虑了从低层次到高层次的需求状况，并针对不同系统展开了众多定性定量相结合的预测及策略引导。

(1) 城市用地需求研究：

在用地需求研究方面，陈玮运用数学方法开展了我国用地需求量的预测③。郑锋④、陈国建⑤、张军⑥等学者基于定额指标法、灰色系统分析法、非线性神经网络组合预测模型等方法对用地需求进行了研究。

(2) 城市公共设施需求研究：

在公共设施需求研究方面，国内从 2006 年提出"基本公共服务均等化"概念后，引起学者对城市公共设施需求研究的关注。施骞等建立基于居民需求的城市住区配套设施完善程度评定模型，为居住区的更新和完善提供决策依据⑦。胡畔、王兴平等构建了多样化、便捷性以及服务品质三方面的居民需求体系，提出了以满足个性需求为最终目标的品质提升策略⑧。李婧等认为公共服务设施配套供应模式与居民实际需求矛盾凸显，设施配置应以满足共性需求与个性需求、刚性需求与弹性需求为前提⑨。

(3) 城市住房及环境设施等需求研究：

成思危基于回归拟合法探讨了人均住房需求面积⑩。曹轶等借助 ArcGIS 建立城市地

---

① ALEXANDER C. A city is not a tree[J]. Architectural Forum, April-May, 1965, Vol. 122: 58-62.

② MONNIKHOF R, EDELENBOS J, VAN DER KROGT R. How to determine the necessity for using underground space: An integral assessment method for strategic decision-making[J]. Tunnelling and Underground Space Technology, 1998, 13(2): 167-172.

③ 陈玮. 辽宁省城镇化用地的发展与控制研究[J]. 城市问题, 1989(6):22-30.

④ 郑锋. 海南省 2000 年土地需求结构预测及土地宏观开发战略研究[J]. 资源科学, 1994, 16(1): 20-28.

⑤ 陈国建, 刁承泰, 黄明星, 等. 重庆市区城市建设用地预测研究[J]. 长江流域资源与环境, 2002, 11(5):403-408.

⑥ 张军, 王红, 孙伟. 信息科学中软计算法在城市建设用地需求量预测中的应用[J]. 统计与决策, 2006,22(4):32-34.

⑦ 施骞, 卫国昌. 基于居民需求的城市住区配套设施完善程度评定模型[J]. 同济大学学报(自然科学版),2001,29(11):1335-1339.

⑧ 胡畔, 王兴平, 张建召. 公共服务设施配套问题解读及优化策略探讨：居民需求视角下基于南京市边缘区的个案分析[J]. 城市规划,2013,37(10):77-83.

⑨ 李婧, 刘晓辰, 朱柳慧. 第二居所住区的居民需求与公共服务设施配置优化策略[J]. 规划师,2016, 32(2):102-108.

⑩ 成思危. 中国城镇住房制度改革：目标模式与实施难点[M]. 北京：民主与建设出版社,1999.

下空间需求模型,运用关联耦合法,预测地下空间建设量并创建地下空间需求量数据库①。姚雪松等利用 SPSS、GIS、高斯两步移动搜索法及赖克特量表法总结分析特定人群对于城市公园设施的需求评价②。

### 1.2.4 城市供需关系理论的相关研究进展

#### 1. 国外城市供需关系理论的相关研究进展

新古典学派在古典经济学供求论基础上发展了供求理论,在均衡价值论的基础上将供求关系数量化,使之成为西方经济学的分析工具③。随着研究的进一步深化,供需关系理论由经济学领域扩展到社会学、管理学、生态学等领域。

Fischel 从供给和需求两方面研究了房价和住房数量之间的关系④。Hernández-López 则讨论了成熟旅游目的地的供求关系,结合遗传算法与过渡概率矩阵预测旅游需求,较好地调节供给结构⑤。Palacios-Agundez 等构建了量化的生态系统服务的供需评价体系,旨在通过此体系加强景观管理,促进生态系统供需匹配,并推动与其他生态系统服务的协同作用⑥。Sing 等基于存量楼宇数据库,运用定量模型的方法预测服务城市更新的劳动力规模,实现供需平衡⑦。

#### 2. 国内城市供需关系理论的相关研究进展

国内城乡规划领域对于供需关系的研究涉及生态供需关系、城市空间发展、公共设施配置以及交通供需发展等多方面,并采用了相应的模型或评价方法。但其中的核心问题都在于探究供需互动关系,以指导实践应用。

在生态供需关系方面,王颖芳等基于新的生态需求特征、生态供需关系及双循环生态供

---

① 曹轶,冯艳君. 基于关联耦合法探讨城市地下空间需求模型[J]. 地下空间与工程学报,2013,9(6):1215-1222,1241.

② 姚雪松,冷红,魏冶,等. 基于老年人活动需求的城市公园供给评价:以长春市主城区为例[J]. 经济地理,2015,35(11):218-224.

③ 郭跃进. 管理学(修订版)[M]. 北京:经济管理出版社,2003.

④ FISCHEL W A. Do growth controls matter?: A review of empirical evidence on the effectiveness and efficiency of local government land use regulation [M]. Cambridge: Lincoln Institute of Land Policy, 1989.

⑤ HERNANDEZ-LÓPEZ M, CÁCERES-HERNÁNDEZ J J. Forecasting tourists' characteristics by a genetic algorithm with a transition matrix[J]. Tourism Management, 2007, 28(1): 290-297.

⑥ PALACIOS-AGUNDEZ I, ONAINDIA M, BARRAQUETA P, et al. Provisioning ecosystem services supply and demand: The role of landscape management to reinforce supply and promote synergies with other ecosystem services [J]. Land Use Policy, 2015, 47(9): 145-155.

⑦ SING C P, CHAN H C, LOVE P E D, et al. Building maintenance and repair: Determining the workforce demand and supply for a mandatory building-inspection scheme [J]. Journal of Performance of Constructed Facilities, 2016, 30(2): 04015014.

需过程,提出了"有限规划"的理念,并阐述了其现实意义①。

盛鸣等基于"供需"的城市空间战略分析框架,总结了城市空间发展与规划的核心问题,研究了城市空间发展战略的选择②。

在公共设施配置上,王晗昱基于供需视角提出了配置策略,以提升设施供给的有效性和公正性③。郑思齐等则针对教育资源在总量和空间上的供需匹配关系,建议在设施配置总量中保留足够"弹性",实现空间均衡配置,以促进设施功能的整合与共享④。

在交通供需发展上,刘金广构建了城市交通综合发展指数模型和供需发展指数模型,用以定量化衡量城市交通发展水平和交通供需发展关系,并基于 36 个大城市对模型指数进行了测算分析⑤。于善初等通过 OD 反推技术与交通需求预测"四阶段"法,分别对城市新区与旧城更新区在交通供需平衡状态下的土地开发强度控制进行了研究⑥。

### 1.2.5 相关研究现状的评析

对城市存量规划、城市供给能力及需求理论的相关文献综述结果显示,虽然国内外在城市存量空间更新机制、城市供给能力与需求测度方法上取得了丰富的成果,但目前相关研究仍存在以下三方面的问题:

**其一,从研究视角而言**,多数研究侧重于从宏观层面分析城市存量空间更新、城市综合承载力及其要素空间分布的不平衡。这些研究大多从宏观层面对城市用地、设施及交通等需求进行研究,衡量范围局限于整个城市,而较少从中微观层面深入研究城市存量地区的更新需求问题,导致研究具有一定的局限性。

**其二,从研究层面而言**,国内外相关研究大多局限于城市存量空间现状、老城建设发展等单一领域,缺乏对城市不同类型存量空间的比较研究,忽视了不同类型存量地区由于产业类型、空间结构、发展路径等方面的差异性所导致的供需失衡现象及其不同的形成机制。部分研究侧重于对城市土地资源的总量平衡进行研究,却忽视了对存量地区建筑资源的研究。存量地区的空间资源类型丰富,产权关系复杂,牵涉的问题多样分散,需要进行多层面、多系统的综合研究。只有通过多层次的协作平台和多方参与的协商机制,才能平衡多元主体的利益。单一的研究方法存在一定的缺陷,容易造成研究结果的误差,不能真正揭示形成存量

---

① 王颖芳,张彦芝. 基于生态供需关系下的"有限规划"理念的现实性初探[J]. 城市发展研究,2011,18(7):87-94.
② 盛鸣,沈沛. 基于"供需"分析的城市空间发展战略研究[J]. 规划师,2007,23(4):79-83.
③ 王晗昱. 上海社区公共服务设施供需研究与规划思考[J]. 科学发展,2014(10):79-83.
④ 郑思齐,于都,孙聪,等. 基于供需匹配的城市基础教育设施配置问题研究:以合肥市为例[J]. 华东师范大学学报(哲学社会科学版),2017,49(1):133-138.
⑤ 刘金广. 城市交通综合发展及供需关系测算模型研究[J]. 综合运输,2016,38(7):30-36.
⑥ 于善初,傅白白,李昀轩. 基于交通供需平衡的控规土地开发强度控制研究[J]. 山东建筑大学学报,2014,29(4):341-346,363.

地区供需失衡现象的深层次机制。

其三，**从测度方法而言**，相关研究对城市供需关系的测度较多侧重资源的数量、空间分布等方面。由于存量空间的特殊性和复杂性，除了需要对空间资源进行统筹安排外，更需对人的活动进行评价、反馈和完善。在构建存量空间资源的供需关系模型测度时，要考虑不同利益群体多元的空间价值诉求。其测度要素除了包含物的因素外，更要涵盖人的活动的因素，这样才能全面展现存量空间的全貌，最大程度地确保研究的客观性和科学性。

## 1.3 研究目的与意义

### 1.3.1 研究目的

本书的研究旨在为当前城市存量地区的转型发展提供规划控制技术研究的新思路与新方法。希望能够从我国城市建成区存量空间转型发展面临的主要矛盾——即供给端匮乏与需求端旺盛的供需矛盾与瓶颈问题出发，基于供需共轭模型，**以存量资源供给为基准协调需求，以提质增效需求为优先平衡供给**。通过结合城市存量空间的典型案例，掌握一手资料，协调各方利益和发展需求，深入剖析存量背景下城市规划理论与实践所面临的瓶颈问题。研究将交叉融合城乡规划、社会人文、政策管理等多学科理论，以实现"供"与"给"的良性、弹性互动，从而推动存量空间品质的提升与可持续发展。具体研究目标如下：

（1）总结当前存量空间转型发展的总体特征，剖析"供需"矛盾这一转型发展的瓶颈问题，并系统解析存量空间转型发展的内在规律及其运作机制；

（2）运用"供需共轭"的思路，建立具有针对性与可操作性的存量空间各系统的供给与需求的多因子评价体系与测度模型，并提出"以供调需、需供平衡"的规划调控模式与实施策略；

（3）针对存量空间的特殊性，提出新的控制要素和理论方法，构建多因子研究体系，探讨多层次、系统化的存量规划控制引导技术与指标体系，为存量空间的提质增效、优化规划以及调控管理提供理论依据，以实现城市存量地区的可持续发展。

### 1.3.2 研究意义

要实现城市存量地区的可持续发展，必须抓住存量地区转型发展的主要矛盾，即供给端匮乏与需求端旺盛的供需矛盾，系统地研究其转型发展的基本特征、发展规律及内在运作机制。在此基础上，探讨具有中国特色的存量规划控制引导技术，以便指导相关规划编制与政策制定，对城市更新活动进行有效控制引导。

在以往的规划控制技术研究中，偏重于城市增量空间的城市规划控制技术体系建设。而这些传统的规划思路和技术方法已不能适应城市存量空间转型发展的需求。当前，各大城市虽已着手开展大量的存量更新实践活动，但尚未形成系统化的存量规划控制技术体系。

因此，本书研究的意义在于：**在理论上，探索城市存量空间发展研究的新视角**，即从供需共轭的新视角出发，以双向思路剖析存量空间发展的问题本质，总结城市存量空间发展的客观规律，从而**丰富城市存量空间研究的理论内涵**；研究从供需测算、规划控制、运行管理等方面入手，探究存量规划控制技术，针对存量空间的特殊性提出新的控制要素和理论方法，构建多因子研究体系，探讨系统化的城市存量空间的规划控制引导技术体系，**在实践上为城市存量空间的提质增效、优化规划和调控管理提供理论依据**，进而从城市承载力出发，协调各类发展潜力空间的发展策略，发挥存量资源的最大效益，切实缓解城市存量地区的城市问题，逐步推进集约高效的城市建设，最终实现城市存量地区的可持续发展。

## 1.4 研究对象、内容及研究关键环节

### 1.4.1 相关概念界定

#### 1. 存量规划

随着国家对新增建设用地指标的严格控制，建成区迫切需要进行功能提升、环境改善以及公共设施配置的完善。同时，历史资源的保护、特色的重塑与交通系统的优化等要求也不容忽视。在此背景下，我国城市发展方式由注重城市规模扩张的"增量发展"转向关注品质提升的"存量发展"，由外延扩张转向内涵提升。

城市发展方式从增量向存量的转型需要城市规划编制思路的彻底转变以及规划手段的及时更新。这要求面向存量建设用地的规划摒弃以往满足土地出让需求的做法，转而以高效利用**存量空间资源（包括存量土地资源及存量建筑资源）**、提升存量品质为主。探索并总结系统化的存量规划适宜规划技术体系是城市由外延扩张转向内涵提升发展过程中迫切需要解决的关键问题。

邹兵提出，存量规划是相对于增量规划提出的概念。它是指通过城市更新手段促进建成区功能优化调整的规划，旨在保持建设用地总规模不变、城市空间不扩张的条件下，主要通过存量用地的盘活、优化、潜力挖掘和功能提升来实现城市发展。

开展存量规划工作具有以下特点：一是现状环境复杂，用地权属繁多，权利关系复杂；二是利益再分配困难，需要空间设计与制度研究并重；三是规划研究对象既包括存量土地也包括存量建筑，需避免陷入建成区大规模拆除重建的误区。

#### 2. 供需共轭

我国以往的规划控制技术研究，主要偏重于城市空间外延扩张的增量规划型控制技术研究，其规划思路和技术方法已不能适应目前城市发展以存量开发为主的内涵增长需求。

本书针对我国当前城市建设中面临的主要矛盾，即供给端匮乏与需求端旺盛的供需矛盾，不同于以往的引入"供给能力"作为需求配置研究切入的参照系，以城市存量空间转型发

展的瓶颈问题为导向。**书中探索性地提出了"以供调需，需供平衡"的供需共轭新视角**，从而打破了以往增量规划偏重于"以需定供"的单一思路。本书围绕供给侧和需求侧双向创新，以"供给—需求"双线共轭的新视角构建供需共轭的测度模型和规划调控模式。通过供给能力的协调配置来满足需求，推动存量资源的集约高效利用，实现存量地区的转型发展。

3. 规划控制技术

规划控制技术主要针对特定的城市问题，提出规划层面的应对策略与操作方法，通过构建有效的控制体系来达到规划目标，强调其技术性和操作性。本书研究所指的规划控制技术主要以控制性详细规划为主，针对存量空间的特殊性提出新的控制要素和理论方法，构建多因子研究体系，旨在探讨多层次、系统化的存量规划控制引导技术与指标体系。

### 1.4.2 研究对象

本书选取高度建成的城市老城区作为存量规划研究的典型地区。老城区往往由于产权复杂、用地紧张、配套落后等一系列问题成为规划的难点，同时也是目前存量规划背景下的重点。将城市老城区作为研究对象，既是存量规划前提下的必然选择，也对城市从增量向存量发展转型具有重大的意义。

### 1.4.3 研究内容

本书基于"供给—需求"共轭的视角，从存量资源供给能力和城市转型发展需求的双向思路出发，实现从"以需定供"到"以供调需"规划调控模式的转型，系统构建一个基于存量空间的特殊性，兼顾宏观、中观与微观，普适性与差异性并存的存量规划控制技术研究的内容框架。具体研究内容包括：

1. **城市存量空间发展的总体特点研究**

选取城市存量空间的典型案例，梳理其发展脉络和时空演化特征，总结存量空间转型发展模式的特点，归纳存量空间的类型特征和空间模式。系统总结存量地区逐渐凸显的城市问题和发展困境，明确存量空间转型发展研究的基本背景。

2. **确立基于供需共轭视角的存量规划研究的技术方法和研究框架**

在回顾和评述国内外存量规划、城市供给、需求理论及供需关系相关研究的基础上，借鉴其可持续性城市更新指标体系、城市综合承载力评价测算模型、供需发展指数模型、供需要素耦合度模型以及存量规划控制技术研究的国际前沿学术成果。结合存量空间的特点，归纳影响存量空间转型发展的相关因子，提出存量空间供需匹配的分析方法和测度模型，确立基于供需共轭视角的存量规划控制技术研究的理论依据、技术方法和研究框架。

3. **构建存量地区资源供给能力的评价体系与测度模型**

基于历史发展轨迹和存量资源的梳理评价，综合生态修复和可持续发展的底线标准，在存量地区转型发展和品质提升的理念指导下，建立存量地区资源供给能力的评价体系。在此基础上，采用SPSS、GIS等软件，对涉及的自然、经济、社会等因素进行多因子叠加分析，对存量资源潜力进行量化测度与综合校正，作为存量规划发展策略评价的依据。

**4. 基于城市存量空间转型发展的用地发展策略研究**

基于存量建设用地的特征以及老城区品质提升的需求，构建用地发展模式。从发展导向和管控措施两个维度出发，将存量建设用地分为民生类与产业类两种发展导向，以及保护、保留、发展三种管控措施，形成差异化的用地发展策略。在此基础上，针对不同类型用地的特征，分别提出保护修复、改善整治、发展提升的规划控制策略，并对指标体系进行再分类，从"性、量、位、质"四方面分别提出规划控制技术的优化方法。以南京市秦淮老城单元控制性详细规划为例，探索存量规划中基于用地发展策略的规划控制技术的实践运用。

**5. 基于存量资源供给能力的公共设施配置模式研究**

以存量用地潜力分析为基础，以基于用地变化的人口疏减为前提，从可供配置的存量资源角度出发，以服务达标为目标，通过总量梳理，继而按级、按类、按规模合理分配，确定公共设施用地规划。以居住与公共设施用地变化结果作为人口疏减与规模预测的依据，进一步明确公共设施的建设规模、布局形式等内容，提出符合集约统筹原则的分散与集中结合、混合协同搭配等多种模式，并充分利用存量建筑资源进行设施建设。在配置过程中，除空间规划外，还融入产权归属、运营管理等内容的探索，依据产权归属提出适合各类公共设施的运营方式。以南京市玄武老城单元控制性详细规划为例，探索存量规划中基于存量资源供给能力的公共设施配置模式的实践应用。

**6. 多因子视角下的存量改造用地适宜开发强度控制研究**

基于主导性和差异性的原则，运用德尔菲法结合文献整理和归纳法，根据调查问卷的数据进行因子选取，并进行分类和解析，构建存量改造用地适宜开发强度控制的多因子研究体系。基于研究分析类因子，通过对研究地块进行交通承载力分析、基于城市设计要素控制的形体模拟分析以及经济性分析，确定研究地块的开发强度极限区间。选取开发强度指标相对合理且具有参考价值的参考地块，再对所有的参考地块和研究地块进行相似判定类因子属性的分级量化，建立地块相似判定类因子数据库。在开发强度极限区间的限定下，运用相似地块可参照的原理确定地块的开发强度最终值。以南京市玄武老城单元控制性详细规划为例，探索了多因子视角下的开发强度确定方法。

**7. 多层次、系统化的存量规划控制技术体系及优化策略研究**

针对存量空间的特殊性，提出新的控制要素和理论方法。从保护、改善、发展三重目标层面出发，提出保护修复型、整治改善型、发展提升型三层次的控制引导策略。在性质控制、容量控制、位置控制和品质提升四个方面优化控制指标体系，建立多层次、系统化的存量规划控制引导技术与指标体系。进而从存量空间的资源优化配置、空间结构重组、多方利益协调、运作机制创新四个方面提出城市存量空间转型发展的优化策略。

## 1.4.4 研究关键环节

**1. 因子评价体系的建立**

在用地发展策略评价过程中,通过 GIS 平台,将规划中涉及的自然、经济、社会等因素进行量化处理。根据不同地区的实际情况,选取合理的分析评价因子并确定各因子的分级判定标准。将各因子对应到每一块存量建设用地中进行打分,得出单因子分析结果。再结合专家打分法,确定各因子对用地发展策略的影响程度,从而确定各因子相应的权重。通过对单因子进行综合叠加计算,得出初步的综合因子分析结果。在此基础上,进一步校核历史资源的分布情况,明确保护用地的分布,并对已经审批的用地及其他相关的专项规划进行落实。经过这样的校核过程,优化用地评价结果,最终形成用地发展策略引导。

在多因子视角下的存量改造用地适宜开发强度研究中,采用德尔菲法结合文献整理和归纳法,首先归纳和整理出对开发强度有影响的 5 类、29 个因子。然后由专家群体进行两次因子筛选,精简影响因子,并保证专家意见的一致性。最终,基于主导性原则和差异性原则,选取对存量规划地区开发强度起主要作用的若干因子。基于"先区间后定值"的思路,对因子进行分类解析,得出研究分析类因子和相似判定类因子,从而构建起多因子研究体系。通过测算研究分析类因子,确定开发强度极限区间,建立地块相似判定类因子数据库,在开发强度极限区间的限定下,选出符合条件的参考地块。运用相似地块可参照的原理,从多因子视角出发,通过多因子相似性分析,找到与研究地块相似度最高的参考地块,参照其容积率指标,作为研究地块的开发强度最终值。

**2. 存量资源发展策略评价**

基于城市存量空间现状问题及提质增效的需求,通过调研分析,以发展导向为依据,将存量资源划分为民生改善及产业提升两种类型。民生类是指可规划用以提升居民生活质量、改善民生的存量资源,如环境整治、公共设施增加、绿地建设等;产业类则是指可规划用以提升经济效益的存量资源,如商业设施、商务设施、文化旅游设施等。再结合规划管控的需求,基于存量资源的现状特征,以管控措施为依据,将存量资源分为保护、改善、发展三种类型。在适应不同存量资源差异化特征的基础上,最终形成若干类型的存量地块发展模式,作为下一步确定具体存量地块发展策略的选择依据。

对于具体存量地块的发展策略选择,则需在深入调研、理性分析存量资源现状情况的基础上,采取 GIS 数字平台的多因子叠加法。通过评价因子的选取、打分,多因子叠加形成综合因子评价结果,并结合历史文化资源分布、用地审批情况、相关专项规划等因素进行校核、调整,最终确定每个存量地块适用的发展模式,形成存量资源发展策略评价。

**3. "以供调需、需供平衡"的规划调控模式的探索**

基于"以供调需、需供平衡"的理念,在集约高效的宗旨下,以问题为导向,优先考虑提质增效需求。以存量资源潜力分析为基础,建立存量发展背景下的供需因素多因子评价体系。

围绕供给侧和需求侧双向创新，结合存量资源的实际承载力，以供给能力协调配置需求，建立资源供给与配置需求的平衡机制。构建"以供调需、需供平衡"的规划调控模式，推动存量资源利用集约高效地进行，客观灵活地形成策略引导，最大限度满足存量地区提质增效的需求。

#### 4. 存量规划控制技术体系的建构

针对存量空间的特殊性和复杂性，对存量规划的规划对象、规划重点以及规划思路进行探讨。针对传统增量规划控制指标体系的不足，在性质控制、容量控制、位置控制和品质提升四个方面优化存量规划控制指标体系。针对保护、改善、发展三类存量资源地块，分别提出保护修复型、整治改善型、发展提升型三层次的控制引导策略。从而建立多层次、系统化的存量规划控制引导技术与指标体系。

对存量资源的保护类地块采取保护修复型控制，关注存量资源的保护和地块的品质提升，在性质控制方面增加适度弹性，提出适用于保护资源的土地兼容要求。在容量控制、位置控制方面，针对保护资源的特殊性，将保护控制要求体现在指标控制上，进行更精细化的管控。通过构建环境微更新控制引导指标，对地块环境品质提升进行优质化控制。

改善类地块主要指保留用地，采取整治改善型控制。改变传统增量规划对保留用地不作指标控制的做法，在指标体系中增加对保留用地的有效控制。通过设置性质、容量、位置和品质的整治改善类控制要求，改善存量地区保留用地的环境品质及功能品质。

发展类地块采取发展提升型控制，优先以完善配套设施、提高空间环境品质为主。由于存量土地资源有限，应采取"以供调需"的思路，通过疏散人口和完善配置两方面实现配套设施完善和环境品质提升。顺应新业态、新商业模式的复合特性要求，创新土地利用管理模式，试行用地性质的兼容与转换机制，推进用地结构调整与产业转型发展，实现功能品质提升增效。

## 1.5 研究方法与技术路线

### 1.5.1 研究方法

本书研究将从"供需共轭"这一特定视角入手，针对城市建成区存量空间的典型案例，展开存量地区转型发展的实证研究。研究过程将分为数据资料收集阶段和量化分析研究阶段两个阶段进行。

#### 1. 数据资料收集阶段

在此阶段主要采取以下方法：实地调查法、问卷统计法、专题访谈法、文献综述法和交叉研究法。

（1）实地调查法：主要针对城市存量发展地区内的土地利用、公共设施、道路交通、历史文化保护、景观生态、地下空间、产业状况等方面进行相关数据资料的调查与收集。通过对存量空间典型案例进行系统、详尽的实地踏勘，充分了解研究对象的特征，掌握课题研究的第一手资料。

(2) 问卷统计法：根据研究内容设计相应的问卷和调查表格，向公众进行调查，以获取城市存量发展地区转型发展供给评价、发展需求和民众诉求等相关资料。问卷可发放给居民、企业职工、企业管理人员、政府部门工作人员、专业人士等。

(3) 专题访谈法：走访调查的对象主要为街道及社区工作人员、企业管理人员、政府相关部门工作人员、熟悉相关内容的专业人士、部分住区居民、部分企业职工、游客等，以了解民众的真实诉求和存量地区转型发展需求的相关情况。

(4) 文献综述法：通过对国内外文献及案例的研究，进行系统阅读、整理、归纳和总结，引介和借鉴国内外城市存量空间研究的相关理论和技术方法。

(5) 交叉研究法：存量规划涉及城乡规划、城市经济、社会人文、政策管理等多个学科领域，应当采取开放的多学科交叉融合的研究方法，从而得出更综合、更全面的研究结论。

**2. 量化分析研究阶段**

初步计划的量化分析研究方法如下：

(1) 因子生态分析法：该方法的研究对象是城市存量空间发展的特征。研究采用单因子分析、主因子分析以及系统聚类分析方法对城市存量空间的要素和特征进行相关性分析。

(2) 基于 GIS 数字平台的量化分析方法：在存量资源调研的基础上，通过 GIS 数字平台，将存量规划中涉及的自然、经济、社会等因素进行量化处理，以更好地对存量资源潜力进行分析，作为存量资源发展策略评价的依据，并应用到存量规划控制技术研究中。

在进行存量资源发展策略评价时，根据不同存量地区的实际情况，选取合理的分析评价因子，并确定各因子的分级判定标准。将各因子对应的存量资源进行打分，得出单因子分级评价模型。结合专家打分法，确定各因子对存量资源发展策略的影响程度，进而确定因子权重。对单因子进行综合叠加计算，得出综合因子分析评价结果。进而结合历史资源分布、用地审批信息、相关专项规划等进行校核、优化，最终得出存量资源发展策略评价结果。

(3) 多因子相似性量化分析方法：建立多因子相似性量化分析模型，对存量资源的开发强度进行量化测算。在存量资源调研的基础上，选取专家及公众认可的开发强度指标相对合理的参照地块，进行相似性因子属性的分级量化处理，建立存量资源相似性因子数据库。通过多因子相似性分析，寻找到与研究地块相似度最高的参照地块，并参照其开发强度测算研究地块的开发容量。通过对研究地块进行经济性分析、交通承载力分析以及基于城市设计控制要素的形体模拟及日照分析，对研究地块的开发强度进行校核修正，最终得出研究地块开发强度的建议值。

(4) 大数据分析法：在数据统计与分析上，运用了计量数学方法、统计学方法、AHP 分析法以及 SPSS 相关性分析法。对于步骤繁杂且数据量较大的数据运算，引入了计算机编程技术。数学模型及计算机编程技术为具体研究对象的评判分析和数据库的建立提供了定量和定性的依据。

## 1.5.2 研究技术路线

本书研究探索性地引入"供需共轭"双视角，从社会、经济现象及其相关理论入手，紧扣城市存量发展地区供需矛盾突出这一瓶颈问题。采用宏观与微观相结合、理论研究与实证研究相结合、量化分析与比较分析相结合的跨学科思路，剖析城市存量空间转型发展的特征、内在规律及运作机制。在此基础上，建构基于供需共轭视角的存量地区供给端与需求端协调平衡的规划调控模式，并提出多层次、系统化的存量规划控制技术体系和相应的优化策略。

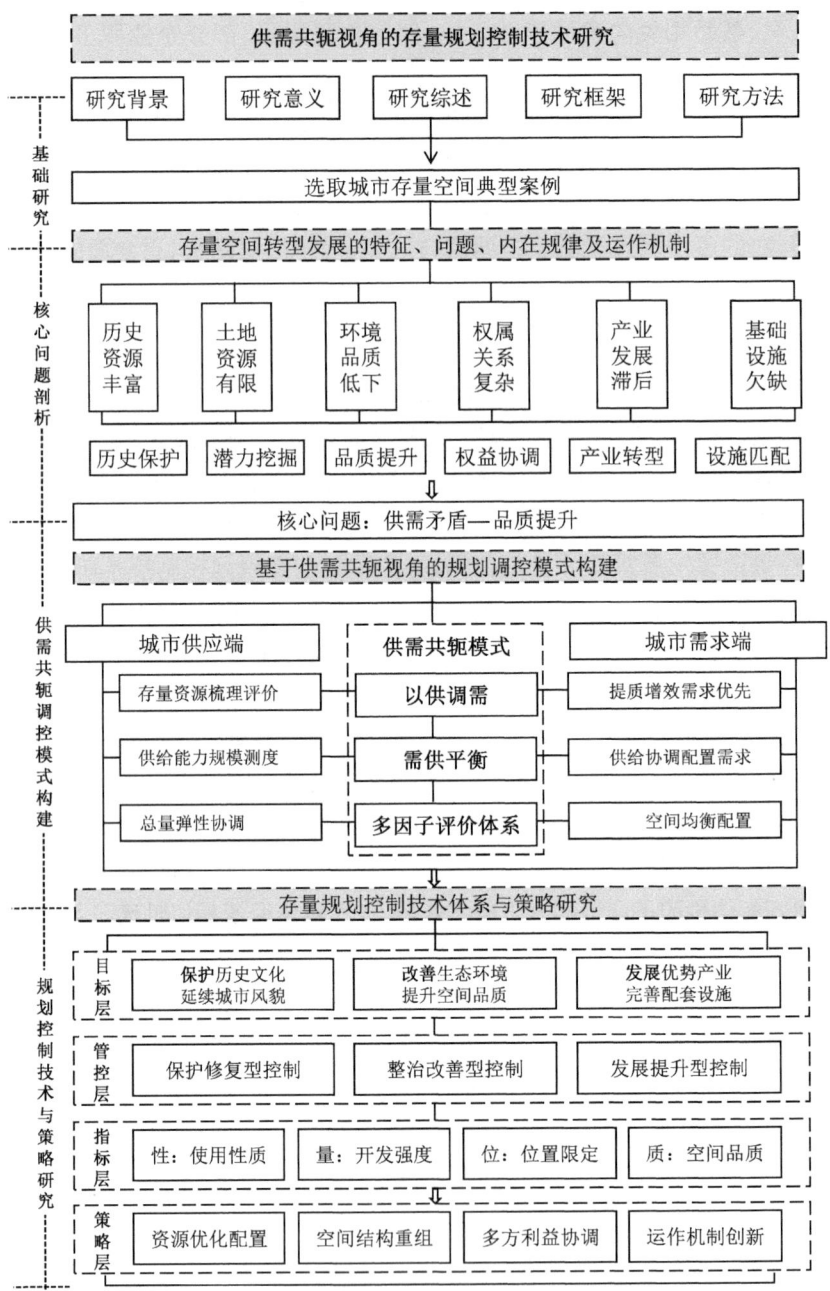

图1-1 供需共轭视角的存量规划控制技术研究技术路线
（资料来源：本课题组自绘）

# 2 存量规划中基于用地发展策略的规划控制技术

## 2.1 存量规划中用地规划控制面临的问题及挑战

### 2.1.1 存量规划对用地规划控制提出新要求

**1. 规划对象由增量建设用地转变为存量建设用地**

在城市化快速发展的过程中,我国的城市发展曾以扩张式的外向发展为主,尤其在改革开放之后,城市的快速发展使得大量的增量土地资源被利用。由于存量建设用地情况复杂,开发难度大、成本高,因此增量建设用地的开发一直是城市规划工作的重点。

近年来,城市大规模扩张导致土地资源紧缺,当这种紧缺达到一定程度时,我国政府开始意识到控制城市增长边界的重要性,"存量规划"理念应运而生。这意味着在未来城市发展对土地资源的巨大需求中,由于增量建设用地供给的极度受限,对城市存量空间资源的合理利用成为满足城市发展需求的重要手段,存量建设用地也因此成为规划的主要对象。

**2. 规划重点由经济增长转变为品质提升**

在以往的城市规划编制与管理工作中,由于规划及管理对象多为城市新区,不存在复杂的现状问题,因此规划重点往往以经济增长为主。然而,在存量规划中,面对品质下降的老城区,规划的重点应放在品质的提升上,更多地关注公共设施的完善、环境的改善以及产业的转型等问题。

### 3. 规划思路由目标导向转变为问题导向

增量规划所针对的新增建设用地环境单纯，规划师可以根据规划意图、城市发展需求进行蓝图式的规划，规划也往往以自上而下的政府决策为主，规划成果主要反映了规划师及管理者的意图。另外，由于产权单一、利益关系简单，增量规划主要以物质空间研究为主，关注的是城市空间形态的塑造，并通过量化的指标对城市空间进行管控，以达到规划目标。

然而，在存量规划中，由于存量建设用地的复杂特征，目标导向的规划思路已无法应对，需要在规划中对现状情况进行深入调查研究，通过总结现状的核心问题，提出规划应对策略，并最终落实在规划成果中。即以问题导向的思路指导存量规划工作，以达到提升老城品质的目的。

## 2.1.2 存量建设用地的特征

### 1. 历史资源丰富

从我国城市发展的历史进程来看，存量建设用地所在的老城区往往是城市的核心区域，有着丰富的历史文化资源，是城市风貌特色得以彰显的重要城区。

以南京市秦淮老城单元为例，该片区属于南京市老城三个控制性详细规划编制单元之一，是南京市秦淮区的老城部分。将该单元内的历史资源情况进行汇总，并与南京市所有的历史资源进行比较。从图2-1中可以看出，该单元内共包括5处历史文化街区、10处历史风貌区、3处一般历史地段（不含工业遗产），占整个南京市历史地段总数的44%，相当于接近一半的历史地段都分布在该片区；单元内市级以上的文物保护单位共83处，其他历史资源点（包括区级文物保护单位、不可移动文物、其他历史文化资源点）尚有五百余处。

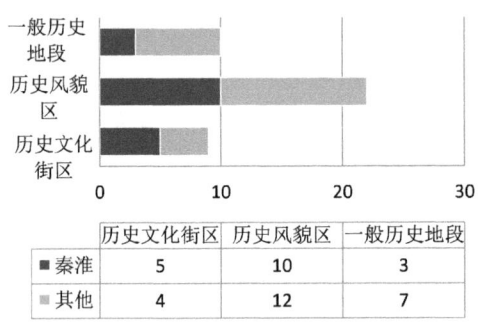

图2-1　南京市历史地段数量对比图
（资料来源：本课题组自绘）

### 2. 环境品质较差

存量用地的现实状况使其不可避免地存在一些问题：使用了一定年限的建筑呈现出破败的建筑立面、内部构造的老旧、过高的建筑密度导致绿化资源不足、休闲场所缺乏等。在传统的控制性详细规划中,单一的控制手段导致规划实施时只有"拆或不拆"两种选择,难以实现有效且精细化的管理。老城区较高的拆迁难度也导致老城区环境品质较差却迟迟得不到改善。

### 3. 产业发展滞后

新中国成立以来,经济发展的历史性和特殊性造成了土地使用方式的混杂和复杂性。厂区和居民楼参差分布,占据城市的主城区;同时,商业也以批发市场、低端零售为主。随着经济体制的改革和城市化进程的加快,原本的中心城区逐渐成为产业发展滞后的地区。工业用地、仓储用地、低端批发零售用地等已不适应当前城市的发展,急需进行改造提升。

### 4. 产权关系复杂

老城区往往由于历史因素而地块割裂严重、产权关系复杂。以南京市秦淮老城单元为例,以土地权属为单位划分的用地存在边界不规则、地块面积小等特征。尤其在一些现状情况复杂的历史地段和老旧小区中,甚至一栋房子即为一个土地权属,一个小区可以被划分为十几个甚至二十几个小地块(见图2-2)。在以往的增量规划中,规划只需按照构想将理想的"色块"填充进每一个街区,并提出相对合理的容量控制,即可形成可操作的规划蓝图。但是面对存量用地这样复杂的现实情况,以往的"色块填充"思路需要转变为"色块调整""色块升级",同时还需兼顾各方立场,将既有利益合理分解重组,以平衡多元化的利益关系。

图2-2 南京市秦淮老城单元国土数据信息图
(资料来源:南京市规划和自然资源局)

## 2.1.3 存量规划中用地规划控制面临的问题及挑战

**1. 规划控制方式过于粗放**

鉴于以往控制性详细规划的编制工作多针对城市新区，这类地区由于用地情况单一，规划的控制方式相对粗放，对所有地块采取同一套指标体系进行控制。然而，按照以往的规划控制方式，难以应对城市存量建设用地中的复杂问题。以南京为例，老城区中有数以百计的历史资源点需要保护，复杂的街巷空间需要梳理，大量的老旧小区需要更新，这些复杂而迫切的现实问题需要在规划中得到有效解决。因此需要更加精细化的控制方式，针对不同地块的不同特征，提出差异化的控制策略，并能够落实到图则中，指导规划的有效实施。

**2. 传统控制指标体系存在局限**

（1）传统控制指标体系的内容

1）按控制对象分类

各类指标的控制对象可分为四部分：土地使用、建筑建造、配套设施、行为活动。

2）按控制强度分类

通常将指标分为两类：强制性指标与引导性指标。强制性指标主要指在实施中必须按照规划要求严格控制的指标，包括用地性质、容积率、建筑高度、建筑间距、绿地率等。引导性指标则主要起到引导、建议的作用，包括建筑形式、建筑体量、建筑色彩等，在实施时以规划要求为参考，可结合具体情况适当调整。

3）按表达方式分类

控制性详细规划的控制指标体系庞大而复杂，需要根据指标各自不同的特点采用不同的表达方式。可以定量控制的指标以数字或范围的形式在图则中进行控制，如用地面积、容积率、建筑密度等；可以通过简洁的文字表达的指标则以文字描述的形式在图则中进行控制，如用地性质、配套设施名称等；需要以图示表达的指标则在图则中进行图示表达，如配套设施的位置、建筑退线、出入口方位等。

（2）传统控规指标确定方法

由于控规中的指标主要是对未来城市发展的预设控制，因此在指标确定时因缺乏相关数据的积累和科学的测算方法，大都以"经验值"来赋值，难以保证其合理性与科学性。控规中的建设容量指标赋值高低直接关系到经济利益，城市开发建设时追求经济效益的最大化，因此导致控规指标频繁调整。

（3）传统控规指标体系的局限性

我国控规的产生及发展受时代背景影响较大，其指标体系主要借鉴了美国的区划法，并在长期的规划实践中进行了优化调整，形成了一套较为成熟的控制指标体系。但这套控制指标体系主要是为新建地块的开发提供开发依据，从而有效控制新建地块的开发容量。而在存量规划中，这样的控制方式难以实现对于老城区中历史资源的保护、环境品质的改善等需求。尤其是针对规划中的保留地块，在大多数控规实践中并未予以有效控制，这使得传统的指标体系在面对存量建设用地时存在一定的局限性。

## 2.2 存量规划中的用地发展策略研究

基于存量建设用地的复杂性，传统的规划方式对所有地块进行统一化控制，不加以区分，很难实现真正有效的管理控制。本书针对控规的规划控制方式过于粗放的问题，提出了用地发展策略的研究思路。

### 2.2.1 用地发展导向研究

存量规划的规划重点由经济增长转变为品质提升。面对老城区的品质提升需求，通过调研、总结现状问题，我们梳理出以下七个方面的主要需求：改善居住环境、改善交通出行条件、增加绿地面积、增加公共配套设施、降低人口密度、实现产业转型、提升经济效益。这些需求可以概括为两大类：改善民生与提升产业，对应到用地规划控制中，则可以概括为两种用地发展导向：民生类地块与产业类地块（见图2-3）。

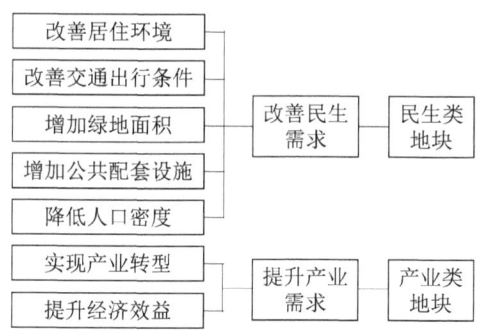

图2-3 老城区品质提升需求分析
（资料来源：本课题组自绘）

**1. 民生类用地**

主要指发展导向以改善居民生活品质、完善相关配套设施为主的用地，包含所有与改善民生需求相关的用地发展情况。

以南京市秦淮老城单元为例，通过现状梳理，我们总结出民生类用地主要包括以下两种类型：

（1）需要进行环境整治的居住类用地

实地调研中发现，二十世纪七八十年代建设的老旧小区在南京市老城区中随处可见。这些小区随着城市的发展、社会的变迁，如今大都存在建筑密度过大、绿地资源缺乏、配套设施老化、缺乏正规的物业管理等问题，直接导致居民生活质量下降。通过对南京市秦淮老城单元中需要进行环境整治的居住类用地现状情况的分析,我们梳理出百余处需要进行环境整治的居住类用地。其中,有十五处地块内包含一定数量的历史文化资源,需要同时考虑居民环境品质的提升以及历史资源的保护(见图2-4)。

图2-4　南京市秦淮老城单元民生类——居住类用地分布图
(资料来源:本课题组自绘、拍摄)

(2)可以进行改造用以完善公共配套设施的用地

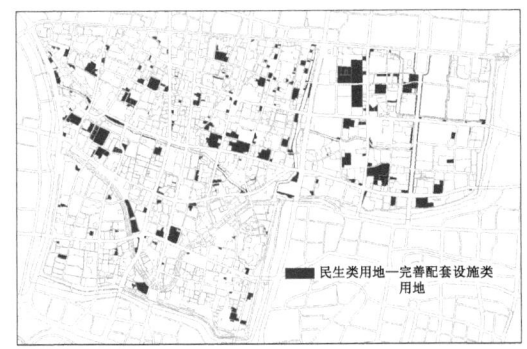

图2-5　南京市秦淮老城单元民生类
——完善配套类用地分布图
(资料来源:本课题组自绘)

除了改善老旧居住小区的环境品质外,公共配套设施的完善也是老城中改善民生的重要举措。从用地的角度来看,在老城土地资源紧缺的情况下,应以改善民生为主,首先解决配套问题。因此在规划时,需要首先通过对公共设施进行分级、分类,以规划人口为依据,明确各街道、社区的公共设施缺口,反推出需要配置的公共设施总量,并最终对应到用地中去,寻找合适的地块用以增加公共配套设施。此类用地包括教育设施、社区级及基层社区级公共配套设施、公共绿地等(见图2-5)。

## 2. 产业类用地

主要指以提升功能品质、发挥经济效益为主的用地。同样以南京市秦淮老城单元为例，产业类用地可概括为以下三类：

（1）可以发展文化旅游产业的历史地段

老城中的历史地段除了民生类的传统民居型地块以外，其余的则可视为产业类用地。通过对历史资源的梳理，加强保护，并充分展示利用，形成老城的特色文化标签，发展文化旅游产业。南京市秦淮老城单元中的产业类用地包括以文化展示为主的朝天宫，以绿地广场为主的汉中门、中华门，以商业、文化娱乐为主的夫子庙、老门东等（见图2-6）。

图2-6 南京市秦淮老城单元产业类——文化旅游类历史地段分布图
（资料来源：本课题组自绘、拍摄）

（2）可以进行改造用以发展各类产业的用地

此类用地是指在满足老城区各类公共配套设施的基础上，其余可进行开发改造的存量建设用地。主要包括三种类型：商务商贸类用地、创意研发类用地以及文化旅游类用地。

商务商贸类用地主要指规划后用以发展商业服务设施以及商务办公设施的地块；创意研发类用地指可结合片区内的老旧厂区、高校资源等发展科教产业的地块；文化旅游类用地则指可结合片区内的自然生态资源建设公园绿地或发展文化创意产业的地块（见图2-7）。

图2-7 南京市秦淮老城单元产业类
——可改造用地分布图
（资料来源：本课题组自绘）

（3）需要进行转型提升的既有产业类用地

如前文所述，存量建设用地中的一部分产业类用地存在发展滞后的问题，需要在规划中进行有效的引导，以实现产业的转型提升。其中包括以批发市场、传统零售业为主的商业用地以及收益较差的商务办公用地。通过调研，我们发现南京市秦淮老城单元此类用地主要集中在老城的商业中心区以及老城的主要道路沿线，分布相对集中（见图2-8）。

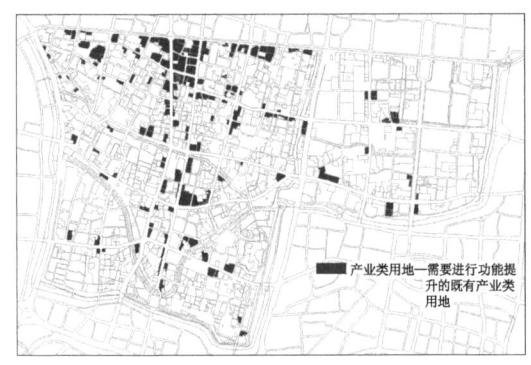

图2-8 南京市秦淮老城单元产业类——既有产业类用地分布图
（资料来源：本课题组自绘）

### 2.2.2 用地管控措施研究

除了应对老城品质提升的需求外，规划还面临着存量建设用地现状的复杂性。本课题组从用地管控的角度出发，基于对用地现状情况的分析及用地管控措施的不同导向，将存量建设用地分为保护、保留、发展三类用地，结合GIS的分析，对现状用地进行评价，并分别对应不同的规划管控措施。

**1. 基于GIS的用地管控措施评价**

（1）用地发展策略评价思路

在现状调研的基础上，通过GIS平台，将规划中涉及的自然、经济、社会等因素进行量化，可以更好地对用地潜力进行分析，作为用地发展策略评价的依据，应用到规划编制中。

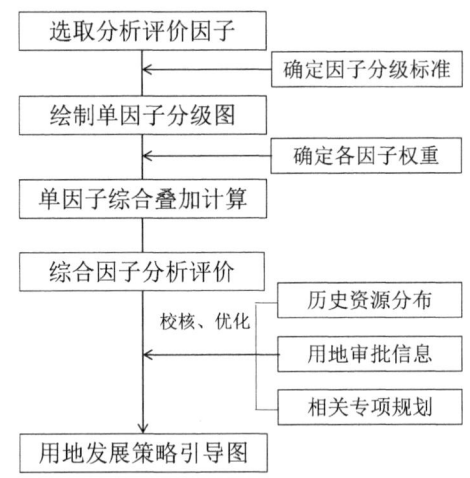

图2-9 基于GIS平台的用地管控措施评价思路
（资料来源：本课题组自绘）

在进行用地发展策略评价时，首先应根据不同地区的实际情况，选取合理的分析评价因子,并确定各因子的分级判定标准。将各因子对应到每一块存量建设用地中进行打分,绘制出单因子分级图。再结合专家打分法,确定各因子对用地发展策略的影响程度,从而确定各因子的权重。通过对单因子进行综合叠加计算,得出初步的综合因子分析评价图。这张图可以视为理想状态下的用地评价结果。在此结果之上,再一次校核历史资源的分布情况,明确保护用地的分布,同时对已经审批的用地以及其他相关的专项规划进行落实。通过这样的校核,优化用地评价结果,形成最终的用地发展策略引导图(见图2-9)。

(2)基于多因子分析的用地发展策略评价过程

1)评价因子的选取

决定地块类型的因素有很多,包括社会、环境和经济等多个方面。因此所选取的评价因子应当具有主导性和差异性两个特征。因子的主导性特征是指因子对于判断地块的类型有较大的影响;因子的差异性特征是指因子在不同地块上能体现较大的差异,以便于赋值量化。同时,因子还需要具有代表性、科学有效性及可操作性。基于前文的分析,在明确现状存量用地类型的前提下,结合现状调研情况和相关规划梳理,构建了用地评价体系。根据规划地区的经济、社会、生态等特点,选取了历史文化、生态、轨道交通、框架路、地价、改造难度、重点发展七个因子作为评价标准,分布叠加赋值,进行现状用地潜力分析。

2)确定因子分级标准及权重

因子数据库的建立是为了判断不同地块的潜力,辅助进行不同地块的准确分类,因而不需要得出确切的数值。各类因子可以分为六个等级,等级越低,代表该因子对地块的影响越小,反之亦然。

在判定地块的分类时,主要是以该地块将来如何发展为依据,结合各类因子对地块需要保留或者建设的情况的影响进行判断。前文选取的七个因子中,轨道交通因子、框架路因子、地价因子、重点发展因子为正相关因子;历史文化因子、生态因子及改造难度因子为负相关因子。正相关的因子等级越高,则地块开发的可能性越高;而负相关的因子等级越高,则地块开发的可能性越低。

我们将以上七个因子以调查问卷的形式,走访专家,包括相关领域的教授、规自局、设计院的从业人员,采取专家打分法确定各因子的权重,作为形成综合因子分析评价的依据。

表2-1 用地评价因子评价及打分依据汇总表
(资料来源:本课题组整理)

| 评价因子 | 权重 | 评价及打分依据 |
| --- | --- | --- |
| 历史文化因子 | 0.20 | 叠合历史资源点,统计个数,并提取资源价值计算地块平均值,综合两者结果赋值1—6分 |
| 生态因子 | 0.10 | 叠合绿地、水资源等生态资源,并提取各地块中心点,基于GIS路径分析,按距离远近赋值1—6分 |
| 轨道交通因子 | 0.12 | 叠合轨道交通站点,并提取各地块中心点,基于GIS路径分析,按距离远近赋值1—6分 |
| 框架路因子 | 0.08 | 提取各地块中心点,计算到城市干道的距离,按距离远近赋值1—6分 |

续表 2-1

| 评价因子 | 权重 | 评价及打分依据 |
| --- | --- | --- |
| 地价因子 | 0.15 | 叠合地价地段,按地价高低赋值 1—6 分 |
| 改造难度因子 | 0.20 | 叠合现状建筑高度及建筑质量,综合两者计算结果赋值 1—6 分 |
| 重点发展因子 | 0.15 | 叠合城市总体规划发展结构图,计算地块中心点与重点发展廊道或片区的距离,按照距离远近赋值 1—6 分 |

结合这样的评价及打分依据,首先可以得到单因子分级评价结果(见图 2-10)。其中,历史文化因子、生态因子及改造难度因子与用地发展成负相关关系;轨道交通因子、框架路因子、地价因子、重点发展因子与用地发展成正相关关系。再根据各因子的权重,通过计算得到综合因子分析评价结果。即:综合因子评价结果＝轨道交通因子分值×0.12＋框架路因子×0.08＋地价因子×0.15＋重点发展因子×0.15－历史文化因子×0.20－生态因子×0.10－改造难度因子×0.20。

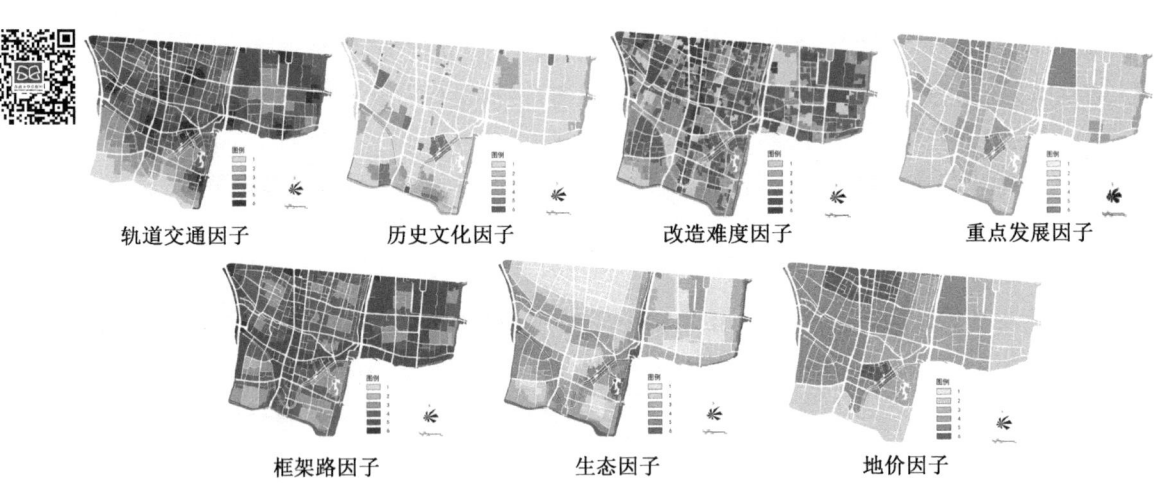

图 2-10　南京市秦淮老城单元单因子分析评价结果
(资料来源:本课题组自绘)

(3) 用地发展策略评价结果优化

通过上述方法,我们可以得出一个初步的用地评价模型。根据等级的不同,可以大致判定各地块在规划中是否适合开发,等级 1—6 可分别对应为:不宜开发(1—2)、适宜开发(3—4)、鼓励开发(5—6),即可大致确定地块属于保留用地或发展用地。基于用地评价模型,叠加审批信息图,将已审批用地视为发展用地。另外,需校核片区内已有的相关专项规划,确保规划之间不存在矛盾。同时,将所有的历史文化资源点、历史地段叠置到图中,可以看到几乎所有的历史文化资源分布地区的开发等级都属于 1—2,即不宜开发地区。我们将此类用地划分至保护用地中单独研究。通过校核调整后,可得出三类用地的评价结果(见图 2-11)。

2 存量规划中基于用地发展策略的规划控制技术　031

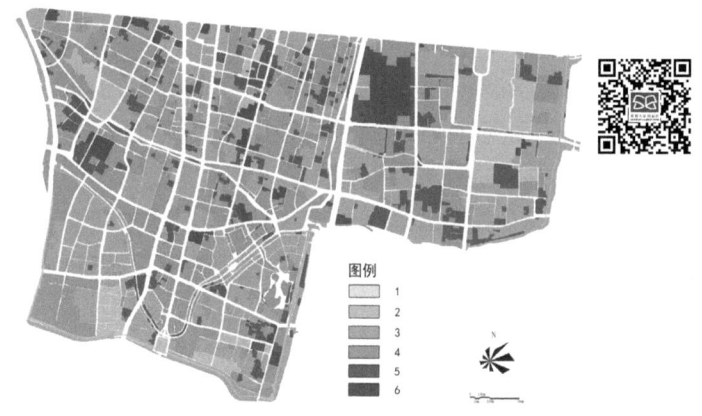

图 2-11　南京市秦淮老城单元综合因子分析评价结果
（资料来源：本课题组自绘）

### 2. 保护用地

保护用地主要包括文物古迹保护与建设控制范围、历史地段、风景名胜区、生态敏感区以及上层次规划确定的需要规划保护与控制的用地。

保护用地是以地块的历史文化资源特征为依据进行分类的。当地块中出现历史文化资源时，其规划措施不可单纯地以"拆或不拆"来判断，而是需要以保护历史文化资源为大前提，通过更加精细化的措施予以管理。不论保护用地中的建筑需要部分拆除或是修缮维护，其规划措施都应完全区别于其他用地。因此，需要在规划中将此类用地单独考虑、重点研究。

在南京秦淮老城单元中，保护用地主要包括朝天宫、夫子庙等 5 处历史文化街区，评事街、钓鱼台、内秦淮河等 10 处历史风貌区，以及抄纸巷、申家巷、大辉复巷 3 处一般历史地段（见图 2-12）。

图 2-12　南京市秦淮老城单元保护用地现状分布图
（资料来源：本课题组自绘、拍摄）

### 3. 保留用地

保留用地是指经过现状调研后,认为建筑质量与环境风貌欠佳,但还未达到需要拆除重建的地步的用地。对于此类用地,应保持用地性质不变,对建筑风貌、色彩等外观进行改善,内部结构可以加固,绿化环境进行整治,以提升地块环境品质。

从图 2-13 中可以看出,在秦淮老城单元中,保留用地占了存量建设用地的一大部分。其中 80% 为居住用地,也是前文所提到的民生类用地中需要改善环境的居住用地。

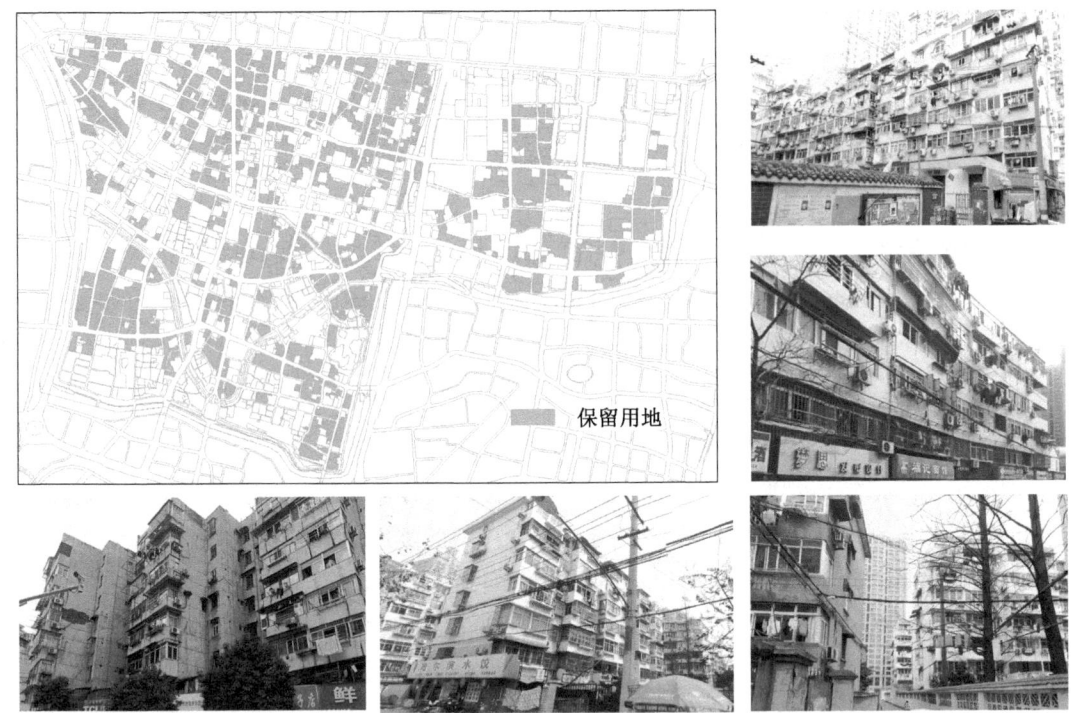

图 2-13　南京市秦淮老城单元保留用地现状分布图
（资料来源:本课题组自绘、拍摄）

### 4. 发展用地

发展用地根据建筑与环境景观的状况分为两种规划策略:

一是功能更新,即改变用地的性质,而建筑在经评估后,若其结构和外观较好,则允许对建筑结构及外观进行适当的调整更新,以使其适应新的功能。房屋已建成但闲置一定周期的土地、利用现有建筑改造等类型适用该策略。

二是拆除重建,即整体或局部建筑拆除并重建。这可能是基于老城改造的压力,旨在增加建设容量和提高容积率,保障土地经济效益的实现;也可能是因为公众利益和城市发展的需要,减少建设容量,将其用作公共服务设施、市政基础设施、道路、绿地等。

南京秦淮老城单元的发展用地除了已审批的用地外,大部分地块面积较小且分布比较零散,以质量较差的三类居住用地、商业设施用地以及闲置用地为主(见图 2-14)。

2 存量规划中基于用地发展策略的规划控制技术　033

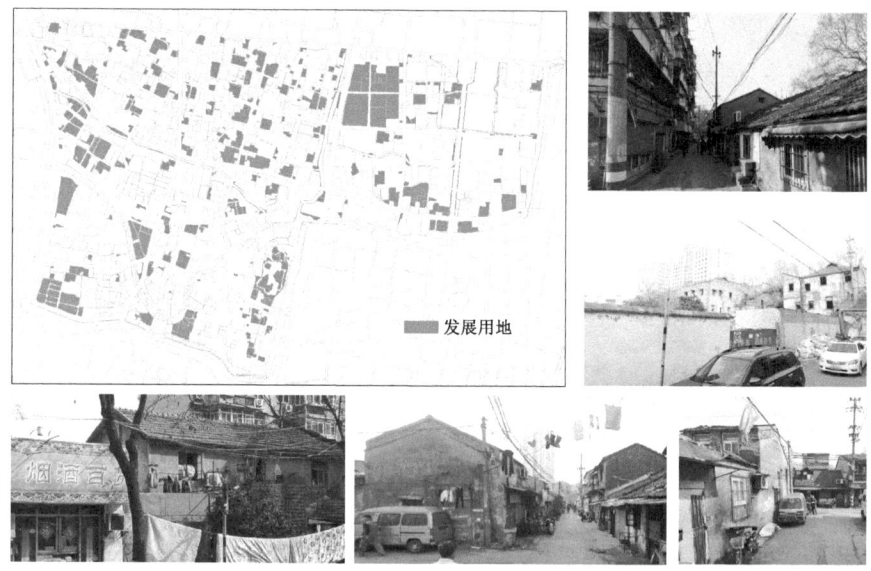

图 2-14　南京市秦淮老城单元发展用地现状分布图
（资料来源：本课题组自绘、拍摄）

## 2.2.3　基于用地发展导向及管控措施的用地发展策略研究

在存量地区的控制性详细规划编制工作中，需要统筹考虑地块特征，对地块的发展策略进行判定及研究。因此需要将用地的发展导向及管控措施融合在一起，形成最终的用地发展策略。

通过前文的研究，可以发现用地发展导向与管控措施两者互相关联、密不可分。如图2-15所示，保护用地、保留用地、发展用地分别都可以从民生、产业的发展导向进行分类；同时，在民生类、产业类用地中，亦可分别划分出保护、保留、发展的管控措施。

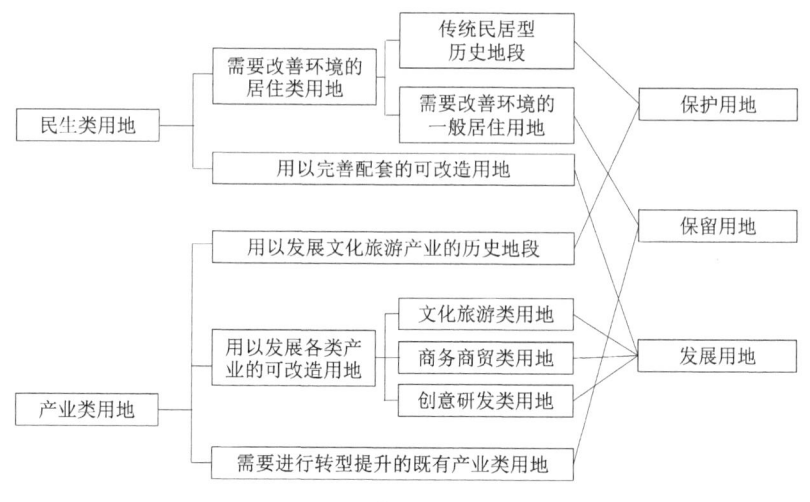

图 2-15　用地发展策略示意图1
（资料来源：本课题组自绘）

通过梳理，我们得出了最终的用地发展策略研究。如图2-16所示，从两大类发展导向、三大类管控措施中，划分出八类用地，以区分存量建设用地，并确定不同地块的发展策略。

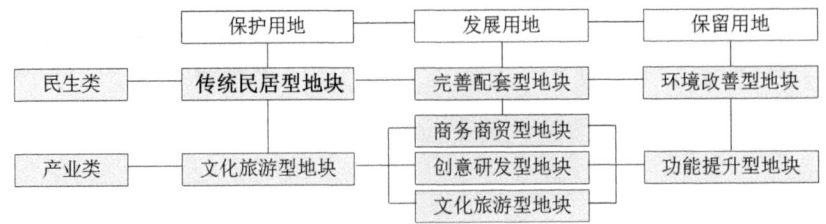

图2-16 用地发展策略示意图2
（资料来源：本课题组自绘）

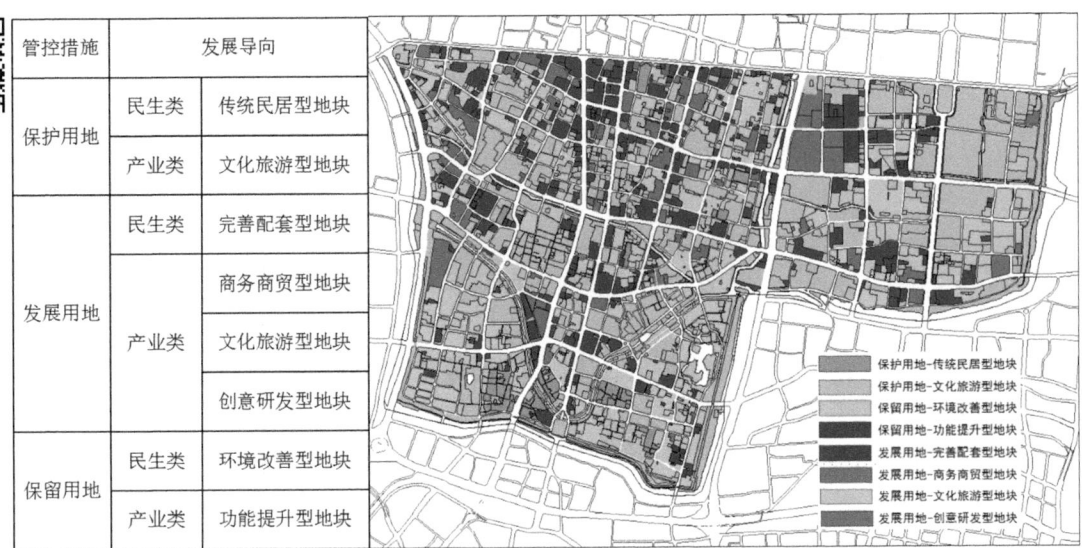

图2-17 南京市秦淮老城单元用地发展策略引导图
［资料来源：南京市主城区（城中片区）控制性详细规划秦淮老城单元（NJZCa030）］

## 2.3 基于用地发展策略的规划控制技术研究

### 2.3.1 控规指标体系的优化建议

**1. 控规法定图则控制内容**

控规中的法定图则是落实规划控制的最终成果，也是能够直接指导规划实施的法定技术文件。以南京市为例，法定图则以规划管理单元为单位进行控制，成果主要包括：规划管理单元土地利用规划图、规划图例、管理单元控制内容（包含单元主导属性、用地面积、总建筑面积、配套设施及绿地广场等内容)、历史文化资源保护(包含保护内容及保护措施两方面内容)、规划控制条文(包含城市设计引导、地下空间利用等内容)、分地块规划控制指标六个方面的控制内容(见图2-18)。

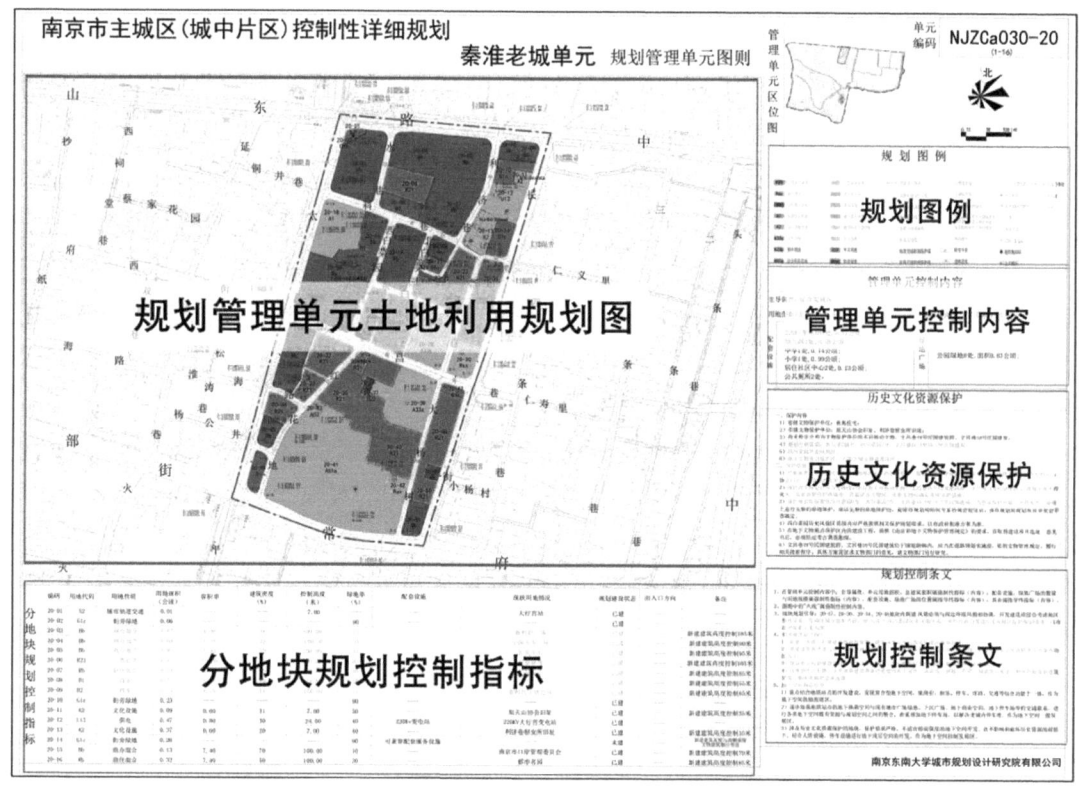

图2-18 南京市法定图则控制内容示意图
［资料来源：南京市主城区（城中片区）控制性详细规划秦淮老城单元（NJZCa030）］

规划管理单元土地利用规划图主要反映各地块的用地性质、用地边界以及六线控制的内容，以直观图示的形式表达控制要求。管理单元控制内容除了确定单元的主导属性、用地面积、总建筑面积、人口等数据外，更重要的是控制单元内公益性用地的总量，包括各类配套设施及绿地广场，确保其在总量达标的基础上具有适当的弹性。历史文化资源保护则主要针对历史文化资源，梳理单元内的历史文化保护内容，并明确各类资源的保护措施。规划控制条文则主要包括城市设计引导、地下空间利用等引导性内容。地块层面主要通过分地块规划控制指标，对各地块的控制指标进行量化控制或文字说明，直接具体地对各地块进行控制。

课题组以南京市法定图则成果形式为基础，针对存量建设用地的特点以及用地发展策略的要求，对控制内容进行适当的调整及优化，为存量规划中的控规指标体系优化提出初步建议。

#### 2. 控规指标体系的优化原则

（1）可操作性

首先，控规作为直接指导实施的法定规划，其指标体系已经覆盖了土地开发及更新的方方面面。随着城市发展方式的变化,土地规划方式也在不断变化。控规的指标体系优化必须考虑实际操作层面的可行性,才能真正实现规划的优化作用。

(2) 针对性

存量建设用地的情况相较于增量用地要复杂许多。传统的基于增量土地开发建设的指标体系过于笼统,对所有的用地采取一套相同的指标进行控制,在面对复杂的存量用地时会导致规划控制效果欠佳,不足以应对用地的复杂性。因此需要对不同类型的用地采取差异化的控制,对能体现不同用地显著特征的指标进行优化,使规划更加精细化、合理化。

(3) 弹性

对于控规而言,规划的弹性是非常重要的议题。针对存量建设用地,更加需要规划的弹性及灵活度,以应对复杂的现状情况。在传统的控规指标体系中,一些强制性指标同样需要适度的弹性,如停车位的控制、用地性质的规划等。可以在可控范围内提供适度的灵活度,提高规划的适应性及可操作性。

(4) 与其他规划的协调性

控规在编制时往往需要吸收多个其他规划的内容,包括各个专项规划、各个重点地段的城市设计等。这些相关规划可以为控规提供更加准确、深入的补充。尤其在老城中,相关规划更加繁杂。不同的规划由于编制单位、编制目的、编制时间的不同,会有不同的规划体系。这就要求控规需要增强自身的包容性,控规中的指标体系也需要尽可能反映其他规划中的重要内容。

### 3. 控规指标体系的再分类

目前,我国的控制性详细规划的指标体系可以按照土地使用、建筑建造、设施配套及行为活动四类进行划分。但在存量规划中,这样的分类方式缺乏一定的针对性,不够清晰明了。建议按照性、量、位、质四个方面进行分类(见图2-19)。其中,"性"包括所有与用地性质相关的指标;"量"包括所有与建设容量相关的指标;"位"包括所有与位置、边界、距离等相关的指标;"质"则包括所有与品质、质量、风貌等相关的指标[①]。而传统的控规指标体系中,主要以前三者,即定性、定量、定位为主,对质的控制较为薄弱。这种对指标体系的新的分类方法,可以更清晰地对不同类型的用地进行各有侧重的控制,相较于之前的分类,更加适合存量建设用地。

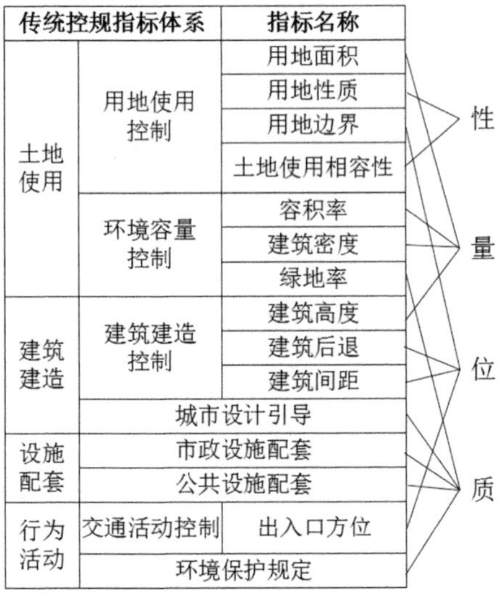

图2-19 控规中部分重要指标的再分类
(资料来源:本课题组自绘)

---

① 巢耀明. 从量的控制走向质的控制:在城市规划管理中加强城市形态环境的管理[J]. 城市规划, 1996,20(4):54-55.

**4. 新指标的引入**

(1) 针对保护用地的指标选取

保护用地主要指具有丰富历史文化遗存的地块。对于这类地块的控制应充分展现对资源的保护以及整体建设风貌的控制。从"性、量、位、质"的大框架来看，需要更加强调的是定性控制及质量提升。

1) 土地使用兼容

在定性控制方面，除了明确用地性质，还需要对"土地使用兼容"进行更加严格的控制。根据每个地块的具体情况进行分析，提出更加合理细致的兼容性要求。传统的控规在控制土地使用兼容性时，大多采用一张表格的形式，根据用地性质提出兼容要求，较为粗放。而保护用地既要求对文物本体进行有效的保护，又要求其具备一定的使用功能。即使性质相同的地块，由于其建筑、地段、承载资源的不同。可兼容的功能和比例也会有所不同。因此建议在图则中增加"土地使用兼容"指标，针对保护用地提出更加合理细致的兼容性要求。

2) 控制要求

目前有许多针对保护用地的保护或开发建设行为，往往难以把握力度，对历史风貌造成了极大破坏。建议增加对保护用地的控制要求，作为引导性指标，结合历史资源的等级、现状情况，确定保护方式。控制要求可分为三个等级：原貌保留（现状完好，不需进行任何改造）、保养维护（现状较好，但需进行适当保养维护）、整治改造（现状较差，需进行较大力度的整治改造）。

3) 建筑贴线率

建筑贴线率的概念源于城市设计。在原有建筑退线控制的基础上，增加建筑贴线率的控制，可以更好地控制历史风貌区中的街道界面，避免无秩序、不完整的界面出现，提升整体的环境风貌。

(2) 针对保留用地的指标选取

保留用地主要指那些用地、建筑、功能均保持不变，但其环境品质、功能品质等已有所衰败，需要通过一些规划管控措施使其重新焕发活力的地块。针对这类用地，其"性、量、位"三者均保持不变，真正需要控制的是"质"，而质的提升主要体现在两个方面——环境品质及功能品质。

1) 绿地提升率

主要针对存量用地普遍存在的绿地资源不足的情况，将绿地率指标进一步细化，通过对"提升"指标的明确规定，实现更加直观有效的管理。

2) 控制要求

保留用地的品质提升主要分为两类：环境品质改善（主要针对老旧小区）及功能品质提升（主要针对部分发展滞后的产业）。建议在图则中作为引导性指标，根据现状情况明确每个保留地块的提升方向。

3）产业引导

作为引导性指标，主要以条文规定的方式，为产业类保留用地功能品质提升提供规划参考，明确其功能转型的方向。

（3）针对发展用地的指标选取

传统的控规指标体系基于增量用地的特征，经过长期的实践与摸索，已经可以较好地实现对该类地块的控制。而针对存量用地中的发展用地，还应强调其"集约性"。这种集约性在存量用地开发时，除了对地面开发容量的控制外，还体现在地下空间的利用上。以往的控规对地下空间利用往往只是定性的控制，如简单地划定一些"鼓励发展区、限制发展区"等，这种控制方式在规划实施中难以达到预期效果。因此建议在指标体系中对地下空间进行定量控制，以达到规划目标。同时还需考虑开发的经济性，以保证规划的可操作性，减少在实际开发中反复进行规划调整的情况。

1）地下空间开发控制

地下空间开发控制主要包括地下容积率、地下使用功能和地下空间范围三类指标。其中，地下容积率以量化为主，与现有的容积率指标类似；地下使用功能以定性的文字描述为主，与现有的用地性质指标类似；地下空间范围则以图示为主，在图则中划定该地块地下空间开发的四至边界。

2）拆建比

从开发的经济性方面考虑，建议增加"拆建比"的控制要求，通过合理的经济测算，以指标量化的形式反映在控规图则中。

3）集中绿地率

绿地率指标主要反映地块内所有绿地的面积与用地面积的比值。当地块内绿地十分分散时，难以真正反映其绿化情况。且在实际操作中，常常遇到开发商为了利益最大化，将应配置的绿地量拆分为几小块，分散布置在地块内。这样的绿地布置方式使得绿化效果大大减弱。因此，建议在发展用地中增加集中绿地率的控制，以更加有针对性地控制绿地指标（见表2-2，图2-20）。

表2-2 建议用地控制新增指标一览表
（资料来源：本课题组整理）

| 分类 | 序号 | 新增指标名称 | 主要控制对象 | 落实方式 | 指标类型 | 备注 |
|---|---|---|---|---|---|---|
| 性 | 1 | 土地使用兼容 | 保护用地 | 分地块控制指标 | 强制性 | 对保护用地实行更加细致的兼容性控制 |
| | 2 | 用地类型 | 所有地块 | 分地块控制指标 | 强制性 | 明确各地块类型 |
| 量 | 3 | 拆建比 | 发展用地 | 分地块控制指标 | 引导性 | 为地块开发建设提供规划依据 |
| | 4 | 地下容积率 | 发展用地 | 分地块控制指标 | 强制性 | 控制地下空间开发强度 |
| | 5 | 地下使用功能 | 发展用地 | 控制条文 | 强制性 | 控制地下空间使用功能 |
| 位 | 6 | 地下空间范围 | 发展用地 | 图示 | 强制性 | 划定地下空间用地边界 |
| | 7 | 建筑贴线率 | 保护用地 | 分地块控制指标 | 引导性 | 明确沿街界面的连续性 |

续表 2-2

| 分类 | 序号 | 新增指标名称 | 主要控制对象 | 落实方式 | 指标类型 | 备注 |
|---|---|---|---|---|---|---|
| 质 | 8 | 绿地提升率 | 保留用地 | 分地块控制指标 | 强制性 | 明确绿地提升指标 |
| | 9 | 集中绿地率 | 发展用地 | 分地块控制指标 | 强制性 | 明确集中绿地指标 |
| | 10 | 功能转型引导 | 保留用地 | 控制条文 | 引导性 | 为产业类保留用地功能品质提升提供规划参考 |
| | 11 | 控制要求 | 保留用地 保护用地 | 控制条文 | 引导性 | 明确地块的具体保护、整治措施 |

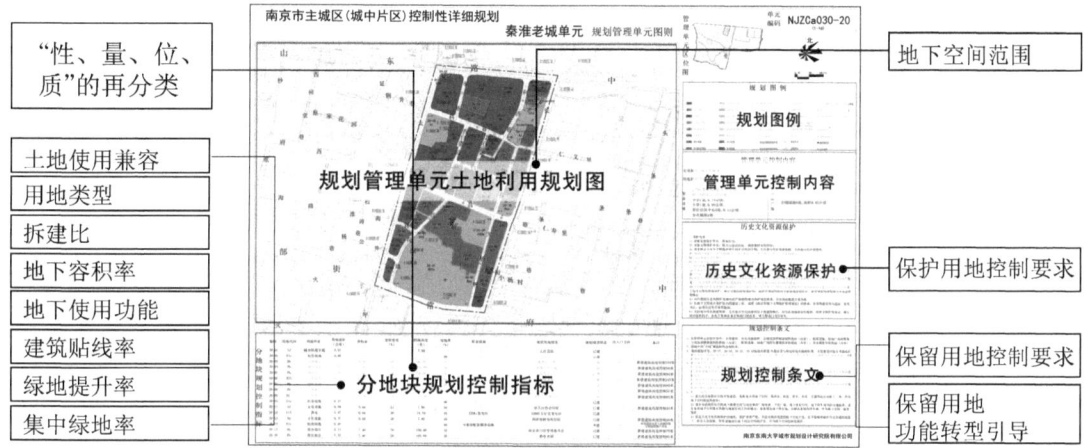

图 2-20 控规图则优化调整示意图
（资料来源：本课题组自绘）

### 2.3.2 基于指标体系优化的规划控制策略研究

#### 1. 整体控制原则

针对存量用地的特征，除了对指标体系进行优化外，还需在此基础上提出各类指标相应的管控措施。针对"保护、发展、保留"三类用地，其控制的侧重点也有所不同。其中，保护用地以保护历史资源、延续历史文脉、彰显老城特色为主；保留用地以改善人居环境、提升老城既有生活及产业品质为主；发展用地则需以有限的资源平衡多元的利益，集约高效地进行开发建设为主（见图 2-21）。

#### 2. 保护用地——保护修复型控制

在传统的控规编制工作中，对于保护用地的控制要求主要集中在对历史文化资源点的保护上，一般出现在总则中的历史文化保护章节。通过梳理历史文化资源点的数量，分别提出相应的保护措施。这样的方式容易仅关注单个历史建筑的保护情况而忽略老城整体历史

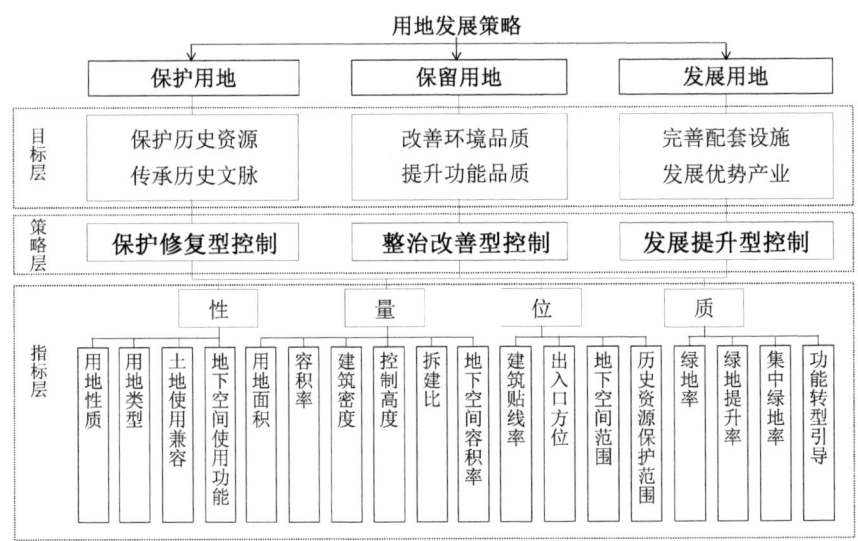

图 2-21 各类用地规划策略示意图
(资料来源:本课题组自绘)

风貌的传承与保护。

而从用地的角度来看,所有历史文化资源点都属于某个地块的一部分。因此,在控规中应格外关注地块整体品质的提升。通过对地块性质的控制,确定使用功能,进而对容量、位置、环境品质等进行提升。通过构建环境微更新体系,对街道绿化、市政设施、城市照明等进行规划控制引导,以改善历史文化环境、营造历史文化氛围。并将这些控制要求体现在指标控制上,进行更加有效的管控。

(1) 性质控制

1) 用地性质

用地性质的确定与地块的现状情况及规划的发展导向有着密不可分的关系。按照前文的分类方式,可将地块分为民生类、产业类两种发展导向,其分别对应的用地性质也有所不同(见表2-3)。

表 2-3 保护用地性质一览表
(资料来源:本课题组整理)

| 用地类型 | 民生类用地 | 产业类用地 | | | |
|---|---|---|---|---|---|
| | | 自然景观类 | 博物馆类 | 工业遗产类 | 商业街区类 |
| 示意图 | | | | | |
| 用地性质 | 居住用地 R2 | 水域 E1 | 公园绿地 G1a | 文化设施 A2 | 科研设计 B29a | 商业 B1/B3 |

① 民生类——传统民居型地块

除了历史地段外,其他历史资源较为丰富且以居住功能为主导的地块也被划分为传统民居型地块。此类地块的现状多为环境品质欠佳、建筑质量较差的三类居住用地,少数地块建筑质量较好,属于二类居住用地,但绿化资源和配套设施等普遍欠缺。地块中建筑质量与历史地段的建成年代有着很大的关系,年代越久远则保护状况越差,年代较近的建筑则保护状况相对较好。

作为传统民居型地块,规划后的用地性质仍以居住(R)为主,但需要根据建筑层数、预期品质等因素,将其更新为二类或一类居住用地(R2/R1)。

② 产业类——文化旅游型地块

相较于民生类用地以单一的居住性质为主,产业类用地的性质范围更广。从现状来看,所有的非居住主导的历史地段都可以归为此类。以南京为例,包括明城墙、秦淮河、夫子庙、朝天宫等各类可发展文化旅游产业的保护用地均属于此类。产业类保护用地可梳理为以下几种类型:

a. 自然景观类用地:主要指自然形成的山水资源以及人为建造的公园绿地等自然景观。此类用地的规划性质与现状基本一致,多为水域(E1)、公园绿地(G1a)等。

b. 博物馆类用地:主要指由于历史资源本身的特征而自成一体、形成相对独立且封闭的类似于博物馆形式的可供人们参观的用地。大多数的宫城、皇家寺院、宗教类用地都属于此类。用地性质可规划为文化设施用地(A2)、宗教用地(A9)等。

c. 工业遗产类用地:主要指各历史阶段工业建设所留下的具有历史学、社会学、建筑学和科技、审美价值的工业文化遗存。结合其特有的审美价值、建筑内部构造以及文化特征,多规划为文化创意产业园区,用地性质为科研用地(A35)或科研设计用地(B29a)。

d. 商业街区类用地:主要指以街区的形式为主,且将历史建筑底层赋予零售、展览、娱乐等功能的用地。此类用地是我国最为常见的一种传统街区利用形式,使人们感受历史街区的文化氛围的同时,又融入了商业气息,提升了街区活力。如南京的夫子庙、老门东等人气较高的历史街区均属于此类。与其他两类用地不同的是,此类用地的性质并非一成不变,而是更加多元化。在同一街区内可以有餐饮、商品零售、艺术工作室等多种功能混合使用,这也是提升街区活力的关键所在。因此在用地性质的规划上可以根据其自身的主要特色进行判断,多为商业用地(B1)、娱乐康体用地(B3)等,并且可在土地使用兼容中确定其他用地性质的混合比例。

2) 土地使用兼容

土地使用兼容的控制是希望在对用地性质进行刚性要求的基础上,增加适度的弹性。比如针对商业街区类保护用地,为避免用地性质单一导致规划后的商业街区缺乏活力,避免开发过度而损害历史资源保护,需要在控规阶段进行更加精细化的控制。仅仅依靠目前统一的土地使用兼容控制要求是不够的。

以秦淮老城中的内秦淮河西五华里为例,该地段位于内秦淮河沿岸,是老城的一个重要门户。规划后,希望该地区能够发展为集商业、休闲、娱乐、文化展示于一体的人气聚集地。结合现状的调研以及城市设计的成果,在控规层面,将用地性质规划为娱乐康体用地(B3),主要体现其休闲娱乐功能。同时,需要兼容一定的商业(B1)、文化展览(A2)用地。然而从目前的兼容性控制要求来看，B3 类用地只能兼容 B9 类用地。因此在控规图则中需要单独标注，以确保规划实施时实现功能复合的要求，形成多元化的历史风貌展示平台，提高地块的活力，从而更好地保护并延续历史风貌（见图 2-22，2-23）。

图 2-22　西五华里地块用地规划图
〔资料来源：南京市主城区（城中片区）控制性详细规划秦淮老城单元（NJZCa030）〕

图 2-23　西五华里城市设计效果图
（资料来源：内秦淮河西五华里滨河空间城市设计及修建性详细规划）

（2）容量控制

1）建筑密度

保护用地中的现状建筑大致可以分为三类：历史建筑、影响历史风貌的一般建筑和不影响历史风貌的一般建筑。对于保护用地中建筑的处置方式也可以分为三类：修缮、整治和拆除。由此可以看出，对于保护用地中的建筑，并非均需保留，而是需要进行适当的评估，筛选出影响历史风貌的一般建筑，予以整治改善或考虑拆除；对于不影响历史风貌的一般建筑，可结合将来的发展意向和历史地段的现状考虑保留整治或直接拆除；对于历史建筑则需要进行保护并延续其历史风貌，保护方式应以修缮为主。因此，保护用地的建筑密度会随着部分建筑的拆除而降低。具体数值需要根据地块的实际情况进行测算（见表 2-4）。

2）绿地率

绿地率主要反映了地块的绿化环境品质，是存量规划中不可忽视的一项重要指标。对于保护用地而言，绿地的数量和形式都是极其重要的，需要与历史风貌相协调。盲目的增加或减少都可能影响该地段的历史风貌。在建筑密度降低的前提下，必然会多出一部分用地，这部分用地是否用来提升绿地率、提升多少以及以何种形式体现，都需要根据历史建筑的特征、空间肌理等进行严谨的判断。

3）新建建筑高度

保护用地中一旦需要新建建筑，必须通过严谨的分析，包括建筑风貌、建筑体量、建筑高度等都需要结合整体风貌做出合理的判断。其中，建筑高度作为可量化的强制性指标，尤其需要严格控制。以南京朝天宫历史文化街区为例，地块内原则上不允许新建建筑，所有建筑高度整体控制在 12 m 以下，同时需要与街巷尺度相协调。除此之外，还需确保街区内的轴线不被破坏,保持视廊的通透性,要求朝天宫北侧地块的所有新建建筑高度不得影响视觉环境景观背景。

表 2-4 保护用地建筑密度调整示意
(资料来源:本课题组自绘)

| 规划状态 | 规划前 | 规划后 |
| --- | --- | --- |
| 示意图 |  |  |
| 建筑密度 | 48.97% | 32.53% |

4)容积率

在保护用地中,对建筑和环境的具体分析以及精细化的控制更加有利于历史资源的保护。容积率作为地块整体建设容量的控制指标,其探讨空间相对较小。因此,在保护用地中需要首先确定建筑密度和建筑高度,计算出地块内的建筑总量,从而反推出容积率。

(3)位置控制

1)用地边界

保护用地的土地权属往往是所有用地中最为复杂的,因此其用地边界难以单纯依据用地权属进行划分。必须通过现场实地调研,结合其历史风貌特征、周边用地情况等因素进行划定。

2)建筑贴线率

建筑贴线率主要强调新建建筑与保留建筑之间的衔接,以塑造出较完整流畅的沿街界面,从而形成更加丰富的街巷空间。对于贴线率的控制,可以通过研究地块中的传统空间肌理、建筑体量及风格等因素进行确定。

针对贴线率的控制,匡晓明、徐伟通过对国内外典型案例的研究提出,70%是贴线率的临界指标,可以基本保证街道界面的连续性和完整性[①]。而在周钰等人的研究中,则认为应

---

① 匡晓明,徐伟.基于规划管理的城市街道界面控制方法探索[J].规划师,2012,28(6):70-75.

该限定贴线率的具体使用范围,以较高的指标数值进行控制,并结合城市自身的形态特点进行具体分析①。

通过对南京老城区中比较典型的几处历史地段的调研,并汇总分析南京老城区传统城市肌理,确定贴线率在75%～90%之间。这一数值在南京老城区其他保护用地的控制中可以作为参考,并结合具体情况进行适当调整。但最低值建议控制在70%以上,以确保街道界面形态的完整性(见表2-5)。

表2-5　南京老城部分历史地段贴线率一览表
(资料来源:本课题组整理)

| 历史地段 | 门东三条营 | 钓鱼台 | 门西荷花塘 | 内秦淮河沿线 |
|---|---|---|---|---|
| 贴线率 | 88% | 80% | 85% | 72% |
| 图例 | | | | |

3) 地块出入口

地块出入口的方向主要涉及机动车的通行。一般情况下,建议在保护用地外围设置公共停车场,避免对传统街巷内部的空间与尺度造成破坏。出入口建议选择有绿地或广场等开敞空间的方位,以减少对历史风貌的影响为原则进行规划。另外,建议结合保护用地的风貌特征对出入口进行美化,并增设标志性构筑物或引导标识,为历史风貌的展示增添更多可能性。

(4) 品质提升

1) 建筑的保护与整治

建筑的保护与整治可根据建筑风貌和质量的不同分为六种方式:

① 针对历史文化资源点

可采取修缮、修复的方式进行保护。修缮,即对历史建筑进行日常保养、防护加固和现状修整;修复,则是在不改变建筑的外观风貌特征的前提下,进行必要的调整改造,根据建筑质量和设施状况,调整、完善各类基础设施,提高使用质量,使其适应新的功能需求。

② 针对一般建筑

可采取整治更新、改建、保留及拆除的方式进行整治。整治更新,主要针对与历史建筑较为协调的一般建筑,可参考传统建筑风貌,对其结构、立面、内部装修等进行全面的整治,同时可以对其功能进行置换,并改造内部设施以提高生活质量;改建,针对与历史建筑不太协调的一般建筑,可以通过较大规模的整治,达到风貌保护要求,通过调整层数、屋顶形式等实现风貌的改善;保留,针对建设年代不长、建筑质量较好的一般建筑,若难以整治或改建,

---

① 周钰. 街道界面形态规划控制之"贴线率"探讨[J]. 城市规划,2016,40(8):25-29,35.

且与传统风貌没有太大冲突,则予以保留;拆除,存在两种情况。一种是针对风貌极差、质量极差的一般建筑,规划需要予以拆除。另一种是该建筑原址曾经有重要的古迹遗址,需要通过拆除后重建恢复古遗迹或开辟为绿化及开敞空间,则根据规划需要将其拆除,进行新的建设活动或对古遗迹进行复建,或开辟为绿化及开敞空间。

2）环境风貌的保护

主要包括三个方面:建筑形式与色彩的保护、景观标志点的保护、视线通廊的保护。建筑形式与色彩主要基于地块的传统风貌和历史文化资源点的特征进行控制,以南京秦淮老城单元钓鱼台历史风貌区为例,其传统建筑形式多为组合式院落,色彩以黑白灰为主;景观标志点一方面需要强调保护用地自身的特征,另一方面也可以形成独特的文化印记,作为文化旅游的标志;视线通廊则是为了更好地展示历史文化,尤其在主体建筑明确或强调轴线的保护用地内,需要控制地块内以及地块周边的建筑高度,保证视线通廊不受破坏。

3）文化特色的挖掘

对于保护用地中文化特色的挖掘,一方面可以在梳理文化特色的同时进行更好的保护,另一方面可以进行合理的展示利用,发展文化旅游产业。

① 物质空间的文化特色挖掘

物质空间的文化特色主要基于地块内的重要建筑、园林、街巷、古井古树等进行挖掘。通过发掘其文化内涵,形成地块特有的文化特色。以南京秦淮老城单元大油坊巷地块为例,地块内以传统民居为主,有清代建筑 8 处、明代建筑 1 处、民国建筑 1 处,其中名人故居 3 处,分别为傅尧成故居、沈万三故居、万氏兄弟故居。规划通过串联文化要素,将具有一定旅游价值的历史资源进行整合,以更好地发展文化旅游产业,展示老城风貌特色。

② 非物质文化特色挖掘

非物质文化遗产作为历史文化的传承,是保护用地文化的灵魂所在。主要包括民间传统的曲艺、手工艺、重要人物故事等。非物质文化遗产的保护需要与物质空间相结合,这些非物质文化特色可以通过传统工坊、特色茶坊等形式,融入到街区的商业空间中,打造特色的文化品牌,使其真正融入到保护用地的日常文化中,得到最大化的传承与展示。以南京秦淮老城单元西白菜园地块为例,规划在历史环境要素方面进行保护与整治,保护历史围墙、门柱,保护修补民国时期地面的铺装等;在物质文化遗产方面,结合对周边环境的分析以及地块自身的条件,将地块内的历史建筑、风貌建筑的再利用以黄金珠宝文化展示、工艺传统和产品销售等功能为主题,兼顾文化休闲及历史展示功能;在非物质文化遗产方面,对名人故居等历史建筑设置展示标志,保持传统的街道名称及肌理,功能置换为以黄金珠宝为特色的传统商业文化街区。

**3. 保留用地——改善整治型控制**

在存量规划中,保留用地往往占据存量建设用地的一大部分,因此,应格外重视对保留用地的改善整治。而在以往的控规中,指标的控制对象多为改造用地,对保留用地缺乏有效的管控。尤其在法定图则中,保留用地的指标栏常为空白,在控规层面缺乏有效的控制和引导,导致实施过程中难以有效解决保留用地的问题,如老旧小区的环境整治、商业功能的提升等。

建议在存量规划的控制指标体系中,增加对保留用地的控制要求,通过对其性质、容量、位置和品质的控制,改善老城中保留用地的环境品质及功能品质。

(1) 性质控制

保留用地的用地性质在规划前后不发生改变,主要包括以下两种类型:

1) 民生类用地

民生类用地主要指保留的居住类用地。老城区的民生类保留用地占比相对较大,老旧小区遍布,成为老城区不可忽视的一大特征。此类用地具有强烈的时代印记,大都是早期建设的单位家属楼,建筑密度较高、质量一般,以6—7层为主。在控制性详细规划编制中,考虑到拆迁成本,难以进行开发改造,大多作为保留用地。现状主要为二类居住用地(R2),包括少部分三类居住用地(R3),规划通过环境品质的改善进行整治更新,按二类居住用地(R2)控制。

2) 产业类用地

保留用地中的产业类用地主要为现状功能品质欠佳、失去活力、需要盘活的商业服务业设施用地,包括商业设施和商务设施两类。其中,商业设施以传统大卖场以及小规模的零售商业为主;商务设施则以老城区中效益较差的商务楼宇为主。

(2) 容量控制

虽然保留用地的大部分建筑不予改变,但规划指标与现状指标常会发生变动。首先在用地面积方面,由于存量规划中对于道路的调整较多,常常存在道路拓宽的现象,因此用地面积会随着周边道路的调整而变化,比现状略有减少。另外,保留用地中可能存在违章搭建等需要拆除的建筑,因此其建筑密度、建筑高度、容积率均需要根据拆除建筑后的地块情况重新测算。而绿地率则应尽量提升,以改善环境品质。

需要强调的是,绿地率的提高主要通过"绿地提升率"来体现。绿地提升率主要反映规划后保留用地的绿地率相较于现状需要提高的幅度。这样的控制方式可以防止由于对绿地率指标的不重视而忽略环境的改善,可以更加严格地控制环境品质的提升,在规划实施层面也更易落实。由于保留用地中可用以提高绿地率的用地十分紧张,这就要求规划师充分了解每一处保留用地的现状情况,结合每处用地的特征提出不同的规划策略。除了对违章建筑进行拆除以外,还可以通过建设屋顶绿化、墙面绿化等方式提升绿地率。

(3) 位置控制

针对保留用地,对位置的控制主要包括用地边界的校核、与规划道路红线冲突建筑的处理、出入口的优化三个方面:

1) 用地边界的校核

主要是针对存量建设用地产权关系复杂的特征。在现状调研中,除了有明确围墙的居住小区外,大部分保留用地的边界并不清晰,需要规划师严格参照权属信息中的地籍边界进行划定。对于无法确定的建筑,需要在实地调研中与当地居民深入交流,明确各建筑所属地块。

2）与规划道路红线冲突建筑的处理

保留用地中的部分建筑与规划道路红线冲突是存量规划中特有的现象。在老城区中，部分城市道路为了满足交通需求需要进行拓宽，在这种情况下，拓宽道路红线可能会与原本划定的保留用地中的建筑相冲突。规划需要结合实际情况判断。首先根据道路等级、道路宽度判断是否可以调整局部线型或道路平面布局形式以避免冲突；其次，根据压到红线的建筑的层数、数量判断拆除冲突建筑的可行性。综合两者的情况进行判断，确定规划方案。

3）出入口的优化

主要是对出入口的位置、数量、形式进行更新优化。由于交通方式的改变，部分老旧小区的出入口难以适应现代社会的要求。首先，根据住区的用地大小和需求，可适当增加出入口数量；其次，针对用地周边道路情况及用地特征，可以对出入口的位置进行调整，避免因其位置不当造成交通拥堵。

（4）品质提升

1）民生类用地——环境品质的提升

① 梳理现状用地

首先，以建筑、环境、配套三个要素的品质为划分依据，对现状所有民生类保留用地进行评判，分为好、中、差三个等级，明确各地块的现状问题，从而更有针对性地进行整治改善。并且可以在实施过程中分时序、分批次地进行，提高更新效率。

以南京市秦淮老城单元中的大阳沟社区为例，通过现状调研，对社区内的 13 个民生类保留用地进行评判，得出民生类保留用地的现状评价表。并在现状评价表的基础上，根据各地块的衰败程度确定优先级，分别以 A、B、C 代表，划分出不同的更新批次依次进行整治（见图 2-24）。

| 地块编号 | 建筑质量 | 环境品质 | 配套设施 | 优先级 |
|---|---|---|---|---|
| ① | 中 | 中 | 中 | B |
| ② | 中 | 差 | 差 | A |
| ③ | 中 | 差 | 中 | A |
| ④ | 中 | 差 | 中 | B |
| ⑤ | 中 | 差 | 差 | A |
| ⑥ | 中 | 差 | 差 | A |
| ⑦ | 中 | 差 | 中 | B |
| ⑧ | 差 | 差 | 中 | A |
| ⑨ | 中 | 差 | 差 | A |
| ⑩ | 好 | 中 | 中 | C |
| ⑪ | 差 | 差 | 差 | A |
| ⑫ | 好 | 中 | 中 | C |
| ⑬ | 差 | 中 | 差 | A |

图 2-24 南京市秦淮老城单元大阳沟社区保留用地梳理
（资料来源：本课题组自绘）

② 整治建筑本体

对于建筑质量较差的老旧小区,需要对建筑本体进行整治改善。整治改善包括两方面的内容:外部立面及内部装修。外部立面需要结合城市整体风貌、所在片区的建筑特征进行整治,避免出现过于突兀的色彩、装饰。内部装修则以居民的生活诉求为主进行修缮,包括楼梯间、墙面、垃圾回收系统等。通过对建筑的整治,使居民的生活更加便捷、安全、舒适。

③ 美化绿化景观

老旧小区中的绿化往往较少,缺乏丰富性。保留用地可以通过拆除违章建筑减小建筑密度,从而建设更多的绿地,还可以进行立体绿化,增加小区绿地景观的丰富性。在规划中,需要充分挖掘可利用的空间,增加绿化植被的数量及种类,丰富宅间绿地的景观设计,改造绿化环境。另外,可增加绿地的功能性,通过设置自种植区域、采摘区域等增加趣味性,改善邻里关系。

④ 完善室外配套设施

完善室外配套设施主要包括完善休憩设施、健身设施、照明设施。目前,老旧小区中居民结构呈现老龄化的趋势,室外配套设施除了满足基本需求外,还需考虑老年人的特殊需求。休憩设施主要提供居民活动后的休息场所,以休憩座椅的形式实现。除了增加座椅的数量外,还需注意遮阴。目前,大多数老旧小区中已有政府提供的健身设施,但需注意其位置的合理性,避免位置过于偏僻或过晒而导致长期无人使用,造成器械损坏。照明设施作为室外活动的重要保障,同样需要进行适当的整治改善。一方面需要保障居民在夜间活动的安全性,另一方面需要避免过强的光线影响夜间休息。

2) 产业类用地——功能品质的提升

① 激发商业活力

由于电子商务的兴起,保留商业用地中的传统大卖场、低端零售业等受到较大冲击。规划应针对此类用地提出业态转型方向,根据用地位置、周边情况、规划区定位等,引导衰败的产业向高端商业、体验型商业等转型。可通过鼓励增加餐饮、影院、创意工作坊等体验型消费产业,重新激活商业活力。

② 提升商务品质

针对位于老城中心区的保留商务用地,规划可引入总部企业,通过重点项目的开发,带动整个地区的商务活力,形成总部基地等,扩大楼宇经济收益,实现功能品质的提升。

#### 4. 发展用地——发展提升型控制

在以往的控规编制中,虽然对发展用地的控制已经比较成熟,但面对存量建设用地资源紧张、各类公共设施紧缺的现状,我们需要改变原有的规划控制思路。首要任务是解决公共设施缺口大、绿地资源不足的问题。在合理测算各街道、社区公共设施缺口的前提下,发展用地应优先用于完善配套设施、提高绿化水平。另外,由于存量建设用地情况复杂,在确定发展用地的建设容量时,应更加科学、慎重地进行测算,不单单需要考虑单个地块的情况,更需要将地块的开发建设与周边地块联系在一起,共同考虑。通过形体模拟、日照分析及用地相似性分析,合理确定地块容量,在不影响周边用地使用的前提下进行开发建设。

(1) 性质控制

1) 用地性质

① 民生类用地

从公益性和经济性的角度来讲,发展用地首先应满足公益性的需求,即老城区公共配套设施的需求。因此,完善配套型地块在发展用地规划时应被优先考虑,其规划性质为公共服务设施用地。老城区中的完善配套型地块主要包括以下两种类型:

a. 教育类用地

一般情况下,老城区由于人口密度过大,教育资源相对紧缺,但同时又是优质教育资源集中的地区。因此,普遍存在学校用地规模与学生数量不匹配,导致生均面积不达标的情况。这就要求一部分学校需要寻找土地资源进行扩建,此类用地即属于发展用地中的教育类用地,包括中学用地(A33b、A33c)和小学用地(A33a)。

b. 居住配套类用地

主要指满足居民日常生活需求的相关配套设施,包括居住社区中心用地(Aa)、社区中心用地(Rc)、幼儿园用地(Rax)、街头绿地(G1c)。其中,社区中心根据对街道、社区的人口测算以及对现状社区中心的评估进行配置;幼儿园用地则根据服务半径、人口进行配置。街头绿地则主要针对面积较小的发展用地,采取见缝插针的方式进行完善。

② 产业类用地

根据产业类型的不同,产业类用地可分为以下三类:

a. 商务商贸类用地

老城区中的产业以商业和商务办公最为常见。在存量规划中,部分发展用地需结合整体规划结构、地区需求,将现状质量很差的居住用地(R3)或者闲置用地规划为商业用地(B1)、商务用地(B2)或商办混合用地(Bb),以满足城市发展的需求。

b. 文化旅游类用地

除了以历史资源为主的保护用地中的文化旅游产业外,老城中还可以依托现状的自然资源、文化特色开辟其他的文化旅游产业,包括建设公园(G1a)、文化设施用地(A2)、娱乐康体用地(B3),或者根据文化旅游产品的集聚效应建设特色街区(B1、Bb)等。

c. 创意研发类用地

此类用地主要依托片区内的优势资源,如文化资源、高校资源等,建设以文化或科技为主题的文化创意产业园区及科技研发创意产业园区。规划用地性质以科研用地(A35)或科研设计用地(B29a)为主。

2) 地下空间使用功能

地下空间的使用功能主要结合地上空间的用地特征及需求进行判断,包括地下公共服务设施、地下停车设施、地下商业服务设施、地下公共开放空间等。其使用功能与控规所确定的地上的用地性质是相互对应的,可以参照城市用地分类标准划分到中类或小类。

① 地下空间使用功能的需求预测

根据对地下空间需求的不同,将地上空间分为核心区、生活区和功能区三类。核心区功能高度混合，包括商务商贸、居住、轨道交通等，对地下空间的使用功能要求也较为多样，需要重点考虑和判断；生活区则主要以居住和生活配套为主，对地下空间的需求多以停车为主；功能区则包括科教、产业园区等用地，地下空间的使用需结合其功能性进行判断。

② 地下空间使用功能的适配性

地下空间的使用功能与地上空间的用地性质具有一定的适配性，与土地使用兼容类似。沈雷洪在其研究中提出了较为详细的解说，通过一张地下功能与用地性质适配表，判断地下使用功能的合理性（见表2-6）。每种地下使用功能均规定允许兼容、不允许兼容、经规划主管部门审查批准后可以兼容的地下功能①。在存量规划中可以参考此类方式确定各类用地性质中地下空间的使用功能，从而更加合理的对地下空间进行开发建设。

表2-6 地下功能与用地性质适配
（资料来源：沈雷洪. 城市地下空间控规体系与编制探讨[J]. 城市规划，2016（7）：19-25.）

| 用地性质<br>地下功能 | 居住用地 | 公共管理与公共服务设施用地 | | | | | | | 商业服务业设施用地 | | | 道路与交通设施用地 | | | 绿地与广场 | | | 市政公用设施用地 | 水域及生态绿地 |
|---|---|---|---|---|---|---|---|---|---|---|---|---|---|---|---|---|---|---|---|
| | | 行政办公 | 文化设施 | 体育 | 医疗卫生 | 教育科研 | 文物古迹 | 其他社会福利 | 商业 | 商务 | 娱乐康体 | 城市道路 | 交通枢纽 | 交通场站 | 公共绿地 | 防护绿地 | 广场 | | |
| 地下轨道交通设施 | ○ | ○ | ○ | ○ | ○ | ○ | ○ | ○ | ○ | ○ | ○ | √ | ○ | ○ | √ | √ | √ | ○ | ○ |
| 地下道路 | × | × | × | × | × | × | × | × | × | × | × | √ | ○ | ○ | ○ | ○ | ○ | × | ○ |
| 地下车行连通道 | ○ | ○ | ○ | ○ | ○ | ○ | × | × | √ | √ | √ | √ | ○ | ○ | ○ | ○ | ○ | × | ○ |
| 地下人行连通道 | ○ | ○ | ○ | ○ | ○ | ○ | × | ○ | √ | √ | √ | ○ | ○ | ○ | √ | × | ○ | × | ○ |
| 地下综合交通枢纽设施 | × | × | × | × | × | × | × | × | × | × | × | ○ | √ | ○ | × | × | ○ | × | × |
| 地下停车设施 | √ | √ | √ | √ | √ | √ | ○ | √ | √ | √ | √ | √ | √ | √ | ○ | × | √ | ○ | × |
| 地下商业服务设施 | ○ | × | √ | ○ | × | × | × | ○ | √ | √ | √ | × | ○ | × | ○ | × | ○ | × | × |
| 地下文化与展览设施 | ○ | × | √ | ○ | × | × | ○ | ○ | ○ | ○ | ○ | × | ○ | × | ○ | × | ○ | × | × |
| 地下商务办公设施 | ○ | √ | ○ | ○ | × | ○ | × | ○ | ○ | √ | ○ | × | ○ | × | × | × | × | × | × |
| 地下体育健身设施 | ○ | × | ○ | √ | ○ | ○ | × | ○ | ○ | ○ | √ | × | ○ | × | ○ | × | ○ | × | × |
| 地下娱乐设施 | ○ | × | ○ | ○ | × | × | × | ○ | √ | ○ | √ | × | ○ | × | ○ | × | ○ | × | × |
| 地下公共开放空间 | ○ | × | √ | ○ | ○ | × | × | ○ | √ | ○ | √ | ○ | ○ | × | √ | ○ | √ | × | × |
| 地下金融保险设施 | × | × | × | × | × | × | × | × | √ | ○ | × | × | × | × | × | × | × | × | × |
| 地下医疗服务设施 | ○ | × | × | × | √ | × | × | ○ | ○ | × | × | × | × | × | × | × | × | × | × |
| 地下教育科研设施 | × | × | × | × | × | √ | × | × | × | × | × | × | × | × | × | × | × | × | × |
| 地下市政设施 | √ | √ | √ | √ | √ | √ | √ | √ | √ | √ | √ | √ | √ | √ | √ | √ | √ | √ | ○ |

注：√可建；×不可建；○条件允许时经批准可建。

---

① 沈雷洪. 城市地下空间控规体系与编制探讨[J]. 城市规划，2016，40(7)：19-25.

（2）容量控制

1）地上开发建设容量

① 民生类用地配置容量测算

a. 确定"以供调需"的思路

公共设施的配置与人口数量息息相关，同时也需要符合各地的规范要求，因此具有严格的限制。针对存量建设用地紧张、公共设施需求量大的矛盾，可以采取分类配置、分散配置、协同配置的思路，尽可能地满足居民的需求。在配置过程中，由于土地资源有限，必须采取"以供调需"的思路，通过疏散人口和完善配置两方面的共同努力，最终实现供需平衡，解决老城民生问题。

b. 梳理可利用的土地资源

确定了"以供调需"的思路后，首先需要对现状可利用的土地资源进行梳理，筛选可用作完善配套设施的地块，并根据其位置、大小判断是否符合规划要求。

c. 缺口反推建设容量

结合人口的疏散以及对现状已有的公共设施的梳理，可以测算出基于规范标准还有哪些设施无法满足要求，以及需要增补的设施数量，从而在用地的供给和设施的需求中寻求平衡，测算出各地块的建设容量。

② 产业类用地开发容量测算

产业类用地不受人口数量或配置需求的限制，需要通过其他方法进行更加合理的测算。与新区不同，存量建设用地基于土地权属的复杂性、地块往往较小，在满足各种退线要求后，实际可开发的用地更小；且地块周边环境复杂，一旦涉及周边有住宅用地（尤其当发展用地位于住宅用地南侧及东侧时），就需考虑对住宅的日照影响。因此，在确定发展用地的建设容量时，除了运用一些在以往增量规划中常见的测算方法（如生态因子分析法、用地相似性分析法等）确定整体的开发强度分布外，还需对每个地块进行单独的分析，通过形体模拟、日照分析等，确保指标的合理性与可操作性。

除此之外，完善配套型地块在进行建设容量的控制时，还需要以人口为依据对公服配套需求进行测算。根据配套设施缺口以及地块分布情况，确定各地块需要开发的建筑总量，以此测算出地块的容积率、建筑高度等指标，并结合上述测算方法进行校核，最终确定地块的建设容量。

2）地下开发建设容量

首先，地下空间的开发是不可逆的，因此在规划前需要进行合理的需求预测，避免过度、无序的开发造成经济上的浪费和对自然环境的破坏。由于各地块的区位、生态条件、历史保护要求等存在很大的不同，规划需要在充分考虑地下与地面的拓展延伸关系的前提下，合理评估地下空间的需求量。根据不同的使用功能，测算所需建设总量，结合地下开发范围得出合理的地下容积率指标。

（3）位置控制

1）用地边界

针对存量建设用地，其用地边界的确定必须以用地权属为主要参考依据进行划定。由于老城中的很多用地现状边界不明确,在规划时需参照国土部门的地籍数据一一进行核对,确保发展用地的用地边界与地籍图一致。必须避免规划用地边界恰好切割到某个用地权属,造成规划难以实施的现象。

2)地下空间范围

为了便于规划的实施及管理,建议地下空间的开发与地面空间相匹配。因此,地下空间的范围应与各片区的控规用地边界一致。这里所说的片区相对比较灵活,可由控规中的几个相邻地块组成。以地下空间的使用功能、开发强度为依据,进行各片区不同的划分。地面的道路则单独划分单元,以便于地下空间与控规中的地块编号相对应。

(4)品质提升

作为拆除重建的地块,发展用地在环境品质提升方面的控制主要体现在城市设计引导、建筑风貌、建筑体量等的引导上。在功能品质方面,主要体现在对规划区整体产业结构的梳理、引导上。可通过规划的重点项目为触媒,带动周边地块乃至整个片区的产业发展,形成新的产业增长极,促进老城区的功能提升。

## 2.4 存量建设用地发展策略的实证研究——以南京市秦淮老城单元控制性详细规划为例

### 2.4.1 秦淮老城单元存量建设用地现状与问题

**1. 项目概况**

秦淮老城单元位于南京老城南部,北与鼓楼区、玄武区相邻。规划范围如下:北以汉中路、中山东路为界,西以虎踞南路为界,东南以外秦淮河为界,总面积为 15.5 km²。

秦淮老城单元隶属于秦淮区,涵盖 7 个街道:朝天宫街道、五老村街道、洪武路街道、大光路街道、瑞金路街道、夫子庙街道、双塘街道,以及 59 个社区(居委会)。

**2. 存量建设用地现状**

秦淮老城单元现状总用地面积为 1549.36 ha,其中城市建设用地面积为 1465.48 ha,占总用地的 94.59%,其中以居住用地、公共管理与公共服务设施用地和商业服务业设施用地为主。水域等其他非建设用地面积为 83.88 ha,占总用地的 5.41%。

表 2-7 秦淮老城单元现状用地汇总表
(资料来源:本课题组汇总)

| 序号 | 类别 | 面积(ha) | 占城市建设用地比例(%) | 占现状总用地比例(%) |
| --- | --- | --- | --- | --- |
| 1 | 现状总用地 | 1549.36 | — | 100.00 |
| 2 | 城市建设用地 | 1465.48 | 100.00 | 94.59 |

续表 2-7

| 序号 | 类别 | 面积(ha) | 占城市建设用地比例(%) | 占现状总用地比例(%) |
|---|---|---|---|---|
| | 建设用地 | 7.79 | 0.53 | 0.50 |
| | 居住用地 | 567.74 | 38.74 | 36.64 |
| | 公共管理与公共服务设施用地 | 227.07 | 15.49 | 14.66 |
| | 商业服务业设施用地 | 229.96 | 15.69 | 14.84 |
| 其中 | 工业用地 | 38.80 | 2.65 | 2.50 |
| | 物流仓储用地 | 0.31 | 0.02 | 0.02 |
| | 道路与交通设施用地 | 274.43 | 18.73 | 17.71 |
| | 公用设施用地 | 11.33 | 0.77 | 0.73 |
| | 绿地和广场用地 | 105.56 | 7.20 | 6.81 |
| 3 | 水域和其他非城市建设用地 | 83.88 | — | 5.41 |
| 其中 | 水域 | 83.88 | — | 5.41 |

**3. 存量建设用地现状问题**

（1）历史保护状况堪忧

秦淮老城单元历史文化资源数量众多。在社会转型发展及城市更新的背景下，其保护与利用的压力仍旧很大。从保护、展示、利用三个方面来看，涉及的历史文化资源存量建设用地存在以下问题：

① 保护状况参差不齐。由于缺乏有效的维护管理机制，部分历史文化资源没有得到妥善的保护，整体性特征遭到分割，空间品质及结构性要素彰显不足，尤其是以居住为主体功能的历史地段现状堪忧。

② 在保护的大前提下，展示利用不足。虽然规划区内历史文化资源数量众多，但以博物馆式的保护为主，难以与现代城市相融合。在展示方面，布局较为分散且缺少标识，历史资源价值未得到充分发挥，老城风貌及文化魅力未能得到提升。

③ 历史文化资源原本的功能与现代生活之间存在矛盾，无法满足现代城市居民生活的需求，缺乏现代、积极的功能注入。

（2）城市特色彰显不足

秦淮老城单元作为南京老城区的一部分，拥有丰富的历史文化资源和繁华的现代商业中心，理应充分发掘城市特色，发挥历史与现代交相呼应的特点。然而，除了历史资源的保护尚有欠缺外，其建筑风貌、城市景观视廊、天际线等未得到合理的控制。尤其在建筑高度上，需要进行更有效的控制，以避免对历史地段和城市整体风貌的彰显造成消极影响。

（3）现状人口情况复杂

现状人口密度过高且分布不均。秦淮老城单元隶属秦淮区管辖，规划范围内包括7个街道、59个社区。现状常住人口为52.53万人，人口密度为3.39万人/km$^2$，整体而言人口密度极高。老城的承载力与人口分布不相匹配,导致交通、教育、养老等一系列的城市问题。同时,人口在 59 个社区中的分布十分不均匀,人口密度最大的瑞金新村社区高达 7.9 万人/km²,而最低的凤游寺社区仅有 1.6 万人/km²。这种不均匀的人口分布也对公共设施的配套方式提出了新的要求和挑战。

(4) 产业结构发展滞后

① 商业设施

现状商业用地为 65.28 ha,占比 4.45%。其中大型商业设施 19 处,主要集中在新街口和夫子庙地区。规划区服务业规模已达到一定水平,但总体以传统产业为主导,产业等级偏低、业态传统、模式单一。新街口地区以商贸百货和商务办公为主,但金融、商务比重较低,传统百货占据主导地位;夫子庙地区则以旅游为主,商贸业态体现为以小商品为主的批发零售业,商品和服务等级低,消费环境较差。

② 商务设施

现状商务用地为 45.64 ha,占比 3.11%。招商楼宇主要集中在五老村街道、洪武路街道等范围内。但规划区内缺乏高端和国际性的商务服务,与国际性商务中心区的定位尚有差距。

③ 产业园区

现状产业园区共 10 处,其中规模低于 5 ha 的有 5 处。规划区文化创意和信息科技等新型产业发展开始起步,创意东八区等文化创意产业园区近年发展势头良好,但新兴产业尚处于发展初期,产业规模不大、产业链较短,产业动力平台还未完全形成。而周边麒麟科技园、河西新城等地凭借政策优势正在迅速崛起,规划区实现跨越发展、争先进位的压力仍然较大。

(5) 公共设施严重缺乏

① 区级及以上公共设施

秦淮老城单元内现状区级及以上公共设施共 239.57 ha,占比 16.35%。包括多处省级、市级、区级公共设施用地,承载着老城的大部分公共资源,服务整个秦淮区乃至南京市区。但这种公共资源的聚集吸引了大量的城市人口,间接造成了一定的社会压力,包括交通问题、住房问题等,需要规划予以平衡。

② 社区级及基层社区级公共设施

以行政区划来看,社区级公共设施服务于街道,基层社区级公共设施服务于社区。从现状调研情况来看,虽然规划区区级以上的公共设施充足,但社区级及基层社区级公共设施比较缺乏。由于用地紧张,各类社区中心设施分散布置且服务水平较低,其中,文化活动中心、体育设施及社区卫生服务中心尤为缺乏。

(6) 公共绿地资源不足

秦淮老城单元内的绿地主要分为三类:一是沿秦淮河的带状绿地;二是具有一定规模的块状绿地,主要包括月牙湖公园、瞻园、郑和公园、胡家花园等;三是零星分布的街头绿地。其中公园绿地共 91.29 ha,占规划用地的 6.23%,人均绿地面积仅为 1.74 m²,绿地量偏少且分布比较零碎,空间连续性有待提高。

## 2.4.2 存量建设用地发展策略分析

**1. 存量建设用地分类引导原则**

对秦淮老城单元的用地分类引导，以对应的规划策略为目标，结合现状情况，将其分为原貌保留用地及存量用地。其中，原貌保留用地包括所有现状情况良好、能够适应城市发展的用地。此类用地没有提升、更新或改造的潜力，不属于城市的低效用地，因此不在存量建设用地的范畴内。除此以外的其他可更新用地可分类为保护、发展、保留三种类型，涵盖民生、产业两种方向。规划重点通过对存量建设用地的梳理、分类，提出老城更新策略，以提升生活品质。

**2. 存量建设用地发展策略引导**

（1）结合用地潜力进行分类

通过多因子叠加分析，对秦淮老城单元内的用地潜力进行初步判断。颜色越深，代表该地块用地潜力越大（见图2-25）。潜力地块主要分布在止马营、武定门、夫子庙、太平北路沿线等地区。

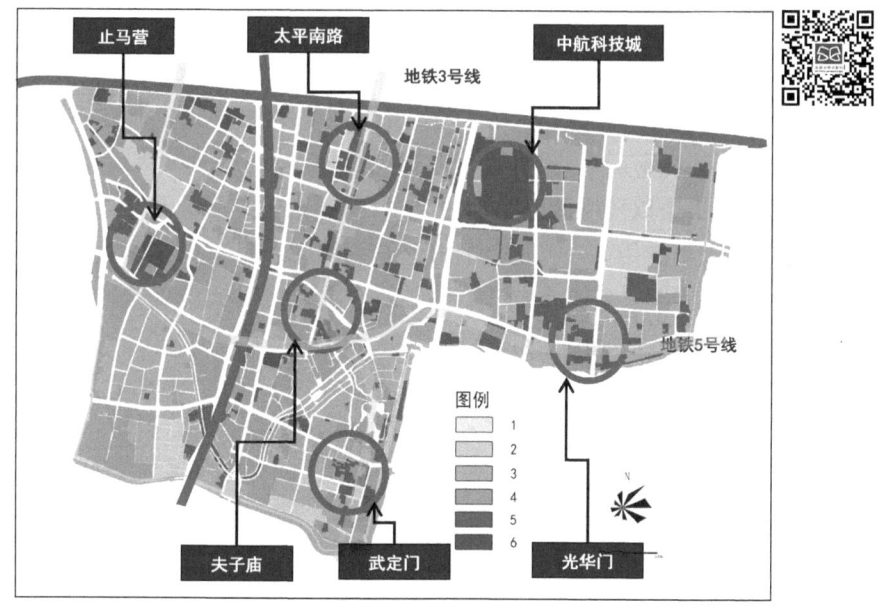

图2-25 秦淮老城单元用地潜力分析图
（资料来源：本课题组自绘）

规划结合潜力大小及现状情况，叠加历史资源分布图，进一步确定存量用地中保护、发展、保留用地的分布。其中，**保护用地**主要结合历史资源的分布情况予以划分，包括规划区内的历史文化街区、历史风貌区、文物古迹用地等，共200.85 ha，占规划城市建设用地的13.78%。**发展用地**共221.74 ha，占规划城市建设用地的15.21%，其中已审批用地共122.65 ha，其余可开发利用的发展用地仅99.09 ha，占规划城市建设用地的6.80%。**保留用地**占比较大，共382.04 ha，占规划城市建设用地的26.21%，主要包括片区内20世纪80—90年代修建的老旧小区,如黄鹂新村、三条巷小区、瑞金新村等(秦淮老城单元规划总用地面积为1 549.36 ha,规划城市建设用地面积为1 457.13 ha,其中保护、发展、保留用地合计用地面积为804.63 ha,原貌保留地块用地面积331.30 ha,其余为道路及交通设施等用地,面积为321.20 ha)。

(2) 结合规划意向进行分类

根据规划意向,将存量建设用地分为民生、产业两大类。民生类以服务为主,力求通过规划改善规划区内居民的生活质量,提升居住水平;产业类以效益为主,目的是盘活存量用地,通过产业升级、功能提升,打造老城内新的经济增长极。

**保护用地中的民生类以传统民居型地块为主**,指主导功能为居住的历史地段。此类用地由于产权复杂、多方利益难以平衡、保护成本大等问题,往往是历史保护中难度最大的地块,占规划城市建设用地比例为1.95%,主要包括钓鱼台、大油坊巷、西白菜园等。**产业类以文化旅游类地块为主**,指可以结合历史资源点、非物质文化遗产等发展旅游经济的地块,如夫子庙、评事街、门西、门东等,占规划城市建设用地比例为11.83%。

**发展用地中的民生类以完善配套类地块为主**,占规划城市建设用地的6.91%,是发展用地中占比最大的一类用地。主要针对老城配套设施欠缺、用地紧张等问题,优先考虑将位置合适、大小适中的地块规划为社区中心、教育设施等,以满足配套设施的需求;**产业类则根据性质不同分为三类:商务商贸类地块、文化旅游类地块、创意研发类地块**,分别占规划城市建设用地的4.17%、2.03%、2.10%。此类用地结合地块的优势及特征,以集约高效为原则,在保护老城历史风貌的大前提下,提升经济效益,促进老城的产业升级。

**保留用地中民生类以环境改善类地块为主**,主要指规划区内建筑质量尚可,但环境风貌差,需要进行适当改善的用地,占规划城市建设用地的比例为20.16%。**产业类以功能提升类地块为主**,主要指需要进行产业转型、调整功能及模式以适应现代城市发展的商业用地,占规划城市建设用地的比例为6.05%(见图2-26)。

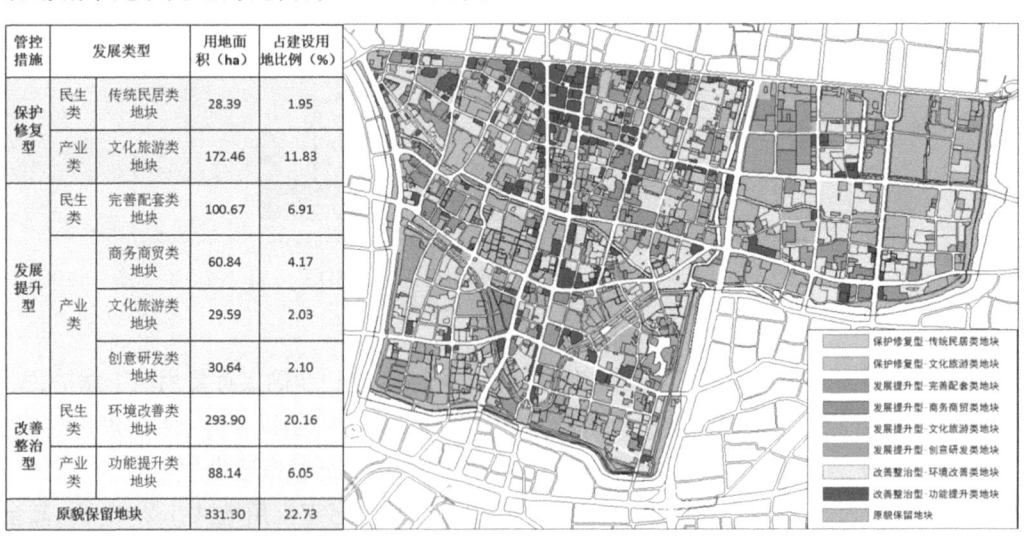

图2-26 南京市秦淮老城单元用地发展策略引导图

(资料来源:本课题组自绘)

## 3. 规划应对策略

**（1）规划思路**

规划以现状问题为出发点，以文化之城、活力之城、宜居之城为目标。通过问题导向与目标导向的双重结合，提出保护、发展、保障三个方面的规划重点，分别对应六大方面：历史文化保护、城市特色塑造、产业转型发展、地区活力激发、公共设施配套、景观环境提升。并结合规划重点，提出应对策略，最终得出规划方案（见图2-27）。

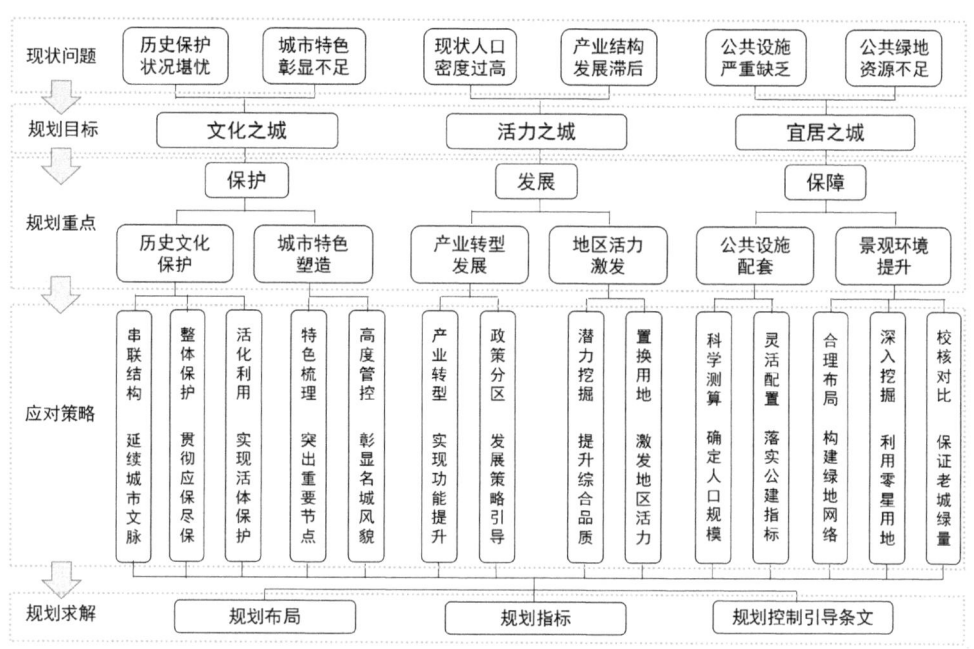

图2-27 秦淮老城单元规划思路示意图
（资料来源：本课题组自绘）

**（2）用地发展策略**

结合规划技术路线，对不同用地进行规划策略的引导。其中，保护用地以实现文化之城为目标；发展用地及保留用地根据用地发展方向的不同，产业类以实现活力之城为目标，民生类以实现宜居之城为目标，分别结合现状存在问题进行规划。

**（3）保护用地规划**

① 串联结构，延续城市文脉

规划结合历史资源点的整合、绿地系统的串联、历史街巷的梳理，串联形成"两区三轴两带多点"的历史文化展示结构。两区：城南历史城区、明故宫历史城区；三轴：中华路轴线、御道街轴线和中山路轴线；两带：明城墙-护城河风光带、内秦淮河文化风情带；多点：明故宫、朝天宫、夫子庙、门东、门西等重要历史地段（见图2-28）。

② 整体保护，贯彻应保尽保

规划以历史保护作为规划的首要前提，汇总、调研、核实历史文化资源，明确保护内容及保护体系，梳理相关保护规划，最终明确各项控制要求（见图2-29）。

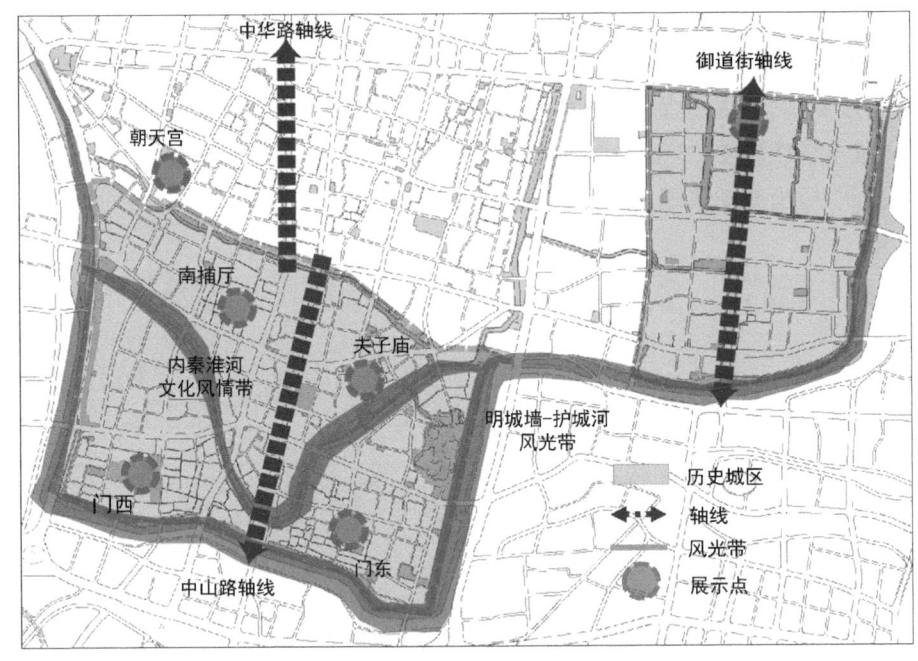

图2-28　秦淮老城单元历史文化展示结构图
（资料来源：本课题组自绘）

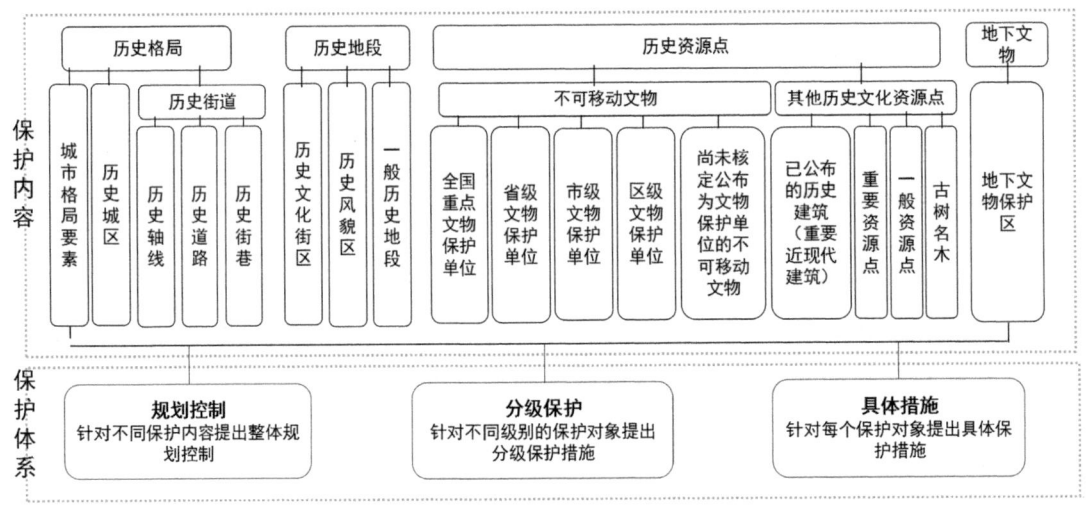

图2-29　秦淮老城单元历史资源保护体系
（资料来源：本课题组自绘）

③ 活化利用，实现活体保护

结合各类文物的分布及自身特点，对历史资源点赋予合适的功能（见图2-30）。

居住功能：规划对象主要为传统民居型历史资源，在提升改善生活环境、生活品质的前提下,保留其居住功能,维持良好的传统邻里关系,展现老城传统居住风貌。

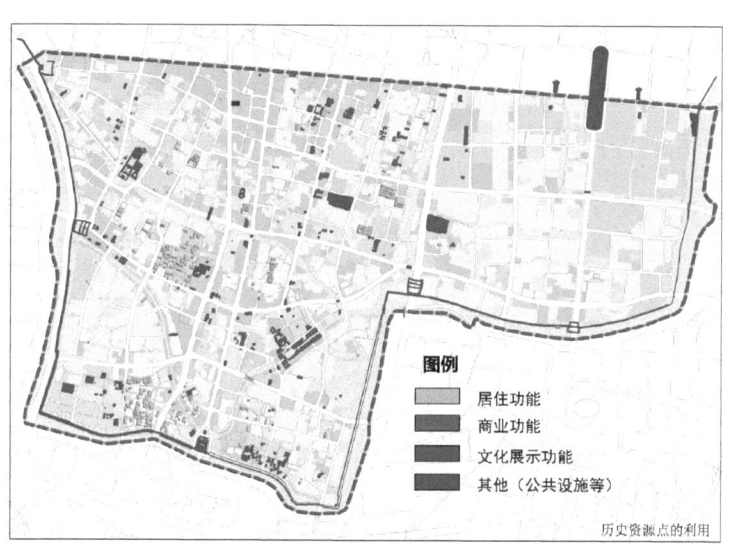

图 2-30　秦淮老城单元历史资源功能引导图
(资料来源:本课题组自绘)

商业功能:规划对象主要为可结合文化旅游产业打造商业氛围的历史地段,对此类用地赋予建筑商业功能,结合文化旅游的发展,打造一批老城文化品牌,使历史资源更好地融合现代城市功能。

文化展示功能:规划对象主要为相对封闭、自成一体的历史资源,如甘家大院、朝天宫等,将其用作博物馆、文化展览馆等,形成文化旅游触媒点,更好地保护及展现其自身风貌。

(4) 发展用地规划

① 置换用地,激发地区活力

除去已审批的用地外,规划区内可开发建设的用地共有 99.09 ha,占规划城市建设用地比例为 6.80%。现状的发展用地以居住用地为主,占现状发展用地的 53.59%。一方面,老城中确实存在大量的三类居住用地亟待改造;另一方面,这也顺应老城疏散人口的规划目标。其次为商业服务业设施用地,占现状发展用地的 21.47%,主要为一些不能满足服务要求、质量较差的商业用地。另外,公共管理与公共服务设施用地占比 15.41%,主要包括一些因行政区划调整而搬迁或废弃的公共用地(见图 2-31)。

规划后的发展用地以公共管理与公共服务设施用地、商业服务业设施用地、绿地与广场用地为主。其中,公共管理与公共服务设施用地占 15.36%,主要为中小学用地以及居住社区中心用地;商业服务业设施用地占 35.16%,主要位于新街口、大行宫、止马营、光华门等片区,以商办混合用地为主;绿地与广场用地占 24.54%,主要为面积 3 000 m² 以下的发展用地;居住用地占 12.89%,主要为新增的基层社区中心、幼儿园等居住配套设施用地。通过对发展用地的更新改造,规划后居住用地明显减少,公共配套设施增加,公园绿地总量也有大幅提升(见图 2-32)。

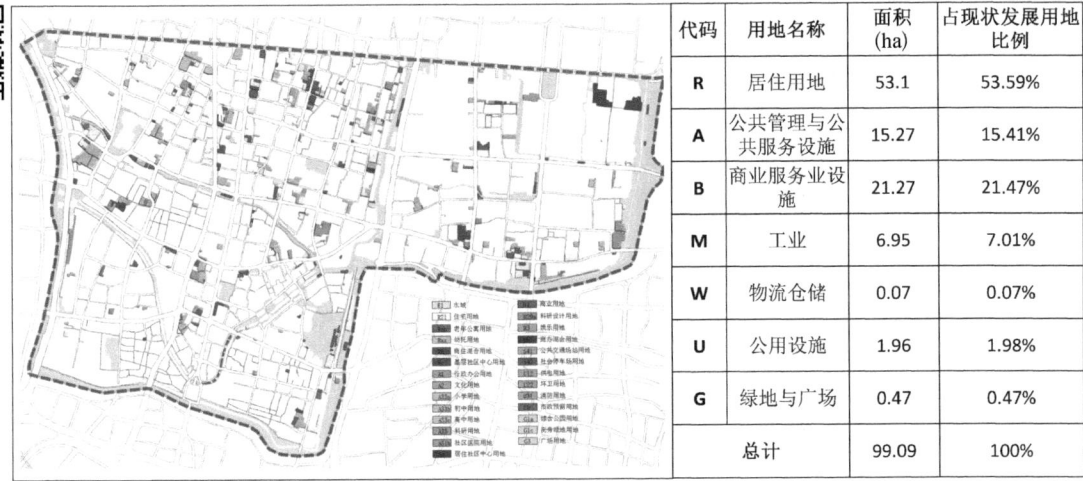

图 2-31　秦淮老城单元发展用地现状图
（资料来源：本课题组自绘）

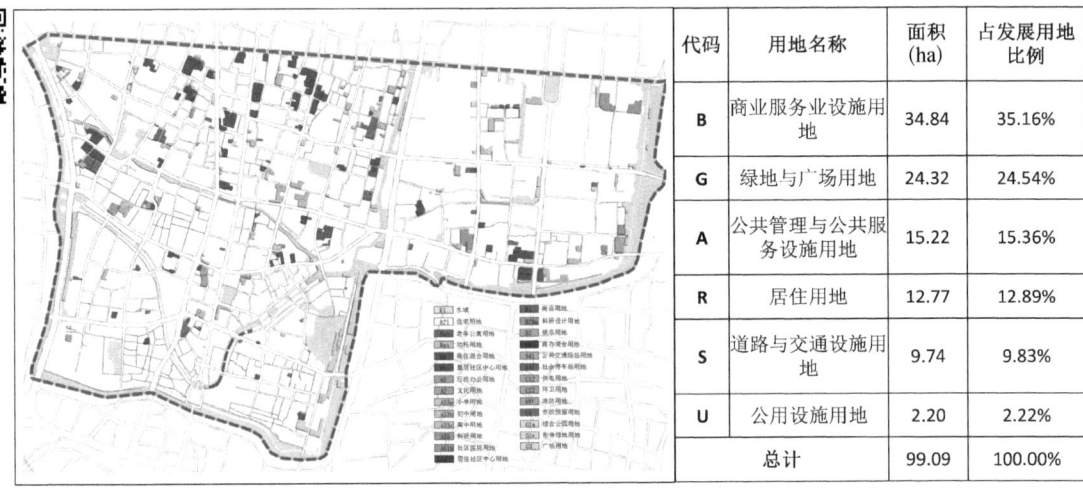

图 2-32　秦淮老城单元发展用地规划图
（资料来源：本课题组自绘）

② 政策分区，发展策略引导

在产业发展上，以规划区内部资源禀赋为依托，划分了三大产业发展片区。结合发展用地的规划，实现触媒地块带动引导地块、改善提升地块的体系，以形成完整的产业发展结构。最终，规划区将围绕三类主导产业进行功能提升，结合新建项目、意向项目及存量用地，形成产业发展政策引导区。具体而言，我们将围绕新街口核心，形成金融商务商贸产业发展区；围绕夫子庙核心，打造文化旅游产业发展区；围绕中航科技城核心，构建研发创意产业发展区。其他片区主要作为品质提升片区，以优化配套、完善交通、改善环境为主要任务（见图 2-33）。

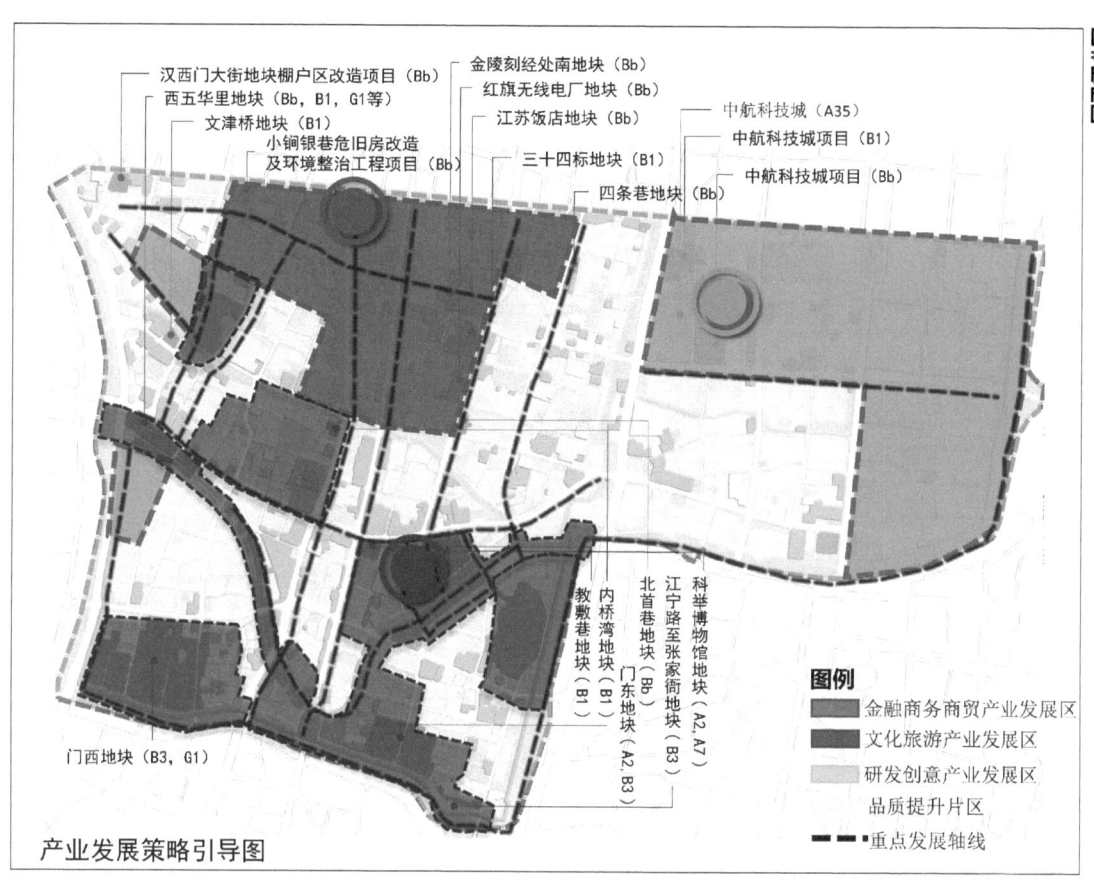

图 2-33　秦淮老城单元产业发展政策引导分区图
（资料来源：本课题组自绘）

③ 灵活配置，落实公建指标

通过现状分析，我们发现规划区内区级以下为街道服务的社区公共服务中心缺口较大。因此，我们规划重点研究了该类服务设施，并提出分类、分散、协同配置的方式进行规划控制。

首先，我们梳理了规范中所有需要配置的配套设施，并根据是否需要独立占地进行了分类。由于老城用地紧张，发展用地主要用于配置必须独立占地的设施，而其他可与建筑合建的设施主要采取配建的方式进行完善。另外，由于发展用地面积较小，因此不强求公共设施的布局形式，可分散在多个地块布置，只要总面积达标即可。针对个别社区确实缺乏可利用的发展用地的情况，可以考虑与周边邻近社区协同配置，共用一处地块进行公共设施的安排。

（5）保留用地规划

① 环境整治，改善老城风貌

如图 2-34 所示，我们梳理出了规划区内需要进行环境整治的保留用地，这些用地大多为 20 世纪 80、90 年代建造的老旧小区，另有一小部分现状环境较差的商业服务业设施。我们按照其环境质量现状情况进行了划分,并提出相应的改善时序及措施。

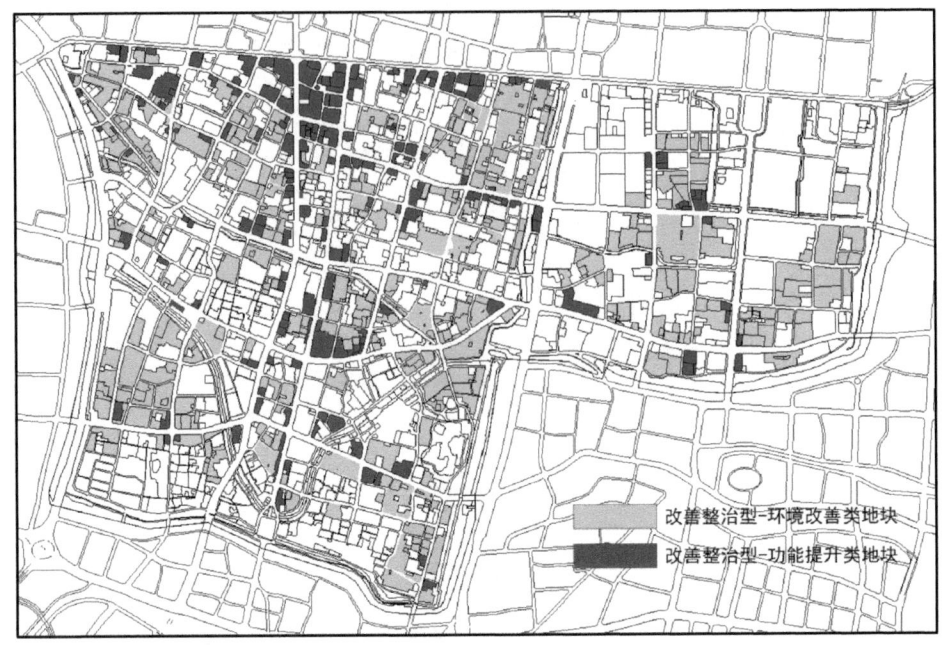

图 2-34　秦淮老城单元保留用地发展导向分类图
(资料来源:本课题组自绘)

② 产业转型,实现功能提升

结合目前规划区商业设施的现状,我们针对保留用地中需要进行功能提升的商业用地,提出了功能复合的更新策略:以休闲业态提升商业的多元复合形态,旨在满足人们一站式购物需求的同时,增加体验式消费,将购物、餐饮、休闲、娱乐、酒店等多元功能融为一体,打造不只满足物质消费需求,更能满足人们精神消费需求的综合性商业场所。

针对保留的商务用地,我们根据用地潜力分析和项目选址意向,结合对存量楼宇的升级改造,扩大了新街口片区商务楼宇规模,并大力引进企业总部,重点推进重点商务楼宇项目的建设。另外,瑞金板块依托中航科技城、中航科技大厦等超 5A 级写字楼项目,打造了新的楼宇经济增长点。

### 4. 指标体系优化

在具体的图则控制中,我们针对不同用地引入了新的指标,包括:用地类型(针对所有地块)、控制要求(针对保护、保留用地)、土地使用兼容(针对保护用地)、建筑贴线率(针对保护用地)、绿地提升率(针对保留用地)、集中绿地率(针对发展用地)、拆建比(针对发展用地)、地下容积率、地下使用功能及地下空间范围(针对发展用地)。我们尝试通过对指标体系的优化,来增强规划的科学性、合理性及可操作性。

秦淮老城单元规划管理单元图则示意图见图 2-35。

2 存量规划中基于用地发展策略的规划控制技术　063

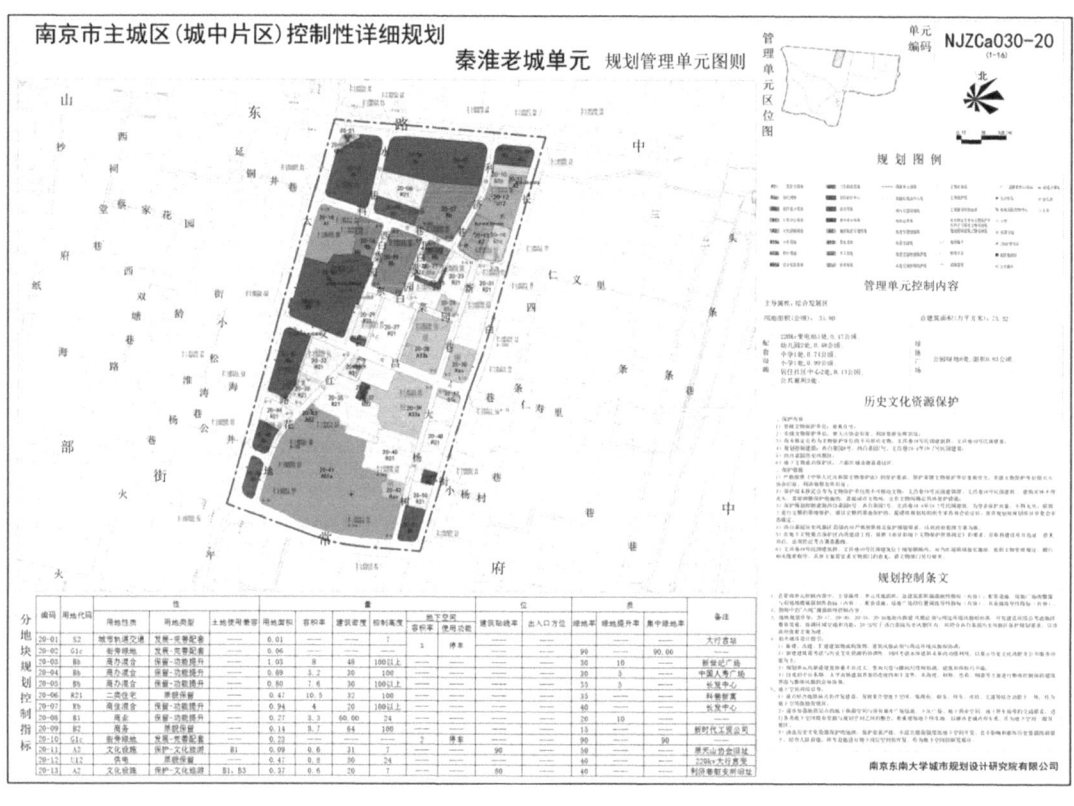

图 2-35　秦淮老城单元规划管理单元图则示意图
（资料来源：本课题组自绘）

# 3 存量规划中基于存量资源供给能力的公共设施配置模式

## 3.1 存量规划中公共设施配置面临的问题与挑战

存量规划中的一项重要工作就是提升公共设施服务水平,完善地区公共设施配置。而存量环境的变化以及现状公共设施服务显现的诸多问题在配置中必须得到重视。这些问题主要包括:

(1)规划对象与环境的根本改变。规划范围内均为已建设用地,没有新增建设用地,"拿来主义"理想式的土地使用方式不复存在。因此,深入调研复杂的现状环境是首要任务,研究对象也将由公共设施用地扩展至建筑空间的改建利用。

(2)规划范围大多为城市旧区或老城地区,建设时间较久,公共设施建设具有一定基础,但也存在一些历史遗留问题。随着城市建设重心逐渐向存量地区转移,这些遗留问题日渐突出,需提高重视。

(3)随着经济社会不断发展,居民生活质量不断提高,对公共服务的要求也不断提高。这体现为公共设施配置标准的提高。然而,受存量资源环境条件的约束,若不从根本上改变以往公共设施的配置模式,将无法满足新时期居民享受公共服务的高要求。

### 3.1.1 背景——存量规划中的发展限制

**1. 资源特征:土地有限,现状复杂**

控规是公共设施从规划到建设衔接的重要环节。在控规中,我们应重点落实相关公共设施用地以及各项设施建设规模、布局等内容。其中,公共设施用地规划是工作中的重中之重。在存量规划中,由于均为已建成用地,无新增城市建设用地,从城市建设用地总量上来说只会有减无增。且各功能用地结构伴随更新建设不断优化,规划区内用地结构趋于稳定。因此,在公共设施用地规划中,除现状已经用作公共设施建设的用地之外,新增公共设施用地需通过存量用地潜力综合评价,置换其中可改造用地才能得以获取。这使得新增用地获取的条件变得苛刻,地块规模、形态等难以得到保证。

除了总量有限外,存量土地资源现状情况也十分复杂。地块规模不一,数量庞大。如南京市玄武老城单元,现状用地多达 1 380 块,环境复杂可见一斑。在进行存量用地潜力综合评价时,要充分考虑现状土地改造难度、开发强度、使用效率、价格、权属边界、现状建筑高度、年代、质量、城中村危旧房评估情况、历史资源分布情况,以及交通可达性、生态环境等诸多因素。同时,还应契合上位规划、社会经济发展中对地区重点发展的要求,进行综合研判,才能形成相对客观的存量用地潜力评价。以此作为新增公共设施用地的判断基础。但经过多年的更新建设,可利用和可改造的用地逐渐减少。而可改造用地还承担着经济发展、环境修复等使命。因此,最终可供于新增公共设施使用的土地资源更加有限。

### 2. 权益平衡:权属繁多,整合困难

在存量规划中,政府与规划师将面临大量的原有产权所有人。这些产权主体类别包括单位和个人。尤其是在历史发展较久的地区,土地权属对地块切割现象严重。产权与地块的分割大大增加了存量更新改造的难度。如图 3-1 所示,南京市玄武老城单元一处由道路围合的 250 m×220 m 地块,现状地籍权属多达 37 处,地块平均面积不足 1 500 m²。

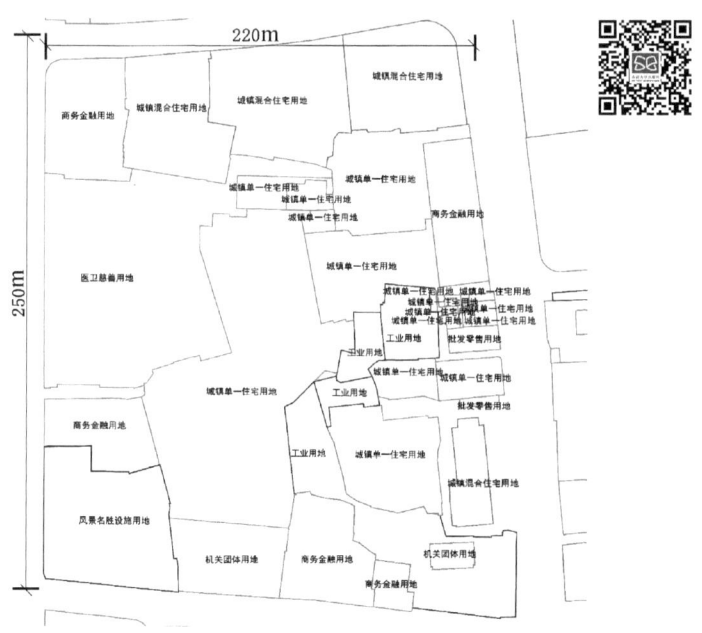

图 3-1 南京市玄武老城单元地块权属分割示意图
(资料来源:本课题组自绘)

用地功能与建设容量的调整是存量规划中的核心工作内容。在规划与建设过程中，更新改造不同功能用地也将面对不同的产权转移方式。其交易成本与空间增值收益也将不同。目前，我国的公益性公共设施供给主体以政府为主，市场供给主要提供商业服务业等经营性公共设施。公益性公共设施大多不产生收益，建设成本由政府承担。为保证其能够持续良好地服务运行，产权归属理应交至政府或相关公益性组织机构。在公益性公共设施后续建设过程中，面临着产权交易、设施建设、运营维护等多处支出。存量规划中复杂的权属现状与建设过程中的利益平衡交织在一起，对公共设施配置提出了巨大的挑战。

**3. 发展选择：利益角逐，公益难为**

当前进行存量规划的地区大多已经经历了较长时间的开发建设，历史上或者当前仍承担着经济发展、公共服务等重要城市职能。随着可改造用地的日益减少，城市地价、房价的不断上涨，拆迁改造成本巨大。存量规划本着将现有资源转移给能为城市贡献最大者使用的原则，将有限资源用于非营利性质的公共设施建设时，面临利益抉择与经济难题。

市级、地区级公共设施多由城市总体规划确定，受各行政主管部门监督，得到严格落实，总体上建设质量与服务水平能够得到保障。但若有新增或扩建设施用地的要求，政府将面临较高的建设费用支出。与之相比，社区级公共设施的状况则不容乐观。20世纪90年代以后，我国开始进入商品房时代，政府在出售土地的同时，也提出了与相应开发规模匹配的配套服务设施建设要求。然而，开发商无法从配套设施建设中获得收益，建设积极性差，通常只满足于规定规模的最低标准，对设施的具体建设与后期维护投入较少，服务质量无法得到保障。在存量规划中，老旧小区的公共设施维护改造等任务又回到了政府手中，政府缺少了土地出售的收益来源，同时又面临大量设施"欠账"与建设资金不足等问题，面临着一道经济难题。

### 3.1.2 问题——原有规划与建设不足

**1. 公共设施配置规模存在不同程度缺口**

城市存量地区的城市功能发展较为成熟，公共设施的建设具有一定基础。政府作为公共设施建设的主要推动力量，受经济、社会等方面的影响，各个城市与地区建设的基础条件不同，设施建设的类别、规模、服务水平等状况存在地区差异。总体来说，在城市存量地区中，市级、地区级公共设施相对丰富，种类齐全，服务水平较高；而区级以下公共设施建设滞后。在控规编制中，对市级、地区级设施主要进行落实与调整，重点对社区级设施进行规划完善与补足。

伴随民众享受公共服务观念的不断加强，相关配套标准逐步完善提高，部分公共设施配置规模不足的问题越发显著。体育、文化、社会福利等设施在建设之初没有得到足够重视，在设施配置规模上存在一定缺口。

### 2. 土地权属影响公共设施服务的持续性

传统控规中的公共设施规划只重视在规模与布局上满足规划人口的需求，注重各项设施具体配置的内容，却忽视了配置过程中受土地权属影响的实施性以及建成后保持高服务水平的持续性，尤其体现在居住区配套公共设施的建设中。

首先，以往随着居住地块出让完成，居住区配套公共设施的后续建设失去监管，权责不明，导致部分设施建设规模不足或迟迟未建。其次，不同时期建设的居住区公共设施配套基础不同。20世纪80年代之前，居住区缺乏统一的公共设施配套规划，配套公共设施匮乏，需要在存量规划中进行功能补缺与结构完善。由于设施建设及土地成本较高，而大部分公共设施为公益性质，部分设施建设采取租借土地或建筑空间的形式来降低建设支出，导致公共设施建设受租借空间的约束，设施规模与标准难以满足公共服务的需求。且受地价、房价的影响，尤其是城市中心地段租金较高，通过租赁或购买方式的成本增加，无法保证公共设施持续良好的运行与服务。如基层社区一般规模较小，宜集中设置形成基层社区中心。然而，南京市老城区现状的社区办公、社区文化、体育活动室、社区养老设施等大多采用租用场地的方式，分散多处设置。虽然并不是所有设施都有用地的配置要求，但租借等分散配置的方式不利于公共设施的维护，也不利于发挥公共设施服务的规模效应，导致居民对社区的公众认同感降低。

存量规划中的公共设施配置不仅要进行各类设施的规模、布局的控制与引导，还需考虑公共设施后续维护与服务的可持续性。除了空间规划，更需进行制度设计，从根源上解决设施服务问题。规划配置与土地权属相一致，更有利于公共设施的建设与服务。

### 3. 公共设施用地达标率低

城市存量地区虽然具有一定公共设施建设的基础，但受到建设时间、建设单位、配置标准等因素的影响，加上不够重视后期维护，部分设施的建设质量参差不齐，同类同级设施部分用地规模差异较大，较现行标准用地达标率较低。

以往规划中，公共设施偏重总量控制。在具体建设时，一种方式是采用一般规模控制，这种方式忽视了人口分布差异的客观事实，尤其是在社区级公共设施的建设中，容易存在资源浪费或配置不足现象；另一种是依据千人指标控制，是目前各地采取的主要配置模式。这种方式虽然考虑了各片区人口数量的差异，但是对公共设施的用地规模配置未作刚性控制，尤其表现在单处设施用地建设不达标。

### 4. 相关规划缺乏统筹整合

城市存量地区建设时间较久，编制过的规划类型、版本等较多。在公共设施配置方面，除了有控规中的专项说明之外，有的城市还会编制相关设施的专项规划。但规划成果由于规划编制时间有先后、规划审批信息不相同、主管部门有差异等因素，对实际公共设施建设的指导意义各不相同。各项规划成果本身也存在差异，由于缺乏相关规划的统筹整合，既有规划对公共设施配置的控制引导作用大打折扣。

控规作为法定规划，较其他专项规划在我国城市规划体系中具有重要地位与作用，但由于审批、调整修改程序复杂，周期较长，出现了控规"做而不批"的现象。虽然同样具有规划指导意义，但其中一些刚性控制要求与法定规划的严肃性没有得到保证，公共设施的建设没有得到切实落实。在存量规划的公共设施配置中，应以控规为核心，统筹整合已有涉及各类公共设施配置的相关规划，形成公共设施规划一张图，切实有效地提升地区公共设施服务水平。

### 3.1.3 挑战——原公共设施配置模式难以为继

**1. 公共设施配套标准不断提高**

随着经济的发展与财富的积累，居民对公共设施服务的内容有所增加，对服务质量要求也有所提高。以南京为例，南京市于2006年发布了《南京新建地区公共设施配套标准规划指引》，2015年修订发布了2015版《南京市公共设施配套规划标准》。除新建地区外，该标准还针对已建成地区、保障房片区等提出了区别化的配套要求。2023年修订新一版《南京市公共设施配套标准》，更新和优化了公共设施的配置模式、布局准则及布局要求，并完善了公共设施建设用地的配置标准及引导要求。南京2023年新版公共设施配套标准相比旧版优化了配置模式。新版标准提出了公共设施按照市级、地区级、居住社区级、基层社区级、居住街坊级的五级配置模式，旨在更细致地划分公共设施的层级，以满足不同区域和人口规模的需求。新版标准明确了各级公共设施的布局准则及布局要求，有助于确保公共设施的合理分布，提高服务效率和可达性。同时，新标准还完善了公共设施建设用地的配置标准及引导要求，这对于指导新建地区的规划和管理，以及已建成区的更新改造具有重要意义。新版标准适应人口变化和需求，在进行已建成区的更新改造时，鼓励功能混合、提高使用效率，保证设施配套的服务水平。同时，对设施的布局形式不作硬性要求，这一变化适应了人口变化和居民实际需求的变化。2023版的《南京市公共设施配套标准》相比2015版，更加注重公共设施的精细化管理和服务效率的提升，以适应城市发展和居民生活需求的不断提高。

**2. 公共服务需求的多元化、均等化、差异化**

随着社会经济的发展，人们的生活水平不断提高，消费观念与消费结构也在逐步转变，从而催生出更多公共服务的需求。除了日常衣、食、住、行等方面的基本需求外，居民对于文化、娱乐、体育、医疗、社会福利等方面的服务需求也在不断增大。因此，卫生所、健身房、图书室、展览馆、老年人活动中心等设施的建设也越来越受到重视，居民的消费方向也逐渐从解决温饱转向享受生活。

但各地区、街道、社区等范围内的现状公共设施建设状况不同，各项公共设施配置齐全的程度也不同，导致不同地区居民享受各项公共设施服务的均等性和公平性不足。在存量规划中，需要注重各功能公共设施之间的配置比例结构，以满足居民全方位、多元化的公共服务需求。

随着医疗条件的不断完善，人均寿命也在不断延长，当前中国人口老龄化问题愈发严重，与养老、医疗相关的公共设施需求将会进一步提升；同时，全面二孩政策的放开，也使得城市中心城区幼儿园、中小学等优质教育设施的办学压力有所增加。因此，在存量规划中，除了要保证地区整体公共设施功能配置结构合理、服务均等，还需关注各地区的人口结构特征，自下而上有针对性地进行配置。

### 3. 存量规划中原配置模式难以为继

在以往规划中，公共设施的配置模式是完全围绕规划人口规模及需求进行规划控制与建设的。依据人口规模与各地区公共设施配套标准，确定各项公共设施的用地规模与建设规模，并针对服务对象的分布情况，依据各项设施服务范围的半径及对交通区位条件的要求等确定设施布局。这套模式在配置过程中默认物质空间资源（尤其是土地资源）是可以任意使用的，土地资源总是可以满足经过人口规模推算出的公共设施用地规模。从功能、规模的确定到各项设施的布局定位，都是在一片"处女地"上进行的。这在过去城市快速扩张发展的时期或许可以实现，但随着城市发展重点由增量发展转为存量发展，城市的土地资源从总量到使用的条件均已不同以往。以往的规划人口预测带有较强烈的政策倾向与政府意图，在预测过程中始终以地区经济发展为主要考虑因素，其预测过程与结果的主观意向较浓。

在从增量规划转型到存量规划的过程中，原公共设施配置模式主要存在以下两点不适用性：

（1）可供公共设施配置的存量资源从数量到质量均无法得到保障，尤其是可利用的存量土地资源。在原有增量规划的公共设施配置模式下，有限的存量土地资源与公共设施配置的高要求之间的矛盾无法调和。

（2）设施建设与维护的保障不足。以往增量规划的公共设施配置模式重规模与布局的设计，对于从规划到实施建设的可行性指导不足。存量规划现状环境复杂，权属关系交错，除了常规的设施功能、规模与布局的设计外，还需重视从产权归属到建设、经营管理模式的选择等制度设计。

存量规划中进行公共设施配置所面临的问题，既包括存量环境复杂与存量土地资源有限、利用困难等新问题，也包括以往规划、建设管理中遗留的历史问题。这些问题主要体现为用地规模、建设规模、管理权限、后期维护等方面的设计欠缺。土地供给的限制以及已建成环境的复杂性要求规划工作者在进行公共设施配置前，必须进行充分的现状调研。除传统的空间调研之外，还必须展开涉及经济、社会、环境、政策以及已有规划成果的全面调查。在庞大的产权群体面前，如何将公共设施配置、空间规划与国土规划、城市社会经济发展衔接协调，并在权属整合、利益平衡与管理维护方式等方面提出规划建议，是当前面临的重要挑战。以往通过新增或扩建公共用地来满足规划人口公共设施配套要求的做法受到存量环境的约束，无法满足新时期居民对公共服务的高要求。因此，建立适应存量资源供给特点的公共设施配置模式，满足设施建设标准与居民需求，并在建设、管理、运营、维护等一系列工作中进行制度设计，是符合存量环境下公共设施配置的必然要求。

## 3.2 基于存量资源供给能力的公共设施配置模式

### 3.2.1 基本原则与总体构架

**1. 基本原则**

（1）以供调需，需供平衡

从存量资源供给能力角度出发，重点研究可供公共设施配置的存量土地资源，梳理其总量，并按级、按类、按规模有序分配。以人口疏减后的居住用地与可供配置的各类公共设施用地规模反推可服务的人口规模，继而确定公共设施建设规模。利用已梳理的用地与可利用的存量建筑资源满足配置要求，最终达到公共设施配置需求与供给的平衡。

（2）实事求是，统筹兼顾

充分认识到存量规划现状环境的复杂性，重视现状调研与前期相关规划、地籍权属、国土信息等内容的梳理与校核。同时，重视存量规划中面临的产权归属、成本增加等问题，做到统筹现状情况、已有规划与当下规划要求，兼顾各相关主体利益。

（3）公平高效，积极创新

存量资源有限且难以利用，为了满足居民公共服务需求与规范标准的配置要求，在充分利用存量资源的前提下，做到公共设施规划、建设与服务过程中的公平性。做到各地区内与地区之间公共服务设施的公平均衡。在研究地方配置条件差异的基础上，不局限于既有规划思路与规范要求，合理调整，积极创新。

**2. 总体构架**

基于存量资源供给能力的公共设施配置模式以基于供给能力的人口规模预测为前提，以可供公共设施配置的存量资源梳理为基础，采取按级、按类、按规模综合校核布局设施用地的方式，并依据存量资源特性运用分散与集中相结合、功能混合与协同并用等布局形式，并且在公共设施的建设形式选择、运营管理等方面提出多种建议（见图3-2）。

区别于以往依据地区经济社会发展

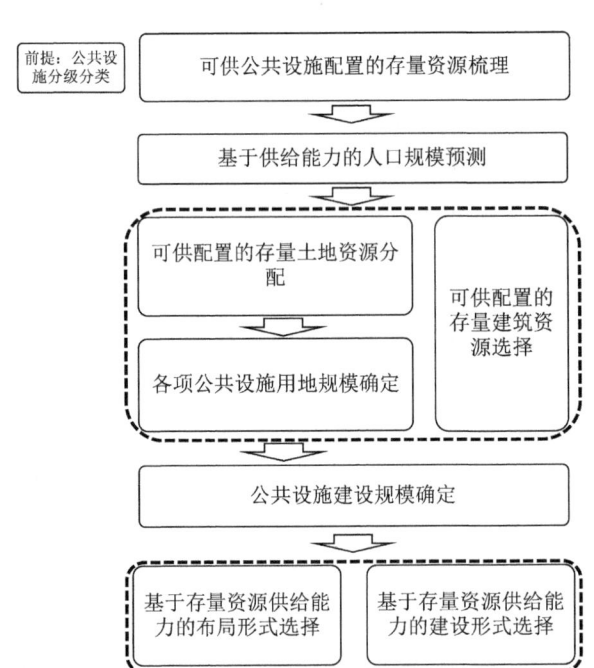

图3-2 基于供给能力的公共设施配置流程示意图
（资料来源：本课题组自绘）

确定人口规模与配置标准确定公共设施用地规模、建设规模与建设布局的增量规划公共设施配置模式，基于存量资源供给能力的公共设施配置模式从公共设施供给能力角度出发，最终探寻公共设施配置供给与地区人口发展的平衡。

### 3.2.2 公共设施分级与分类

**1. 公共设施分级**

为加强公共设施服务范围与现行行政管理单位的契合度，明确各级行政部门职责，我们将公共设施分为两级。一级对应市、区（县）管辖，统称为市级与地区级公共设施；二级对应街道（乡、镇）、社区（村）管辖，统称为社区级公共设施。市级与地区级公共设施服务对象广泛，辐射范围大，其配置功能、规模等内容需在较高层级的规划工作中确定，如乡镇、县市等级别的总体规划、专项规划等，控制重落实调整；而社区级公共设施与居民生活紧密相连，在控规中需重点研究，以满足配置要求。依据2023版《南京市公共设施配套标准》（以下简称《标准》），各公共设施分级情况见表3-1。

表3-1 基于《南京市公共设施配套标准》的公共设施分级与对应行政管理单元
（资料来源：本课题组整理）

| 《标准》中公共设施分级 | 对应行政管辖范围 | 规划分级建议 |
| --- | --- | --- |
| 市级 | 市 | 市级公共设施<br>地区级公共设施 |
| 地区级 | 区 | |
| 居住社区级 | 街道 | 社区级公共设施<br>社区级公共设施<br>社区级公共设施 |
| 基层社区级 | 社区（居委会） | |
| 居住街坊级 | 社区（居委会） | |

**2. 公共设施分类**

公共设施种类繁多，且不同城市对各类公共设施的详细配置要求千差万别。因此，公共设施分类是有效配置公共设施的必要环节。2023年版《南京市公共设施配套标准》将公共设施按照使用功能分为以下八类：教育设施、医疗卫生设施、公共文化设施、体育设施、社会福利与保障设施、行政管理与社区服务设施、商业服务设施、公共安全设施。考虑到空间布局的关联性等因素，本研究从与居民生活关联的紧密性、提高生活品质的重要性角度考虑，将市政公用设施与绿地一并纳入考虑范围。在本研究所包括的十类公共设施基础上，从存量规划中所遇到的产权归属问题，以及公共设施配置载体的客观要求出发，基于产权归属与用地控制要求进行分类，以指导存量规划中的公共设施配置工作。

（1）基于产权归属的公共设施分类

产权是经济所有制关系的法律表现形式，包括财产的所有权、占有权、支配权、使用权、收益权和处置权，土地权属则包括对土地的所有、使用、租赁等一系列权利。

随着城镇化、市场化进程的不断发展以及政府职能的转变,公共设施在投资主体、经营属性等方面呈现多元发展的趋势①。在存量规划中,建议首先从产权归属角度进行公共设施的分类,明确各类设施的权益主体。近年来,各地在城市更新与公共设施建设中越来越重视产权归属问题,这在公共设施配套标准中也有所体现。如南京《标准》在社区级与基层社区级公共设施配置要求中提出,各项设施的归口管理单位要求。依据2023年版南京《标准》,按产权归属将公共设施分为以下三类,如表3-2所示:

表3-2 基于产权归属的公共设施分类
（资料来源:本课题组整理）

| 序号 | 是否移交产权 | 设施 |
| --- | --- | --- |
| 1 | 应移交至政府 | 教育设施 |
| | | 医疗卫生设施 |
| | | 社会福利与保障设施 |
| | | 行政管理与社区服务设施 |
| | | 公共安全设施 |
| | | 市政公用设施 |
| | | 绿地 |
| 2 | 可不必移交至政府 | 公共文化设施 |
| | | 体育设施 |
| 3 | 产权私有 | 商业服务设施 |

第一类公共设施产权应移交至政府,并确定相关归口管理单位,设施建设应得到严格保障。此类公共设施大多提供非营利性质的公益型服务,出于社会责任与职能考虑,政府在监督、建设与维护服务等方面具有不可替代的作用。为保障公众享受基本公共服务的权利,产权应移交至政府,但可拓展公共设施建设过程中的募集资金的方式,引入市场资源。运营过程中,可适当赋予市场一定的使用权与收益权,但政府必须掌握土地或设施的所有权、支配权、处置权等核心权利。在配置过程中,应优先考虑这类设施,优先利用新增资源补足现有配置的缺项与规模不足。如公共设施有用地配置要求的,应与国土属性逐步衔接,调整为相关公共设施功能的土地性质。

第二类公共设施产权可不必移交政府,但其功能应予以保障。随着政府职能的转变,国家提出建设服务型政府的要求。在加强社会管理与公共服务方面,鼓励非政府部门所掌握的资源参与提供公共产品和服务。这些资源包括已建成的设施或提供相关设施建设的服务。这类设施在建设与运营过程中向市场释放更多权利,为非政府组织或个人带来利益。政府可共同参与,但必须履行监督权,保障其功能。这类设施包括公共文化设施、体育设施以及社会福利与保障设施等。

---

① 张清,黄懿. 浅谈公共设施多元发展下的规划管理对策[J]. 江苏城市规划,2016(8):36-37,44.

第三类公共设施产权私有，为经营性公共设施，即作为居住配套服务的大部分商业、金融服务设施等。该类公共设施的规划建设应遵循市场规律，政府进行监督，并建立良好的市场监察系统，根据各地经济、社会发展需求进行合理配置。

（2）基于用地控制要求的公共设施分类

存量土地资源有限且用地条件复杂，可用于更新改造的地块之间差异较大。为了集约高效利用存量资源，依据各类设施是否有用地配置的要求，分为有用地要求和无用地要求两类。

其中，对无用地要求的设施，以满足其建筑配置规模为底线，明确空间设置要求。例如，一般养老设施宜布置在建筑底层，有独立出入口等。对于有用地要求的设施，则需进行相应的公共设施用地规划。根据地方标准中的具体要求，在有用地要求的设施中，着重考虑需独立占地的设施配置。此类设施一般有特殊场地的设置要求，需"专地专用"。部分设施虽也有用地规模要求，但不强调独立占地，可与同类不同级或功能相近的设施共同设置，用地兼容。

如南京2023年版《标准》在社区级公共设施配置中强调，社区卫生服务中心、中小学、幼儿园等设施必须独立占地。养老院宜独立占地，应有室外活动庭院，宜临近医疗卫生、文体等公共服务设施布局。旧城用地面积指标不应低于《标准》相应指标的70%。派出所宜独立占地，至少有一面临靠道路。出入口方便车辆和人员进出。

### 3.2.3　可配置公共设施的存量资源梳理

可配置公共设施的存量资源包括存量土地资源与存量建筑资源。城市存量地区由于建设时间长，现状已建成的公共设施资源相对丰富，可配置公共设施的存量资源包括以下三部分：

（1）现状已建成、服务情况较好，且能继续利用的公共设施，包括其用地与建筑空间等资源。

（2）现状尚未投入服务使用，但存在建设必要与可能的公共设施，这类资源包括在上位规划或相关专项规划中已经进行了规划预留但尚未建设的公共设施用地与建筑资源。

（3）现状非公共设施建设用地的土地资源或未作为公共设施服务的建筑资源，且未进行规划预留，但有潜力进行更新改造，将来可作为公共设施使用的存量土地与建筑资源。

**1. 可配置公共设施的存量土地资源**

（1）现状公共设施用地资源

通过现场调研、部门走访等方式，对现状各类公共设施用地进行全覆盖式调查统计，详细记录各用地的功能、用地面积、建筑面积、使用单位、权属单位、国土信息中的土地用途等内容。其中，权属单位与国土土地用途的调查是存量规划区别于以往规划的重要工作内容。

梳理现状用地资源，不仅包括当前正使用的公共设施用地，还包括了未使用或用作他用，但国土土地性质仍为公共服务功能的用地。在有限的土地资源中，权属的复杂性往往成为土地再利用的瓶颈。因此，对现状设施用地与相关国土属性用地的调研是重要的基础性工作，优先利用这类资源能够更好地保障设施的建设与维护。以南京市主城区（城中片区）

控制性详细规划——玄武老城单元为例,如图3-3所示,其现状公共设施用地资源丰富,梳理保留的公共设施用地共249.55 ha,约占规划范围总用地的24%[①]。

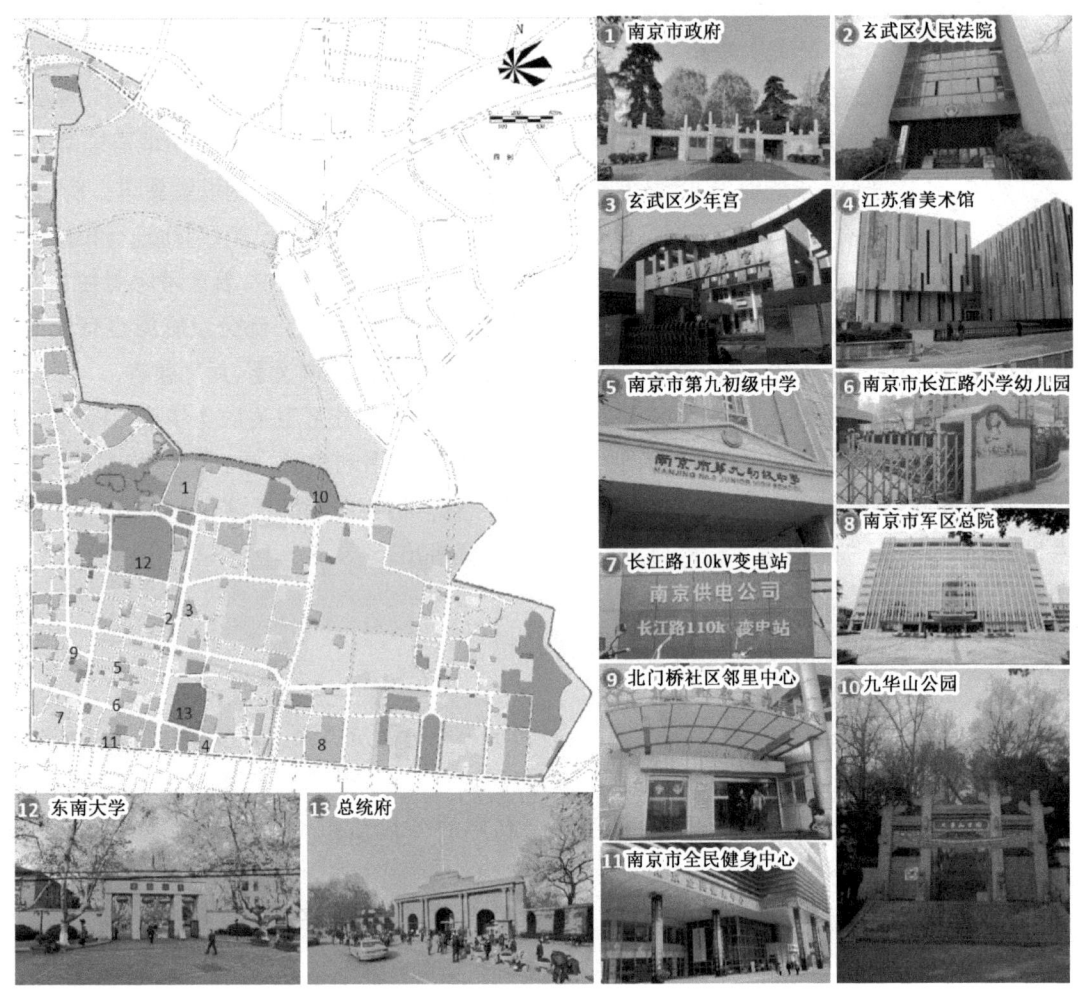

图3-3　南京市玄武老城单元梳理现状保留的公共设施用地
(资料来源:本课题组自绘)

(2) 相关规划中确定的公共设施用地资源

梳理上位规划与专项规划中预留控制但尚未建成的各类设施用地,既是对已有规划的衔接,也为后续的规划、建设实施提供依据。城市建设,规划先行。城市存量地区由于发展时间长,涉及的各类相关规划编制内容、版本众多。但由于编制单位、时间、服务主体等的不同,编制成果存在差异。因此,在梳理此类资源时,必须进行相关规划之间的对比校核,针对各地区公共设施配置现状问题的差异,有区别地进行规划成果的扬弃。以南京市主城区(城

---

① 南京市规划局,南京东南大学城市规划设计研究院有限公司. 南京市主城区(城中片区)控制性详细规划——玄武老城单元(NJZCa020),2018.

中片区)控制性详细规划——玄武老城单元为例,如图 3-4 所示,南京市玄武老城单元现有规划依据较多,经过综合梳理校核,扬弃规划成果后,梳理出已有规划中的新增公共设施用地共 49.48 ha。

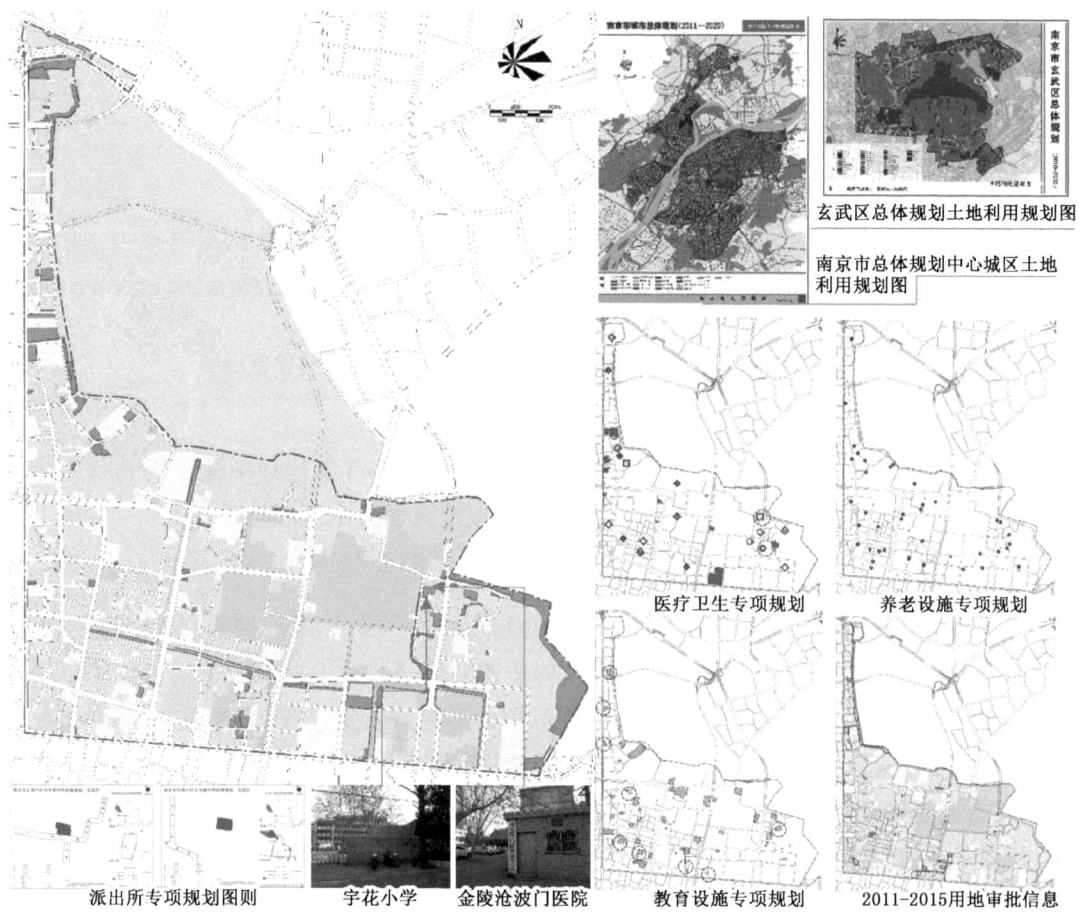

图 3-4 南京市玄武老城单元梳理已有规划中新建或调整的公共设施用地
(资料来源:本课题组自绘)

(3) 可配置公共设施的新增用地资源

存量规划中的重要工作内容之一就是进行存量用地潜力的挖掘。结合现状调研、权属校核、相关规划与政策梳理,同时辅以 GIS 等信息处理平台进行量化分析,最终形成片区内存量用地的潜力综合评价结果。除去已明确用作其他性质开发建设的用地外,剩余均为可配置公共设施的新增用地资源。

以南京市主城区(城中片区)控制性详细规划——玄武老城单元为例,如图 3-5 所示,南京市玄武老城单元在存量用地潜力综合分析的基础上,规划存量发展用地面积共 40.62 ha。除去发展用地中明确用作商业、商务等经营性功能使用的用地外,其余用地均可作为新增公共设施的备用土地,共 24.64 ha。再除去已有规划中的新增公共设施用地后,规划又新增公共设施用地 43 处,约 4.49 ha。

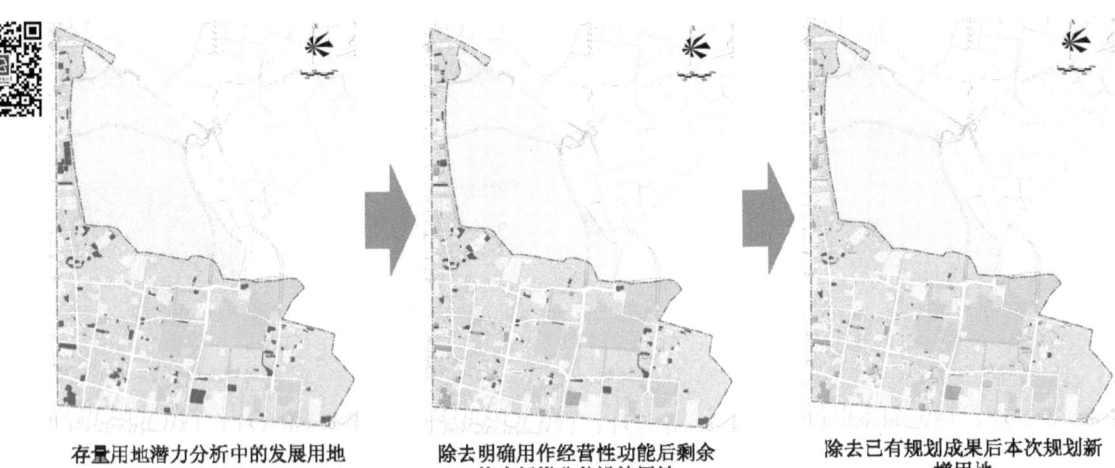

图 3-5　南京市玄武老城单元梳理本次规划中新增的公共设施用地
(资料来源：本课题组自绘)

为保证各级公共设施的服务水平，提高居民生活品质，在存量规划中建议优先利用新增公共设施用地对社区级公共设施进行补足与完善，以提高居民生活质量。

**2. 可配置公共设施的存量建筑资源**

可利用存量建筑资源配置不需要独立占地的部分公共设施，这是一种集约、复合利用土地资源的方式。除现状已经使用的建筑空间外，对于需要用于公共设施配置使用的建筑空间而言，在规模上，城市存量建筑资源可谓取之不尽、用之不竭。因此，在存量规划中，对用于配置公共设施的存量建筑资源进行梳理时，重点在于选择哪些用地中的建筑资源，如优先选择商住混合、商办混合等复合开发用地；其次，在进行各项设施详细配置时，需选择能满足其设置的特殊空间要求的建筑资源，如需满足有独立出入口，或宜布置于建筑底层，或不宜与居住功能共同设置的建筑空间等；同时，应注重对此类公共设施的合理布局进行规划控制引导。

**3. 基于存量资源梳理与公共设施配置要求确定地区公共设施供给能力**

在梳理可配置公共设施的存量资源的基础上，综合分析地区内各项公共设施配置的要求。依据产权归属分类结果，以现状各处设施用地布局情况为基本骨架，利用新增公共设施用地优先配置补足规模门槛最高且现状配置缺失最为严重的公共设施。其用地配置结果作为公共设施供给能力的直接体现。

### 3.2.4　基于存量资源供给能力的人口规模预测

**1. 人口规模**

人口预测是城市规划工作的重要内容。以往规划中多以地区经济与社会发展目标作为人口预测的主要依据。然而，在存量规划中，由于地区城市建设用地总量稳定，且受存量地区环境复杂、可更新发展用地紧缺等因素影响,用地结构趋于稳定。因此,研究提出了基于公共设施配置供给能力的人口规模预测方法,以期实现城市存量地区人口与设施服务供给的平衡。

（1）基于存量资源供给能力的人口预测

依据现状可配置公共设施的存量土地资源的梳理结果,参照当地公共设施配套标准,分析公共设施用地规模与服务人口的对应关系,反推各类公共设施能够服务的合理人口规模。依据地区内公共设施供给能力推导出规划人口规模,作为指导存量规划地区人口规模合理变化的依据。

（2）基于居住用地变化的人口预测

依据公共设施供给能力预测的人口规模对地区人口发展具有重大指导意义。但人口发展并非一朝一夕的工作,伴随用地变化,公共设施供给能力与人口也会发生动态变化。因此,可根据居住用地变化进行近期人口规模预测。具体公式为:规划人口＝现状常住居住人口＋规划新增居住用地对应人口－置换现状居住用地对应人口。这种基于居住用地变化的人口预测方式立足地区现状实际居住人口,直接反映了地区居住人口的变化趋势,以指导地区内公共设施的进一步的建设,尤其是指导与居住人口紧密相关的社区级公共设施的建设。

**2. 基于存量资源供给能力的人口规模引导**

存量规划的范围往往为城市旧区或老城地区,这些地区由于发展时间久,设施服务水准高,就业机会多,日积月累之下,形成了较大的地区人口压力。基于存量资源的供给能力进行公共设施的配置是尊重资源环境承载能力、满足居民对公共设施服务水准要求的配置模式。通过评估可配置公共设施的存量土地资源,反推可承载的服务人口,为疏减城市存量地区的人口提供有力支撑。

但城市建设是一个动态过程。在置换疏散人口对应的居住用地时,这些置换的用地又可作为存量土地资源,继续用于完善公共设施配置或促进城市经济、环境的发展。因此,居住用地与公共设施用地之间存在相互变化、影响的关系。对于存量土地建设与人口疏减的引导,就形成了"土地—设施—人口—土地"的循环影响、动态发展的过程(见图3-6)。当人口与公共设施用地的规模关系趋于标准要求时,即达到了人口疏减的引导目的。

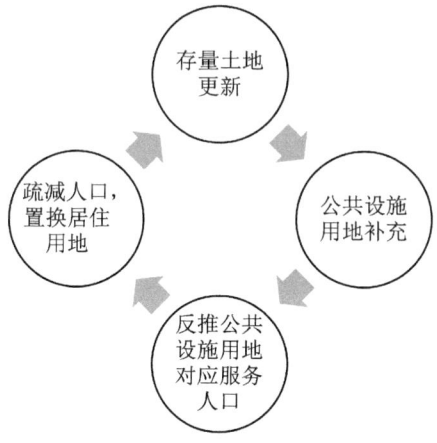

图3-6 人口疏散背景下存量土地与人口规模循环影响示意图
(资料来源:本课题组自绘)

### 3.2.5 基于存量资源梳理的公共设施用地分配方式

通过对现状存量土地资源、已有规划与潜力用地资源的梳理，形成了可配置公共设施的存量土地资源总量成果。各项公共设施将基于此总量成果分配相应用地（见图3-7）。

**1. 分配原则**

（1）分类有序

以保证各类公共设施的服务水平为目标，按不同级别、产权归属分类、各项设施用地规模大小等因素，有秩序地进行用地分配。

（2）统筹兼顾

"三统筹，一兼顾"。**统筹"现状与规划"**，优先延续利用现状服务较好与已有规划新增的公共设施用地；**统筹"规划与规划"**，对不同规划成果中公共设施用地存在的矛盾进行统筹评价，扬弃取舍；**统筹"个体与整体"**，用地分配既要满足设施用地规模要求，同时也要满足区域范围内各类公共设施配置比例的协调性、针对性，以及各类设施服务半径覆盖的要求；**兼顾平衡各相关主体的利益**。

（3）上下结合

用地分配既要符合规划体制、设施定位、实施流程上的"自上而下"，层层推进，同时在利益权衡、因地制宜等问题方面又宜采取"由下而上"的方式，由社区、街道到区、市逐级处理。这是在复杂存量规划环境下进行用地功能分配的必然要求。

**2. 按级分配**

公共设施进行分级分配。市级、地区级设施用地优先分配。在分配过程中，重点在重新审视当下规划环境、政策背景，以实施服务为目标，调整落实在上位规划、已有专项规划或已有规划审批信息中现状保留与规划预留的设施用地。通过权属边界、相关法律法规等信息的校核，进行位置、范围、规模的调整落实，优先分配可配置公共设施的存量土地。由于我国目前小学、初中等教育设施的配置与服务以教育部门划分的学区相关，服务范围难以与控规编制单元或行政管理边界吻合，高中则更是从区或市域范围进行统筹设置，因此将中小学教育设施纳入地区级公共设施进行一级分配。

落实市级、地区级设施后，进行社区级公共设施用地分配。为方便设施的建设与管理运营，建议对应现行的街道——社区（居委会）两级城市基层行政单位，分为"居住社区——基层社区及居住街坊"两级公共设施进行配置。居住社区级设施配置对应街道管辖范围，基层社区及居住街坊级设施对应社区（居委会）管辖范围。市级、地区级设施用地分配时，其土地来源主要为现状与已有规划中的公共设施用地；社区级设施则重体系完善、服务升级，除现状与已有规划中的用地外，还利用潜力用地进行设施用地增补，以满足居民生活的基本公共服务需求。

**3. 按类分配**

以基于产权归属的公共设施分类为**主要分配时序**。首先分配第一类应上交产权至政府的公共设施用地,其功能需得到严格保障;其次,在有条件的情况下分配第二类产权可不上交至政府的公共设施用地,若无用地可分,则应予以保障其功能;最后分配产权私有的公共设施用地,但大部分商业服务业设施无用地要求,可结合建筑底层进行配置(见图3-7)。

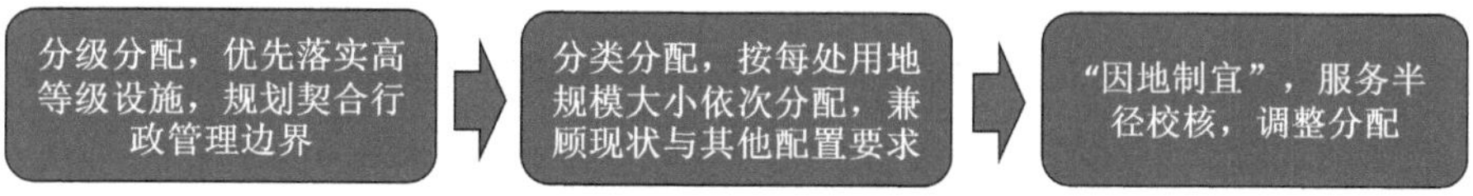

分级分配,优先落实高等级设施,规划契合行政管理边界 → 分类分配,按每处用地规模大小依次分配,兼顾现状与其他配置要求 → "因地制宜",服务半径校核,调整分配

图 3-7 基于总量分配的存量用地分配示意
(资料来源:本课题组自绘)

#### 4. 按规模分配

在产权归属分类分配的基础上,按每处设施用地规模要求进行社区级公共设施用地分配。存量规划中现状设施资源基础相对较好,且部分设施再建设的成本高、周期长,如教育设施、医疗设施等,建议基于现状服务情况进行完善升级。因此,为从源头保证每处设施的服务水平,应以各地方标准中各项设施每处最小用地规模为目标,分别进行保留设施用地的更新建设,确保新增设施用地的服务水平。

(1) 对于现状使用情况较好的设施用地,原则上予以保留。如有改建、扩建或异地重建需求的,每处规模不得减小。若有新增用地与现状设施地块相邻,则优先作为原设施的扩展用地,以维持或提高设施服务水平。

(2) 新增公共设施用地按每处设施用地最小规模的大小进行用地分配,优先分配每处规模要求较大的设施,并依次确定各新增设施用地的功能。

例如,根据南京2023年版《标准》中有用地要求的社区级公共设施配置要求,分配规模与顺序,梳理可用于新增公共设施配置的用地按表3-3所示。新增用地除按规模分配外,还要考虑地块的具体形态是否满足建筑建设的基本要求。对于地块纵深小、过于狭长的地块,宜考虑作为场地或绿地分配。

表 3-3 基于南京《标准》新增社区级公共设施用地分配建议
(资料来源:本课题组整理)

| 分配顺序 | 1 | 2 | 3 | 4 | 5 | 6 |
|---|---|---|---|---|---|---|
| 设施名称 | 幼儿园 | 社区卫生服务中心 | 养老院 | 派出所 | 街政管理中心 | 体育活动中心 | 体育活动站/场 |
| 最小用地规模($m^2$) | 4 050 | 3 000 | 2 160 | 1 500 | 1 000 | 10 000 | 600 |
| 设施数量 | — | 一般每街道一处 | 一般每街道一处 | 每街道一处 | 每街道一处 | — | — |

#### 5. 用地兼容建议

在按规模分配存量土地资源以进行社区级公共设施用地规划时,为更加高效集约地利用有限的存量土地资源，对于部分等级不同但功能相同或相近的设施，可采取较大规模者用地兼容共同设置的方式。有条件还可以进行产权归属的合并，提高设施的管理运营效率。

针对本研究涉及的十类公共设施中有用地要求控制的公共设施，用地兼容与产权归属建议如下：

（1）各级教育设施每处均应独立占地，产权归属应移交至各级政府部门。

（2）各级医疗卫生设施用地之间应独立设置，产权归属应移交至各级政府部门。社区级医疗卫生设施可与同等级的社会福利与保障设施用地兼容，由于功能关系紧密，在保证各自建设规模与空间环境品质的前提下可共同设置。用地性质宜按医疗卫生设施用地表达，用地规模应按较大者设置，产权归属建议统一至所在街道或居委会等政府部门。

（3）各级社会福利与保障设施可由市级、地区级设施用地兼容，但设施建设与产权归属独立，并移交至各级相应政府部门。社区级设施用地兼容情况同上述（2）。

（4）各级行政管理与社区服务设施用地之间应独立设置，产权归属应移交至各级政府。社区级设施用地可与同等级的公共文化与体育设施等用地兼容共建。用地性质宜按社区中心或基层社区中心用地表达，用地规模按较大者设置，产权归属既可统一集中至所在街道或居委会，也可各自独立。

（5）公共安全设施包括派出所、人防警报器与社区固定避难场所，其产权归属应移交至各级政府部门。派出所宜独立占地，可设置于居住社区中心内，也可以根据特定情况（如需要设置更大规模的派出所）在社区中心外独立安排用地。社区固定避难场所的空间载体可为体育场（含中小学操场）、公园绿地、地下人防空间等。

（6）各级市政公用设施用地之间应独立设置，产权归属应移交至各级政府部门。社区级设施用地一般每处规模较小，可同绿地兼容配置，用地性质表达为绿地，产权归属独立，应移交至相关政府部门。

（7）社区级绿地设施可分散设置，对单块用地规模大小不作要求。产权归属统一至市级园林绿化部门，有助于全市域生态环境的统一建设。还可兼容市政公用设施与健身类体育设施的配置。

（8）各级公共文化设施可由市级、地区级设施用地兼容，但设施建设与产权归属独立。社区级设施用地兼容情况同上述（4），产权归属可不移交至政府。

（9）各级体育设施可由市级、地区级设施用地兼容，但设施建设与产权归属独立。社区级设施用地兼容情况同上述（4）。建议可利用相关设施或企事业单位、大专院校等设施资源，通过管理控制手段等向公众开放，以满足配置要求。如市、区级体育中心、大专院校的体育场地、场馆等设施，产权归属可不移交至政府。

（10）商业服务设施依据市场规律有条件进行配置，产权私有。

在存量规划中，可供公共设施配置的土地资源紧缺、分布零散且不成规模。因此，进行用地分配时宜采取当地标准中旧区施行的指标，或参考国内同级城市的地方标准。但需要注意，所选标准必须经由当地政府同意。此外，各类设施用地分配时必须兼顾法律法规与特殊配置要求，如派出所一般要求场地能停放专用车辆，《南京市中小学幼儿园用地保护条例》

则规定高压供电设施周围 50 m 范围内不得新建幼儿园等教育设施等。

### 6. 综合校核，优化调整

综合地区需求差异、已有规划意图、设施服务均衡要求等条件，协调各方利益，以完善地区各类公共设施配比结构与服务覆盖优化为目标，调整分配结果。

(1) 优化各类公共设施配比

全方位、多元化的公共服务是现代居民生活的必需品。市级、地区级公共设施一般均有独立的用地性质表达，并在城市建设用地分类标准中有相应的占比要求；而社区级公共设施则有国标或地方标准规范配置要求。除每处一般规模外，千人指标或千户指标是指导社区、街道公共设施配置总量的主要标准。通过各项设施千人指标数据的分析，可以得出所在地区各项公共设施规模的理想配置比例关系，以指导各类设施的调整。其中，市级、地区级设施应在更大范围内进行调整，而社区级设施应从社区至街道由下而上进行调整。具体调整必须因地制宜，研究各地块特征并进行充分论证。

(2) 优化公共设施服务范围覆盖

居民享受公共服务的均等性是评价配置的重要标准。依据各类设施的实际服务半径，对其服务对象的覆盖率进行校核，作为具体地块调整功能的有利依据。如图 3-8 及图 3-9 所示，受区行政边界、大单位、地形等影响，存量地区街道、社区规模大小差别较大。汪虹等在研究南京老城街道居住用地服务覆盖情况时，发现南京老城一般居住社区级设施的服务

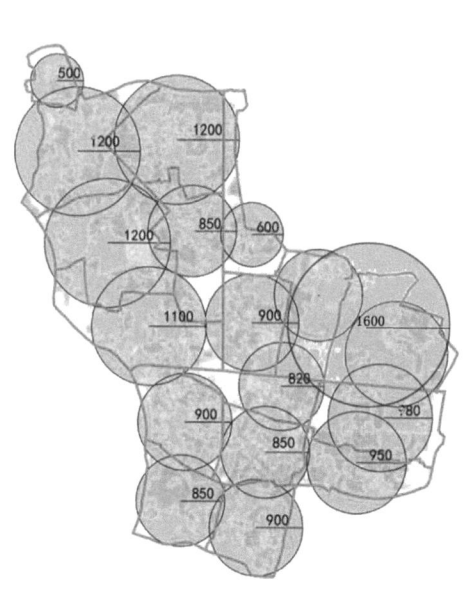

图 3-8 南京老城街道服务半径分析图
（资料来源：汪虹，蒋伶，葛大永. 实施需求视角下的南京老城社区公共服务设施配套策略[C]. 2015 中国城市规划年会论文集：2015：1-14.）

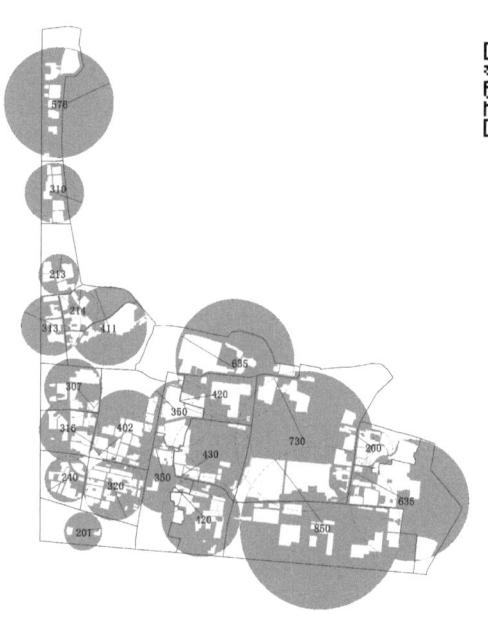

图 3-9 南京市玄武老城单元社区服务半径分析
（资料来源：本课题组自绘）

覆盖半径为800—1 000 m[①]。以南京市主城区(城中片区)控制性详细规划——玄武老城单元为例，居住社区级设施的服务半径定为800—1 000 m；基层社区级设施的服务半径则定为300—500 m。

居住用地的布局情况是城市中居民分布的反映，因此公共设施服务覆盖居民应以居住用地为底。传统公共设施服务范围覆盖的分析一般是以服务半径画圆式服务覆盖范围示意。但在南京市主城区(城中片区)控制性详细规划中，是以GIS为平台构建基于城市道路通行模型，以街道、社区实际服务距离进行校核检测，从而调整用地分配结果，提高各项设施的服务覆盖率。如图3-10所示，为南京玄武老城单元中派出所用地初步分配与调整方案的对比。以服务半径画圆式服务覆盖范围测算，服务范围覆盖差别不大。但通过基于路径的实际服务范围校核，发现调整前原玄武门街道派出所的服务覆盖多为部队居住用地，且周围道路密度低，难以服务至街道北部地区。调整后虽然覆盖面积增加有限，但服务覆盖了更多普通居住用地，有利于向街道北部地区服务延伸。而原覆盖区域则可由梅园新村派出所的服务延伸覆盖。

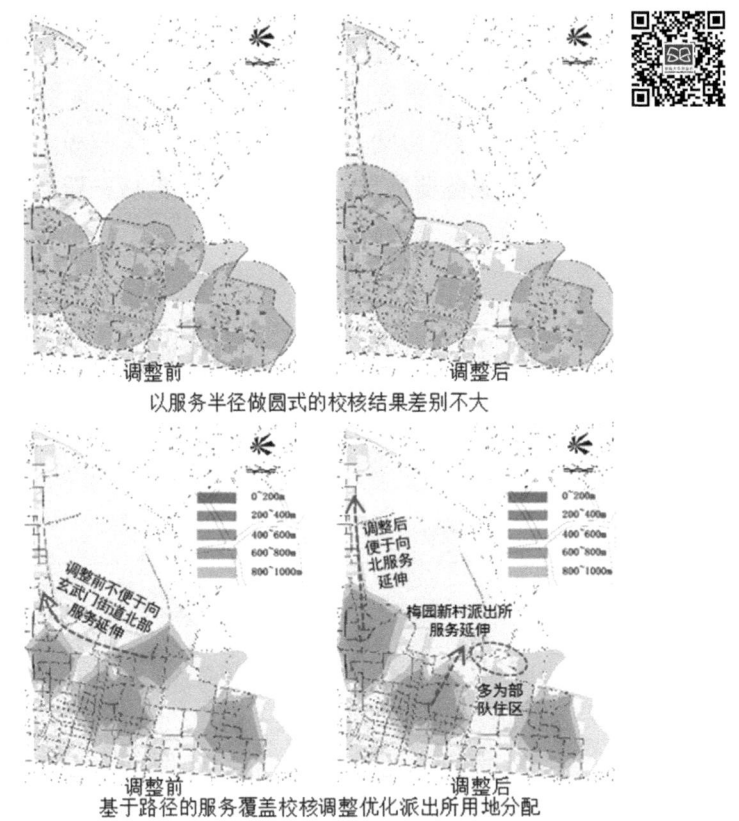

图3-10　南京市玄武老城单元基于道路通达性的公共设施实际服务范围分析(派出所用地调整)
(资料来源：本课题组自绘)

---

① 汪虹，蒋伶，葛大永. 实施需求视角下的南京老城社区公共服务设施配套策略[C]. 中国城市规划学会 编. 2015中国城市规划年会论文集. 北京：中国建筑工业出版社，2015：1-14.

（3）协调平衡相关主体利益

公共设施的配置过程涉及多方利益主体，包括①政府部门，②市场主体——开发商，③社会公众——居民[①]。其中：

① 政府部门作为绝大多数公共设施与公共服务供给的主体，有责任和义务满足居民基本公共服务需求。其监督、管理、运营效率直接影响了公共设施服务质量。但不同等级、功能的公共设施分属不同级别政府或不同主管职能部门分管。因此，在规划编制阶段，必须与各类设施主管部门充分协商讨论，听取意见；在相关规划审批与设施验收等环节，规划行政主管部门担负重要的监管职责。尤其是在公共设施用地调整过程中，必须由规划行政主管部门牵头，协调各部门利益，协商确定。

② 开发商作为公共服务供给的另一部分力量，在公共设施建设中扮演着重要角色。对于开发商建设的公共设施，首先应通过政府强制力保证设施功能，并在规划审批、建设、验收和维护等环节加强监管。另一方面，要充分发挥市场的力量，适当赋予开发商经营权与收益权，以鼓励开发商高标准提供公共设施，形成良性循环，切实提高居民生活品质。

③ 居民是公共设施服务的对象，也是公共设施的实际使用者。居民的需求是影响公共设施配置的决定性因素。因此，在公共设施用地的配置调整过程中，必须加强居民的公共参与，以提升公共设施服务的质量。同时，在规划设计过程中，必须注意居民人口结构的变化，如老龄人口、幼儿人口比重的变化趋势，并在有关公共设施配置时适当调整规模比重。

规划师作为技术人员参与公共设施配置相关规划的编制，对公共设施的整体布局、区位条件、用地规模、面积标准、服务半径等的确定有着非常重要的引导作用。在协调其他利益主体关系的过程中，规划师又起到了平衡者、沟通者的作用，在公共设施配置的过程责任重大。

## 3.3 基于存量资源供给能力的公共设施布局与建设形式选择

### 3.3.1 基于存量资源供给能力的布局形式建议

基于存量资源供给能力的公共设施配置模式，强调以公共设施配置、建设、服务的载体，即空间资源特征的研究为出发点。在梳理了可供配置的存量土地资源，并进行各类设施用地分配之后，需基于用地变化进行人口规模预测，继而明确各项设施的建设规模。在公共设施用地布局的基本格局之下，为了契合存量资源在空间上的分布特点，同时兼顾各项公共设施建设与功能服务的要求，以高效复合利用、统筹整合、共享存量资源等理念为核心思想，在现状布局基础上进一步优化调整，选择适合的布局形式[①]。

---

① 费彦. 广州市居住区公共服务设施供应研究[D]. 广州：华南理工大学，2013.

## 1. 大分散，小集中

### （1）分散布局

存量规划中无法集中预留土地用于公共设施建设，因此一般通过可改造地块或现有空间资源进行功能置换。

城市存量地区保留使用的现状设施布局整体呈分散分布状态。居住社区与基层社区级公共设施主要服务相应行政范围内的居民。由于居住区建设时间存在先后，各自配套设施建设情况不同，居住用地也呈现规模不均、整体分布零散的特征。因早期社区配置公共服务设施意识薄弱等原因，未能形成相对集中的社区公共设施布局。因此，现状公共设施整体上呈现较为分散的布局特征。而从可供新增公共设施配置的存量土地资源的分析来看，其总量有限且每处规模普遍较小、分布零散且无规律。因此，建议延续现有的整体分散布局的形式，并在整体分散布局的基础上进行公共设施布局的优化。

### （2）分类集中布局

公共设施集中布置可以形成各级别的公共服务中心。尤其是与居民生活最为紧密的社区级公共设施，集中布局能使居民在短时间、短路程内得到更全面的服务。降低设施建设维护成本、土地集约高效使用是集中布局的优势。集中布局具有较好的社会效益、经济效益和环境效益。

在整体分散布局的基础上，依据各类设施功能关联性，尽量做到用地布局紧凑。没有独立占地要求的公共设施，可以考虑在建筑空间中集中布局。首先，在服务功能互不影响的前提下，同类设施建议集中设置，如公共管理与服务、公共文化、社区商业服务业设施等。其次，在满足用地兼容性要求的前提下，功能上相互协作型的公共设施建议集中设置，以产生"1+1＞2"的服务效果。如体育与绿地设施、社区服务和社区商业设施、医疗卫生设施和社会福利设施等，可以依据各类设施的设置要求进行用地或建筑空间的集中布置（如图3-11所示）。

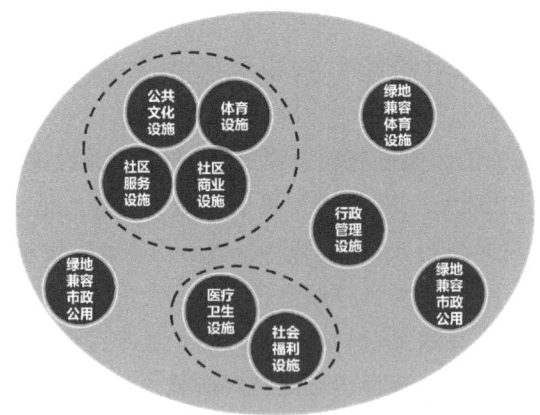

图3-11 "大分散，小集中"布局示意
（资料来源：本课题组自绘）

## 2. 资源共享，统筹协同

（1）功能混合协同

除公共设施用地或建筑之间可以兼容配置之外，对于无用地规模要求和独立出入口等特殊要求的公共设施，可复合建设在非公共设施用地中的同一栋建筑内，如一些运营不佳的老旧商办大楼、公寓、商住建筑的底层空间等。这种布局模式有利于节约土地、高效利用现状资源，并能大大降低成本，提高操作实施性。

（2）相关设施协同

充分挖掘利用丰富的现状相关公共设施资源，以实现存量资源的高效利用。在服务范围可达的基础上，如公园绿地、公共文化设施、体育设施、大专院校的文化体育设施等，可以通过管理控制手段向社会开放使用。对于居住社区级设施所在的基层社区，可以适当减少同类基层社区级设施的配置，这样既提高了居住社区级设施的使用效率，也避免了重复建设的可能性（如图3-12所示）。

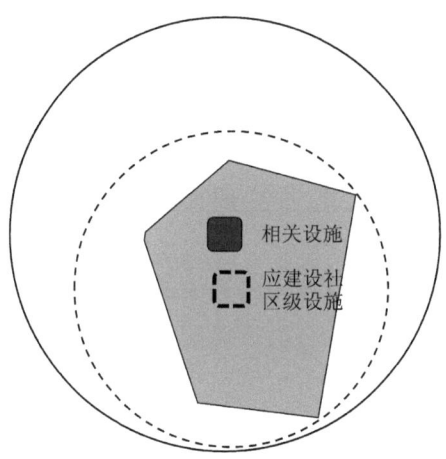

图3-12 相关设施协同示意
（资料来源：本课题组自绘）

（3）相邻设施协同

为避免各规划编制范围内在公共设施配置时各自为政、浪费资源，同时考虑到存量规划中存在现状居住用地分布不集中的现象，建议对区域范围内进行公共设施的统筹考虑。以服务覆盖居住用地为参考标准，充分利用相邻规划编制范围内可共用的公共设施，协同配置及建设维护，实现资源优化与设施分布的均衡（如图3-13所示）。以南京市玄武老城单元的中小学教育设施配置为例，虽在玄武老城单元北部新建了一处小学，但其服务半径仍无法覆盖该单元最北端的部分居住用地。因此，规划利用相邻鼓楼单元的天正小学以满足服务覆盖的需求（见图3-14）。

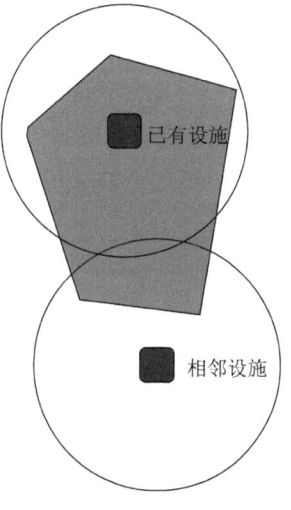

图3-13 相邻设施协同示意
（资料来源：本课题组自绘）

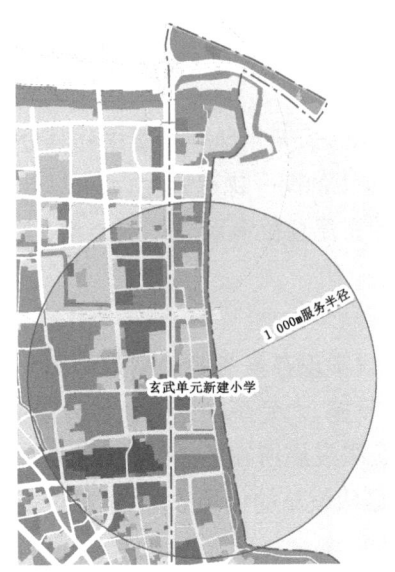 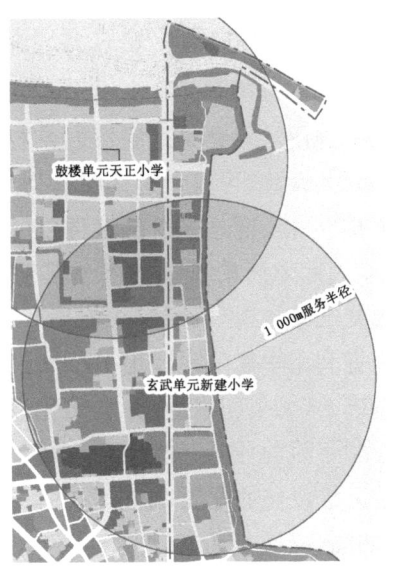

玄武单元北部新建小学服务无法覆盖规划区　　邻近鼓楼单元天正小学协同配置满足服务覆盖

图 3-14　南京市玄武老城单元北部与邻近鼓楼单元协同配置小学示意
（资料来源：本课题组自绘）

## 3.3.2　基于存量资源供给能力的建设及管理形式选择

由于复杂的现状空间环境与日益增长的建设成本，公共设施在实际建设过程中面临一系列问题。基于存量资源供给能力的公共设施配置模式，为公共设施的空间建设与运营管理方式提供了合理的选择。

**1. 空间建设**

存量规划中的存量资源包含存量土地资源与建筑资源，其空间利用价值体现在土地与现存土地上建筑的使用与产出价值上。基于存量资源供给能力的公共设施配置，在空间资源利用与建设形式上必须充分适应存量资源环境的特点。在进行空间设计的同时融入产权使用、变更等规划策略的建议，合理地利用存量空间资源[①]。

（1）拆除重建

拆除重建是指在建设范围内，将现状大部分建筑拆除后重新建设。在此过程中，土地功能、开发强度、产权主体等均可发生改变。拆除重建方式可用于新增公共设施用地或现状公共设施用地的重新建设，需进行现状建筑的拆迁与土地平整，新增设施用地还要进行用地的征收。重建后，土地均用于公共设施功能，一般用于有用地规模要求的公共设施建设。土地权属应上交至相关主管部门，经营权、使用权可由相关部门根据运营模式自行支配。拆除重

---

① 恽爽，刘巍，吕涛. 面向存量的规划转型研究[EB/OL]. (2017-04-25) https://www.sohu.com/a/136311222_275005

建是将存量土地进行增量式再建设的方式,对公共设施的更新建设效果较好,能够一次性建设到位。但缺点就是建设的初期成本较高,建设周期相对较长。

(2) 改善整建

改善整建是指对现状公共设施用地进行建筑的改建、加建,包括改善现有建筑外立面、环境整治,以及现有设施的更新换代、维修保养等内容。在此过程中,不改变现有土地使用面积和功能,不改变现有建筑的主体结构。改善整建是针对存量规划中大部分现状使用较好的公共设施提出的,是一种内涵式的更新建设方式。运营单位可不变,但土地权属应与国土信息校核,并建议统一上交至相关主管部门。通过内部整修,可以提升原设施服务质量。同时,也可结合部分相邻小地块的拆除重建,进行整体公共设施用地与建筑规模上的扩建。这种方式很好地利用了存量公共设施资源,建设成本较小,但实施效果难以控制。因此,需要在修建性详细规划、建筑设计环节提出详细的改善整修意见。

(3) 功能置换

功能置换是指利用非公共设施用地上的建筑资源,改变部分或整栋建筑的使用功能,用作公共设施服务。一是利用现有建筑空间的功能更新,不改变原土地使用权的权利主体和使用期限,也不改变原用地功能和建筑物的主体结构;二是利用新建的非公共设施用地上的建筑空间,此类多为捆绑城市更新项目共同建设的公共设施,不影响更新后的用地功能与产权归属。通过功能置换方式配置无需用地规模要求的公共设施,设施配置的时效性较好,能够较快投入使用,且资源选择余地多。但缺点是租金受市场影响不稳定,长期使用性差。对于有特殊设施设置内容的操作难度大,如部分体量较大、拆运困难的医疗设施等。建议对设施要求不高且无用地规模要求的公共设施可采用此类建设方式,如社区办公、邮政服务、文化活动、体育健身等设施。也可通过整栋建筑的功能置换,将可集中布置的设施共同设置,如文体活动中心、社区综合服务中心、基层社区中心等集多种服务功能于一体的综合型服务大楼。

### 2. 运营管理

在基于存量资源供给能力的公共设施配置过程中,不可避免地会面临面对公共设施建设成本增加的问题。建设成本包括了新增用地征收、拆迁、平整费用,以及公共设施的建造、运行、维护费用等。若由政府独自承担,则财政压力较大,将极大影响公共设施的建设与服务水准。为了充分发挥政府职能,同时有效利用市场资源,吸引市场投资充实公共设施建设资本,缓解地方财政紧张问题,应以产权归属分类为基础,在运营管理形式上合理选择政府、企业或两者合作等多元化提供公共服务的方式。

(1) 产权应移交至政府的公共设施

提供丰富多样的公共服务是政府的重要工作内容。在我国现行的城市公共设施管理体制下,大多数的公共服务是由地方政府提供的。建设后产权应移交至政府的公共设施均为公益性质。首先,可由政府独自出资建设。这类方式有利于政府根据各地方财政能力与实际需求进行财政支出与建设的统筹安排,避免出现设施建设不到位或重复建设的情况,从而有效保障设施功能与服务。如行政管理服务设施、大型医疗与教育设施、市政公用设施、大型城市公园绿地等。其次,政府可利用建设-经营-移交(BOT)模式,打破单一的政府投资局面,允许企业在某一固定期限内建设、运营公共设施。在规定日期后,将运转良好的公共设施整体无偿地、无条件地移交给政府。这种模式可应用在社区级医疗卫生、养老、社区服务等设施上。或者由政府直接购买已有公共服务,如现状运行较好的养老院、民营诊所、幼儿园等,充分利用市场资源,但最终设施所有权由政府控制。

(2) 产权不必移交至政府的公共设施

这类设施包括公共文化设施与体育设施。除通过利用民营企业 BOT 模式,或直接购买服务外,由于产权无需移交至政府,可在建设过程中赋予民营企业更多权利。如应用 PFI 私人融资主导模式,政府不参与或仅以少量的资金参与,主要购买项目最终的公共服务,民营企业拥有项目经营权。甚至政府可不购买,仅仅承担监督、验收、检查工作,将实际所有权交于民营企业。这种方式需要政府在法律法规、项目选择条件、监督与合作平台建设等方面不断完善,是对政府管理与服务转型的必然考验。

(3) 产权私有的公共设施

这类设施为配套商业服务设施,应交由市场建设。政府负责空间布局的引导与设施服务的行业监督,如健身会所、娱乐会所、餐饮、日常零售等服务的提供等。

## 3.4 基于存量资源供给能力的公共设施配置实证研究——以南京市玄武老城单元控制性详细规划为例

### 3.4.1 玄武老城单元公共设施配置现状与问题

**1. 玄武老城单元概况**

玄武老城单元位于南京老城东北象限,依山傍水,明城墙围合,西临鼓楼区,南接新秦淮区,区位优势显著。规划范围西至中央路、中山路、中央北路,南至中山东路,东至城墙、黄家圩路,北至京沪铁路,紧邻玄武湖公园与钟山风景区,总用地面积约 10.37 km²。

玄武老城单元属玄武区管辖,范围内包括 3 个街道、22 个社区居委会。受现状地形、道路分割以及地区内大单位用地割据等情况影响,22 个社区中规模最小的约 20 ha,最大的超过 150 ha。其中,新街口街道各社区规模相近,边界规整;而玄武门与梅园街道则受区界、地形与大单位割据等影响,出现了个别"超级社区"。

**2. 玄武老城单元公共设施配置现状特征**

(1) 公共管理与公共服务设施

玄武老城单元位于主城核心地区,市级、区级公共设施发展成熟且服务运行较好。

① 教育科研设施占比过半

玄武老城单元内集聚了东南大学、中国科学院南京地质古生物研究所、南京外国语学校、北京东路小学等各类教育机构,教育科研资源丰富,用地面积占公共管理与公共服务设施总用地的56.7%。

② 行政办公、文化、医疗卫生设施基础好

现有江苏省卫生健康委员会、南京市人民政府、江苏省美术馆、东部战区总医院等大量行政机构、文化设施与医疗机构。其中,文化设施沿长江路集中分布,凸显了长江路市级"文化一条街"的定位。

③ 体育与社会福利设施比例极低

现状仅有全民健身中心与南京市儿童福利院各一处。

④ 市级公共设施占据主导,区级设施建设力度不足

除区行政办公设施外,其余地区级文化、医疗卫生等设施较少。

(2) 居住区配套设施

① 部分设施规模存在不同程度缺口

按现状常住人口统计,各类居住社区级设施规模达标率低,社区养老院、体育活动场地、幼儿园、社区绿地等设施存在建设缺项。按照标准中千人指标计算,现状22个社区中仅有4个满足基层社区中心建设规模标准,达标率仅为18%。

② 设施布局分散,功能拆分现象严重

现状3个街道有4处居住社区中心用地,其中3处被各街道街政管理办公使用,1处为新街口街道社区服务中心;另有4处派出所用地、4处社区卫生服务中心用地,其余居住社区级设施分散布置在街道内,多为租用、购买用房设置,设施之间关联性较差。现状基层社区服务同样存在多处分散设置现象,仅有50%的社区集中一处设置,大树根社区甚至设置多达4处。

③ 同类设施规模差别较大

以建筑规模比较,各街道社区卫生服务中心建筑面积最小为1 200 m²,最大一处规模达5 000 m²;玄武门派出所建筑面积仅280 m²,其他三处规模均在1 200~1 600 m²,规模差距达4倍以上。现状基层社区用房面积大小分布也从340至2 150 m²不等,不同街道社区的公共设施建设规模差异较大。

④ 基层教育设施配置的特殊要求

不少市重点中学、小学的本部坐落在玄武老城单元。现有用地规模难以满足标准中对应的人均配建要求。一是各校办学时间久,现状生均用地面积难以达标,多为超负荷运行。其中,幼儿园20所,生均面积达标率仅为41%;小学达标率仅有27%;中学仅有一所达标。其二,在老城范围内,控制学校新建、改建项目,学校择校比例只减不增。通过控制老城学校规模,逐渐引导各校办学规模合理化,进而实现老城人口控制与疏散。在政策施行过程中,不可避免会出现阶段性的矛盾。

**3. 玄武老城单元公共设施配置问题**

综合上述现状公共设施配置特征分析,总结出玄武老城单元公共设施配置存在以下四个问题:

问题1:不同等级设施之间配置情况差异大,地区级及以下等级公共设施配置总量不足,

尤其是居住社区级、基层社区级设施，现状设施规模不足且存在缺项。

问题2：部分设施规模差异较大，设施配置达标情况较差。受老城人口政策影响，中小学、公立医院的建设受到控制。重新确定现状设施，尤其是中小学教育设施的合理规模，是本次规划的重要工作之一。

问题3：公共设施空间布局过于分散，无法达成良好的公共服务水平。

问题4：租用建筑用房设置的公共设施持续性服务无法保障。建设运行与维护均由政府承担，受房价、地价影响，政府财政负担加重，公共设施服务水平难以保持稳定。

### 3.4.2 玄武老城单元存量用地潜力分析与公共设施分级分类

**1. 玄武老城单元存量用地潜力分析**

在存量规划中，除水域等非建设用地外，所有用地均为已建成用地。城市的更新发展与公共服务设施的完善等均需依靠存量用地展开。因此，充分进行现状存量用地潜力的分析与挖掘，是存量规划开展的前提。

（1）用地潜力判定依据

对玄武老城单元现状情况进行充分调研，搜集并汇总现状土地利用、国土信息、现状建筑高度与质量、近年城市建设用地审批信息、玄武区危旧房及城中村改造项目等多方面资料，逐一分析规划区内已有相关项目的建设情况，以及低效用地、储备项目的情况。

玄武老城单元用地面积较大，现状用地多达1380块，用地情况复杂。为提高工作效率，对全域用地潜力形成整体理性判断，规划辅以GIS平台多因子分析，选取框架路可达性、轨道交通站点可达性、地价、生态敏感性、改造难度、历史文化因素、重点发展意图七个因子，进行多因子叠加分析。通过多因子叠加分析得出潜力较大地区的分布，具体地块的潜力分析结合实际情况逐一判定，形成现状存量用地潜力的综合评价分析。通过GIS多因子分析，判定玄武老城单元存量用地潜力较大的地区集中在新街口地区、梅园新村—钟岚里—熊猫厂地区、中央路沿城墙地区、北安门街南段地区以及学府路近中山路地区（见图3-15）。

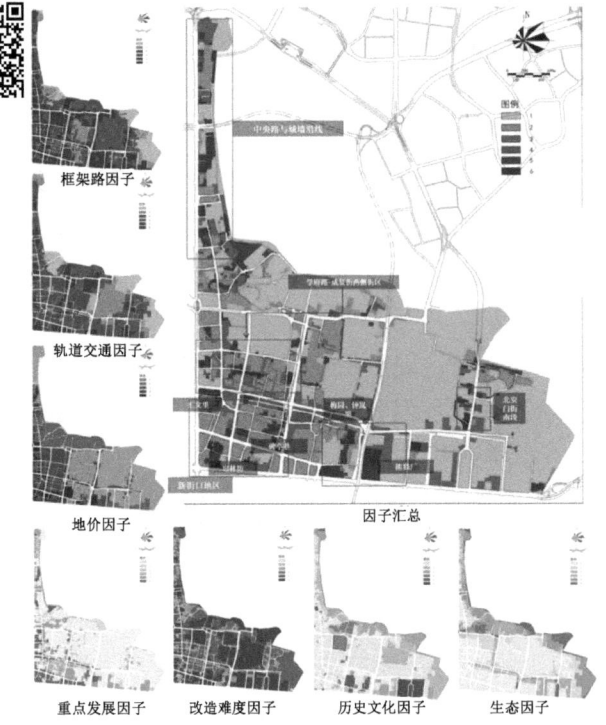

图3-15 玄武老城单元存量用地潜力GIS多因子分析
（资料来源：本课题组自绘）

（2）用地潜力分析汇总

通过多因子叠加分析与各地块逐一研究，现状用地潜力中，宜保留用地中拆除重建9.04 ha；可改造用地31.58 ha，两者合计发展用地面积共40.62 ha，仅占规划总用地的3.92%，比重极低。且整体布局分散，不集中成片，单块用地规模小。经统计，发展用地共204块，其中5 000 m² 以下地块占80%以上。发展用地除了用于保障公众利益和满足城市发展的需要，如公共服务、市政基础、道路、绿地等方面设施的建设外，还需要面对旧城改造中经济效益增长要求的压力。部分用地用于产业发展，提升综合竞争力（见图3-16）。

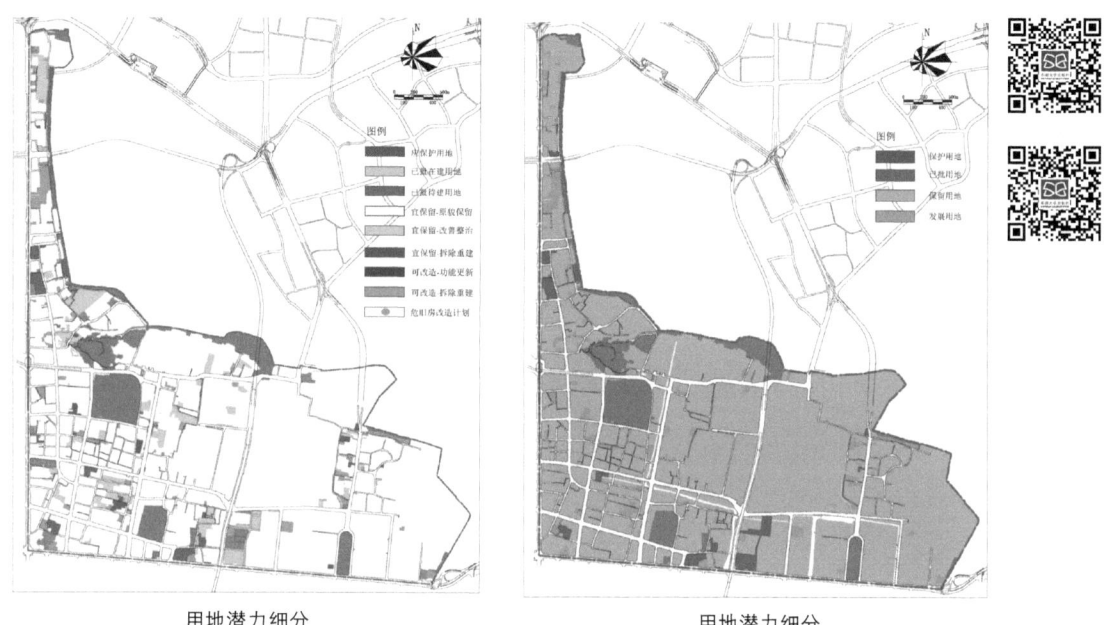

图3-16　玄武老城单元存量用地潜力综合分析
（资料来源：本课题组自绘）

**2. 基于现行标准的公共设施分级分类**

（1）公共设施分级

市级、地区级公共设施一般在更大空间区域中统筹规划。控规中主要进行与上位规划、专项规划的衔接落实、局部调整。规划重点是依据所辖街道、社区的实际情况，对居住社区级、基层社区级设施进行功能完善、规模增补与合理布局。其中，由于建设与服务统筹考虑的需要，以及相关政策的引导，中小学纳入市级、地区级公共设施统一考虑。

（2）公共设施分类

按照公益属性与产权归属，公共设施分为三类：第一类为设施功能需严格保障，产权应移交至政府的设施，包括教育设施、医疗卫生设施、社会福利与保障设施、行政管理与社区服务设施、市政公用设施、公园绿地设施等；第二类为功能应予以保障，但产权可不必移交至政府的设施，包括公共文化设施、体育设施等；第三类为产权私有的经营性设施，在有条件下配置，包括各类商业服务业设施等。

明确公共设施的产权归属,优先配置产权应移交至政府的公益性设施,以保障服务。对于产权不必移交或可私有的设施,应充分利用市场资源,既满足居民对公共服务的需求,同时减轻政府财政压力,为民营企业提供一个可持续又具有社会意义的发展渠道,达到多方共赢的目标。

为合理充分利用存量资源,在产权归属分类的基础上,从公共设施配置是否有用地规模要求的角度进行分类,尤其是在居住社区级与基层社区级公共设施配置中,要详细区分各类设施,优先配置有用地要求的设施。对于涉及用地为刚性规定的设施,在存量建设区尽量通过用地盘整达到标准;若无用地要求,则考虑利用存量建筑资源灵活布置。

### 3.4.3 基于存量资源供给能力的玄武老城单元公共设施配置

**1. 可供公共设施配置的存量土地资源梳理**

在对玄武老城单元现状进行综合分析、解读相关法律法规政策性文件、梳理相关规划、进行用地潜力综合分析的基础上,梳理规划范围内可供公共设施配置的存量土地。包括以下三大部分(见图3-17):

图3-17　玄武单元可供公共设施配置的存量土地资源汇总
(资料来源:本课题组自绘)

（1）现状保留：保留利用的公共设施用地

梳理现状保留利用的公共设施用地共 249.55 ha。其中，南京市儿童福利院后宰门院区已计划于 2015 年底整体搬迁至江宁区祖堂山新院，原址将用于周围住区环境更新以及社区公共设施配置补足。

（2）已有规划梳理：上位规划或相关专项规划中规划新增或调整的公共设施用地

这类设施用地已经进行规划设计与用地预留，但尚未建设。需对这类用地的合理性进行综合研判，包括法律法规、政策标准以及各规划之间矛盾的校核。

梳理已有规划中的新增公共设施用地共 49.48 ha。重点包括南京市总规、玄武区总规以及南京市永久性绿地成果中确定的结构性城市绿地，主要为沿明城墙、内秦淮河水系两侧等尚未建成的绿地空间。同时，梳理与核对规划范围内教育、医疗、养老专项规划与已有控规成果中的新增用地，以现状调研结果与地籍权属为依据，落实翔实的用地边界。

（3）本次新增梳理：基于用地潜力分析结果，发展用地中可供公共设施配置使用的用地

在规划区内存量用地潜力分析的基础上，规划梳理存量发展用地面积共 40.62 ha，除去已明确用于经营性功能的用地外，发展用地用于新增公共设施用地面积 24.64 ha；再除去在已有规划中规划设计的用地，本次规划中新增公共设施用地 43 处，约 4.49 ha。

综合现状保留、已有规划以及本次规划新增的公共设施用地梳理结果，得出玄武老城单元内可供公共设施配置的土地资源总量共 303.52 ha，约占规划区总用地的 29.26%。

依托南京控制性详细规划编制现状一张图信息软件的开发与信息平台的建立，录入每块用地的翔实信息，包括传统用地性质、容量、高度等空间数据，以及国土土地用地、权属单位、使用单位等社会属性信息，为合理规划做好铺垫（见图 3-18）。

图 3-18 南京市现状一张图规划辅助编制软件地块属性一栏表
（资料来源：本课题组自绘）

## 2. 基于公共设施供给能力的人口疏减与规模预测

疏解人口是老城人口发展的基本思路。除保留与已审批的居住用地之外，规划不再新增居住用地。公共设施配置的最终目的在于满足居民对美好生活的需求。在公共设施用地总量梳理与各类设施用地相对合理分配的前提下，规划提出了两种人口计算方式。

一是从居住用地变化的角度，规划人口1＝现状常住人口＋规划新增居住用地对应人口－置换居住用地中疏散的人口；二是从社区级公共设施用地规模反推，推算公共设施用地对应服务的理想人口规模，即计算各类设施用地所能服务的人口，规划人口2＝（各类公共设施对应服务人口）$_{mix}$。

两者都是从用地变化出发推算人口规模。前者基于现状居住人口变化进行推算，立足现状；后者则从规划公共设施用地可服务的人口规模进行推算，但人口转移因素复杂，按公共设施用地供给能力计算只是一种理想状态。因此，规划人口1作为近期规划人口，用于指导无用地要求的公共设施在规模、布局等方面的配置；规划人口2作为远期规划人口，用于指导玄武老城单元长期的人口控制与疏散工作。

（1）以居住用地变化推算的近期人口预测

规划依据疏散老城人口的要求，考虑居住用地变化带来的人口变化，推算规划区人口规模。

① 疏散的现状人口

经统计，本次规划置换的现状居住建筑面积约为328 434 m²（含已批用地），按照玄武区户均面积88.28 m²以及户均2.7人计算，测算出对应的疏散人口数约为10 045人。

② 新增的居住用地核定人口

规划后，置换新增的居住建筑面积约为51 726 m²（主要为已审批用地中的居住用地），按照户均88.28 m²以及户均2.7人计算，测算出对应的新增人口数约为1 582人。

根据上述测算方法，以现状玄武老城单元常住人口20.45万人计算，近期规划人口约为19.6万人，疏散人口约为0.85万人。

（2）以公共设施用地供给能力反推服务人口，作为远期人口引导

以各项设施配置的千人指标为依据，反推各类设施用地服务对应的人口数，如表3-4所示。

表3-4　各项公共设施用地对应服务人口

（资料来源：本课题组汇总）

| 设施名称 | 规划用地面积（m²） | 配置要求 | 反推服务人口 |
| --- | --- | --- | --- |
| 中学 | 234 900 | 每千人70名中学生，生均用地23 m² | 145 900 |
| 小学 | 142 700 | 每千人70名小学生，生均用地18 m² | 113 254 |
| 幼儿园 | 75 100 | 每千人36名幼儿，生均用地15 m² | 139 074 |
| 社区卫生服务中心 | 10 700 | 每千人最小用地75 m² | 142 667 |
| 派出所 | 10 130 | 每千人最小用地40 m² | 253 250 |

由表 3-4 可知,规划区内以各项公共设施用地供给能力反推的服务人口规模中,以小学设施反推出来的人口规模最小,所以玄武老城单元以小学设施配置规模对应的服务人口 11.3 万人作为远期人口引导。玄武老城单元远期规划人口 11.3 万人,远期疏散人口目标 11.3 万人。

规划建议通过逐步调整并降低各校过大的办学规模,逐步疏散人口,从而引导玄武单元的人口发展,逐步缓解老城人口压力大的问题,提高老城地区的人居环境、生态环境品质。在教育设施控规图则管理中,除设施用地、建设规模等刚性控制标准外,对于各学校的办学规模,可通过备注方式提出近远期办学建议,以指导各校长期的发展与建设。

随着城市更新建设的不断推进,居住用地与公共设施用地的规模也存在变化的可能。基于用地变化的规划人口推算是立足近期用地调整的合理预测,从长期来看则是一种持续的、动态的预测模式。

**3. 基于总量梳理的公共设施用地分配**

以保证公共设施建设与服务水平为目标,尊重并衔接已有规划成果,延续利用服务较好的现状设施。新增公共设施用地优先用于社区公共设施建设。依据设施分级、产权归属分类以及单处设施规模大小,依次有序分配,并结合设施配比结构与服务覆盖要求的校核,征求相关利益主体的意见后,调整优化分配结果(见图 3-19)。

(1)市级、地区级设施优先分配

优先分配现状保留与已有规划中配置的市级、地区级公共设施用地。在公共设施用地总量梳理的基础上,对设施重点调整边界表达,明确四至范围。依据设施功能与归口管理部门提出国土土地用地性质调整建议,如将教育用地归入科教用地、医疗卫生和养老等社会福利设施用地归入医卫慈善用地、各级各部门行政办公用地归入机关团体用地等。条件允许的情况下,权属单位可一并调整至归口管理部门。中小学设施依据《标准》中生均用地的要求,提出利于合理办学的规模,引导各校招生数的合理安排。玄武老城单元市级、地区级公共设施用地总面积为 286.69 ha。

(2)社区级设施有序分配

玄武老城单元的社区级公共设施用地总量为 16.83 ha,依据产权归属分类,按单处设施规模大小依次分配各类设施用地。同时考虑设施配置数量与用地兼容性以及各项设施的场地要求与地块的实际建设条件。规划配置如下:

① 基本策略

优先用于产权应移交至政府的设施配置。社区公园绿地可不集中布置,单块绿地无用地规模要求,可利用零星用地增加绿化;市政公用设施可与

图 3-19 玄武老城单元社区级
公共设施总体分布
(资料来源:本课题组自绘)

绿地兼容设置，无需单独用地；社区医疗卫生设施可与社区养老设施共同设置。

产权不必移交至政府的设施中，仅有体育设施有用地要求。考虑其用地规模较大且可利用现状丰富的体育场地资源，故不再新增体育设施用地。

基层社区规模一般较小，设施集中布置有利于建设与服务。有条件的社区可设置用地用于建设基层社区综合服务中心。

② 有序分配

首先分配现状保留与已审批的社区级设施用地，其余按每处规模大小有序分配。用于分配的新增公共设施用地共52块，总面积为6.15 ha。

幼儿园：

幼儿园初次分配共8处用地符合规模要求，但幼儿园设置应紧密结合居住区，不宜靠近城市快速路与干路。由于具有一定的场地要求，部分用地狭长，无法满足建设要求，调整2处（见图3-20）。

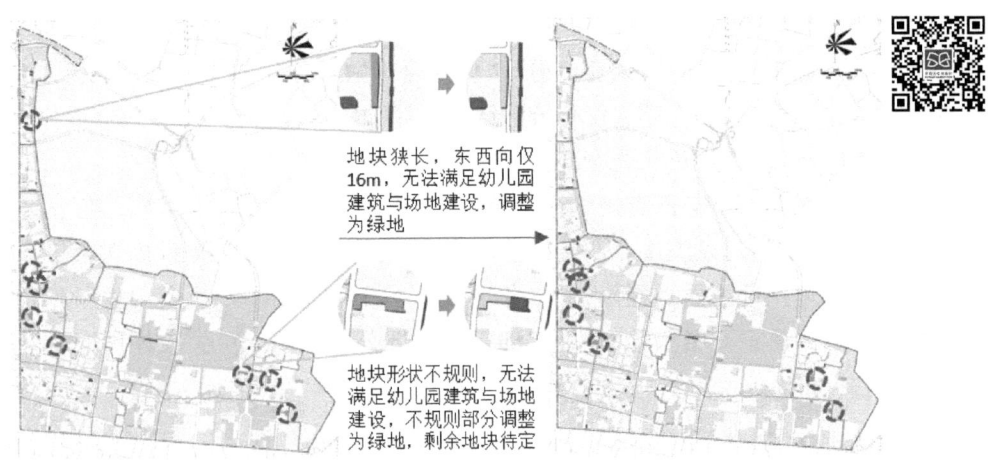

图 3-20　玄武老城单元幼儿园用地初次分配
（资料来源：本课题组自绘）

**社区卫生服务中心或社区养老院：**

初次分配了6处用地。各街道原则上集中布置一处社区卫生服务中心与社区养老院。且考虑到医疗设备安装、搬运难度大，宜优先利用现状建设设施。玄武老城单元人口老龄化严重，应充分利用社区卫生服务中心或其他医疗用地建设养老设施。由于分配地块形态不适合社区卫生服务中心布局，调整2处（见图2-21）。

**派出所：**

派出所每处最小规模为1 500 m²，每街道一处，应设置车辆停放的院落空间。考虑到梅园街道由原后宰门街道与原梅园新村街道合并而成，街道规模较大，因此依据专项规划，保留并扩建原梅园新村与后宰门派出所以满足规模要求。而新街口与玄武门街道原派出所用地规模小且周围无用地可扩展，故需另选新址。规划将利用上述调整的一处2 000 m²以上的地块初步分配为派出所用地。

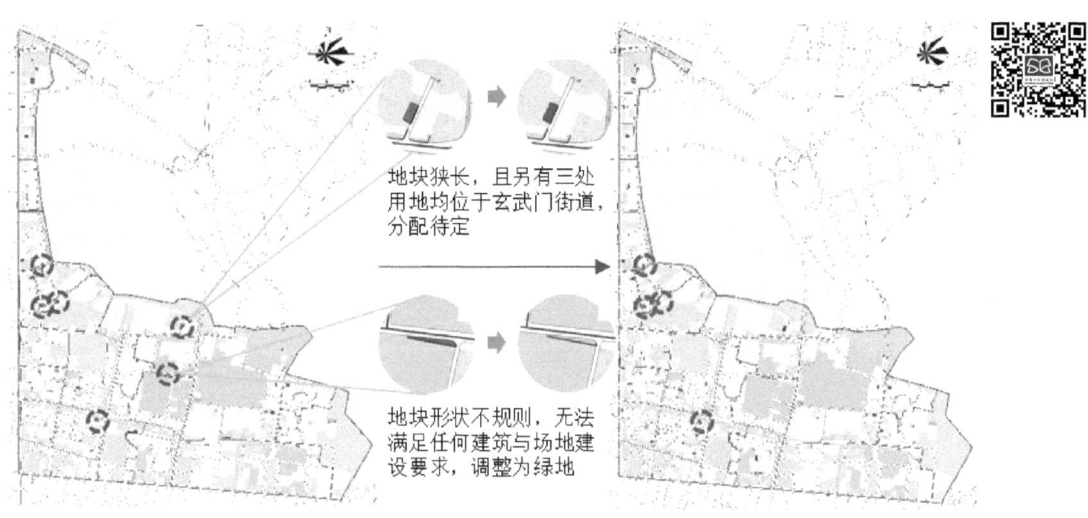

图 3-21　玄武老城单元社区卫生服务中心与社区养老院用地初次分配
（资料来源：本课题组自绘）

**街政管理中心：**

最小用地规模为 1 000 m²，现状配置情况已满足要求，故不再新增。

**基层社区中心与绿地：**

剩余地块将首先作为公共绿地配置。若用地面积不小于 600 m²，且地块满足建设条件，则选择该社区内用地面积大于 600 m² 的地块中规模最大者，作为基层社区中心用地。新增 4 处基层社区中心用地（见图 3-22）。

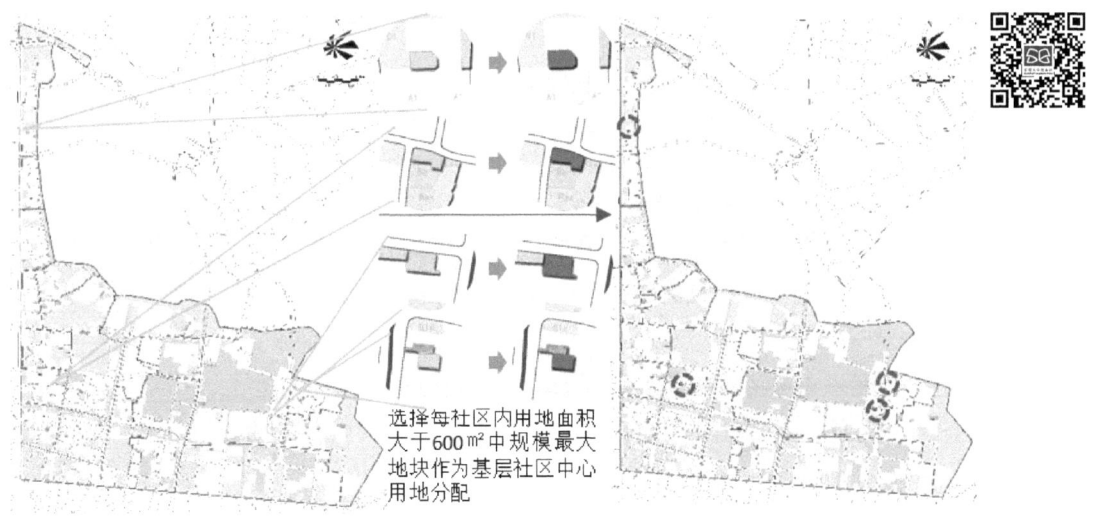

图 3-22　玄武老城单元绿地与基层社区中心用地初次分配
（资料来源：本课题组自绘）

(3) 综合调整

在依据地块形状与设施建设场地要求初步调整的基础上，进行以下综合调整。

① 以街道为单位，按各项设施最小用地规模的理想配比优化用地分配

由于现状街政管理中心满足配置要求均予以保留，以此为配比基准，调整并满足各项设施配置的均衡性要求。考虑到幼儿园现状缺口较大且每处规模要求大，位于分配首位，但可供配置的新增公共设施用地规模普遍较小，且需控制、疏减人口，故难以按比例配足幼儿园用地。在有条件的情况下，考虑配比合理性。调整结果如图 3-23 所示。

图 3-23 玄武老城单元按各项设施用地配比调整示意
（资料来源：本课题组自绘）

② 服务半径校核，提高综合服务覆盖率，优化用地分配

各项公共设施有不同的服务半径要求。服务覆盖比重的提高是优化公共设施配置成果的重要依据。本次规划将居住社区级设施的服务半径定为 800—1 000 m，基层社区级设施的服务半径定为 300—500 m，老城 3 000 m² 以上的公共绿地按 10 分钟服务圈校核，服务半径 500 m。

考虑规划后城市道路网通行的实际可达距离，利用 GIS 软件构建规划路网体系，核算基于道路可达性的实际服务覆盖范围，并通过多种方式校核，优化调整设施用地分配结果（见图 3-24）。

4. 灵活布局，集约利用存量资源

按近期规划人口预测结果计算各项设施的详细配置建筑规模，并提出分散、分类集中、功能混合协同、相关设施协同、相邻设施协同等多种布局方式。

（1）分散布局

现状公共设施分布整体较为分散。除长江路形成较为集中的市级文化设施布局外，其余

的市级、地区级公共设施建设相对独立且布局分散。社区级公共设施在保留现状使用较好的设施的基础上重新分配用地。由于可供配置的存量用地资源分布零散且不成规模，配置后的各项社区级公共设施用地仍然分散，无法形成有规模的综合居住社区中心（见图3-25）。

图3-24　玄武老城单元社区级公共设施用地规划
（资料来源：本课题组自绘）

图3-25　居住社区级公共设施分散
与分类集中布局示意图
（资料来源：本课题组自绘）

新街口街道居住社区中心功能设施共分15处布局，玄武门街道21处，梅园街道23处。这种分散布局的公共设施较好地利用了现有的设施资源，同时适应了玄武老城单元居住用地相对分散的布局特征，但缺点是不便于居民集中使用。

（2）分类集中布局

从用地兼容、功能协同与提高服务效率的角度出发，我们将对部分设施进行用地或建筑空间的共建，尤其是进行新建与整体功能置换的用地，将优先进行公共设施集中布置。居住社区级公共设施中的街道办、社区服务、文化设施等宜集中布置。玄武门街道将形成围绕天山路的相对集中布局，梅园街道将形成沿后宰门街的相对集中布局。此外，社区养老设施与卫生服务站或社区医院将集中布置共3处；垃圾收集站、环卫休息场、移动通信基站等均将与公共绿地共同布置；基层社区级设施共有16个社区将集中设置在一处基层社区中心用地。

（3）功能混合协同

我们将利用非公共设施空间资源布置无用地要求的公共设施。例如，玄武老城单元内，菜市场将布置在商住混合地块、商业地块或商办混合地块的底层空间；老年人日间照料中心、居家养老服务中心将布置在居住区内，通过置换部分居住空间配置，来满足日常养老服务需求；对于6处无独立基层社区中心用地的社区，我们将租赁或购买商办建筑空间，以满足基本办公与社区服务功能。

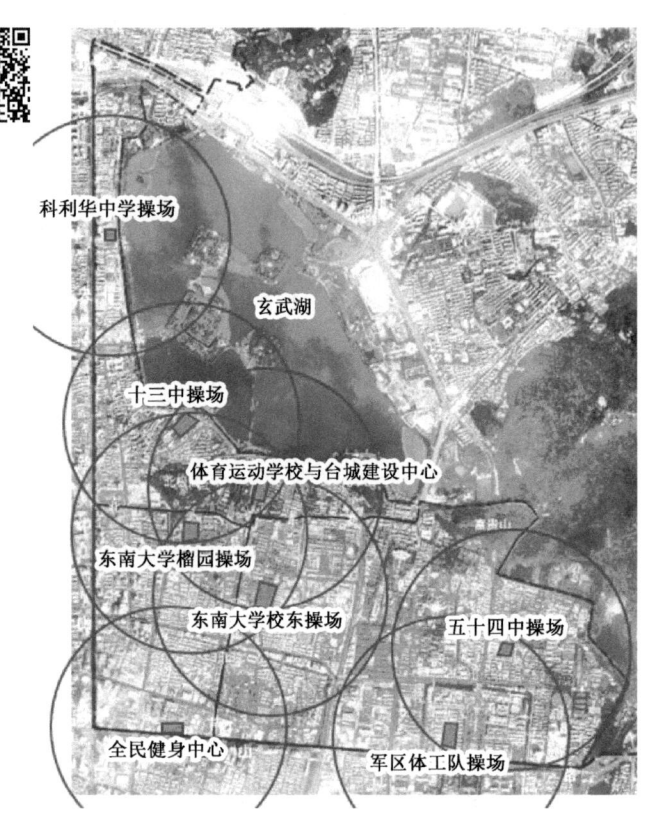

图 3-26　建议街道利用的体育设施分布
与1 000 m服务半径覆盖示意
(资料来源：本课题组自绘)

（4）相关设施协同

玄武老城单元内文化设施丰富，且有东南大学等高校以及丰富的中小学体育场地资源。因此，文化与体育设施不必移交产权至政府，而应充分利用现有相关设施，通过租用或开放措施等方式方便附近居民使用。例如，新街口街道利用文化中心等长江路丰富的文化设施以及全民体育中心与东南大学体育场地满足社区级文化与体育设施的配置需求。玄武老城单元内建议可利用的体育场地或场馆共13处。从服务覆盖的角度考虑，建议玄武门街道利用科利华中学、十三中操场、业余足球运动学校及台城健身中心；新街口街道利用全民健身中心及东南大学操场；梅园街道利用东南大学校东操场、五十四中操场与军区体工队操场（见图3-26）。通过开放措施，各权属方可对部分设施收取一定费用，便于居民使用这些设施。同时，各街道社区卫生服务中心所在社区将不再配置基层卫生服务站，养老设施将同理进行高效协调利用，以充分利用相关设施资源。

（5）相邻设施协同

玄武老城单元受明城墙、玄武湖等外界要素以及行政区划与单元内大单位割据等因素的影响，街道与社区规模不一、形状各异。玄武门街道呈"L"形，南北与东西方向狭长；梅园街道范围大，居住用地分布无规律。因此，规划公共设施布局分散，难以满足本区服务全覆盖的需求。建议玄武老城单元社区或街道公共设施无法覆盖服务的地区考虑利用鼓楼或秦淮单元邻近设施满足服务需求。

**5. 对现行标准的反思**

通过对玄武单元存量资源的梳理及综合环境的分析，以及对现行南京市公共设施配套规划标准的详细解读，我们总结了在配置过程中遇到的诸多问题。从供给能力的视角出发，提出对现行标准的以下几点反思：

（1）在建设布局上，现行南京公共设施配套规划标准要求居住社区中心应集中布局，形成中心用地。但在实际操作过程中，存量规划地区的用地资源极其有限。本研究提出的存量规划中基于存量资源供给能力的公共设施配置模式是在现状整体分散布局的基础上，对部分功能关联或用地兼容的设施进行分类集中设置，这符合存量规划地区用地资源分散有限的特征。

（2）在建设规模上，虽然建筑规模方面要求所有设施必须满足标准要求，但在用地规模上，可以参考国内其他城市，如上海、杭州等城市的标准中对老城设施配置标准的要求。建议在现有标准上进行规模折减，折减后的规模不应小于原标准的70%。

（3）由于受玄武老城单元用地形状及公共设施分散布局的限制，在服务覆盖半径上，我们通过研究统计，将居住社区级设施的服务覆盖半径由500—600 m调整至800—1 000 m，基层社区级设施服务覆盖半径由200—300 m提高至300—500 m。

### 3.4.4 玄武老城单元公共设施规划实施管理建议

#### 1. 倡导公众积极参与

公共设施配置的最终目的是满足居民生活、工作等一系列社会与个人活动中的需求。公共设施的配置需要居民积极参与。由于玄武老城单元位于南京老城区，人口密集，各住区建设时间跨度大，老旧小区规模普遍较小，且缺乏集中建设管理的配套设施，导致居民对社区的认同感、归属感不强。因此，居民对公共设施，尤其是居住社区级、基层社区级设施的统一规划建设参与有限。为此，需要调动居民的参与意识，从规划、决策、建设到后期维护全程倡导公众参与。

由区、街道、社区各级管理部门组织所辖地区公众参与事宜。在规划方案阶段，政府与规划设计单位必须走出办公楼，走进小区、社区，组织公众参与宣传教育，并做好公共设施规划方案公示工作。在公共设施用地总量梳理与分配的基础上，因地制宜、灵活调整，并由区到街道到社区逐级收集汇总公众意见。在决策阶段，应以街道为单位组织居民代表召开听证会，听取规划方案介绍，协助政府与规划设计单位确定规划方案。在后期建设与维护阶段，建议政府引导，以社区、街道为单位组织居民代表团体，赋予其监督权乃至后期设施的管理权，切实将居民融入到公共设施配置的全过程。

#### 2. 合理引入市场资源

政府由管理型政府向服务型政府转型，推进财政体制改革和政策创新是必然要求。合理引入市场资源参与公共设施建设与服务的提供，有助于缓解地方财政资金紧张，增加公共产品与服务，提高公共产品管理效率，是实现政府、企业、社会多方共赢的有效策略。建议在公共设施建设、经营、维护等多个环节赋予市场更多参与机会，并赋予民企包括建设权、经营权、管理权等更多权利。特别是产权可不必移交至政府的公共设施，如文化设施、体育设施、菜市场等必备商业设施，可交由民营企业独立承担，政府履行监督义务，确保设施的服务水平。

同时，可结合玄武老城单元内其他经营性的城市更新项目，与相关规划公共设施捆绑建设，并对承担公共设施建设的企业给予适当奖励，如奖励适当增加经营性城市更新地块的容积率指标，充分利用市场资源与建设运营中的高效率。但是合理引入市场资源的前提是建立完善健全的政府监管体制，建立良好健康的合作模式，并加强相关法律法规、条例等的制定与完善。

### 3. 完善政府管理体制

鉴于玄武老城单元现状市级、地区级设施配置丰富，而居住社区、基层社区级设施建设存在较大缺口，建议采取以下措施：市级、地区级设施由市、区的相关部门统一管理；街道与社区成立老城更新专项部门或工作小组，分级管理各辖区老城更新与公共设施规划、建设等相关项目的立项、申报、建设、验收等事宜；同时，建议玄武区设置独立的公共设施管理监督部门，统筹公共设施管理涉及的规划、融资、建设、使用、维护等一系列工作，包括引入市场资源时与企业的合作机制，以及授予居民部分自主管理权的相关制度建设。随着信息技术、软件平台的建设，南京控规全覆盖的要求得到了更加有效的管理与应用。由南京市城市规划编制研究中心研发建立的信息平台——南京控详规划与现状一张图规划软件，除了录入以往规划中的功能、容量、密度、高度、绿地率等内容外，还应融入使用单位、权属单位、国土土地用地等信息，以便于有效地推进设施建设与后续管理。

### 4. 落实后期维护监督

提供长期优质服务是公共设施配置的基本要求。首先，对规划保留与新增的设施在建成服务之后，由上述区、街道、社区统一部门进行定期与不定期的抽查监督，以保障公共设施建成后持续良好的服务水平。其次，存量规划地区更新建设的现状复杂，在公共设施配置规划时仅根据相对较短时间内的调研进行有针对性的建设工作。因此，区、街道、社区各级管理部门应持续关注地区更新发展动态，对现状服务水平不高但暂时保留的公共设施提供一定财政补贴。当有更符合公共设施建设与服务的资源可以利用时，应及时上报，并与规划编制单元建立长期合作关系。采取"政府公职人员＋规划师"组合的方式，设立城市社区、街道或地区规划师，将公共设施的规划、建设与服务扎根基层，形成长期持续的维护与监督机制。

# 4 多因子视角下的存量改造用地适宜开发强度控制

## 4.1 多因子的研究体系建构与方法研究

### 4.1.1 存量规划背景下对老城区改造建设的思考

**1. "城市双修"推动老城区的存量改造建设模式转型**

随着我国快速城市化的发展,由于野蛮生长、粗放开发,出现了一系列人口、环境、交通、内城衰败等城市问题,城市发展方式亟需转型。2017年3月6日,住房城乡建设部印发了《关于加强生态修复城市修补工作的指导意见》,安排部署在全国全面开展"城市双修"工作。我国城市发展方式由关注城市规模扩张的"增量发展"转向关注品质提升的"存量发展",由外延扩张转向内涵提升。并**以"城市修补、生态修复"推动老城区的存量改造建设模式向关注城市品质提升和风貌形象优化的方向转型**。"城市双修"的存量地区改造建设模式强调避免大拆大建、破坏文脉,更加注重文化、生态、民生、特色。

老城区在改造建设时,可以通过对改造地块的高度、体量、密度的控制,进行城市天际线的织补、视线通廊的保护、特色路径和空间场所的塑造,以实现城市修补;同时,可以通过将用地规模较小的可改造用地作为公共绿地,对河流山体周围的建筑进行风貌整治和容量控制等,进行优良人居环境的创造,以实现生态修复。

**2. 存量规划应遵循"确定适宜开发强度"的存量改造原则**

老城区作为城市较早集中发展起来的一片区域,随着土地的不断开发建设和人口规模的持续扩张,现状建筑和人口高度集聚,导致人居环境不理想、交通压力大、公共服务供给不足等问题,使得老城区不断处于更新改造过程中。我国以前的很多旧城改造都采取再开发的思路,在改造建设中,开发商所获取的经济利润与改造后的土地开发强度直接相关。受经济利益的驱使,规划通常尽可能地提高开发强度,表现为拆矮建高。改造后的建筑容量大大提高,一度造成了建筑过密过高的现象,很大程度上破坏了老城区原有的风貌肌理,降低了居民的生活环境品质,甚至导致了历史文化特色的丧失。

基于品质提升和风貌优化的存量地区改造建设模式,存量地区改造建设不宜一味追求经济利益,不宜尽可能提高土地开发强度,而是要平衡公共利益和经济利益,为各个改造地块确定一个适宜的开发强度,引导城市健康有序的发展。

### 4.1.2 多因子视角的提出和探讨

**1. 国内现行开发强度确定的常见方法**

(1) 开发强度的极限区间控制及引导建议值确定的方法

国内现行的开发强度确定的常见方法有典型试验法、基础设施承载力分析测算法、经济性分析测算法、经验归纳统计法、调查对比分析法及人口推算法6种。这些方法可归纳为以下两大类:

① 开发强度极限区间控制

典型试验法是根据不同的概念方案对用地内建筑形体和布局进行模拟分析,在满足相关规范的前提下,计算出容积率的上限值,属于传统的从物质空间角度出发的测算方法;基础设施承载力分析测算法则是基于基础设施最大负荷下的建设量测算,从而计算出容积率的上限值;经济性分析测算法则是从房地产开发可行性角度运用成本收益法测算出开发商一定经济利润率的容积率下限值。以上方法得出的容积率是一个极限控制值。

② 开发强度引导建议值确定

经验归纳统计法和调查对比分析法根据以往的经验数据或者类似案例对比研究来判定容积率指标值;人口推算法以人口为变量,参考相关指标和标准来推算出地块适合的建设容量,从而计算出容积率指标值。这三种方法得出的容积率可视为一个引导建议值。

(2) 多因子视角研究方法的引入

① 先区间后定值确定开发强度

为了平衡公共利益和经济利益,单一极限控制值和引导建议值的确定都是必要的。引导建议值常作为控规最终确定的容积率指标值,但需要建立在极限控制值确定的基础上,即保证最终的容积率数值不突破容积率所允许的上下限。一般先确定容积率的极限值区间范围,再在范围内最终确定一个适宜的容积率数值。

② 引入多因子视角研究开发强度的方法

上述各种开发强度确定的方法是从不同的角度去考虑开发强度确定的问题,抑或看作是基于对不同开发强度影响因子的分析去研究开发强度。单个方法都不尽全面。因此,有必要寻找一种从多因子视角研究确定开发强度的更为全面系统的方法。

**2. 多因子视角研究的必要性和可行性**

(1) 必要性分析

在科学研究的具体过程中,研究者面临的问题往往是复杂且多元的,涉及许多不同层面和领域的内容,开发强度的研究也不例外。开发强度的影响体系作为一个复杂的系统,其影响因素包括社会、生态、经济、历史等各个方面,具有明显的多元化特征。研究开发强度不能仅单独考虑某一方面或部分的影响因素,而应当建立相对完整全面的多因子体系,通过多因子研究和量化分析提高开发强度指标确定的科学性与合理性。

(2) 可行性分析

城市存量改造用地的自身属性和周边现状情况复杂多样,发展历程较长,建设过程复杂,各片区之间发展时序不同,导致地块之间在社会、生态、经济、历史等各个方面的差异格外明显。随着当前城市研究的系统化多因子研究和量化研究的方法日益成熟,基于不同层面、从不同因子角度量化研究地块开发强度是可行的。

### 4.1.3 多因子研究体系的构建

**1. 开发强度影响因子的选取**

(1) 选取原则

基于城市存量改造用地开发强度研究的深入性和可操作性,在考虑影响因子选取的全面性的基础上,还应当把握影响因子选取的主导性原则。所选影响因子应对存量改造地块开发强度有主导性影响作用,其变化能对开发强度产生较大的影响。其次,需要把握差异性原则。所选因子在不同存量改造地块上应能体现较大的差异,便于进行比较分析。总之,所选取的影响因子既要强调与开发强度之间较强的相关性,又要能描述与开发强度相关的用地条件的差别。

(2) 选取方法

因子的选取是存量改造用地开发强度研究的关键步骤之一,所以必须采用相对科学合理的方法。本研究在此选用德尔菲法结合文献整理和归纳法。德尔菲法的专家人群包括城市规划业内的资深专家、高校教师、博士和硕士研究生以及相关领域的研究人员。

首先,通过阅读大量相关文献,提取并归纳整理文献中涉及的开发强度影响因子,大致可分为6类,29个因子(见表4-1)。然后,将这29个因子以调查问卷(见附录一)形式发放给各位被调查的专家。专家结合自己的判断针对各因子对开发强度的影响程度进行打分,并可以按照自己的想法以及对于存量地区的认识,自行添加其他开发强度影响因子并打分。笔者将各位专家的意见整理归纳后,制作成相应的评价结果表。保留统计结果中得分较高的影响因子,剔除得分较低的影响因子,再一次制作成调查问卷进行二次调查。第二次调查请专家针对一轮筛选后确定的各个因子再次打分,根据得分情况再次进行因子筛选。二次问卷调查旨在通过重复的调查反馈,精简影响因子并保证专家意见的一致性。

最后,根据存量地区实际情况的调研分析,进行归纳总结,最终确定了交通可达性因子、历史文化保护因子、城市发展因子、改造难度因子、景观生态因子、用地格局因子、经济利益因子、交通承载力因子和城市设计因子 9 个影响因子。

表 4-1 因子汇总(灰色方框为专家所选因子)
(资料来源:本课题组整理)

| 因子汇总 | | | | | |
|---|---|---|---|---|---|
| 城市设计 | 历史文化 | 道路交通 | 城市发展 | 地块属性 | 景观生态 |
| 视线通廊 | 历史文化地段 | 道路可达性 | 经济发展水平 | 地基承载力 | 生态环境 |
| 城市形象 | 历史文化遗址 | 交通站点可达性 | 商业发展潜力 | 交通承载力 | 环境区位 |
| 城市风貌 | 历史保护文物 | | 商业聚集度 | 土地价格 | 景观质量 |
| 天际线 | | | 社会服务完善度 | 地形地貌 | |
| | | | 政策引导 | 自然条件优劣度 | |
| | | | 城市区位 | 用地规模 | |
| | | | 经济利益 | 拆迁成本 | |
| | | | 人口密度 | 城市安全 | |
| | | | | 用地性质 | |

### 2. 因子的分类解析

(1) 研究分析类因子

研究分析类因子中的"研究分析"这一概念是指如果要确定某地块在该因子影响下的开发极限,需对该地块从这一因子角度,进行周密的数据运算或者严谨的三维模拟分析。各个研究分析类因子综合起来,可看作是决定开发强度极限值的要素集合。

① 交通承载力因子

城市的基础设施承载力是地块开发强度的重要限制性条件。开发强度的高低会对城市所提供的基础设施产生不同的承载要求。一般来说,土地的开发强度越高,所需的基础设施承载力也越高,否则过高强度的开发将带来过重的基础设施负荷,使得基础设施运作紊乱。

交通承载力是基础设施承载力中对开发强度最主要的限制性条件,尤其是在土地资源紧张的老城区。比如,香港、东京等土地极度缺乏的城市,高楼大厦的不断建设造成了严重的交通拥堵,城市不得不花费大量资本去不断增加和完善地上、地面以及地下的交通工程设施。土地开发强度过高给基础设施带来的不利影响可以看作是其对环境所造成的负面外部效应。因此,必须将地块开发时所产生的这种外部负效应控制在可承受范围内,最主要的是确保开发后地块周边道路的交通量能够满足道路正常通行的需求。交通承载力即在满足一定交通服务水平的条件下,城市交通设施所能承受的最大交通容量。为此,需要进行交通承载力因子的分析,以控制地块开发强度的上限。

② 城市设计因子

城市设计能够通过相关要素的控制,为地块提供更为具体的开发强度控制和引导。城市设计的控制要素有很多,与开发强度密切相关的主要包括城市天际线、视线通廊、特色公共空间以及与周边现状的关系等。城市天际线的织补、视线通廊的控制、特色公共空间的塑造以及对周边环境日照要求的满足,都通过建筑高度、建筑体量以及建筑密度影响着地块的开发强度。

对于历史文化积淀深厚且发展相对成熟的老城区而言,城市设计因子的分析更加必要。以南京老城区为例,既有体现现代化风貌的高楼林立的新街口,又有体现传统风貌的城墙围绕、院落成群的老城南,还有体现山水格局的秦淮河、北极阁和九华山等。在城市设计控制要素上,南京老城区本身已经形成了具有特色的城市天际线,如从玄武湖、中华门等视点眺望新街口的天际线,也包含了一些需要保护和控制的城市视线通廊,如"鼓楼—北极阁—九华山—紫金山"的城市景观视线通廊。对于位于天际线或者视线通廊影响范围内的存量改造用地,有必要进行建筑高度的分析,判断是否会影响甚至破坏这些城市设计控制要素。老城区存量改造用地周边情况较为复杂,往往与住宅、医院、幼儿园等对日照有不同要求的建筑及场地相邻,并且改造地块内部也有相应的日照需求、防火防灾等安全要求以及环境舒适度的要求,这些必然给地块的改造开发带来限制。对于附近有历史文物保护单位的存量改造用地,需要分析地块间的空间关系,包括视线遮挡、开敞空间预留等的分析。因此,需要基于城市设计控制要素对存量改造地块按照相应的标准规范进行形体模拟分析,测算地块的最大的开发量,决定开发强度的上限。

③ 经济利益因子

城市规划作为一种有效合理分配城市土地资源的手段,衡量其决策科学合理与否的关键要素之一,便是分配后土地的开发建设带来的经济效益。老城区的存量改造用地较少,土地集约化利用的诉求更强烈,对经济效益的要求也更高。土地的开发建设往往涉及政府、开发商及公众的多方经济利益。

不同的容积率会产生不同的产出效益,使开发商获得合适的经济利润回报,是保证项目顺利实施的前提。所以,规划往往需要在对开发项目进行成本—效益分析的基础上,确定用地开发强度的下限,以保障开发商的利益。

(2) 相似判定类因子

相似判定类因子中的"相似判定"这一概念是指能够通过较为简单的数据分析或者客观判断对因子属性进行分级量化,以判定不同地块在该因子属性上的相似性。各个相似判定类因子合起来,可看作是影响开发强度建议值判定的要素集合。

① 交通可达性因子

交通可达性的高低可直接影响地块内不同类型城市活动的发生,并体现在不同的土地利用性质和开发强度上。交通可达性的变化对不同类型城市活动的影响程度有所不同,其中,商务商业类活动受到的影响最为明显。根据大多数城市的发展经验,主要道路和轨道交通沿线,尤其是轨道交通站点附近的地块,由于其较高的交通可达性,往往会集聚较多的商务商业等活动,从而形成商业中心区。这样的地块具有较高的建设潜力,适宜高强度开发。

② 历史文化保护因子

城市在产生并不断发展的过程中,经历了不同时代的变迁。每个时代都在城市中留下了特有的印迹,这些印迹成为现今的历史文化遗产,主要包括历史建筑、历史地段以及传统的城市格局等。保护历史文化遗产、维护城市的历史风貌、保存城市的记忆,是城市规划的一项重要内容。因此,应把城市历史文化保护的要求落实到存量规划的开发强度控制上。对于包含或邻近历史文化遗产的地块,其开发建设应充分考虑对历史风貌的保护,并基于历史文化遗产保护的要求确定新建建筑的高度和地块开发的强度。

③ 城市发展因子

老城区中存量改造地块的区位、人口密度、商业商务集聚度以及政策导向的差异性,决定了其不同的发展前景、发展方向以及发展速度,从而影响其开发强度。比如,位于城市中心区且人口密度和周边商业商务集聚度都很高的地块,如果其政策导向是建设中央商务区或者金融中心,那么该存量改造地块应具有较高的开发强度。

④ 改造难度因子

由于老城区中的存量改造地块具有不同的现状建筑总量和质量,且存量改造地块本身的经济价值、历史价值等也各不相同,因此不同地块在未来的规划开发中都会呈现不同的改造难度,其开发成本也会存在较大差异。在保证投入产出平衡的要求下,其开发强度也会高低不等。通常情况下,现状容积率和地价较高的地块改造难度较大,其规划开发强度也会相应较高。

⑤ 景观生态因子

景观生态要素包括绿地、水域等景观资源和山体、水系等生态环境。景观生态条件的优劣与地块的开发有较大关联。地块与周边绿地的距离、绿地本身的规模以及地块与周边山体水系的融合度都是重要的参考条件。但需要注意的是,景观生态条件对于地块开发强度的影响是正负双向的。一方面,和开发强度成正相关关系。比如,靠近大规模城市绿地的地块将获得更好的景观资源和生态环境,能吸引更多的居住和就业人口,获得更高的土地价值,从而促使地块开发强度的提高。另一方面,高强度的开发也有可能会破坏原先的景观生态优势,对城市景观生态格局产生负面影响。所以规划需要对山体水系的融合度较高的一些生态敏感区进行开发强度的适度控制。这就是景观生态条件与开发强度负相关的表现。

⑥ 用地格局因子

地块用地格局的差异性体现在用地规模和用地现状两个方面。不同规模的用地,其开发模式和形态控制目标往往不同,从而导致其开发强度存在差异。同时,用地规模的大小会限制地块内可建建筑的基底面积和建筑高度,进而影响其开发强度。当用地规模过小,由于建筑基地面积无法达到高层最小标准层的要求而无法建设高层时,开发强度就会受到限制。同样,由于不规则形状用地的有效建设用地面积与实际面积可能会存在较大偏差,在用地规模一定的前提下,用地形状的规整与否也会对地块内的建筑开发产生不同约束。

## 3. 多因子研究体系的建立

通过上文对相似判定类因子的解析，我们发现每个相似判定类因子都包涵若干方面的属性。为使后续的因子属性分级量化更具有可操作性，从每个主因子中分解出若干二级因子，从而建立起最终的多因子研究体系，如表 4-2 所示。

表 4-2 多因子研究体系
（资料来源：本课题组整理）

| 多因子研究体系 | | |
|---|---|---|
| 研究分析类因子 | 交通承载力因子 | |
| | 城市设计因子 | |
| | 经济利益因子 | |
| | 主因子 | 二级因子 |
| 相似判定类因子 | 交通可达性因子 | 主干路可达性因子 |
| | | 次干路可达性因子 |
| | | 支路可达性因子 |
| | | 地铁站点可达性因子 |
| | | 公交站点可达性因子 |
| | 历史文化保护因子 | 文物保护单位因子 |
| | | 历史保护限高因子 |
| | | 历史地段保护因子 |
| | 城市发展因子 | 城市区位因子 |
| | | 人口密度因子 |
| | | 商务商业聚集度因子 |
| | | 政策导向因子 |
| | 改造难度因子 | 土地价值因子 |
| | | 拆迁成本因子 |
| | 景观生态因子 | 相邻绿地规模因子 |
| | | 相邻绿地数量因子 |
| | | 山体水系融合度因子 |
| | 用地格局因子 | 用地规模因子 |
| | | 用地形状因子 |

### 4.1.4 多因子视角下的开发强度确定方法

**1. 研究思路**

第一步,测算基于研究分析类因子的开发强度极限区间。通过对研究地块进行经济性分析、交通承载力分析以及基于城市设计控制要素的形体模拟分析,计算出地块开发强度的下限值和上限值,形成开发强度极限区间。

第二步,建立地块相似判定类因子数据库。选取专家及公众认可、开发强度指标相对合理且具有参考价值的参考地块,对参考地块集合以及研究地块进行相似判定类因子属性的分级量化,进而得到参考地块和研究地块的因子数据库。

最后,测算地块的开发强度最终值。在开发强度极限区间的限定下,选出符合条件的参考地块,运用相似地块可参照的原理,从多因子视角出发,通过多因子相似性分析找到和研究地块相似度最高的参考地块,并参照其容积率指标作为研究地块的开发强度最终值。

**2. 方法流程图**

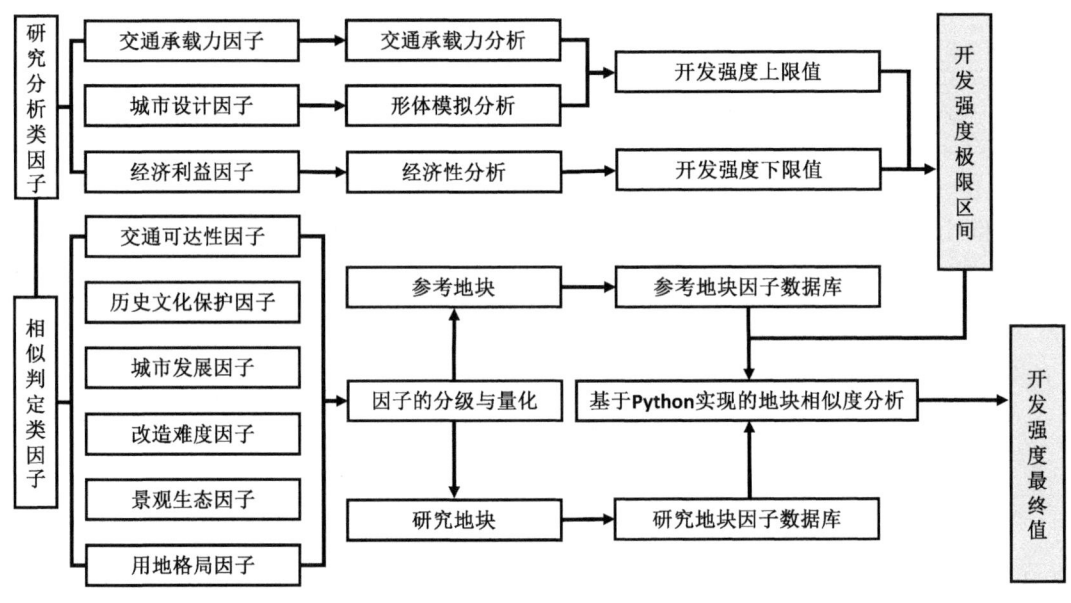

图 4-1 方法流程图
(资料来源:本课题组自绘)

## 4.2 基于研究分析类因子的开发强度极限区间的测算

### 4.2.1 存量改造用地案例地块的选取

老城区的存量改造用地一般存在两种类型：第一种是非独立街区型存量改造用地，即存量改造用地为某一个街区内的部分用地；第二种是独立街区型存量改造用地，即存量改造用地为一个独立的街区。存量改造用地的用地性质主要包括居住类、商业类以及商务办公类。在南京市玄武老城单元中，我们共选取了两个管理单元中的两块不同类型、不同用地性质的典型存量改造用地作为案例，分别介绍其开发强度极限区间的测算过程。

#### 1. 非独立街区型存量改造用地

选取南京市玄武老城单元 NJZCa020-29 管理单元的地块 29-15（见图 4-2）。

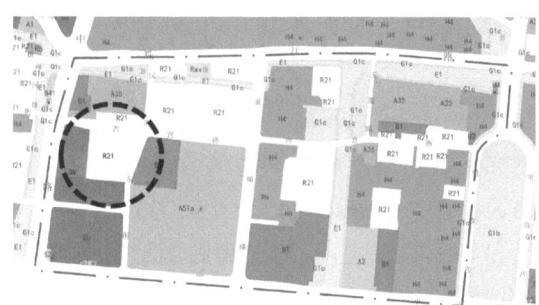

图 4-2　南京市玄武老城单元 NJZCa020-29 管理单元的地块 29-15 区位图
（资料来源：本课题组自绘）

该地块规划用地性质为 R21 居住用地，用地面积为 1.63 ha。地块 29-15 所在街区北临西宫路，西临龙蟠中路，东临汉府东街，南临汉府街。地块 29-15 东、北两侧紧邻城市道路，西侧和南侧为现状保留商办混合用地。

#### 2. 独立街区型存量改造用地

选取南京市玄武老城单元元 NJZCa020-13 管理单元的地块 13-01（见图 4-3）。

该地块规划用地性质为 Bb 商办混合用地，用地面积为 1.77 ha。地块 13-01 北临珠江路，西临中山路，东临北门桥路，南临汇文里，其中中山路为历史道路，北门桥路为二级历史街巷。地块 13-01 位于新街口中心区范围内，属于高层允许建设区。

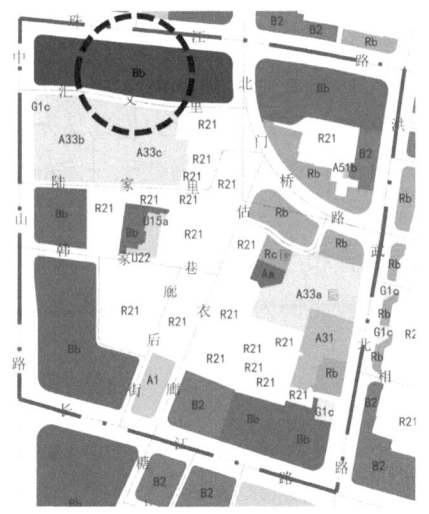

图 4-3　南京市玄武老城单元 NJZCa020-13 管理单元的地块 13-01 区位图
（资料来源：本课题组自绘）

### 4.2.2 基于交通承载力因子分析的开发强度上限值测算

**1. 交通承载力因子分析**

前文对于交通承载力因子的解析中论述到,从交通容量这一限制性条件分析,对于开发强度的控制必须确保地块开发后周边道路的交通量能够满足道路正常通行的需求。本节的研究方法将逆向借鉴交通影响评价中由建设规模分析交通影响的思路,根据交通影响反推最大建设规模,从而计算容积率上限值[①]。

(1) 分析要素

① 高峰小时交通量

本书中交通量仅指车流量。一天中不同时间段的交通量不同,一般在上午和下午各有一个交通量为峰值的时间段,即高峰小时,此时交通量为最大值,称为高峰小时交通量,设为 $T$。地块生成交通量与地块内用地性质和建设规模相关。设地块容积率为 $F$,地块用地性质对应建筑类型的高峰小时车辆出行率为 $r$(辆/ha),地块面积为 $S$(ha),则地块高峰小时交通量 $T = rSF$。

② 道路通行能力

交通承载力的主要依据是道路通行能力。道路通行能力代表着道路所能承受的最大交通容量。在此探讨的道路通行能力为道路设计通行能力,设为 $N$。根据控规的道路系统规划中对于道路的红线宽度和等级的设定,我们对街区周边各条道路的基本路段属性进行统计,然后进行各路段单向设计通行能力的计算。参考《道路工程》[②]中的相关论述、计算公式及系数,道路单向设计通行能力计算公式为:$N = N_p a_c a_m a_a$(其中 $N_p$ 代表道路可能通行能力,$a_c$ 代表道路分类系数,$a_m$ 代表车道折减系数,$a_a$ 代表车道交叉口折减系数)。

(2) 分析思路

交通量和道路通行能力的大小关系直接影响道路的服务水平,可用饱和度($T/N$),即交通量和道路通行能力的比值来反映。一般情况下,交通量应小于道路通行能力,以保证车辆正常行驶并使道路处于一定的服务水平。参考常用的饱和度及交通服务水平划分(见表4-3),要保证老城区道路的正常通行,至少要使道路服务水平等级保持在二级,即老城区道路的饱和度极限值为 0.75。同时,地块生成交通量在周边道路是有占比要求的,设地块生成交通量比例为 $A$。参照《建设项目交通影响评价技术标准》中建设项目生成交通量比例指标,主干路不能超过 30%,次干路不能超过 40%,支路不能超过 70%[③]。

---

① 黄明华,丁亮. 科学性、合理性、操作性:经济利益和公共利益双视角下的独立商业地块"容积率值域化"研究[C]//2013 中国城市规划年会论文集. 青岛:青岛出版社,2014:1-17.
② 徐家钰,程家驹. 道路工程[M]. 2 版. 上海:同济大学出版社,2004.
③ 戴彦欣,孔令斌.《建设项目交通影响评价技术标准》简析[J]. 城市交通,2010,8(4):1-5.

表4-3　常用的交通服务水平划分表

| 服务水平等级 | 饱和度($T/N$) | 交通量大小 | 交通流状态 | 行车状态 |
|---|---|---|---|---|
| 一级 | ≤0.55 | 小 | 自由流状态 | 车上人员舒适便利度高 |
| 二级 | 0.56—0.75 | 稍大 | 稳定流状态 | 车上人员舒适便利度一般 |
| 三级 | 0.76—0.95 | 较大 | 趋于不稳定流状态 | 行车延误情况开始出现 |
| 四级 | >0.95 | 过大 | 趋于强制状态 | 时常发生交通阻塞 |

资料来源：徐家钰，程家驹.道路工程[M].2版.上海：同济大学出版社，2004.

假设地块周边有 $j$ 条道路，则地块高峰小时交通量 $T$、地块在道路 $i$ 的生成交通量比例 $A_i$ 和地块周边道路通行能力 $N_i$ 需要满足以下关系：

$$T \leqslant \sum_{i=1}^{j} 0.75 N_i A_i (i=1,2,\cdots j)$$

设交通承载力分析开发强度上限值为 $F_{max1}$，对不同类型存量改造用地的计算如下：

① 针对独立街区型存量改造用地

根据前面的公式可推得：

$$F_{max1} = \sum_{i=1}^{j} 0.75 N_i A_i (i=1,2,\cdots j)/rS \qquad (\text{I})$$

② 针对非独立街区型存量改造用地

设存量改造用地所在街区内的现状保留地块的高峰小时交通量为 $T_{现}$（现状容积率已知，$T_{现}$ 可根据公式 $T=rSF$ 直接计算得出），根据前面的公式可推得：

$$F_{max1} = [\sum_{i=1}^{j} 0.75 N_i A_i (i=1,2,\cdots j) - T_{现}]/rS \qquad (\text{II})$$

**2. 案例地块开发强度上限值测算过程介绍**

（1）非独立街区型存量改造用地——南京市玄武老城单元 NJZCa020-29 管理单元的地块 29-15

① 地块所在街区周边道路通行能力的测算

地块 29-15 所在街区的西侧的龙蟠中路为双向 8 车道的城市快速路，其余三侧均为双向 2 车道的城市支路。根据前面介绍的公式：$N = N_p a_c m_a a_a$，对街区周边道路进行道路通行能力计算，结果如表 4-4 所示。

表4-4　地块29-15所在街区周边道路通行能力

| 路段 | 道路等级 | 道路可能通行能力(pcu/h) | 道路分类系数 | 单向车道数 | 车道折减系数 | 交叉口折减系数 | 道路通行能力(pcu/h) |
|---|---|---|---|---|---|---|---|
| 龙蟠中路 | 快速路 | 1 640 | 0.85 | 4 | 3.25 | 0.62 | 2 809 |
| 西宫路 | 支路 | 1 550 | 0.9 | 1 | 1 | 0.58 | 809 |
| 汉府东街 | 支路 | 1 550 | 0.9 | 1 | 1 | 0.58 | 809 |
| 汉府街 | 支路 | 1 550 | 0.9 | 1 | 1 | 0.58 | 809 |

注：相关系数参考徐家钰，程家驹.道路工程[M].2版.上海：同济大学出版社，2004.

② 地块所在街区现状地块高峰小时交通量的测算

地块 29-15 所在街区现状地块为商办混合类用地。参考《交通出行率手册》[①]中不同类型建筑对应的车辆出行率,取早高峰和晚高峰的车辆出行率较大值作为高峰小时车辆出行率,得到现状商办混合类用地高峰小时车辆出行率为 52.1 辆/ha。现状商办混合类用地的用地面积和容积率已知,根据前面介绍的公式:$T = rSF$,对现状商办混合类用地进行高峰小时交通量计算,得 $T_{现}$ = 102 pcu。

③ 开发强度上限值的测算

龙蟠中路的建设项目生成交通量比例上限为 40%,其余三条城市支路的建设项目生成交通量比例上限均为 70%。地块 29-15 所在街区的 $T_{现}$ = 102 pcu,前面已计算出各道路的通行能力 $N$。地块 29-15 用地性质为 R21,对应建筑类型的高峰小时车辆出行率为 16 辆/ha。根据公式(Ⅱ)可计算得出地块 29-15 的 $F_{max1}$ = 27.8。

(2) 独立街区型存量改造用地——南京市玄武老城单元 NJZCa020-13 管理单元的地块 13-01

① 地块周边道路通行能力的测算

地块西侧的中山路为双向 6 车道的城市主干路,北侧的珠江路为双向 6 车道的城市次干路,东侧的北门桥路为双向 4 车道的城市次干路,南侧的汇文里为双向 2 车道的城市支路。根据公式:$N = N_p a_c a_m a_a$,对街区周边道路进行道路通行能力计算,结果如表 4-5 所示:

表 4-5　地块 13-01 街区周边道路通行能力

| 路段 | 道路等级 | 道路可能通行能力(pcu/h) | 道路分类系数 | 单向车道数 | 车道折减系数 | 交叉口折减系数 | 道路通行能力(pcu/h) |
|---|---|---|---|---|---|---|---|
| 中山路 | 主干路 | 1 730 | 0.8 | 3 | 2.64 | 0.59 | 2 156 |
| 珠江路 | 次干路 | 1 640 | 0.85 | 3 | 2.64 | 0.62 | 2 282 |
| 北门桥路 | 次干路 | 1 640 | 0.85 | 2 | 1.85 | 0.62 | 1 511 |
| 汇文里 | 支路 | 1 550 | 0.9 | 1 | 1 | 0.58 | 809 |

注:相关系数参考徐家珏,程家驹.道路工程[M].2 版.上海:同济大学出版社,2004.

② 开发强度上限值的测算

中山路的建设项目生成交通量比例上限为 30%,珠江路和北门桥路的建设项目生成交通量比例上限为 40%,汇文里的建设项目生成交通量比例上限为 70%。前面已计算出各道路的通行能力 $N$。地块 13-01 用地性质为 Bb,对应建筑类型的高峰小时车辆出行率为 52.1 辆/ha。根据公式(Ⅰ)可计算得出地块 13-01 的 $F_{max1}$ = 22。

---

① 交通出行率指标研究课题组.交通出行率手册[M].北京:中国建筑工业出版社,2009.

### 4.2.3 基于城市设计因子分析的开发强度上限值测算

#### 1. 城市设计因子分析

(1) 城市设计分析方法的选择

对于存量改造地块的城市设计因子分析,我们运用的是形体模拟分析结合控制要素法。形体模拟分析是一种以形体为基础的辅助图示或辅助测算指标的方法。该方法通过形体模拟的形式,在考虑城市空间美学、避免空间无序的同时,为规划管理提供参考依据,以约束土地的不合理开发。通过指标测算对开发强度可能性进行分析,是可行且有效的。控制要素法则通过一套城市设计控制要素对用地进行控制和引导。该方法的优势在于,使得控规兼顾了土地使用和城市建筑空间环境的双重控制,既体现了规划控制的内在要求又有助于控规实现城市设计构想[①]。

(2) 分析思路

城市设计的控制要素中,与开发强度密切相关的主要包括:宏观上的城市天际线和视线通廊、微观上的特色公共空间和与周边现状的相互影响。基于这些城市设计控制要素,对研究地块按照相应的标准规范进行形体模拟分析,可以测算出地块最大可能的开发量,从而推算出开发强度的上限值,设为 $F_{max2}$。

#### 2. 案例地块开发强度上限值测算过程介绍

(1) 非独立街区型存量改造用地——南京市玄武老城单元 NJZCa020-29 管理单元的地块 29-15

① 地块用地建设条件分析

依据相关规定确定新建建筑退界:距北侧、东侧规划道路≥10 m,距西侧、南侧保留商务混合用地边界≥10 m,如图 4-4 所示。

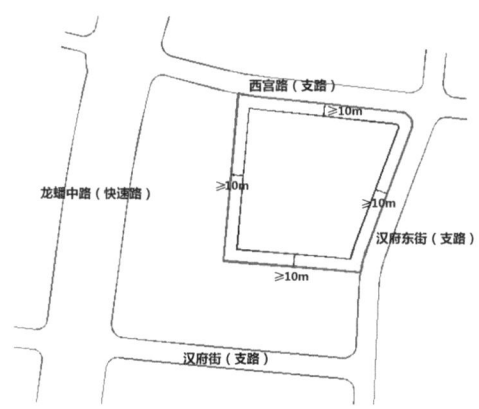

图 4-4 南京市玄武老城单元 NJZCa020-29 管理单元的地块 29-15 用地建设条件分析图
(资料来源:本课题组自绘)

---

① 权丹. 与城市设计相结合的控制性详细规划编制方法研究[D]. 南京:东南大学,2009.

② 基于城市设计控制要素的形体模拟分析

地块位于龙蟠路体验文创核心区范围内，属于高层允许建设区，所在规划高度控制分区高度上限为 100 m。地块北侧紧邻西宫路有两处住宅用地，规划需要进行日照模拟分析，保证不低于现状的日照条件，且满足地块内部本身住宅的日照要求。

首先，对现状地块进行日照模拟分析（主要针对现状地块内的原有建筑和地块北侧的住宅建筑），了解地块现状建筑对周边的日照影响情况（如图 4-5 所示）。然后选取了不同类型住宅，按照住宅建筑相关规范要求，对地块进行住区方案设计，共选取了 5 套同时满足北侧住宅和地块内部本身住宅的日照要求的方案（如图 4-5 所示）。

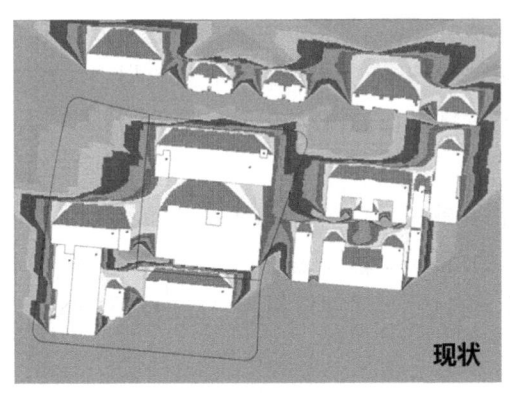
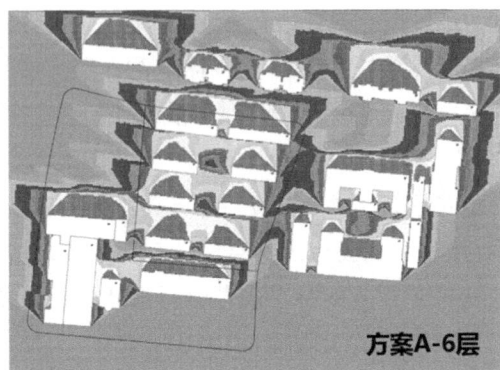
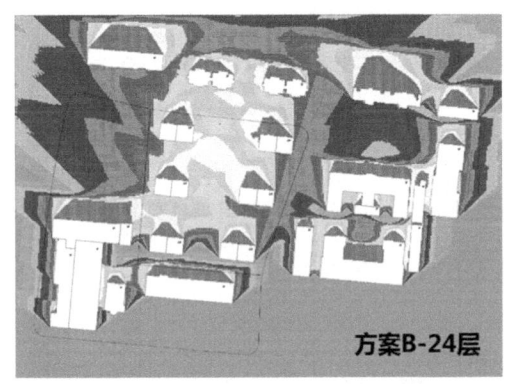
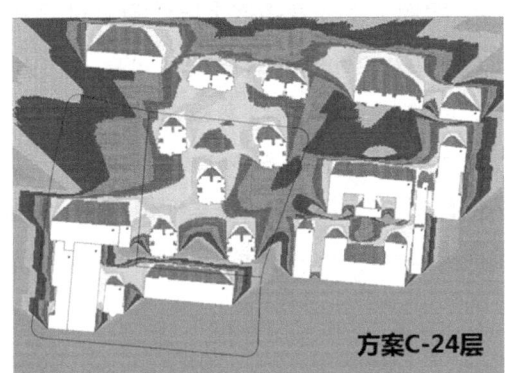
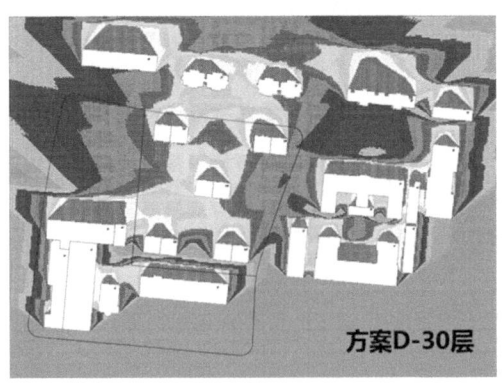
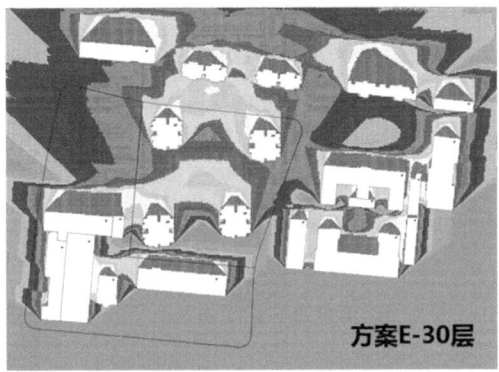

图 4-5 地块 29-15 日照模拟分析图
（资料来源：本课题组自绘）

③ 开发强度上限值的测算

分别计算各个方案的容积率 $F$,算得结果为:$F$(方案 A) = 1.21、$F$(方案 B) = 3.84、$F$(方案 C) = 3.81、$F$(方案 D) = 4.00、$F$(方案 E) = 4.68。最后取容积率最大值的方案,可得 $F_{\max 2}$ = 4.68。

(2) 独立街区型存量改造用地——南京市玄武老城单元 NJZCa020-13 管理单元的地块 13-01

① 地块用地建设条件分析

地块四侧均临城市道路。依据沿城市道路建筑退界要求,确定新建建筑退界:距城市主干路≥15 m,距城市次干路≥15 m,距城市支路≥10 m,如图 4-6 所示。

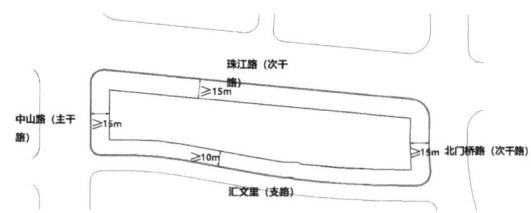

图 4-6 南京市玄武老城单元 NJZCa020-13 管理单元的地块 13-01 用地建设条件分析图
(资料来源:本课题组自绘)

② 基于城市设计控制要素的形体模拟分析

地块位于新街口中心区范围内,属于高层允许建设区,所在规划高度控制分区为"H>100 m",即建筑高度可超过 100 m,且建筑限高没有上限控制。地块北侧无住宅等有日照要求的建筑,因此不需进行日照影响分析。但地块所在的新街口中心区的天际线是南京老城城市设计的重要的控制要素。需要通过形体模拟,结合高度变化和视线分析,以织补优化为原则,在保证新街口地区天际线协调控制的前提下,对基地适宜建设的建筑高度的最优方案进行研究分析。

首先,根据地块的用地建设条件以及各类建筑间距要求,进行建筑基底的模拟,如图 4-7 所示。地块内最多可布置两栋高层,取高层建筑标准层面积 1500 m²。在满足步行公共空间的需求和商办类用地建筑密度 55% 的上限要求下,模拟出最大建筑密度情况下的建筑基底。

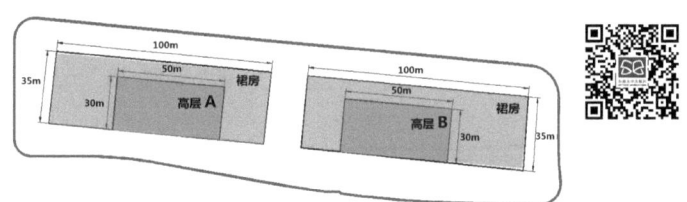

图 4-7 南京市玄武老城单元 NJZCa020-13 管理单元的地块 13-01 建筑基底模拟
(资料来源:本课题组自绘)

下一步则是模拟不同建筑高度方案下的新街口地区天际线情况,分析确定最优方案。此次天际线分析研究,选取了四个视点眺望新街口,分别为玄武湖—新街口、中华门—新街口、中山门—新街口、汉中门—新街口。地块周边已经有建筑超过 100 m,新建建筑需要起到织补优化天际线的作用,建筑高度宜大于 100 m。从土地的集约化利用角度考虑,在同等条件下,只要环境承载允许,高度可以适当增加。南京目前的超高层建筑典型代表有紫峰大厦(450 m)、德基二期(370 m)、南京新世纪广场 A 座(255 m)三个级别。根据地块所处区位,高度定位更应接近新世纪广场 A 座。研究经过初步分析,确定了"A 楼 120 m、B 楼 180 m"和"A 楼 160 m、B 楼 220 m"两个方案,进行与现状天际线的对比分析研究。

图 4-8 为玄武湖—新街口天际线的分析图,可以看出现状天际线在德基二期右侧有明显断层,需要进行织补。"A 楼 160 m、B 楼 220 m"方案较"A 楼 120 m、B 楼 180 m"方案对天际线的织补效果更加明显。

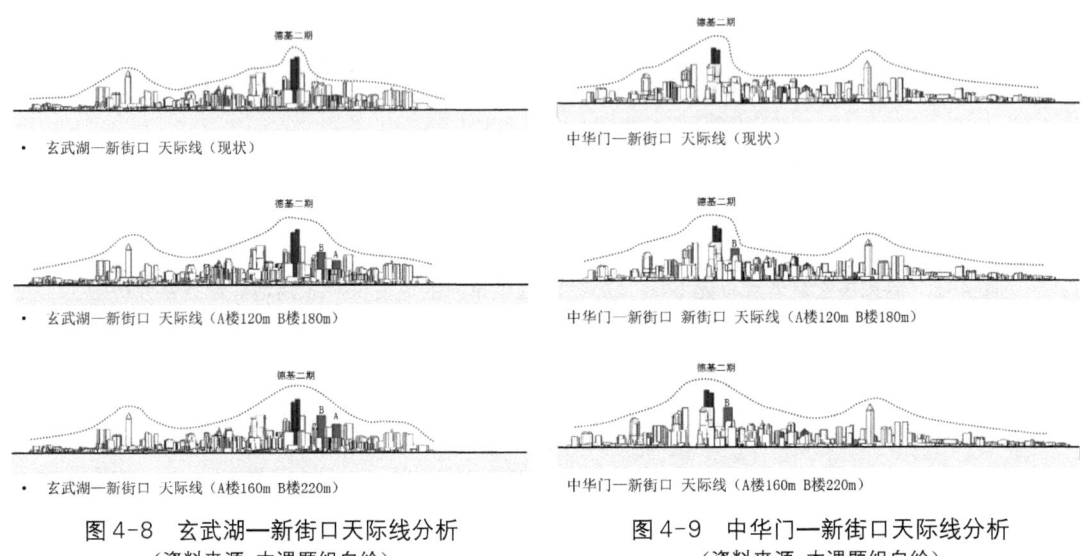

图 4-8　玄武湖—新街口天际线分析　　　　图 4-9　中华门—新街口天际线分析
(资料来源:本课题组自绘)　　　　　　　　(资料来源:本课题组自绘)

图 4-9 为中华门—新街口天际线的分析图,可以看出现状天际线在德基二期右侧也存在断层现象。"A 楼 160 m、B 楼 220 m"方案较"A 楼 120 m、B 楼 180 m"方案对天际线织补后的曲线要更加平滑。从美学角度出发,"A 楼 160 m、B 楼 220 m"方案更优。

图 4-10 为中山门—新街口天际线的分析图,可以看出现状天际线在德基二期右侧很长一段天际线一直呈下滑趋势,缺少节奏变化,需要一个次高点形成一个波峰来丰富优化天际线。"A 楼 120 m、B 楼 180 m"方案高度不够凸显,而"A 楼 160 m、B 楼 220 m"方案的高度足够形成波峰。

图 4-11 为汉中门—新街口天际线的分析图,现状天际线和中山门—新街口天际线的问题一样,德基二期左侧天际线较单调。仍然根据建筑高度形成的天际线波峰的显著程度,选择"A 楼 160 m、B 楼 220 m"方案。

根据天际线分析选择了"A 楼 160 m、B 楼 220 m"方案后,再从整体和局部分析了新建建筑与周边环境的关系,如图 4-12 所示。由于地块周边有较多现有高层和超高层建筑,新建的两栋超高层建筑并不显突兀。同时,从整体鸟瞰来看,新建建筑也呼应了以德基二期为地标建筑的新街口高层建筑群,扩大了新街口中心区的辐射范围,符合未来中心区的发展趋势。

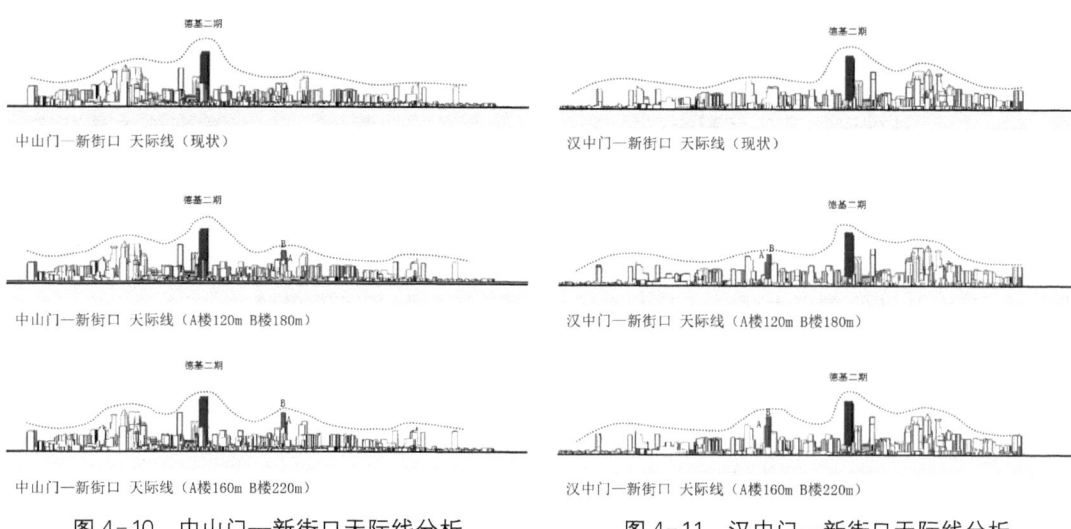

图 4-10 中山门—新街口天际线分析
（资料来源：本课题组自绘）

图 4-11 汉中门—新街口天际线分析
（资料来源：本课题组自绘）

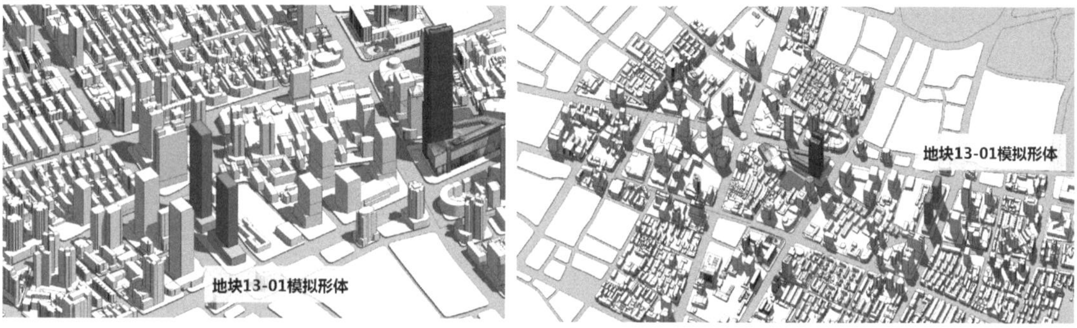

图 4-12 新建建筑与周边环境的关系
（资料来源：本课题组自绘）

③ 开发强度上限值的测算

"A 楼 160 m、B 楼 220 m"方案下，按照裙房 4 层、层高 5.5 m，高层办公楼层高 4 m 的要求，A 楼为 38 层、B 楼为 53 层。算得总建筑面积为 145 140 m²，地块用地面积为 1.77 ha，可得 $F_{max2}=8.2$。

### 4.2.4 基于经济利益因子分析的开发强度下限值测算

**1. 经济利益因子分析**

从经济角度计算容积率普遍采用的是投入产出法。该方法通过地块开发总投入与总产出效益的比较分析来估算地块开发的合理容积率。基本公式为：开发总投入×(1+利润率)=开发总产出[①]。

---

① 赵守谅. 容积率的定量经济分析方法研究[D]. 武汉：华中科技大学，2004.

(1) 投入产出分析

我国目前土地一般以"净地"形式出让。对于开发商而言,开发总投入包括土地成交总价、建安成本、基础设施及公共配套设施建设费、开发及其他费用。其中,建安成本是指工程建设的总成本费用,一般按经验值或预算标准进行计算;基础设施及公共配套设施建设费是国家和城市政府为了进一步促进城市基础设施建设的发展完善,对在城市开发建设中城市基础设施上的投资后的资金回收。各个城市根据自身的情况自行制定基础设施配套费的收费标准;开发及其他费用主要包括开发费用、前期工程费和不可预见费。

开发总产出则取决于开发总建筑面积与房屋单位面积售价,与规划容积率成正比,即规划容积率越高,则总产出越高。房屋单位面积售价可根据当地实际情况推测得出,比如参考周边同类型的房屋单位面积售价。

(2) 开发强度下限值测算公式

设地块用地面积为 $A$,规划容积率为 $F$,土地成交单价为 $P_1$,建安成本单价为 $P_2$,基础设施及公共配套设施建设费单价为 $P_3$,开发及其他费用单价为 $P_4$,成本利润率为 $R$,房屋单位面积售价为 $S$,销售成本系数为 $X$。代入投入产出基本公式可得出:

$$(A \cdot P_1 + A \cdot F \cdot P_2 + A \cdot F \cdot P_3 + A \cdot F \cdot P_4)(1+R) = A \cdot F \cdot S \quad (\text{III})$$

为简化计算,可将开发及其他费用在公式中以销售成本代替,结合经验值将销售成本系数 $X$ 定为 10%[①],即 $P_4 = X \cdot S$。最后变换公式(III)可得:

$$F = P_1(1+R)/[S-(P_2+P_3+X \cdot S)(1+R)] \quad (\text{IV})$$

分析以上公式得出,在开发成本既定的情况下,容积率 $F$ 是关于利润 $R$ 的递增函数,也是关于成本的递增函数。在成本利润率的约束下(本文取平均成本利润率 15%),可以得出地块开发强度下限值,设为 $F_{\min}$。

**2. 案例地块开发强度下限值测算过程介绍**

(1) 非独立街区型存量改造用地——南京市玄武老城单元 NJZCa020-29 管理单元的地块 29-15

土地成交单价 $P_1$ 参考南京主城区条件相似的地块,即南京市鼓楼区 NO.2016G01 的土地成交数据(土地成交价为 4 533.3 万元/亩,折算后为 68 000 元/m²);建安成本单价 $P_2$ 综合参考南京近年建安成本走势分析,取 2 000 元/m²;基础设施及公共配套设施建设费单价 $P_3$ 参照南京市市政公用设施配套费标准,本区域按照 150 元/m² 计算;房屋单位面积售价 $S$ 参考相似地块近年的销售价格,取 43 200 元/m²;销售成本系数为 10%,成本利润率 $R$ 为 15%。代入公式(IV)可得 $F_{\min} = 2.19$。

(2) 独立街区型存量改造用地,即南京市玄武老城单元 NJZCa020-13 管理单元的地块 13-01

土地成交单价 $P_1$ 参考南京主城区条件相似的地块,即南京市鼓楼区 NO.2016G93 的

---

① 范如国.房地产投资与管理[M].武汉:武汉大学出版社,2014.

土地成交数据(土地成交价为 6 333.3 万元/亩,折算后为 95 000 元/m²);建安成本单价 $P_2$ 综合参考南京近年建安成本走势分析,取 2 000 元/m²;基础设施及公共配套设施建设费单价 $P_3$ 参照南京市市政公用设施配套费标准,本区域按照 150 元/m² 计算;房屋单位面积售价 $S$ 参考相似地块近年的销售价格,取 30 000 元/m²;销售成本系数为 10%,成本利润率 $R$ 为 15%。代入公式(Ⅳ)可得 $F_{min}=4.5$。

### 4.2.5 开发强度极限区间的确定

在通过上述三种方法测算出开发强度的上限值和下限值之后,会存在两种可能的情况: $F_{min} < F_{max1} < F_{max2}$ 和 $F_{min} < F_{max2} < F_{max1}$。对应的开发强度极限区间分别为[$F_{min}$, $F_{max1}$]和[$F_{min}$, $F_{max2}$]。地块开发强度极限区间确定后,需要基于区间控制,进一步通过地块相似可参照原理确定合适的容积率数值作为其最终开发强度,具体方法将在下一节进行详细介绍。

#### 1. 地块 29-15 开发强度极限区间的确定

地块基于交通承载力因子分析的 $F_{max1}$ 值为 27.8,基于城市设计因子分析的 $F_{max2}$ 值为 4.68,基于经济利益因子分析的 $F_{min}$ 值为 2.19。由于 $F_{min} < F_{max2} < F_{max1}$,地块 29-15 的开发强度极限区间为[$F_{min}$, $F_{max2}$],即[2.19,4.68]。

#### 2. 地块 13-01 开发强度极限区间的确定

地块基于交通承载力因子分析的 $F_{max1}$ 值为 22,基于城市设计因子分析的 $F_{max2}$ 值为 8.2,基于经济利益因子分析的 $F_{min}$ 值为 4.5。由于 $F_{min} < F_{max2} < F_{max1}$,地块 13-01 的开发强度极限区间为[$F_{min}$, $F_{max2}$],即[4.5,8.2]。

## 4.3 基于相似判定类因子的开发强度最终值的测算

### 4.3.1 基于相似判定类因子的开发强度确定方法研究

#### 1. 相似地块可参照原理的解析

城市就其物质形态而言,是由各式各样的建筑、广场等建造物组成的集合体。但这些不同的建造物并非毫无关联的独立个体,某些个体之间会在外观、体量等形态方面存在某种相似性,这种形态上的相似性往往来自建造行为的相似性。所谓建造行为的相似性,可理解为人们在设计建造对象时所表现出的某种思维惯性,从而在建造物上表现出某些类同元素。相似建造行为普遍存在于城市建设中①。

---

① 张愚. 城市设计互动思维与方法——以基于用地开发强度决策支持系统的城市空间形态优化控制为例[D]. 南京:东南大学,2014.

城市的发展过程可看作是一个不断自我调适、动态演进的复杂系统。城市物质形态是由相互影响和作用的地块组成,某一地块的开发并不是孤立行为。根据相似建造行为的规律,其开发强度需要参照相似用地的情况,同时对用地条件相似的地块也具有借鉴和参考的意义。因此,地块之间的相似关系是分配开发强度的潜在动因,相似度越高的地块,其相互参照价值越明显[①]。

### 2. 方法研究

根据相似地块可参照原理,对于研究地块开发强度的确定,可通过选取一批开发强度已知且相对合理的参考地块,这些地块能够为研究地块开发强度的确定提供有效参考价值。从和研究地块同类性质的参考地块中选出与研究地块相似的地块作为参照,判定其开发强度。在发展逐渐趋于饱和的老城区,这种从相似案例出发进行的开发强度判定过程是公平合理且可操作的。

从多因子视角出发,可通过分析影响开发强度的各个因子属性的相似性,来进行地块之间在开发强度上是否具有相似可参照关系的判定。因子属性的相似与否可通过分级量化后的数据比较分析进行判断。在本书 4.1 节的多因子研究体系建构与方法研究部分,通过对影响地块开发强度的因子属性进行分级量化,选取了判定不同地块在该因子属性上的相似判定类因子。假设地块的相似判定类因子的权重相同,若地块的各个相似判定类因子属性整体趋于相似,则地块间在开发强度上的相似参照关系成立。根据比较各因子得分数值的差值大小即可判定因子属性的相似度的高低,因子属性整体的相似性可通过雷达图直观反映。如图 4-13 所示,根据相似判定类因子的雷达图叠加对比可以看出,参考地块 1 与研究地块的雷达图吻合度较高,而参考地块 2 与研究地块的雷达图吻合度较低,说明参考地块 1 与研究地块在相似判定类因子属性上的相似度更高,即研究地块和参考地块 1 的相似度更高,在开发强度上的相似参照关系更明显。

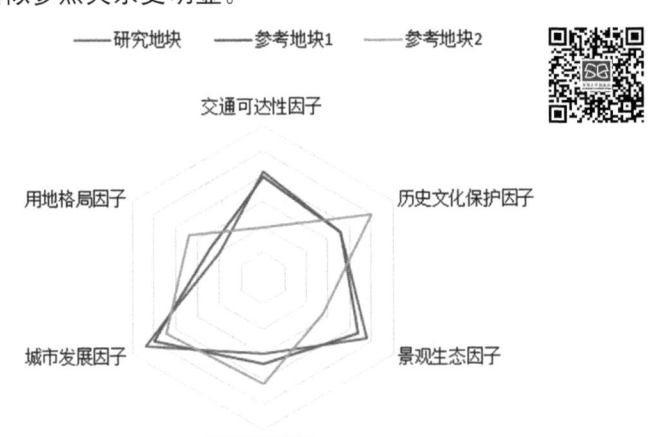

图 4-13 地块因子雷达图对比分析图
(资料来源:本课题组自绘)

---

① 王建国,张愚,冯瀚.城市设计干预下基于用地属性相似关系的开发强度决策模型[J].中国科学:技术科学,2010,40(9):983-993.

但事实上，各个相似判定类因子对开发强度的影响程度是不同的，这一点将在后文通过 SPSS 相关性分析进行论证。在判定因子属性相似性时，需将因子权重纳入考虑。

**3. 参考地块的选取**

(1) 选取原则

参考地块的选取遵循以下两个原则：

第一，优先选取近期建设的地块。城市现状是不同时期各种因素综合作用的结果。某个地块在当时的用地条件下，其开发强度可能是合理的，但放到现在，由于整个城市大环境条件以及地块周边情况的变化，可能已不再具有合理性。因此，针对研究地块进行参考地块的选取时，需要建立在同样背景环境的参照体系下。研究地块用地各个因子的评价依据的是城市当前状况及近期规划结果，所以参考地块的选择需要从同样的条件出发做出判断。同时，在近期建设的地块中筛选开发强度相对合理的参考地块，也有助于正确引导城市形态的发展。

第二，选取的参考地块作为一个典型性样本集合，需要保证一定数量且兼顾到各个开发强度等级。若参考地块数量较少，则根据样本进行的一系列计算可能会存在较大误差。若参考地块开发强度分布过于集中，则样本会具有片面性，说服力不足。由于研究地块的合理开发强度下的开发情况是难以预知的，因此参考地块需要能够覆盖尽可能多的地块开发情况。若参考地块仅代表地块可能开发情况的某一部分类型，则会在一定程度上降低最终通过相似度计算得到的参照地块的参照价值的可信度。

(2) 选取步骤

以南京市主城区（城中片区）控制性详细规划玄武老城单元为例，具体步骤如下：

首先，梳理规划区内开发强度待研究的存量改造用地中研究地块的用地性质，主要包括居住类、商业类以及商务办公类。然后，遵照选择原则，梳理近十年南京主城区所有已审批用地资料中的这三类用地，提取这三类用地性质的现状用地中专家及公众认为各方面指标相对合理的地块。接着，剔除其中与既有法定规划成果不符的用地以及经进一步研究分析判定为不具有参考价值的非典型性用地。最终，得到开发强度指标相对合理的参考地块集合（本研究在南京主城区玄武老城单元和秦淮白下老城单元内共选取了 147 个参考地块）。

这些参考地块符合"城市双修"的建设模式以及"确定合适的开发强度"的选取原则，兼顾了公共利益和经济利益，是专家以及大众所接受的理想的优质开发项目的地块集合。同时，这些参考地块也可以看作是用地差异性在开发强度上的特征体现的一个样本集合。

### 4.3.2 地块相似判定类因子数据库的建立

**1. 二级因子权重及赋值标准的确定**

(1) 二级因子权重的确定

选择德尔菲法计算主因子的二级因子的权重。邀请 6 名城市规划业内专家对各二级因子在其主因子中的重要程度进行比较,并在此基础上对其权重进行赋值。最后取几何平均数为其最终权重值。以交通可达性的二级因子为例,将6名专家对各个二级因子的权重赋值进行几何平均计算,结果如表4-6所示。

表4-6 交通可达性二级因子权重值
(资料来源:本课题组汇总)

|  | 主干路可达性因子 | 次干路可达性因子 | 支路可达性因子 | 地铁站点可达性因子 | 公交站点可达性因子 |
| --- | --- | --- | --- | --- | --- |
| 专家1权重判断 | 0.25 | 0.2 | 0.1 | 0.25 | 0.2 |
| 专家2权重判断 | 0.15 | 0.15 | 0.15 | 0.4 | 0.15 |
| 专家3权重判断 | 0.3 | 0.2 | 0.2 | 0.15 | 0.15 |
| 专家4权重判断 | 0.15 | 0.2 | 0.15 | 0.3 | 0.2 |
| 专家5权重判断 | 0.2 | 0.22 | 0.15 | 0.22 | 0.21 |
| 专家6权重判断 | 0.15 | 0.23 | 0.15 | 0.18 | 0.29 |
| 综合确定权重 | 0.2 | 0.2 | 0.15 | 0.25 | 0.2 |

确定剩余5个相似判定类因子的二级因子权重值。由于计算方法相同,故在此不再赘述。最终得到所有二级因子的权重(见表4-7)。

表4-7 二级因子权重值
(资料来源:本课题组汇总)

| 主因子 | 二级因子 | 二级因子权重值 |
| --- | --- | --- |
| 交通可达性因子 | 主干路可达性因子 | 0.2 |
| | 次干路可达性因子 | 0.2 |
| | 支路可达性因子 | 0.15 |
| | 地铁站点可达性因子 | 0.25 |
| | 公交站点可达性因子 | 0.2 |
| 历史文化保护因子 | 文物保护单位因子 | 0.3 |
| | 历史保护限高因子 | 0.4 |
| | 历史地段保护因子 | 0.3 |
| 城市发展因子 | 城市区位因子 | 0.3 |
| | 人口密度因子 | 0.2 |
| | 商务商业聚集度因子 | 0.3 |
| | 政策导向因子 | 0.2 |
| 改造难度因子 | 土地价值因子 | 0.5 |
| | 拆迁成本因子 | 0.5 |

续表 4-7

| 主因子 | 二级因子 | 二级因子权重值 |
|---|---|---|
| 景观生态因子 | 相邻绿地规模因子 | 0.4 |
|  | 相邻绿地数量因子 | 0.3 |
|  | 山体水系融合度因子 | 0.3 |
| 用地格局因子 | 用地规模因子 | 0.7 |
|  | 用地形状因子 | 0.3 |

(2) 二级因子赋值标准的确定

根据相关数据分析或相应标准，尽可能使赋值数值差异化，将每个二级因子划分为不同等级。不同因子的等级个数会有所不同，具体情况根据数据情况而定。在相关数据分布较均匀的条件下，数据分布范围越广，等级数越多。这一点会在交通可达性二级因子的赋值标准确定中体现。各等级中，以对地块开发强度正面促进影响力最大的等级分值为 1，其他等级分值根据各自影响力大小依次减少（用地格局二级因子除外）。最后需要说明的是，对因子赋值的具体数值并不重要，关键是这些数值的大小相对关系能够大致对应因子对用地开发强度影响的不同作用。数值大小只反映客观对象在研究内容上的定性比较，不表示定量差额关系。因子数值之间的差异度可进一步通过因子权重来控制①。

下文以南京市主城区（城中片区）控制性详细规划玄武老城单元为例，依次介绍各个相似判定类因子的二级因子赋值标准的确定。因子数据库的基础数据来源为本课题组参与的南京主城区控规成果、南京规划主管部门提供的相关数据资料以及由本课题组补充采集的研究所需的信息与数据。

① 交通可达性二级因子

赋值的基础数据来源：控规资料、调研分析、卫星地图。

我们主要根据地块距各道路及交通站点的最短距离来分级量化各二级因子。通过统计并分析所有参考地块和研究地块距各道路及交通站点最短距离的数据分布（如图 4-14 所示），以数据在各等级内均匀分布的原则划分等级的数量并确定各等级的数值范围，从而确定各二级因子的赋值标准（等级分值按照等差数列法划分）。最短距离越小，交通可达性越高，等级分值也越高（见表 4-8）。

② 历史文化保护二级因子

赋值的基础数据来源：南京历史文化保护相关法定规划（《南京城墙保护条例（2015）》《南京历史文化名城保护规划（2010—2020）》《南京明故宫遗址保护总体规划（2012—2032）》《南京市工业遗产保护规划》以及历史文化街区与风貌保护区保护规划）、调研分析。

---

① 王建国，高源，胡明星. 基于高层建筑管控的南京老城空间形态优化[J]. 城市规划，2005，29（1）：45-51，97-98.

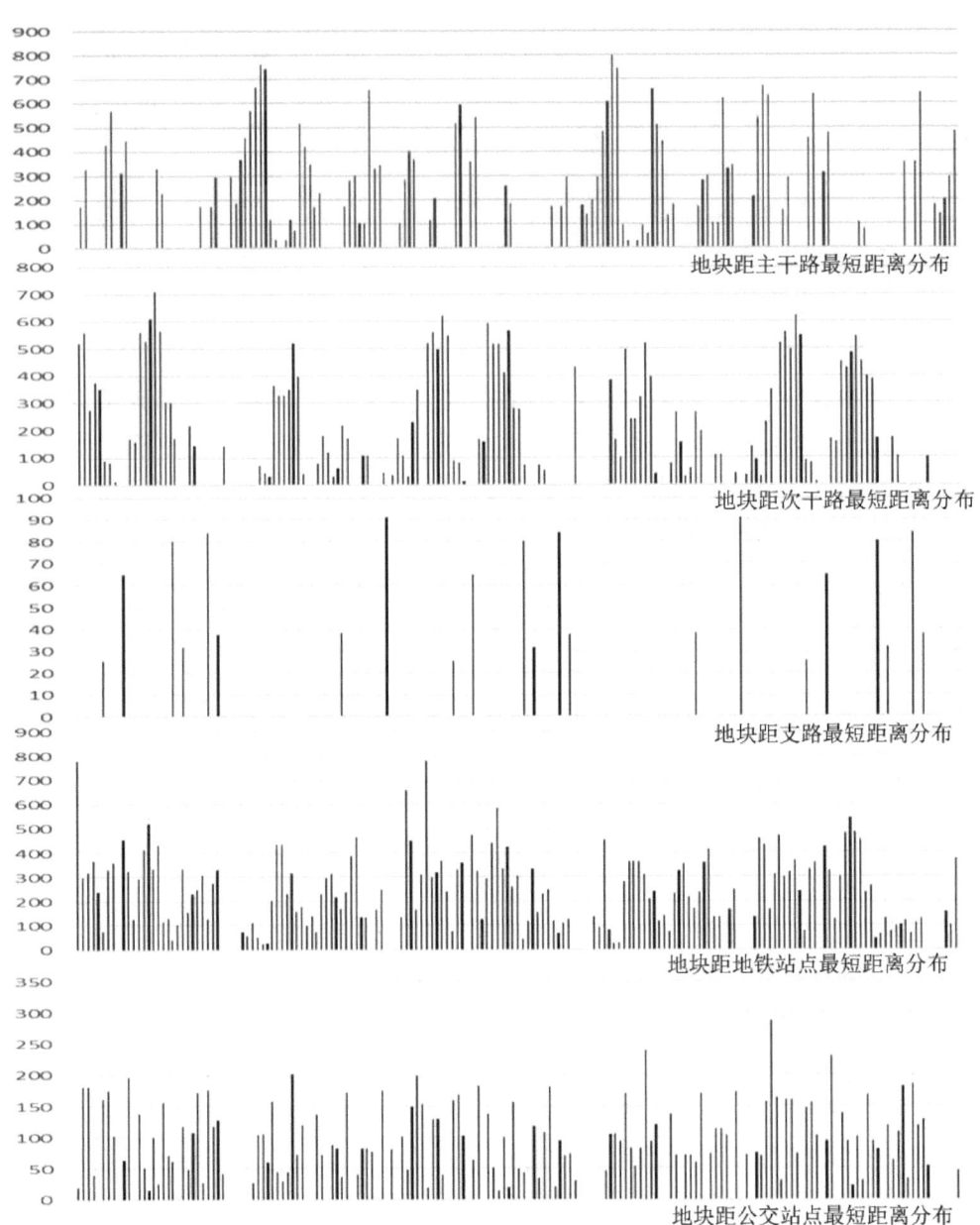

图 4-14 地块距各道路及交通站点最短距离的数据分布（距离/m）
（资料来源：本课题组自绘）

表 4-8 交通可达性二级因子赋值标准
（资料来源：本课题组汇总）

| 主干路可达性因子 | 距主干路 100 m 以内 | 距主干路 100—200 m | 距主干路 200—400 m | 距主干路 400—600 m | 距主干路 600 m 以上 |
| --- | --- | --- | --- | --- | --- |
| 分值 | 1.0 | 0.8 | 0.6 | 0.4 | 0.2 |

续表 4-8

| 次干路可达性因子 | 距次干路 75 m 以内 | 距次干路 75—150 m | 距次干路 150—300 m | 距次干路 300—450 m | 距次干路 450 m 以上 |
|---|---|---|---|---|---|
| 分值 | 1.0 | 0.8 | 0.6 | 0.4 | 0.2 |
| 支路可达性因子 | 距支路 10 m 以内 | 距支路 10—40 m | 距支路 40 m 以上 | — | — |
| 分值 | 1.0 | 0.7 | 0.4 | — | — |
| 地铁站点可达性因子 | 距地铁站点 150 m 以内 | 距地铁站点 150—300 m | 距地铁站点 300—400 m | 距地铁站点 400 m 以上 | — |
| 分值 | 1.0 | 0.7 | 0.5 | 0.3 | — |
| 公交站点可达性因子 | 距公交站点 50 m 以内 | 距公交站点 50—100 m | 距公交站点 100—150 m | 距公交站点 150 m 以上 | — |
| 分值 | 1.0 | 0.7 | 0.5 | 0.3 | — |

主要根据规划区内文物保护单位、历史地段的级别以及历史保护限高要求的高低，来分级量化各二级因子，确定赋值标准（等级分值按照等差数列法划分）。文物保护单位、历史地段的级别越低，历史保护限高要求越低，则等级分值越高（见表4-9）。

表 4-9　历史文化保护二级因子赋值标准
（资料来源：本课题组汇总）

| 文物保护单位因子 | 内无文物且不在文保单位保护范围内 | 内有市级文保以下的文物且不在文保单位保护范围内 | 涉及市级文保单位保护范围 | 涉及省级文保单位保护范围 | 涉及国家级文保单位保护范围 |
|---|---|---|---|---|---|
| 分值 | 1.0 | 0.8 | 0.6 | 0.4 | 0.2 |
| 历史保护限高因子 | 无限高要求 | 35 m 以下 | 24 m 以下 | 18 m 以下 | 12 m 以下 |
| 分值 | 1.0 | 0.8 | 0.6 | 0.4 | 0.2 |
| 历史地段保护因子 | 非历史地段且无相邻历史地段 | 非历史地段但有相邻历史地段 | 位于工业遗产保护区或一般历史地段 | 位于历史风貌保护区 | 位于历史文化街区 |
| 分值 | 1.0 | 0.8 | 0.6 | 0.4 | 0.2 |

③ 城市发展二级因子

赋值的基础数据来源：控规资料、调研分析。

主要根据规划区内的中心区和副中心区的辐射范围、各社区的规划人口密度、商业及商务办公类用地的建设强度和分布密度，以及政府对于地块开发的意向，来分级量化各二级因子，以确定赋值标准。距离中心区或副中心区越近、人口密度和商务商业聚集度越高、政策越鼓励开发，则等级分值越高（见表 4-10）。

表 4-10　城市发展二级因子赋值标准
(资料来源:本课题组汇总)

| 区位因子 | 中心区范围内 | 靠近中心区 | 副中心区范围内 | 靠近副中心区 | 其他地区 |
|---|---|---|---|---|---|
| 分值 | 1.0 | 0.8 | 0.6 | 0.4 | 0.2 |
| 人口密度因子 | 人口密度值最高地块 | 其他地块 | — | — | — |
| 分值 | 1.0 | 该地块人口密度值/人口密度最大值 | — | — | — |
| 商务商业聚集度因子 | 聚集度高 | 聚集度一般 | 聚集度低 | — | — |
| 分值 | 1.0 | 0.7 | 0.4 | — | — |
| 政策导向因子 | 鼓励开发 | 无政策导向 | 限制开发 | — | — |
| 分值 | 1.0 | 0.7 | 0.4 | — | — |

④ 改造难度二级因子

赋值的基础数据来源:国土资料(由南京市规划和自然资源局提供)、控规资料、GIS基础现状数据(由南京市城市规划编制研究中心提供)、调研分析。

主要通过对地块基准地价和现状容积率的具体数值进行归一化处理,来分级量化各二级因子,确定赋值标准。地价和现状容积率越高,则等级分值越高。(注:数值归一化处理的对象为离散度合理的数据,离散度偏高的数值无效,偏高值直接取 1.0,偏低值取归一化最小值)(见表 4-11)。

表 4-11　改造难度二级因子赋值标准
(资料来源:本课题组汇总)

| 土地价值因子 | 地价最高地块 | 其他地块 |
|---|---|---|
| 分值 | 1.0 | 该地块地价/最高地价 |
| 拆迁成本因子 | 现状容积率最高地块 | 其他地块 |
| 分值 | 1.0 | 该地块现状容积率/最高现状容积率 |

⑤ 景观生态二级因子

赋值的基础数据来源:控规资料、调研分析。

江苏省自 2016 年起持续推进"城市公园绿地 10 分钟服务圈"规划建设,旨在满足居民步行 300—500 m 进入公园绿地的需求,提高公园绿地的可达性。因此,本研究取 500 m 为步行可达范围,进而通过对地块 500 m 范围内绿地面积与数量的具体数值进行归一化处理,来分级量化相邻绿地规模因子和相邻绿地数量因子。山体水系融合度因子则主要依据地块是否涉及需要开发强度适度控制的生态敏感区域(即有重要山水体系)来确定。最后,根据这些因素确定赋值标准。相邻绿地规模越大、相邻绿地数量越多、山水体系融合度越低,则等级分值越高。(注:数值归一化处理的对象为离散度合理的数据,离散度偏高的数值无效,偏高值直接取 1.0,偏低值取归一化最小值)(见表 4-12)。

表 4-12 景观生态二级因子赋值标准
(资料来源:本课题组汇总)

| 相邻绿地规模因子 | 500 m 范围内绿地总面积最大地块 | 其他地块 | — |
|---|---|---|---|
| 分值 | 1.0 | 该地块 500 m 范围内绿地总面积/500 m 范围内绿地总面积最大值 | — |
| 相邻绿地数量因子 | 500 m 范围内绿地数量最多地块 | 其他地块 | — |
| 分值 | 1.0 | 该地块 500 m 范围内绿地数量/500 m 范围内绿地数量最大值 | — |
| 山体水系融合度因子 | 融合度低 | 融合度一般 | 融合度高 |
| 分值 | 1.0 | 0.7 | 0.4 |

⑥ 用地格局二级因子

赋值的基础数据来源:控规资料、调研分析。

用地规模因子主要通过对地块用地面积的具体数值进行归一化处理来分级量化,面积越大,等级分值越高。用地形状因子则通过主观判断地块的形状是否存在开发约束来分级量化,开发约束越小,等级分值越高。在这里需要说明,不是地块规模越大开发强度越高,也不是形状约束越小开发强度越高。这里的分值不同于其他因子的等级分值,它们仅能通过分值比较来量化反映地块间在用地格局属性上的差异性大小,并不代表开发强度正面的影响力大小。(注:数值归一化处理的对象为离散度合理的数据,离散度偏高的数值无效,偏高值直接取 1.0,偏低值取归一化最小值)(见表 4-13)。

表 4-13 用地格局二级因子赋值标准
(资料来源:本课题组汇总)

| 用地规模因子 | 用地面积最大地块 | 其他地块 |
|---|---|---|
| 分值 | 1.0 | 该地块用地面积/用地面积最大值 |
| 用地形状因子 | 无开发约束 | 存在开发约束 |
| 分值 | 1.0 | 0.5 |

## 2. 地块因子数据库的建立

根据上述二级因子的赋值标准便可对参考地块以及研究地块进行二级因子的赋值。然后根据二级因子的权重,运用分值权重累加法计算出主因子的综合分值。公式为:主因子综合分值 = 二级因子 1 分值 × 对应权重值 + 二级因子 2 分值 × 对应权重值 + …… + 二级因子 $n$ 分值 × 对应权重值。最终得到参考地块和研究地块的因子数据库(见附录二)。

## 3. 主因子权重的确定

(1) SPSS 相关性分析计算主因子权重

运用 SPSS 软件,分别将所有参考地块的六个相似判定类因子的因子数据与其对应的开发强度进行相关性分析(见表 4-14)。结果显示,各因子与开发强度的相关系数数值大小差异明显,这论证了不同因子对开发强度的影响程度不同。各因子均与开发强度呈现正相关关系,因此可取相关系数作为权重系数,并最终转化为各因子的权重(见表 4-15)。考虑到数据量的有限性,相关系数转化的权重不能完全反映实际权重,因此在后续章节中将采用德尔菲法以及层次分析法进行权重复核。

表 4-14 相似判定类因子与开发强度相关性分析结果
(资料来源:本课题组汇总)

| | | 开发强度 |
|---|---|---|
| 交通可达性因子 | Pearson 相关性 | 0.473** |
| | 显著性(双侧) | 0.000 |
| | N | 178 |
| 历史文化保护因子 | Pearson 相关性 | 0.562** |
| | 显著性(双侧) | 0.000 |
| | N | 178 |
| 景观生态因子 | Pearson 相关性 | 0.295** |
| | 显著性(双侧) | 0.000 |
| | N | 178 |
| 改造难度因子 | Pearson 相关性 | 0.357** |
| | 显著性(双侧) | 0.000 |
| | N | 178 |
| 城市发展因子 | Pearson 相关性 | 0.649** |
| | 显著性(双侧) | 0.000 |
| | N | 178 |
| 用地格局因子 | Pearson 相关性 | 0.231** |
| | 显著性(双侧) | 0.002 |
| | N | 178 |

**. 在 0.01 水平(双侧)上显著相关。

表 4-15 由相关性系数得出的各因子权重赋值
(资料来源:本课题组汇总)

| 主因子 | 交通可达性因子 | 历史文化保护因子 | 景观生态因子 | 改造难度因子 | 城市发展因子 | 用地格局因子 |
|---|---|---|---|---|---|---|
| 相关系数 | 0.473** | 0.562** | 0.295** | 0.357** | 0.649** | 0.231** |
| 权重值 | 0.184 | 0.219 | 0.115 | 0.139 | 0.253 | 0.090 |

(2) 层次分析法计算主因子权重

采用层次分析法(AHP法)对各主因子的权重值进行评价。该方法通过对各层次的元素进行两两比较,判断其相对重要性,以构成判断矩阵。再经过运算,得到元素权重。主要步骤如下:

① 构造判断矩阵

将交通可达性因子、历史文化保护因子、景观生态因子、改造难度因子、城市发展因子和用地格局因子这六个主因子进行比较,构成判断矩阵。

② 填写判断矩阵

判断比较的标准统一为:两两相比较的因素中,前因素比后因素同样重要的为1、稍微重要的为3、明显重要的为5、重要得多的为7、极为重要的为9,介于其间的为2、4、6、8。如果后因素比前因素重要,则分别为上述值的倒数,即1、1/3、1/5、1/7、1/9和1/2、1/4、1/6、1/8。

③ 权重值确定

通过各个标度对每组因子进行横向与纵向的量化比较,得到每组各个因子重要性的排序。最后,根据各因子的标度分数量化得到各自的权重(主因子判断矩阵见表4-16)。

表4-16 层次分析法主因子判断矩阵
(资料来源:本课题组汇总)

| | 用地格局因子 | 景观生态因子 | 改造难度因子 | 交通可达性因子 | 历史文化保护因子 | 城市发展因子 | 权重 |
| --- | --- | --- | --- | --- | --- | --- | --- |
| 用地格局因子 | 1.000 | 0.333 | 0.200 | 0.167 | 0.125 | 0.111 | 0.062 |
| 景观生态因子 | 3.000 | 1.000 | 0.500 | 0.333 | 0.200 | 0.143 | 0.077 |
| 改造难度因子 | 5.000 | 2.000 | 1.000 | 0.500 | 0.250 | 0.200 | 0.114 |
| 交通可达性因子 | 6.000 | 3.000 | 2.000 | 1.000 | 0.500 | 0.333 | 0.153 |
| 历史文化保护因子 | 8.000 | 5.000 | 4.000 | 2.000 | 1.000 | 0.500 | 0.262 |
| 城市发展因子 | 9.000 | 7.000 | 5.000 | 3.000 | 2.000 | 1.000 | 0.332 |
| 总和 | 32.000 | 18.333 | 12.700 | 7.000 | 4.075 | 2.287 | 1 |

④ 判断矩阵一致性分析

为了确保AHP模型的合理性与可靠性,衡量不同判断矩阵是否具有满意的一致性,需对判断矩阵进行一致性分析。这主要是检验在因子之间两两比较的过程中,对重要性的判断标准是否前后一致,是一种检验人为因素带来误差的手段。一致性检验采用一致性比率CR(Consistency Ratio)作为衡量标准。如果CR<0.1,就认为两两比较中的一致性在可以接受的范围内,符合一致性检验,判断矩阵构造合理,即指标权重分配是合理的。经测算,本次判断矩阵的CR=0.043<0.1,说明各主因子的权重是合理的。

(3) 德尔菲法计算主因子权重

德尔菲法是邀请六名城市规划业内专家,就各个因子在影响土地开发强度中的重要程度进行比较,并在此基础上对其权重进行赋值,最后取几何平均数作为各因子的最终权重(见表 4-17)。

表 4-17 德尔菲法因子权重赋值
(资料来源:本课题组汇总)

| | 城市发展因子 | 历史文化保护因子 | 交通可达性因子 | 改造难度因子 | 景观生态因子 | 用地格局因子 |
| --- | --- | --- | --- | --- | --- | --- |
| 专家1权重判断 | 0.25 | 0.20 | 0.20 | 0.15 | 0.10 | 0.10 |
| 专家2权重判断 | 0.20 | 0.30 | 0.15 | 0.15 | 0.10 | 0.10 |
| 专家3权重判断 | 0.30 | 0.25 | 0.25 | 0.10 | 0.05 | 0.05 |
| 专家4权重判断 | 0.28 | 0.24 | 0.16 | 0.12 | 0.12 | 0.08 |
| 专家5权重判断 | 0.38 | 0.20 | 0.18 | 0.12 | 0.08 | 0.04 |
| 专家6权重判断 | 0.40 | 0.22 | 0.14 | 0.14 | 0.05 | 0.05 |
| 综合确定权重 | 0.30 | 0.24 | 0.18 | 0.13 | 0.08 | 0.07 |

(4)综合确定开发强度影响主因子权重

上述三种方法中,SPSS 相关性分析法属于定量分析,德尔菲法属于定性分析,层次分析法属于定量结合定性分析。但层次分析法更侧重于从评价者对评价问题的本质、要素的理解出发,比一般的定量方法更讲求定性的分析和判断,其关键步骤更偏向定性分析。由表 4-18 可以看出,三种方法计算出的因子权重均无较大偏差。基于定量结合定性的分析原则,在此取三种方法的权重平均值作为主因子的最终权重。

表 4-18 因子权重最终赋值
(资料来源:本课题组汇总)

| 主因子 | 交通可达性因子 | 历史文化保护因子 | 城市发展因子 | 改造难度因子 | 景观生态因子 | 用地格局因子 |
| --- | --- | --- | --- | --- | --- | --- |
| SPSS 相关性分析法计算权重 | 0.253 | 0.219 | 0.184 | 0.139 | 0.115 | 0.090 |
| 层次分析法计算权重 | 0.332 | 0.262 | 0.153 | 0.114 | 0.077 | 0.062 |
| 德尔菲法计算权重 | 0.300 | 0.240 | 0.180 | 0.130 | 0.080 | 0.070 |
| 最终权重 | 0.295 | 0.24 | 0.172 | 0.128 | 0.091 | 0.074 |

### 4.3.3 地块相似度分析确定开发强度最终值

**1. 相似度计算原理的选择——欧式距离**

在前面的方法研究中,已经指出可根据比较各因子得分数值的差值大小来判定因子属性的相似度高低。地块间的各项因子分值的差值越小,则地块在这些因子属性上的相似度越高。

由于各地块分别有多个相似判定类因子,且各因子有对应的分值,所以可以把各地块看成不同的多维向量。将综合判断地块两两之间的各项因子分值的差值置于数学语境中,即计算两个不同多维向量的距离。距离越小,代表各地块各因子的差值越小,即地块间的相似度越高。欧氏距离是常用的距离定义,指在 $m$ 维空间中两个点之间的真实距离。本研究选取欧氏距离作为相似度计算原理。两个 $m$ 维向量 $\boldsymbol{a}=(a_1,a_2,\cdots,a_m)$ 与 $\boldsymbol{b}=(b_1,b_2,\cdots,b_m)$ 的欧氏距离的计算公式可表达为:

$$D_{ab}=\left[\sum_{i=1}^{m}(\boldsymbol{a}_i-\boldsymbol{b}_i)^2\right]^{1/2},(i=1,2,\cdots,m)$$

设 a 地块和 b 地块之间的相似度为 $S_{ab}$,设相似判定类因子数量为 $m$,因子的权重为 $w_i(i=1,2,3,\cdots m)$。参考上述多维向量间的欧氏距离计算公式,可推出相似度 $S_{ab}$ 的计算公式如下:

$$S_{ab}=\left\{\sum_{i=1}^{m}\left[w_i(\boldsymbol{a}_i-\boldsymbol{b}_i)^2\right]\right\}^{1/2},(i=1,2,\cdots,m)$$

$S_{ab}$ 值越小,则代表地块间在这些因子属性上的相似度越高,地块间在开发强度上的相似可参照关系越明显。

**2. 基于 Python 实现的地块相似度计算与分析**

由于参考地块需要满足一定数量的要求,数据量通常较为庞大,加之数据运算较为烦琐,人工计算两两地块间的相似度不仅非常耗时耗力,还容易出现误差。因此,本次研究引进计算机编程来解决这一问题,借助 Python(一种计算机程序设计语言)来快速并精确地完成地块相似度的计算,并自动为研究地块智能匹配相似度最高的参考地块,生成参照容积率。通常情况下,参照容积率即可作为开发强度的最终值(注:程序代码详见附录三)。

需要注意的是,在实际运算中会出现两种情况。一种是开发强度最终值直接取相似度最高的参考地块的容积率,但前提是该参考地块与研究地块的相似度值与其余相似度值存在一定的分离度。而有时候运算结果会出现若干参考地块与研究地块十分接近的情况,这种情况下应优先选取与研究地块用地性质相同的参考地块。如果仍然存在两个或两个以上的选择,则需要将这些地块和计算得出的参照地块同时与研究地块进行加权后的因子分值雷达图的对比观察,通过人工分析选取最终的参照地块,以它的容积率作为研究地块开发强度的最终值。从而实现自动生成与人工调节相补充,定性与定量相结合。

下面将用两个实际案例分别介绍上述两种情况下基于 Python 实现的地块相似度计算与分析的详细过程。

(1) 直接取基于 Python 自动生成的参照容积率为开发强度最终值

研究地块案例为南京市玄武老城单元 NJZCa020-13 管理单元的地块 13-01(以下简称 X13-01)。研究地块 X13-01 的因子数据库和参考地块因子数据库分别见表 4-19 和表 4-20。通过基于 Python 程序的运算(见图 4-15),运算结果输出为 Excel 文件,程序智能为研究地块 X13-01 匹配参考地块并生成参照容积率,见表 4-21(注:由于地块和因子数据较多,表中作了适当省略）。

表 4-19　X13-01 因子数据库（简化后）
（资料来源：本课题组汇总）

| 地块编号 | 用地性质 | 交通可达性因子综合分值 | 历史文化保护因子综合分值 | 景观生态因子综合分值 | 改造难度因子综合分值 | 城市发展因子综合分值 | 用地格局因子综合分值 | 开发强度极限区间 |
|---|---|---|---|---|---|---|---|---|
| X13-01 | Bb | 1.00 | 0.94 | 0.46 | 0.61 | 0.89 | 1.00 | [4.9,8.2] |

表 4-20　X13-01 的参考地块因子数据库（简化省略后）
（资料来源：本课题组汇总）

| 地块编号 | 用地性质 | 交通可达性因子综合分值 | 历史文化保护因子综合分值 | 景观生态因子综合分值 | 改造难度因子综合分值 | 城市发展因子综合分值 | 用地格局因子综合分值 | 容积率 |
|---|---|---|---|---|---|---|---|---|
| X02-04 | B2 | 0.67 | 1.00 | 0.43 | 0.81 | 0.67 | 0.44 | 8.00 |
| X07-01 | U15a | 0.83 | 1.00 | 0.85 | 0.68 | 0.86 | 0.61 | 5.49 |
| X07-16 | B2 | 0.83 | 1.00 | 0.66 | 0.83 | 0.92 | 0.54 | 8.33 |
| X07-26 | B2 | 0.79 | 1.00 | 0.49 | 0.71 | 0.92 | 0.61 | 5.96 |
| X07-29 | Bb | 0.89 | 1.00 | 0.51 | 0.64 | 0.92 | 0.69 | 6.95 |
| X09-10 | Bb | 0.79 | 1.00 | 0.49 | 0.63 | 1.00 | 0.66 | 6.45 |
| X09-16 | A1 | 0.96 | 1.00 | 0.54 | 0.80 | 1.00 | 0.52 | 7.67 |
| X12-29 | Bb | 0.78 | 0.94 | 0.83 | 0.67 | 0.68 | 0.41 | 7.39 |
| X13-21 | Bb | 0.93 | 1.00 | 0.71 | 0.69 | 0.80 | 1.00 | 5.53 |
| X13-40 | B2 | 0.56 | 0.82 | 0.50 | 0.40 | 0.83 | 0.57 | 7.74 |
| X14-43 | B2 | 0.84 | 0.94 | 0.56 | 0.52 | 0.76 | 0.41 | 6.93 |
| X16-28 | B2 | 0.60 | 1.00 | 0.45 | 0.58 | 0.83 | 0.52 | 4.96 |
| X17-01 | Bb | 0.94 | 1.00 | 0.41 | 0.66 | 0.78 | 1.00 | 4.85 |
| X17-04 | B2 | 0.87 | 1.00 | 0.45 | 0.75 | 0.78 | 0.53 | 7.87 |
| X17-06 | Bb | 0.90 | 1.00 | 0.45 | 0.70 | 0.78 | 0.79 | 5.00 |
| X17-08 | B2 | 1.00 | 1.00 | 0.45 | 0.83 | 0.78 | 0.59 | 8.25 |
| X17-10 | Bb | 1.00 | 0.94 | 0.45 | 0.59 | 0.84 | 1.00 | 6.50 |
| Q09-40 | B2 | 0.78 | 1.00 | 0.73 | 0.38 | 0.76 | 0.55 | 5.7 |
| Q15-01 | Bb | 0.86 | 1.00 | 0.76 | 0.65 | 0.79 | 0.73 | 5.5 |
| Q15-03 | Bb | 0.76 | 0.94 | 0.56 | 0.52 | 0.79 | 0.52 | 5.0 |
| Q15-05 | Bb | 0.80 | 1.00 | 0.56 | 0.78 | 0.79 | 1.00 | 7.5 |
| …… | …… | …… | …… | …… | …… | …… | …… | …… |

图 4-15 Python 程序运算过程截图
(资料来源:本课题组自绘)

表 4-21 Python 输出结果(简化省略后)
(资料来源:本课题组汇总)

|  | X02-04 | … | X17-08 | X17-10 | … | 参照地块 | 参照容积率 |
| --- | --- | --- | --- | --- | --- | --- | --- |
| X13-01 | 0.2587 | … | 0.1139 | 0.0187 | … | X17-10 | 6.5 |

如图 4-16 所示,基于 Python 计算出的研究地块与各个参考地块的相似度值分布中,相似度最小值(X17-10 与研究地块的相似度值)与其余相似度值的分离度较高,即与其他相似度值较小值差异明显,因此可直接取基于 Python 生成的参照容积率为开发强度最终值,即研究地块 X13-01 地块的开发强度最终值参照 X17-10 的容积率取 6.5。

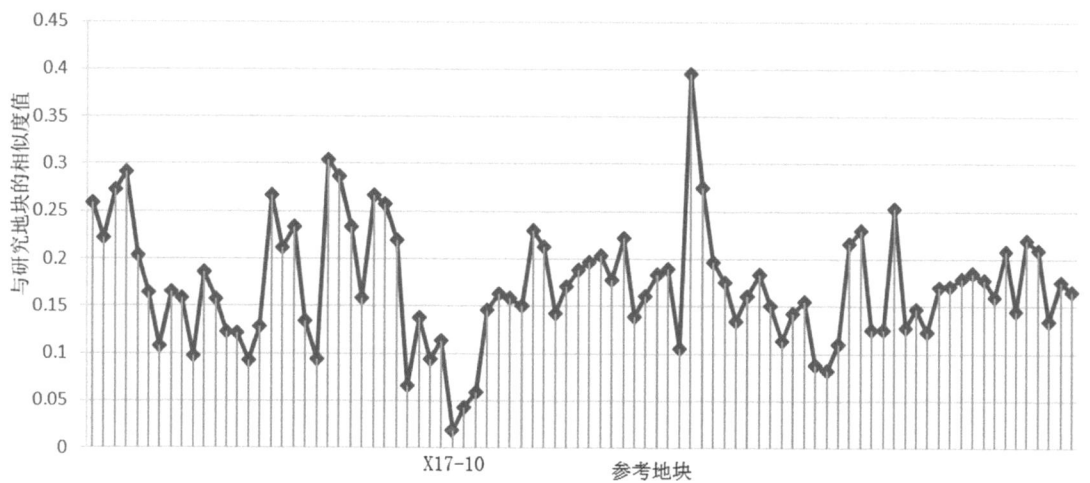

图 4-16 基于 Python 计算的地块相似度值分析(X13-01)
(资料来源:本课题组自绘)

(2) 基于 Python 的地块相似度计算结合人工分析确定开发强度最终值

研究地块案例为南京市秦淮老城单元 NJZCa030-20 管理单元的地块 20-34(以下简称研究地块 Q20-34)。基于 Python 的相似度计算步骤在此不再赘述。研究地块 Q20-34 与各个参考地块的相似度值分布如图 4-17 所示。Q26-30 与研究地块的相似度值最小,但是 Q29-13 和 X22-07 与研究地块的相似度值与最小值十分接近。因此,需要进一步通过人工分析选择最终的参照地块。研究地块 Q20-34 和备选参照地块的因子数据库见表 4-22 和表 4-23。

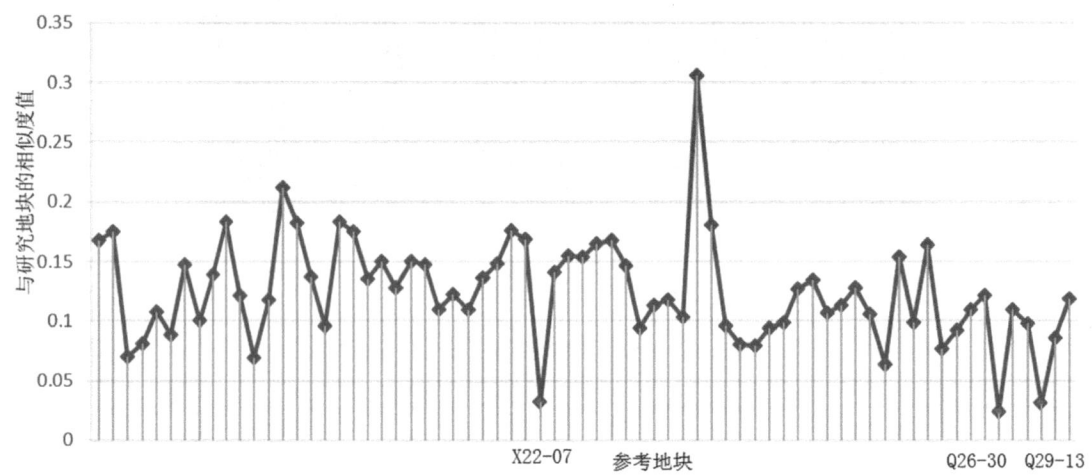

图 4-17　基于 Python 计算的地块相似度值分析（Q20-34）
（资料来源：本课题组自绘）

表 4-22　Q20-34 因子数据库（简化后）
（资料来源：本课题组汇总）

| 地块编号 | 用地性质 | 交通可达性因子综合分值 | 历史文化保护因子综合分值 | 景观生态因子综合分值 | 改造难度因子综合分值 | 城市发展因子综合分值 | 用地格局因子综合分值 | 开发强度极限区间 |
|---|---|---|---|---|---|---|---|---|
| Q20-34 | Bb | 0.85 | 0.94 | 0.80 | 0.52 | 0.93 | 0.63 | [3.4, 6.8] |

表 4-23　Q20-34 备选参照地块因子数据库（简化后）
（资料来源：本课题组汇总）

| 地块编号 | 用地性质 | 交通可达性因子综合分值 | 历史文化保护因子综合分值 | 景观生态因子综合分值 | 改造难度因子综合分值 | 城市发展因子综合分值 | 用地格局因子综合分值 | 容积率 |
|---|---|---|---|---|---|---|---|---|
| Q26-30 | Bb | 0.85 | 0.94 | 0.81 | 0.55 | 0.88 | 0.66 | 5.00 |
| Q29-13 | Bb | 0.85 | 0.94 | 0.81 | 0.53 | 0.88 | 0.83 | 5.98 |
| X22-07 | B2 | 0.85 | 0.94 | 0.70 | 0.52 | 0.89 | 0.54 | 5.23 |

这种情况下，需要将这三个地块同时与研究地块进行加权后的因子分值雷达图的叠加对比。通过人工分析选取最终的参照地块，以它的容积率作为研究地块的开发强度最终值。由图 4-18 可以看出，三个备选参照地块中，Q26-30 与研究地块 Q20-34 的因子雷达图吻合度最高，且用地性质相同。因此，取 Q26-30 的容积率 5.00 为研究地块 Q20-34 的开发强度最终值。

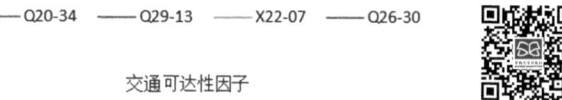
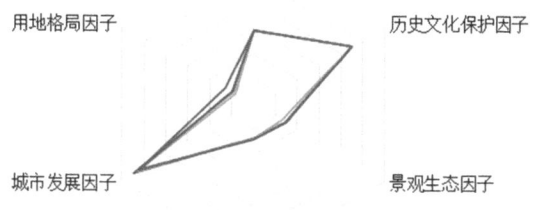

图 4-18　Q20-34 与备选参照地块的因子雷达图对比分析图
（资料来源：本课题组自绘）

### 3. 方法可行性检验

以南京市玄武老城单元的参考地块因子数据库为实验数据，进行方法可行性的检验。

图 4-19 展示了 147 个参考地块的容积率分布情况。可以看出容积率主要分布范围为 2.00—10.00。根据等差数列梯度原则，将容积率分为 2.00—4.00、4.00—6.00、6.00—8.00、8.00—10.00 四个区间。在南京市玄武老城单元的 147 个参考地块中，我们在四个容积率区间内分别随机抽取了 4 个参考地块模拟为研究地块（注：在此尽量根据梯度原则选取，以确保样本覆盖的全面性）。这样，我们共得到了 16 个模拟研究地块（见表 4-24）。将这 16 个模拟研究地块与剩下的参考地块进行地块相似度分析（如图 4-20 所示）。

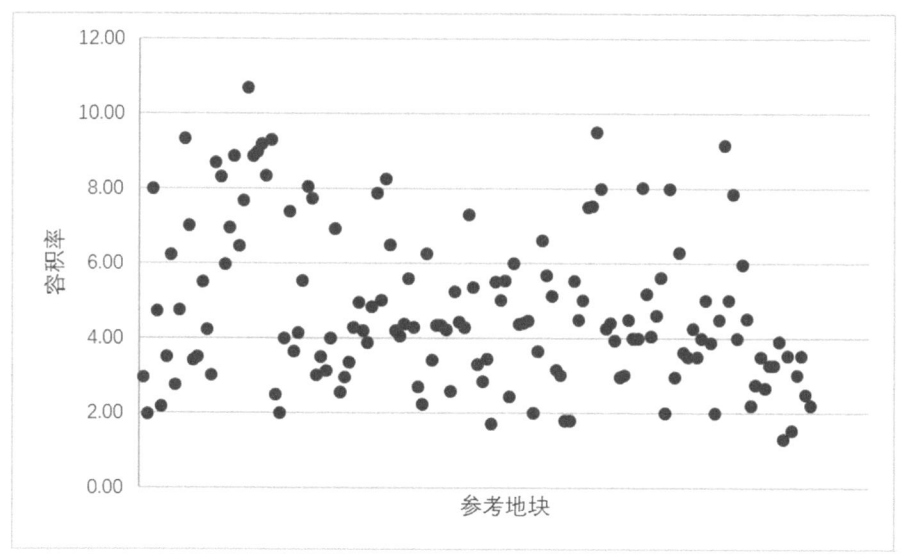

图 4-19　参考地块容积率分布图
（资料来源：本课题组自绘）

表 4-24　模拟研究地块相关指标一览表
(资料来源:本课题组汇总)

| 容积率区间 | 地块编号 | 用地性质 | 容积率 |
| --- | --- | --- | --- |
| 2.00—4.00 | Q21-13 | Bb | 2.00 |
|  | X11-06 | B29a | 2.48 |
|  | X04-24 | B2 | 3.42 |
|  | X14-17 | Bb | 4.00 |
| 4.00—6.00 | X07-04 | B2 | 4.22 |
|  | X04-10 | A1 | 4.74 |
|  | X22-07 | B2 | 5.23 |
|  | Q01-10 | Bb | 6.00 |
| 6.00—8.00 | X04-01 | Rb | 6.23 |
|  | X09-10 | Bb | 6.45 |
|  | X04-15 | Rb | 7.01 |
|  | X17-04 | B2 | 7.87 |
| 8.00—10.00 | X13-25 | Rb | 8.06 |
|  | X17-08 | B2 | 8.25 |
|  | X09-21 | Bb | 8.88 |
|  | Q15-13 | Bb | 9.50 |

由图 4-20 可看出,地块相似度最小值基本处于 0 到 0.05 之间。相似度值 $S_{ab}$ 越趋近于 0,地块间的相似度越高,即 $1-S_{ab}$ 越趋近于 1,地块间的相似度越高。设模拟研究地块的容积率为 $F_a$,参考地块的容积率为 $F_b$。若取其比值 $F_a/F_b$ 或 $F_b/F_a$ 为容积率相似度(保证相似度小于 1),则相似度值越趋近于 1,地块容积率越接近。假设前面所述的地块相似度 $S_{ab}$ 的计算方法是合理且可行的,依据相似可参照原理,相似地块 a 和 b 间应当满足这样的关系:$1-S_{ab}$ 和 $F_a/F_b(F_b/F_a)$ 正相关,且相关性较高。

为了验证这一点,我们分别选取了与各个模拟研究地块相似度较高的三个地块(按照相似度值从低到高排序的前三名对应的参考地块)。这样,我们共得到了 48 组 $1-S_{ab}$ 和 $F_a/F_b(F_b/F_a)$ 的数据(见表 4-25)。接着,对二者进行 SPSS 相关性分析(结果如图 4-21 所示),得出相关性系数为 0.751。这说明 $1-S_{ab}$ 和 $F_a/F_b(F_b/F_a)$ 为正相关关系,且相关性较高。这一结果基本验证了上述假设,既佐证了相似地块可参照原理,也说明了根据用地属性的综合相似性来判定地块相似性的研究方法是合理的。并且,它也验证了基于 Python 实现的地块相似度计算法具备可行性。

表 4-25　$1-S_{ab}$ 和 $F_a/F_b(F_b/F_a)$ 数据库
（资料来源：本课题组汇总）

| $1-S_{ab}$ | $F_a/F_b(F_b/F_a)$ |
| --- | --- |
| 0.957 | 0.917 |
| 0.936 | 0.823 |
| 0.928 | 0.909 |
| … | … |
| 0.941 | 0.864 |
| 0.912 | 0.879 |
| 0.894 | 0.735 |

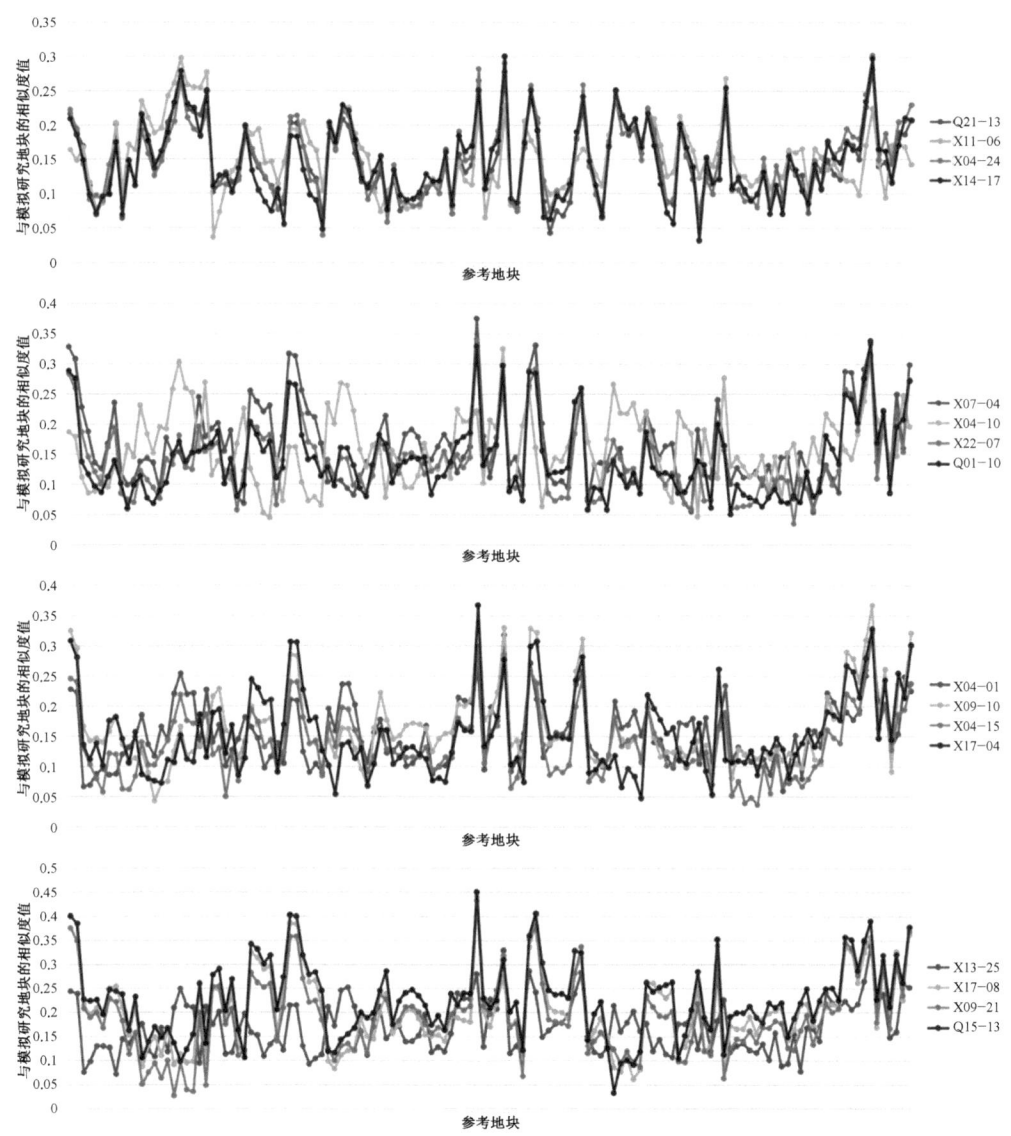

图 4-20　模拟研究地块与参考地块的相似度值汇总
（资料来源：本课题组自绘）

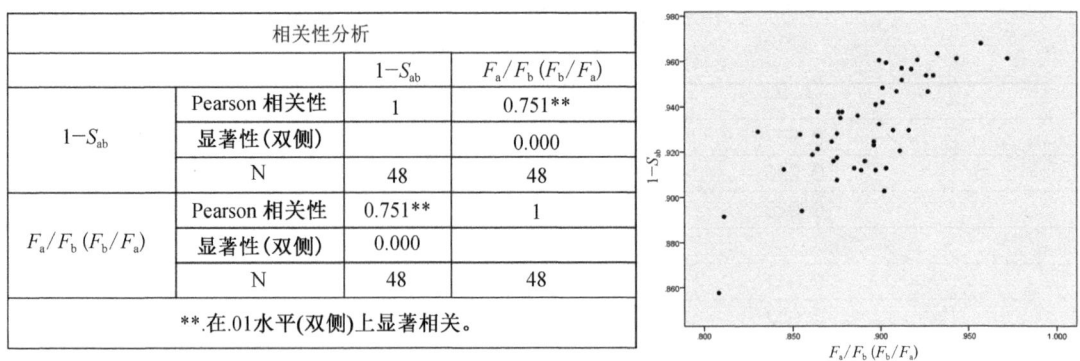

图 4-21  $1-S_{ab}$ 和 $F_a/F_b(F_b/F_a)$ 的 SPSS 相关性分析结果
(资料来源:本课题组自绘)

## 4.4 多因子视角下的存量改造用地开发强度控制实证研究——以南京市玄武老城单元控制性详细规划为例

### 4.4.1 玄武老城单元存量改造用地规划

**1. 玄武老城单元土地利用规划思路**

玄武老城单元位于南京老城,现状情况复杂。规划按以下步骤完成用地潜力分析和用地规划工作:

首先,落实审批信息。反映各类审批案卷信息,按审批结果录入指标内容。整合已有规划,着重在空间上统筹、落实各类规划要求,特别是专项规划所提及的各类设施用地。

其次,落实建设意向。调研、整理、分析地方政府、各发展主体的发展需求和建设意向。对已经明确的项目进行落实,并提出相应的控制指标。对意向型项目进行综合分析后,提出规划应对策略。确定保留用地,对历史文化保护地区、建筑质量较好、功能较完善、结构较完整的小区以及不具重建可能的院校、大单位等规划予以保留。

最后,进行功能提升。根据老城"人口疏散、产业退二进三"等政策的要求,将现有工业用地、三类居住用地等进行功能置换,转变用地性质为公共配套设施等用地,逐步实现老城的功能提升。完善配套,根据现实需求增加公共设施配套、基础设施配套以及绿地等公益性设施用地,进一步填补老城的相关配套缺口。改善环境,对现存的一部分建筑质量较好但环境需要治理的用地(主要是老旧小区用地)提出整治建议,但不改变用地性质,用地指标维持现状。

**2. 现状存量用地潜力分析**

(1) 分析思路

在对现状进行充分调研的基础上,结合上轮控规用地潜力分析、现状土地利用情况、建筑高度与质量、历年城市建设用地划拨情况、危旧房城中村改造项目等多方面因素，结合规划区内相关项目建设情况与低效用地、储备项目情况进行研判，形成现状用地综合评价分析。

（2）存量用地潜力评价标准与应对策略

通过对玄武老城单元的存量用地进行分析，将其按用地潜力的不同分为应保护用地、已审批用地、宜保留用地和可改造用地，并给出相应的评价标准及应对策略：

① 应保护用地

评价标准：包括文物古迹保护与建设控制范围、历史地段、风景名胜区、生态敏感区以及上层次规划确定的需要规划保护与控制的用地。

应对策略：按照生态、风景区、历史文化等相关保护要求，对建筑进行整修或修缮、环境整治和基础设施完善，并提出用地的整体控制引导要求。

② 已审批用地

评价标准：包括已批在建用地、已批未建用地以及其他用途确定并已进入规划用地审批流程的用地。该类用地以规划分局提供的案件信息为准。

应对策略：已批在建用地应严格按照规划审批的具体要求推进建设；已批未建用地应按照已提供的案件信息落实用地边界、性质、开发强度等要求。

③ 宜保留用地

评价标准：建筑质量与环境风貌较好的企事业单位用地、公共设施用地、居住用地及特殊用地等。其中，新建建筑地块、高层建筑地块、连片低层或多层居住区原则应纳入宜保留用地。

应对策略：根据建筑与环境景观的情况分为原貌保留、改善整治和拆除重建三种规划对策。

④ 可改造用地

评价标准：除上述用地以外的其他用地均属于可改造用地。

应对策略：包括功能更新和拆除重建两种。功能更新是指用地的性质改变，允许建筑结构及外观进行适当的调整更新使其适应新的功能；拆除重建则是指整体或局部建筑拆除并重建。

（3）存量用地潜力分析汇总

玄武老城单元规划区现状总用地面积为 1 037.15 ha，现状城市建设用地面积为 1 025.01 ha，现状存量用地面积为 882.03 ha（现状城市建设用地面积中扣除了道路等用地面积 142.98 ha）。通过对规划区土地的分析（如图 4-22 和图 4-23 所示），得出以下结论：

应保护用地为 79.81 ha，占现状存量用地面积的 9.05%。主要为规划区内的历史地段等历史文化资源丰富的地区。

已审批用地为 26.66 ha，占现状存量用地面积的 3.02%。其中，已批在建用地为 7.37 ha，已批待建用地为 19.29 ha。

 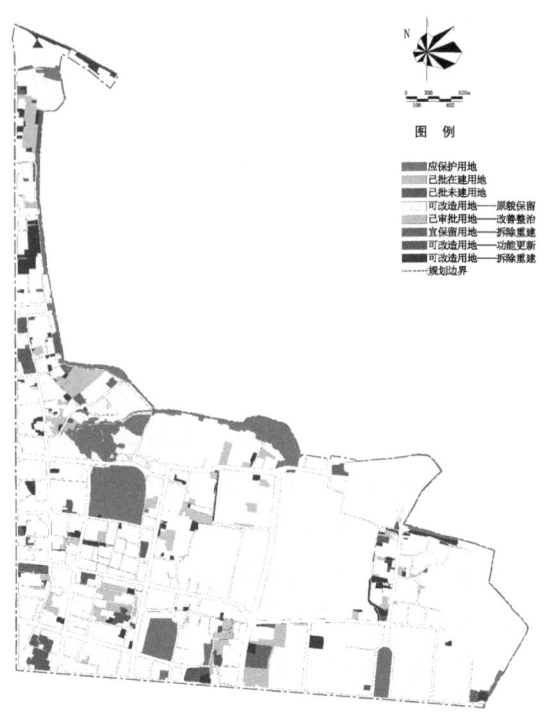

图 4-22 南京市玄武老城单元现状
用地潜力分析图
（资料来源：本课题组自绘）

图 4-23 南京市玄武老城单元现状
用地潜力分析图－细分小类
（资料来源：本课题组自绘）

宜保留用地为 743.98 ha，占现状存量用地面积的 84.35%。其中，原貌保留用地为 689.52 ha，主要为规划区内质量较好的住宅、商业等用地，按照原貌保留，用地性质不变，建筑与环境不做改动；改善整治用地为 45.42 ha，主要为规划区内年代较为久远的老旧居住小区，规划保持用地性质不变，对建筑风貌、色彩等外观进行改善，内部结构可以加固，绿化环境进行整治；拆除重建用地为 9.04 ha，主要指因为规划目标、政府行为、特殊项目等原因，需对建筑布局、空间环境等多方面进行全部重构的用地。

可改造用地为 31.58 ha，占现状存量用地面积的 3.58%。其中，功能更新用地为 10.00 ha，主要指用地的性质改变，而建筑经评估其结构和外观较好，允许建筑结构及外观进行适当调整更新以适应新功能；拆除重建用地为 21.58 ha，主要为规划区内现状建筑质量差、建筑层数低的住宅、商业等用地，一部分基于旧城改造压力，适当增加建设容量和提高容积率，以保障土地经济效益的实现；另一部分基于公众利益和城市发展的需要，减少建设容量，作为公共服务设施、市政基础设施、道路、绿地等使用。

### 3. 存量改造用地的现状与规划

存量改造用地即为宜保留用地中的拆除重建用地和可改造用地中的拆除重建用地。规划区的存量改造用地现状及规划情况如下：

（1）存量改造用地的现状情况

现状存量改造用地总面积为 30.62 ha，占现状存量用地面积的 3.47%。居住用地为主，主要为风貌较差的三类居住用地以及改造难度相对较小的高度 6 层以下老旧居住用房的居住用地,占现状存量改造用地的 43.62%;其次比重较大的为商业服务业设施用地,占现状存量改造用地的 31.06%,主要为一些不能满足服务要求、现状质量较差的商业用地。

(2) 存量改造用地的规划情况

规划后的公益性存量改造用地约为 21.03 ha,占存量改造用地的 68.68%,包括公共服务设施、公用设施、绿地、道路交通等。其中,公共管理与公共设施用地面积为 9.05 ha,主要为中小学用地以及居住社区中心用地;绿地与广场用地面积为 7.51 ha。

规划后的经营性存量改造用地约为 9.59 ha,占存量改造用地的 31.32%,包括居住、商业、商务办公用地等。其中,商业、商务办公用地面积为 5.02 ha,占存量改造用地的 52.35%,主要位于新街口、珠江路、中央路、龙蟠中路等片区,以商办混合用地为主。

### 4.4.2　多因子视角下的玄武老城单元存量改造用地开发强度测算

**1. 存量改造用地的类型及分布**

南京市玄武老城单元的经营性存量改造用地共 14 块,总用地面积为 9.59 ha,主要分布在玄武门街道中部和新街口街道南部。其中,非独立街区型存量改造用地共 12 块,包括居住用地、商住混合用地、商务用地以及商办混合用地,总用地面积为 6.82 ha,独立街区型存量改造用地共 2 块,均为商办混合用地,总用地面积为 2.27 ha(见图 4-24、表 4-26)。

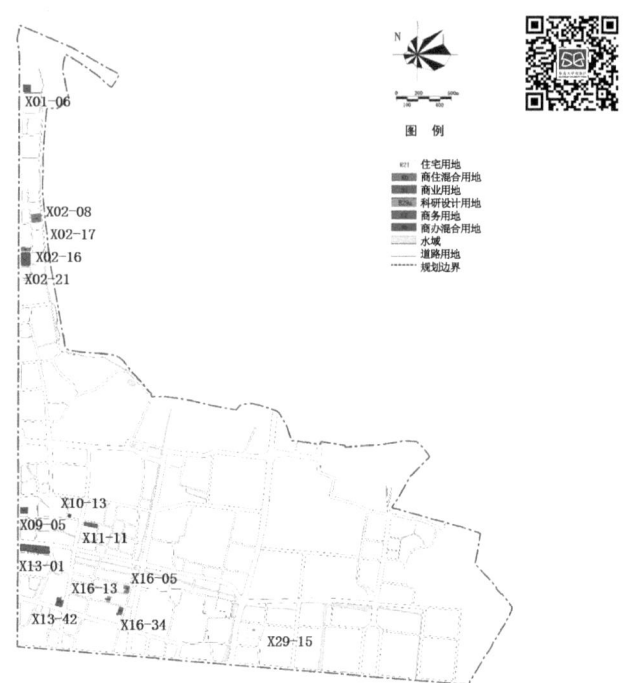

图 4-24　南京市玄武老城单元存量改造用地规划图
(资料来源:本课题组自绘)

表4-26 南京市玄武老城单元存量改造用地一览表
(资料来源:本课题组汇总)

| 地块编号 | 用地类型 | 用地性质 | 用地面积(ha) |
|---|---|---|---|
| X01-06 | 非独立街区型 | Bb | 0.51 |
| X02-08 | 非独立街区型 | Rb | 0.68 |
| X02-16 | 非独立街区型 | Rb | 0.32 |
| X02-17 | 非独立街区型 | R2 | 1.39 |
| X02-21 | 独立街区型 | Bb | 1.00 |
| X09-05 | 非独立街区型 | Bb | 0.39 |
| X10-13 | 非独立街区型 | Bb | 0.13 |
| X11-11 | 非独立街区型 | B2 | 0.44 |
| X13-01 | 独立街区型 | Bb | 1.77 |
| X13-42 | 非独立街区型 | Bb | 0.48 |
| X16-05 | 非独立街区型 | Rb | 0.34 |
| X16-13 | 非独立街区型 | B2 | 0.21 |
| X16-34 | 非独立街区型 | B2 | 0.30 |
| X29-15 | 非独立街区型 | R2 | 1.63 |

## 2. 存量改造用地开发强度极限区间测算

根据第4.2节介绍的基于研究分析类因子测算开发强度极限区间的方法,对规划区的存量改造用地分别进行了开发强度极限区间的测算,结果如表4-27所示。由表4-27可以看出,开发强度极限区间的上限值主要由基于城市设计因子分析的开发强度上限值决定,而基于交通承载力因子分析的开发强度上限值普遍较高。

表4-27 南京市玄武老城单元存量改造用地开发强度极限区间
(资料来源:本课题组汇总)

| 地块编号 | 基于交通承载力因子分析的开发强度上限值 | 基于城市设计因子分析的开发强度上限值 | 基于经济利益因子分析的开发强度下限值 | 开发强度极限区间 |
|---|---|---|---|---|
| X01-06 | 10.34 | 2.25 | 1.37 | [1.37,2.25] |
| X02-08 | 13.51 | 2.10 | 0.90 | [0.90,2.10] |
| X02-16 | 11.87 | 2.00 | 0.87 | [0.87,2.00] |
| X02-17 | 15.56 | 2.20 | 1.00 | [1.00,2.20] |
| X02-21 | 12.70 | 4.45 | 2.30 | [2.30,4.20] |
| X09-05 | 6.49 | 7.25 | 4.39 | [4.39,6.49] |
| X10-13 | 4.15 | 4.35 | 2.25 | [2.25,4.15] |

续表 4-27

| 地块编号 | 基于交通承载力因子分析的开发强度上限值 | 基于城市设计因子分析的开发强度上限值 | 基于经济利益因子分析的开发强度下限值 | 开发强度极限区间 |
|---|---|---|---|---|
| X11-11 | 9.44 | 4.21 | 2.97 | [2.97,4.21] |
| X13-01 | 22.00 | 8.20 | 4.90 | [4.90,8.20] |
| X13-42 | 13.14 | 4.11 | 2.42 | [2.42,4.11] |
| X16-05 | 10.20 | 4.25 | 1.75 | [1.75,4.25] |
| X16-13 | 8.94 | 3.85 | 1.82 | [1.82,3.85] |
| X16-34 | 14.60 | 3.50 | 1.60 | [1.60,3.50] |
| X29-15 | 27.8 | 4.68 | 1.39 | [1.39,4.68] |

3. 存量改造用地开发强度最终值的测算

在各个研究地块不同的开发强度极限区间的限定下，分别选出符合条件的参考地块。运用相似地块可参照的原理，从多因子视角出发，依次通过多因子相似性分析寻找到和研究地块相似度最高的参考地块，并参照其容积率指标作为研究地块的开发强度最终值。结果如表 4-28 所示。

表 4-28 南京市玄武老城单元存量改造用地的参照地块及开发强度最终值
（资料来源：本课题组汇总）

| 地块编号 | 参照地块 | 开发强度最终值 |
|---|---|---|
| X01-06 | Q66-09 | 2.20 |
| X02-08 | X1-28 | 2.00 |
| X02-16 | Q46-09 | 1.95 |
| X02-17 | X20-18 | 2.13 |
| X02-21 | X07-04 | 4.20 |
| X09-05 | X07-29 | 6.00 |
| X10-13 | X14-17 | 4.00 |
| X11-11 | X14-17 | 4.00 |
| X13-01 | X17-10 | 6.50 |
| X13-42 | X13-41 | 3.00 |
| X16-05 | Q58-27 | 3.50 |
| X16-13 | X16-03 | 3.00 |
| X16-34 | X16-40 | 3.50 |
| X29-15 | Q20-19 | 4.00 |

### 4.4.3 玄武老城单元存量改造用地开发强度控制

**1. 其他用地的开发强度测算**

规划区除了经营性存量改造用地外,还包括保留用地、已审批用地和公益性存量改造用地。保留用地包括现状用地潜力分析中的应保护用地、宜保留用地中的原貌保留用地和改善整治用地以及可改造用地中的功能更新用地。保留用地的容积率指标直接取用地的现状容积率。已审批用地包括已批在建用地和已批未建用地,容积率指标直接落实审批案卷信息中的审批指标结果。公益性存量改造用地包括公共服务设施用地、广场和绿地。公共服务设施用地主要为中小学用地和社区公共服务设施用地。此类用地的容积率指标可根据规划人口推算出的所需建设容量计算得出,同时需要满足相应规范及标准所规定的容积率取值范围要求。绿地和广场则根据对应的建设容量控制要求确定容积率指标。

**2. 规划开发强度控制**

玄武老城单元规划区各地块的开发强度确定后,将开发强度按照以下5个容积率分区划分:FAR≤1.00、1.00<FAR≤3.00、3.00<FAR≤5.00、5.00<FAR≤7.00、FAR>7.00。规划开发强度整体的分布如图4-25所示。

图4-25 南京市玄武老城单元规划开发强度控制图
(资料来源:本课题组自绘)

（1）规划容积率在 1.00 以下的地块主要分布于各类历史资源点的周边地段以及明城墙建控范围内。这一地区基本以低层建筑为主。主要包括低层住宅、军区大单位以及散布在片区的文保单位、历史建筑和三普新发现历史遗存。

（2）规划容积率在 1.00 到 3.00 之间的地块主要分布于明城墙沿线和明故宫历史城区，以低层建筑和多层建筑为主。主要为现状保留的 20 世纪 80 年代后至 2000 年的成片多层住宅区和公共服务设施类用地。

（3）规划容积率在 3.00 到 5.00 之间的地块主要分布于新街口街道、主要道路两侧、轨道站点周边地区以及部分公建集中区。主要为小高层住宅类用地、商务办公类用地。

（4）规划容积率在 5.00 到 7.00 之间以及 7.00 以上的地块主要分布于新街口地区，以商办混合类用地为主。集中展现城市中心区的现代风貌。

总体上，根据历史文化名城保护、南京城墙保护规划及城市总体规划中的视廊要求，对于历史城区和历史地段以及重要景观视廊分布较多的玄武老城单元规划区北部和东部，规划开发强度较低；中部主要为保留的学校、军区、多层住宅区，规划开发强度适中；而南部以新街口中央商务区为中心的地区为规划区重点发展区域，多为商业及商务办公用地。为强化新街口的中心辐射功能，该地区的规划开发强度普遍较高。

# 5 供需共轭视角的存量规划控制技术在规划实践中的应用

本书研究的供需共轭视角的存量规划控制技术已应用于南京市秦淮老城单元控制性详细规划和南京市玄武老城单元控制性详细规划中。在规划编制过程中,鉴于老城的复杂情况,课题组做了相关的专题研究,包括基于存量用地的发展策略及规划控制技术、基于存量资源供给能力的公共设施配置模式、多因子视角下的存量改造用地适宜开发强度控制等。这些研究主要针对老城中的用地复杂情况,探讨了控规中如何通过合理的用地分类、适宜的公共设施配置模式以及科学的存量改造用地开发强度测算方法,因地制宜地进行更有效的控制,并将研究成果运用到南京市秦淮、玄武老城单元的控制性详细规划编制中。

## 5.1 南京市秦淮老城单元控制性详细规划成果概要

### 5.1.1 项目概况

**1. 项目区位与规划范围**

秦淮老城单元位于南京老城南部,北与鼓楼区、玄武区相邻。规划范围:北以汉中路、中山东路为界,西以虎踞南路为界,东南以外秦淮河为界,总面积 15.5 km²(见图 5-1)。

**2. 行政区划**

规划区属秦淮区管辖,范围内现包括 7 个街

图 5-1 秦淮老城单元在南京老城的区位
(资料来源:本课题组自绘)

道:朝天宫街道、五老村街道、洪武路街道、大光路街道、瑞金路街道、夫子庙街道、双塘街道,共59个社区(居委会)。详见表5-1、图5-2。

表5-1 南京市秦淮老城单元行政区划一览表
(资料来源:本课题组整理)

| 街道名称 | 社区名称 | 街道名称 | 社区名称 | 街道名称 | 社区名称 |
| --- | --- | --- | --- | --- | --- |
| 朝天宫街道 | 冶山道院 | 夫子庙街道 | 东水关 | 瑞金路街道 | 瑞金北村 |
| | 七家湾 | | 夫子庙 | | |
| | 俞家巷 | | 饮虹园 | | 明故宫苑 |
| | 陶李王巷 | | 转龙巷 | | |
| | 评事街 | | 江宁路 | | 中山门 |
| | 绒庄新村 | | 中营 | | 西华东村 |
| | 安品街 | | 乌衣巷 | | 瑞金新村 |
| | 秣陵路 | | 三条营 | | |
| | 汉西门 | | 莲子营 | | 标营 |
| | 止马营 | | 金陵路 | | 南航 |
| | 张府园 | | 小西湖 | | |
| 大光路街道 | 尚书巷 | 洪武路街道 | 火瓦巷 | 双塘街道 | 五福街 |
| | 大阳沟 | | 建康新村 | | 太平苑 |
| | 大光路 | | 龙王庙 | | 实辉巷 |
| | 蓝旗新村 | | 马府街 | | 磨盘街 |
| | 光华园 | | 棉鞋营 | | 高岗里 |
| 五老村街道 | 五老村 | | 申家巷 | | 胭脂巷 |
| | 三条巷 | | 王府南园 | | 玉带园 |
| | 新街口商业街 | | 王府园 | | 来凤街 |
| | 淮海路 | | 武学园 | | 弓箭坊 |
| | 树德里 | | 致和街 | | 凤游寺 |

## 3. 地区发展背景

2013年初,南京市行政区划调整,白下区和秦淮区合并为新秦淮区。规划区位于新秦淮区的老城范围,一方面面临行政区划调整带来的新契机,同时需要适应南京城市发展新要求,实现苏南现代化示范区建设的总体要求中对规划区发展建设的要求。

为落实市委、市政府"一城三区""一疏散,三集中"的城市发展战略,让规划管理更好地对接服务秦淮区的发展,适应依法行政、社会参与等新常态,南京市秦淮老城单元控制性详细规划以新的行政区划调整为契机,在"资源重组、空间重构、品质重塑"的思想指导下,对规划区的自然、社会、经济、文化等发展要素进行优化重组,整合老秦淮的文化优势和老白下的

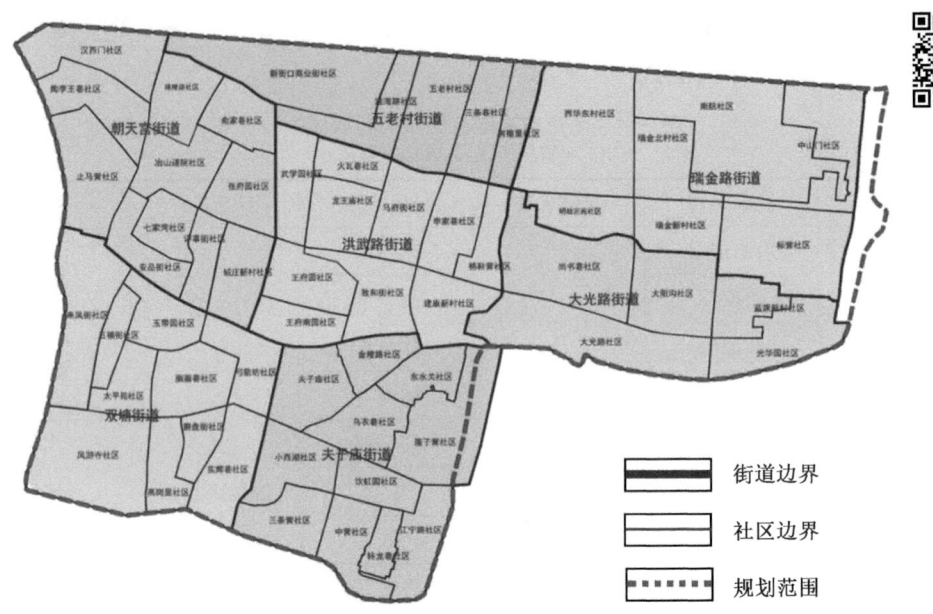

图 5-2　南京市秦淮老城单元行政区划图
（资料来源：本课题组自绘）

商贸优势，打造经济、文化双动力。

### 5.1.2　现状综合分析

**1. 现状综合研判**

（1）区位条件优越

老秦淮和老白下区都是南京历史上的中心城区，具有大都市中心区的典型特征。从范蠡筑长干里开始，南京的建城历史就在老城南地区展开，历经十朝都会。虽然政治中心曾经在明故宫、大行宫、鼓楼等不同地区迁移，但城市的经济中心区一直在夫子庙、城南地区发展。现在的城市主中心——新街口的大多数范围也位于老白下区，即现在的秦淮老城单元。规划区不仅是南京主城的社会经济核心，在空间上也是南京的最核心地区，地处主城交通枢纽。作为中心区，规划区人口和产业高度密集，与世界人口密度最高的城市接近，局部地区甚至更高。

（2）文化优势突出

规划区内的文化资源数量和质量均居全市前列，具有绝对的历史文化优势。新街口与夫子庙地区作为商业核心，积累了大量消费性文化资源，购物、休闲、餐饮等数量巨大，同时有很多老字号名店，代表了南京的文化记忆。规划区内有大量文化机构，且有多处文化产业园区。

（3）产业结构老化

秦淮老城经济总量较大，但主要以传统的商贸服务业为主。服务业发展较快，并已进入逆工业化进程。从目前的产业结构分析，批发零售业和金融业产值比重较大，新型产业比重尚不高。商贸业又以传统产业为主，"大市场"和"大卖场"占主导。

另外，在园区发展上，秦淮老城体现出数量多、分布散、规模偏小、产出偏低的特点，相对于南京其他的产业园区，发展较弱。在楼宇经济方面，也存在着贡献不足、分布不均、结构单一、空置率较高、老化严重等问题。

总体来看，规划区产业结构和分布存在"一业独大（商贸业）、一极独大（新街口）"的问题，结构相对老化。在未来的发展中，产业升级、整体优化、扩大增长应是重点。

（4）发展潜力有限

规划区不仅具有中心区的区位经济优势，同时，也面临着城市中心区的典型问题，如人口压力巨大、社会矛盾集中、基础设施老化、交通极度拥堵等。其中，最为突出的压力体现在社会福利的压力和空间资源的压力上。

在民生保障方面，第一是老龄化程度非常高，60岁以上人口占全区超过20%，个别社区街道甚至超过30%；第二是贫困问题，全区低保人口和残疾人口数量大，对社会福利的需求压力巨大；第三是社会服务设施配套不足，各类公共设施缺乏。规划区人口老龄化、贫困问题突出。

在空间资源方面，土地总体开发率已经很高，而其中未开发和可改造用地多数已划入储备用地中，实际可利用的土地更少。在已批在建、待建项目用地中，多以居住、危旧房改造、道路用地为主，用于商务和公共设施的较少。规划区必须加强城市更新的步伐，实现功能的提升和结构的转变。

**2. 现状SWOT分析**

（1）优势

根据上述分析，规划区的总体优势概括为：中心区位、交通便捷、经济总量大、产业特色明显、文化优势极为突出、资源和空间多样性强。

这些优势决定了规划区未来的发展应充分围绕"中心""文化"和"多样性"这三个核心词展开，并将这三大优势进一步放大到全区。

（2）劣势

和周边城区相比，规划区现状的劣势主要表现为：产业结构老化、交通组织不畅、空间负荷较重、发展潜力有限。

因此，规划区未来的发展需要在上述三个方面做出更多努力，产业升级、交通重新组织以及对现有空间资源的挖潜是非常重要的任务。

（3）机遇

规划区在新的历史时期，面对的重大机遇为：行政区划调整、新街口的转型提升。

行政区划的调整带来了全新的资源整合机遇，使得老秦淮和老白下的优势资源能够实现"1+1＞2"的整合目标。

(4) 挑战

作为老城区,规划区面临着极大挑战,尤其是来自中心区衰退的挑战,这对于规划区的未来将是至关重要的核心问题。此外,挑战还来自周边地区的改造升级、大都市区结构的分化、资源与生态保护的要求、民生保障的提升等。

目前,周边的鼓楼、玄武、建邺和江宁等区,都在致力于资源的进一步整合优化以及结构的调整提升。规划区在中心区要面对新街口北部地区全面提升扩大的挑战;在外部,肩负历史文化资源和生态保护的艰巨责任;在内部,要解决巨大的民生压力。这些都是严峻的挑战。

总体来看,规划区需要围绕其"中心""文化""多元"三大资源优势,充分结合"资源重组、空间重构、品质重塑"的区域发展要求,将文化保护和民生保障的压力转变为动力,充分挖掘空间潜力,用更为创新的思路、更为现实的路径开拓新的发展机遇。

### 5.1.3 规划核心问题与应对策略

**1. 规划思路**

(1) 发展为要,多元包容

从城市、区域层面论证分析,并细化规划区的功能定位,统筹考虑片区用地布局,整合剩余存量用地,寻找城市发展的动力源。注重各种功能的多元复合,提高规划区的活力。

(2) 尊重历史、以人为本

尊重地区历史文化资源发展,协调地区经济、社会发展与历史文化保护的关系,依法实施最严格的历史文化资源保护措施。

(3) 整合优化、品质提升

继续推进实施"双控双提升"策略,整体保护老城,控制老城人口规模和开发总量,对规划地段进行优化提升、功能完善、环境再造,推动功能布局的优化完善。

(4) 生态宜居、幸福家园

贯彻落实"文化为魂、民生为先、环境为基、发展为要"的理念,进一步彰显老城特色,强化绿色、集约、智慧发展,打造幸福城市。

**2. 规划重点**

(1) 提升经济竞争力

积极进行商贸转型,确立新街口都市综合型经济核心的地位。

(2) 驱动都市创新力

积极应对国家经济转型,通过传统商业转型、总部经济引领、特色产业集聚,打造都市新的增长点。

(3) 发挥文化创造力

积极推进历史文化资源的保护,同时引入现代展览、艺术设计等生产性服务功能,"活化"城市历史、自然、人文资源。

(4) 增强社区繁荣度

进一步完善居住社区—基层社区两级基础设施配套,将社区商业的多样性与周边丰富的历史、人文、自然资源紧密结合起来。

3. 规划目标

**高端商贸,打造都市经济核心**:以新街口为核心,沿中山南路轴线与洪武路轴线打造国际商务商贸中心,形成集金融、高端商务商贸与现代服务业于一体的重要集聚区,与新街口其他区域合力打造都市经济核心。

**创业乐土,培育创新科技高地**:以中航科技城为核心,依托南京航空航天大学的高校资源,结合规划区内多个产业园区,发挥航空航天科技产业特色,打造科技创新产业先导区。

**金陵古都,塑造文化旅游胜地**:以夫子庙为核心、秦淮河为纽带,打造集商业、旅游、文化休闲于一体的国家级文化旅游休闲示范区,展现金陵民俗文化。

**民生为先,建设和谐宜居社区**:以完善配套设施为保障、以民生服务为核心,创建和谐宜居生活区,提升居民生活品质。

4. 功能定位

国际金融商务商贸中心区,国家级文化旅游休闲示范区,科教众创产业先导区,和谐宜居生活区。

5. 核心问题与应对策略

根据规划背景研究、上位规划解读、现状条件分析,确定规划区的规划目标定位,提出南京市秦淮老城单元控制性详细规划需要解决的七大核心问题——乐活之城(功能多元、活力提升)、人文之城(保护历史、传承文脉)、生态之城(保护生态、塑造特色)、宜居之城(民生为先、宜居环境)、低碳之城(绿色低碳、TOD 开发)、和谐之城(改造旧城、有机更新)、有序之城(积极有效的开发控制)。以七个核心问题为规划研究的主要内容,研究分析规划的应对策略,指导规划区的用地功能布局,完成规划求解。

(1) 核心问题一:乐活之城——功能多元、活力提升

**应对策略**:规划在对现状综合研判的基础上,通过对规划区发展趋势的研究,强调与周边地区的协作,结合秦淮区的产业定位,推动产业特色集聚、优化生产力布局。立足老城,以居民生活品质的提升为原则打造宜居生活区;提升和扩大新街口及太平南路地区,打造中央商务区;整合朝天宫、汉中门、御道街、夫子庙等地区的文化旅游资源,培育特色文化区;以瑞金路科教众创区为核心,形成瑞金路科教众创片区。最终,规划区形成以商务商贸、文化休闲旅游、科技创新和生态宜居功能为主导的多元复合的具有都市活力的地区。

(2) 核心问题二:人文之城——保护历史、传承文脉

**应对策略**:强调更为多元化的保护、展示和利用,通过各种城市设计及建筑设计手法保护和延续其历史价值与城市特色。对规划区内历史文化资源采取"整合资源、利用遗存、展示历史"的保护思路,整合资源点周边环境,显露历史,建立历史资源标识系统,解读历史,设立博物馆等,描绘历史。

(3) 核心问题三：生态之城——保护生态、塑造特色

**应对策略**：以明城墙与秦淮河为依托形成城市主要绿廊，结合开敞空间和休闲设施打造"垣河一体、内外环套"的空间特色。同时，结合白鹭洲公园、郑和公园等大型城市公园以及街头绿地、小型广场和居住区小游园等，形成点、线、面结合的景观网络体系。此外，对天际轮廓线和景观视线进行控制，打造水韵萦绕、城墙环抱的、以历史文脉为积淀的城市景观特色。

(4) 核心问题四：宜居之城——民生为先、宜居环境

**应对策略**：完善城市基础配套设施和公共服务设施，提升居民生活品质；创建宜人的城市环境。同时，从职住平衡角度出发，针对典型案例进行分析，对规划范围内居住和就业的用地和人口进行校核，并提出对应的职住模式。对人口中心和就业中心进行分析，尽量避免钟摆式交通。

(5) 核心问题五：低碳之城——绿色低碳、TOD 开发

**应对策略**：协调区内交通与穿越交通的关系。针对不同地区的交通问题及其特点，提出交通分区规划措施。根据城市规模扩大和功能提升的要求，统筹安排交通设施和场地。土地利用和开发采用公共交通导向发展的 TOD 开发模式。完善慢行系统，重点改善新街口地区步行体验，营造良好的步行空间；提高非机动车和公共交通的换乘效率，积极发展公共自行车系统，鼓励"公交＋公共自行车"出行方式。实行公交优先策略，以轨道交通、公交骨干线路为主导，建立可持续发展的城市交通体系。

(6) 核心问题六：和谐之城——改造旧城、有机更新

**应对策略**：在上位规划基础上提出旧城改造的总体目标和规划对策，完善城市内部功能，优化生产力布局。在新街口地区逐渐增加交通微循环系统，改善交通状况。梳理城市传统文脉，保护城市历史格局，延续金陵风貌，构筑特色街巷和城市节点。打造游园绿地，提升市民生活品质。针对停车问题提出有效解决方案。最终实现旧城有机更新，建立良好的城区形象，提升城市综合品质和城市整体环境质量。

(7) 核心问题七：有序之城——积极有效的开发控制

**应对策略**：针对规划区的用地规模、功能定位及规划管理模式，进行控规编制体系专题研究，提出适合规划区的控规控制引导体系。重框架、重长远，解决控规编制的可操作性、严肃性、适应性、科学性及城市设计的法定性，对规划区建设形成积极有效的开发控制。

**6. 总体布局**

规划依托地域历史形成的"水、文、城、绿"的空间格局，通过对规划区的分析以及对上位规划的落实，将形成"一极、两核、三轴、两带、三片区"的空间结构（见图5-3）。

一极：新街口金融商务商贸增长极；

两核：瑞金路科教众创核心，夫子庙商业文化核心；

三轴：中山南路商务商贸轴，中华路历史文化商业轴线，御道街历史文化景观轴线；

两带：明城墙—护城河风光休闲带、内秦淮河文化旅游风情带；

三片区：新街口金融商务商贸片区，瑞金路科教众创片区，夫子庙—老城南历史文化片区。

图 5-3 南京市秦淮老城单元控制性详细规划空间结构图
（资料来源：本课题组自绘）

## 5.2 存量用地发展策略及规划控制技术在秦淮老城单元控规中的应用

### 5.2.1 秦淮老城单元土地利用现状分析

#### 1. 土地利用现状概况

南京市秦淮老城单元控规规划范围现状总用地面积 1 549.36 ha，现状城市建设用地面积 1 465.48 ha，占总用地的 94.59%。其中以居住用地、公共管理与公共服务设施用地和商业服务业设施用地为主。水域等其他非建设用地面积 83.88 ha，占总用地的 5.41%。秦淮老城单元土地利用现状见图 5-4。

#### 2. 现状用地主要特征

（1）现状居住用地

现状居住用地 567.74 ha，占现状城市建设用地的 38.74%。人均居住用地面积 10.11 m²，

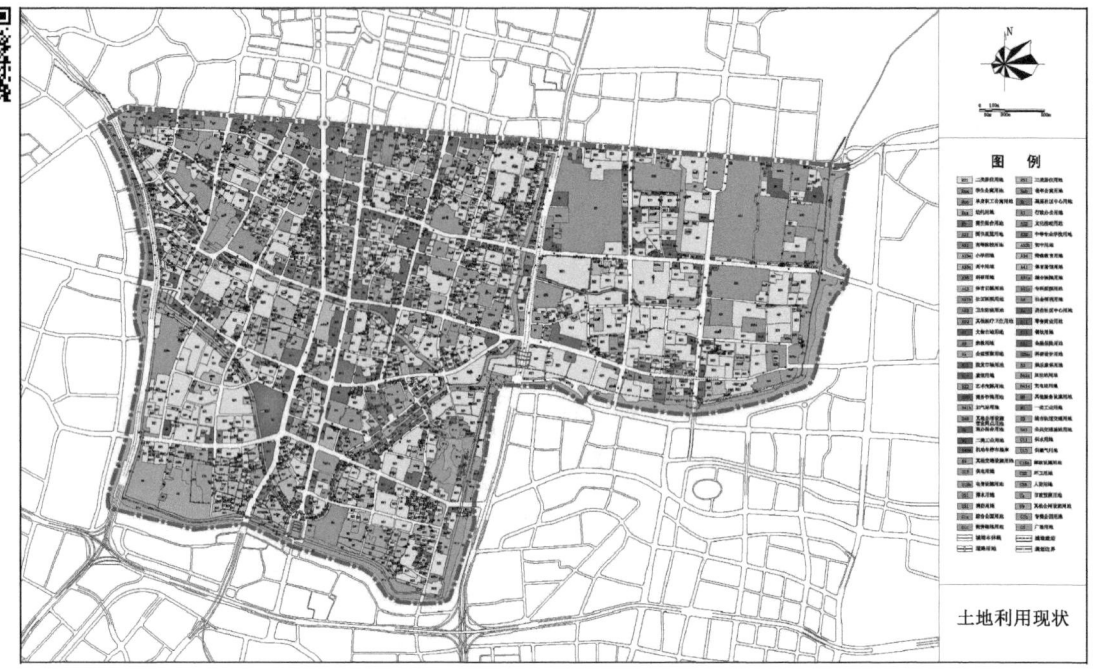

图 5-4　秦淮老城单元土地利用现状图
（资料来源：本课题组自绘）

低于人均 18~28 m² 的国家标准。

现状居住用地以二类居住用地为主，用地面积 440.56 ha，占现状城市建设用地的 30.06%。该类用地分布较广，主要以 1980—1990 年代兴建的住宅建筑和小区以及 2000 年代后兴建的小区为主，大都为多层、高层建筑，居住环境相对较好，配套设施较为齐全。例如，陶李王巷新苑、王府国际花园、朗诗熙园、马府新村、瑞金新村、天琴花园、白鹭小区、来凤小区、双乐园小区、华静爱家园、皇册家园、一品嘉园等。

现状三类居住用地 73.32 ha，占现状城市建设用地的 5.00%。该类用地主要以 1980 年代以前兴建的 1~3 层破旧低矮住宅为主，其中部分为历史遗留的几十年甚至上百年的木结构房屋。建筑质量普遍较差，布局密集，街巷狭窄，配套设施匮乏，居住环境恶劣。该类居住用地主要分布在评事街、止马营、门东、门西等地区。

现状商住混合用地 43.63 ha，占现状城市建设用地的 2.98%。该类用地主要分布在大光路、洪武路、虎踞南路、大行宫等地区，例如，东方名苑、民族大厦、中泰大厦、洪武路高层公寓、都市名园、长发中心、金龙蟠家苑、文思苑等。

现状其他居住用地 8.93 ha，占现状城市建设用地的 0.61%。该类居住用地主要包括以五老村街道老年公寓、双塘街老人公寓、南京市回民养老院、夫子庙老年公寓、南京市老年教师公寓等为主的老年公寓用地，以及以南京市第三高级中学宿舍区、南京航空航天大学宿舍区为主的学生公寓用地。

基层社区中心用地 1.30 ha，占现状城市建设用地的 0.09%。该类用地主要包括汉西门社区服务中心、张府园社区居委会、淮海路社区居委会、新街口商业街社区服务中心、三条巷社区服务中心、瑞金新村社区居委会、中山门社区服务中心等基层社区级公共服务设施用地。

(2) 现状公共管理与公共服务设施用地

公共管理与公共服务设施用地 227.07 ha,占现状城市建设用地的 15.49%。人均用地面积 4.04 m²。公共管理与公共服务设施用地面积较多,但由于地处主城中心,片区内区级以上公共管理与公共服务设施所占比重过大,区级、社区级公共服务设施配套匮乏。公共管理与公共服务设施用地多为小规模斑块状分布。

现状行政办公用地 23.51 ha,占现状城市建设用地的 1.60%。该类用地主要集中分布在秣陵路、白下路等道路两侧,以及小西湖、马府街等地区。行政办公用地主要以省级、市级、区级行政办公用地为主。其中,省级行政办公用地包括江苏省质量技术监督局、江苏省交通厅、江苏省残联、江苏省银监局、江苏省出入境检验检疫局等;市级行政办公用地包括南京市公安局、南京市粮食局、南京市安全局、南京市人民检察院、南京市商务局、南京市税务局、南京市海关等;区级行政办公用地包括秦淮区人民政府、建邺区人民法院、建邺区税务局、南京市电信局秦淮分局、秦淮区住房和建设局、秦淮区税务局、秦淮区公安分局等。

现状文化设施用地 10.63 ha,占现状城市建设用地的 0.73%。该类用地主要集中分布在朝天宫、夫子庙等地区。文化设施用地以博物馆、纪念馆、展览馆等旅游文化设施居多,主要包括朝天宫博物馆、科举博物馆、甘熙故居、大成殿、王道谢安纪念馆、李香君故居、金陵刻经处等;图书馆、文化馆、美术馆等市民日常文化活动所需的文化设施较少,主要包括南京市工人文化宫、秦淮区图书馆、秦淮区文化馆、秦淮区文化艺术中心、秦淮区少年宫、金陵美术馆等。

现状教育科研用地 145.86 ha,占现状城市建设用地的 9.95%,以高等院校用地、中小学用地及科研用地为主。其中,高等院校用地 66.19 ha,主要包括南京航空航天大学、解放军理工大学通信工程学院、南京广播电视大学、南京信息管理学院、中共江苏省委党校、南京航天管理干部学院、江苏健康职业学院、金陵老年大学等;中等专业学校用地 14.55 ha,主要包括南京幼儿高等师范学校、江苏电大建邺分院、江苏省戏剧学校、南京市体育运动学校、金陵中专、南京市财经学校、南京市重竞技运动学校等;中小学用地 46.66 ha,主要包括南京市第五中学、南京市第三初级中学、南京市第三高级中学、南京市第一中学、南京市文枢中学、秣陵路小学、户部街小学、五老村小学等;特殊教育用地 1.68 ha,为南京市盲人学校、南京市聋人高级中学两所特殊教育学校;科研用地 16.78 ha,主要包括南京水泥工业设计研究院、南京市测绘勘察研究院、五十五研究所、南京地质矿产研究所、南京航天科工集团八五一一研究所、江苏省产品质量监督检验研究院等。

现状体育用地 1.24 ha,仅占现状城市建设用地的 0.08%,体育设施较为欠缺,现状主要为秦淮区体育中心。

现状医疗卫生用地 25.98 ha,占现状城市建设用地的 1.77%。该类用地主要集中分布在汉西门、夫子庙、洪武路等地区,以综合医院为主。其中,医院用地 25.46 ha,主要包括江苏省中医院、中国人民解放军八一医院、解放军四五四医院、南京红十字医院、南京市中医院、南京市第一医院等综合医院,建中中医院、白下康复医院、淮海路社区卫生服务中心、邮政医院、夫子庙社区卫生服务中心等社区医院,南京市妇幼保健院、江苏省聋儿康复中心、博大肾科医院、南京爱尔眼科医院、康美整形美容医院等专科医院;卫生防疫用地 0.37 ha,为秦淮区疾病预防控制中心和生殖健康家庭保健服务中心;其他医疗卫生用地 0.15 ha,为突发公共卫生事件应急中心。

现状社会福利用地 0.29 ha,仅占现状城市建设用地 0.02%,现状区级及以上社会福利设施仅一处,为秦淮区老年公寓。

现状文物古迹用地 1.10 ha,占现状城市建设用地的 0.08%。该类用地主要集中分布在外秦淮河沿岸、中山东路一侧。文物古迹用地主要包括汉中门、西安门、西华门、东华门等城楼遗址,上海商业储蓄银行旧址、棋峰试馆等未用作其他用途的历史建筑。

现状宗教用地 2.35 ha,占现状城市建设用地的 0.16%,主要包括天主教堂、基督教莫愁路堂、草桥清真寺、天后宫、净觉寺、鹫峰寺、圣保罗教堂、石观音庙等宗教设施。

现状公建预留用地 16.11 ha,占现状城市建设用地的 1.10%。

(3) 现状商业服务业设施用地

现状商业服务业设施用地 229.96 ha,占现状城市建设用地的 15.69%。其中,现状商业用地比重最大,用地面积 62.80 ha,占现状城市建设用地的 4.29%,主要包括零售商业用地、批发市场用地、餐饮用地、旅馆用地,集中分布在新街口、夫子庙等片区;现状商务用地 52.34 ha,占现状城市建设用地的 3.57%,主要分布在中山南路、洪武路两侧;现状商办混合用地 78.29 ha,占现状城市建设用地的 5.34%,主要沿汉中路、中山东路、中山南路、洪武路、太平南路等主要道路线状分布。现状娱乐康体用地 28.33 ha,占现状城市建设用地的 1.93%;现状公用设施营业网点用地 3.68 ha,占现状城市建设用地的 0.25%;现状其他服务设施用地 4.52 ha,占现状城市建设用地的 0.31%。均为散点分布。

(4) 现状工业用地

现状工业用地 38.80 ha,占现状城市建设用地的 2.65%。区内工业用地较少,原有的工业用地大多已实现功能置换,片区内仍存留的工业用地主要包括南京轻工业机械厂、复兴印刷厂、三鸿食品有限公司、南京科教印刷厂等。

(5) 现状物流仓储用地

现状物流仓储用地 0.31 ha,占现状城市建设用地的 0.02%,主要包括南京房产建筑装饰工程公司材料供应处等。

(6) 现状道路与交通设施用地

现状道路与交通设施用地 274.43 ha,占现状城市建设用地的 18.73%。人均用地 4.88 $m^2$,低于 7~15 $m^2$ 的国家标准。其中,以道路用地为主,用地面积 271.94 ha,占现状城市建设用地的 18.56%;城市轨道交通用地 0.44 ha,主要包括新街口地铁站、张府园地铁站、大行宫地铁站、三山街地铁站等;交通场站用地 2.05 ha,主要包括公共交通场站用地和社会停车场用地。

(7) 现状市政公用设施用地

现状市政公用设施用地 11.33 ha,占现状城市建设用地的 0.77%。人均用地 0.20 $m^2$,

包括供水、供电、燃气、通信、邮政、电信、广播电视、排水、环卫、消防、防洪、人防等。其中,供应设施用地 6.84 ha,主要包括安品街 220 kV 变电站等供应设施;环境设施用地 1.87 ha,主要包括垃圾中转站、公共厕所等环境设施;安全设施用地 1.08 ha,主要包括秦淮区消防大队等安全设施;其他公用设施用地 1.54 ha。

(8) 现状绿地与广场用地

现状绿地与广场用地 105.56 ha,占现状城市建设用地的 7.20%。其中,现状公园绿地 102.61 ha,占现状城市建设用地的 7.00%。人均公园绿地 1.88 m²,主要沿明城墙、秦淮河、明御河线状分布;汉中门、朝天宫、夫子庙等地区块状分布。主要包括月牙湖公园、郑和公园、白鹭洲公园等综合公园;瞻园、明故宫遗址公园、东水关遗址公园等专类公园;以及明城墙、秦淮河等沿线的街旁公园。现状广场用地 2.95 ha,主要包括水西门广场、大成殿前广场等。

(9) 现状特殊用地

现状特殊用地 10.28 ha,占现状城市建设用地的 0.70%。

### 5.2.2 存量建设用地发展策略研究

**1. 规划思路**

考虑到秦淮老城单元位于南京老城,情况复杂,秦淮老城单元控规按以下几个步骤完成用地潜力分析和用地规划工作:

(1) 落实审批信息

反映各类审批案卷信息,按审批结果录入指标内容。

(2) 整合已有规划

着重整合各类规划,在空间上统筹落实各类规划要求,特别是专项规划所规划的各类设施用地。

(3) 落实建设意向

根据调研,整理、分析地方政府、各个发展主体的发展需求和建设意向,对已经明确的项目进行落实,提出相应的控制指标;对意向型项目进行综合分析后,提出规划应对。

(4) 明确用地分类

结合现状情况、规划目标,参考用地潜力分析结果,明确保护用地、保留用地、发展用地的数量及分布特征。针对老城用地需求旺盛、现状土地资源不足的问题,明确上述三类用地中民生类、产业类的发展要求、规划策略。

(5) 保护历史风貌

明确保护框架,梳理历史文化资源类型及分布,确定各级保护要求。

(6) 提升功能品质

根据老城"人口疏散、产业退二进三"等政策的要求,将现有工业用地、三类居住用地等进行功能置换,转变用地性质为文化、商务等公共设施用地,逐步实现老城的功能提升。

（7）完善配套设施

根据现实需求，增加公共设施配套、基础设施配套以及绿地等公益性设施用地，进一步填补老城的相关配套缺口。

（8）改善环境品质

对现存的一部分建筑质量一般、环境需要治理的用地（主要是老旧小区），提出整治建议，但不改变用地性质，用地指标维持现状。

**2. 存量建设用地综合研究**

（1）分析思路

在对现状进行充分调研的基础上，结合上轮控规用地潜力图、现状土地利用情况、建筑高度、质量、城市建设用地划拨情况、危旧房、城中村改造项目等多方面因素，结合规划区内相关项目建设情况与低效用地、储备项目情况进行研判，形成现状用地综合评价分析。

（2）存量建设用地分类评价标准

对秦淮老城单元的用地分类引导以对应的规划策略为目标，结合现状情况，分为道路及交通设施用地、原貌保留地块用地及存量建设用地。道路及交通设施用地及原貌保留地块用地没有进行提升、更新或改造的潜力，不属于城市的低效用地，因此不在存量建设用地的范畴。通过对存量建设用地的分析，将其按用地管控措施的不同分为保护用地、保留用地、发展用地。保护用地主要包括文物古迹保护与建设控制范围、历史地段、风景名胜区、生态敏感区及上层次规划确定的需要规划保护与控制的用地。保留用地则指在近期难以拆除重建，但建筑质量与环境风貌较差的企事业单位用地、公共设施用地、居住用地及特殊用地等。除上述用地以外的其他存量建设用地均属于发展用地，可以结合规划意图、现状情况进行一定的开发改造。

另外，按照发展导向的不同，将存量建设用地分为民生类用地、产业类用地。民生类用地主要指发展导向以改善居民生活品质、完善相关配套设施为主的地块，包含所有与改善民生需求相关的用地。产业类用地主要指以提升功能品质、发挥经济效益为主的用地。

（3）存量建设用地发展策略研究

① 保护用地

**整体控制原则**：首先，梳理地块内所有历史文化资源，按照保护体系进行分类，并做好保护历史文化资源本体、保护历史环境、传承历史文脉的工作，严格按照各历史地段及历史文化资源点的保护要求予以控制。同时，构建"环境微更新"体系，结合城市设计、相关保护规划要求，改善历史文化环境、营造历史文化氛围。

**民生类**——传统民居型地块：保留居住功能、保护历史资源、延续邻里关系。对居住环境进行适当改善，提升居民生活品质。

**产业类**——文化旅游型地块：进行功能更新，引入商业、文化等功能，激发地区活力。规划设计以彰显老城特色、打造老城文化品牌为目标，结合历史文化资源打造特色旅游区。

② 保留用地

**整体控制原则**：现状建筑不予改变，通过适当措施对现状环境品质、功能品质予以改善、提升,使其更加适应城市发展需求。

**民生类**——环境改善型地块:规划用地性质不变,主要为居住用地。主要对象为老旧小区,保留现状建筑,对环境进行整治改善,提升生活品质。

**产业类**——功能提升型地块:规划用地性质不变,主要为商业服务业设施用地。主要对象为现状功能滞后、产值较低的商业、商务等用地,通过引导业态转型、引入总部企业等方式,实现功能提升。

③ 发展用地

**整体控制原则**:梳理该类用地面积,3 000 m² 以下的地块以发展绿地、公共设施为主。核对公共设施缺口,优先完善配套设施。对产业类发展用地进行形体模拟、日照分析及用地相似性分析,合理确定地块容量。

**民生类**——完善配套型地块:规划性质主要包括绿地、中小学、幼儿园、社区中心等。在人口疏散的基础上合理测算各类配套设施需求并予以完善,改善居民生活品质。

**产业类**——商务商贸型地块:规划以商业设施、商务办公设施及商办混合为主。引导该类地块发展高端商务商贸业,实现产业转型及功能提升。

**产业类**——文化旅游型地块:规划以休闲娱乐用地为主,结合周边历史资源及自然资源,发展文化旅游产业。与保护修复型—文化旅游类地块共同发展,形成老城特色旅游片区。

**产业类**——创意研发型地块:规划以科研用地为主,主要利用老城内工业遗产、高校资源等禀赋进行引导培育。规划引导该类地块发展创意研发产业,形成创新产业先导区。

以上各类用地发展策略汇总详见表 5-2。

表 5-2　用地发展策略汇总表
(资料来源:本课题组整理)

| 用地发展策略 | 保护用地<br>保护修复型控制 | 保留用地<br>改善整治型控制 | 发展用地<br>发展提升型控制 |
|---|---|---|---|
| 民生类 | 传统居住类地块 | 环境改善类地块 | 完善配套类地块 |
| 产业类 | 文化旅游类地块 | 功能提升类地块 | 商务商贸类地块 |
| | | | 文化旅游类地块 |
| | | | 创意研发类地块 |

**3. 存量建设用地评价**

(1) 保护用地分析

保护用地 200.85 ha,占规划城市建设用地的 13.78%。主要为规划区内的历史地段等历史文化资源丰富的地区。规划区的保护用地中,民生类—传统民居型地块用地占规划城市建设用地的比例为 1.95%,主要包括钓鱼台、大油坊巷、西白菜园等;产业类—文化旅游型地块指可以结合历史资源点、非物质文化遗产等发展旅游经济的地块,如夫子庙、评事街、门西、门东等,占规划城市建设用地的比例为 11.83%。

(2) 保留用地分析

保留用地 382.04 ha,占规划城市建设用地的 26.21%。保留用地中,民生类以环境改善为主,主要为规划区内年代较为久远的老旧居住小区等,规划保持用地性质不变,对建筑风貌、色彩等外观进行改善,内部结构可以加固,绿化环境进行整治,占规划城市建设用地的比例为20.16%;产业类以功能提升为主,主要指需要进行产业转型、调整功能及模式以适应现代城市发展的商业用地,占规划城市建设用地的比例为6.05%。

(3) 发展用地分析

发展用地指规划用地性质或容积率和现状比对发生变化的用地。秦淮老城单元发展用地总面积221.74 ha,占规划城市建设用地的15.21%。整体分布分散,不集中成片。发展用地中,民生类以完善配套类地块为主,用地面积100.67 ha;占规划城市建设用地的6.91%;产业类以功能发展提升为主,其中商务商贸类地块用地面积60.84 ha,占规划城市建设用地的4.17%;文化旅游类地块用地面积29.59 ha,占规划城市建设用地的2.03%;创意研发类地块用地面积30.64 ha,占规划城市建设用地的2.10%。

南京市秦淮老城单元存量建设用地分类汇总详见表5-3。

表5-3 南京市秦淮老城单元存量建设用地分类汇总表
(资料来源:本课题组整理)

| 管控措施 | 发展类型 | | 用地面积(ha) | 占建设用地比例(%) |
|---|---|---|---|---|
| 保护用地<br>(保护修复型) | 民生类 | 传统民居型地块 | 28.39 | 1.95 |
| | 产业类 | 文化旅游型地块 | 172.46 | 11.83 |
| 保留用地<br>(改善整治型) | 民生类 | 环境改善型地块 | 293.90 | 20.16 |
| | 产业类 | 功能提升型地块 | 88.14 | 6.05 |
| 发展用地<br>(发展提升型) | 民生类 | 完善配套型地块 | 100.67 | 6.91 |
| | 产业类 | 商务商贸型地块 | 60.84 | 4.17 |
| | | 文化旅游型地块 | 29.59 | 2.03 |
| | | 创意研发型地块 | 30.64 | 2.10 |
| 其余用地(原貌保留地块) | | | 331.30 | 22.73 |

### 5.2.3 秦淮老城单元土地利用规划

**1. 土地利用规划情况汇总**

规划总用地面积为1549.37 ha,其中城市建设用地面积为1454.14 ha,占规划总用地面积的比例为94.05%。详细规划分类见表5-4,土地利用观测图见图5-5。

表5-4 南京市秦淮老城单元规划用地汇总表
(资料来源:本课题组整理)

| 序号 | 大类 | 中类 | 小类 | 用地名称 | 面积(ha) | 占城市建设用地(%) | 占总用地(%) |
|---|---|---|---|---|---|---|---|
| 1 | H | | | 建设用地 | 7.47 | 0.51 | 0.48 |
| | 其中 | H4 | | 特殊用地 | 7.47 | 0.51 | 0.48 |

续表 5-4

| 序号 | 大类 | 中类 | 小类 | 用地名称 | 面积(ha) | 占城市建设用地(%) | 占总用地(%) |
|---|---|---|---|---|---|---|---|
| 2 | | R | | 居住用地 | 491.54 | 33.73 | 31.73 |
| | 其中 | R2 | | 二类居住用地 | 433.22 | 29.73 | 27.96 |
| | | 其中 | R21 | 二类住宅用地 | 433.22 | 29.73 | 27.96 |
| | | Ra | | 其他居住用地 | 12.45 | 0.85 | 0.80 |
| | | 其中 | Rab | 老年公寓用地 | 0.81 | 0.06 | 0.05 |
| | | | Rax | 幼托用地 | 11.64 | 0.80 | 0.75 |
| | | Rc | | 基层社区中心用地 | 4.86 | 0.33 | 0.31 |
| | | Rb | | 商住混合用地 | 41.01 | 2.81 | 2.65 |
| 3 | | A | | 公共管理与公共服务设施用地 | 221.09 | 15.17 | 14.27 |
| | 其中 | A1 | | 行政办公用地 | 20.19 | 1.39 | 1.30 |
| | | A2 | | 文化设施用地 | 18.17 | 1.25 | 1.17 |
| | | A3 | | 教育科研用地 | 149.72 | 10.27 | 9.66 |
| | | 其中 | A31 | 高等院校用地 | 59.81 | 4.10 | 3.86 |
| | | | A32 | 中等专业学校用地 | 12.57 | 0.86 | 0.81 |
| | | | A33 | 中小学用地 | 55.92 | 3.84 | 3.61 |
| | | | A34 | 特殊教育用地 | 2.14 | 0.15 | 0.14 |
| | | | A35 | 科研用地 | 19.28 | 1.32 | 1.24 |
| | | A4 | | 体育用地 | 1.00 | 0.07 | 0.06 |
| | | A5 | | 医疗卫生用地 | 21.40 | 1.47 | 1.38 |
| | | 其中 | A51 | 医院用地 | 20.86 | 1.43 | 1.35 |
| | | | A52 | 卫生防疫用地 | 0.39 | 0.03 | 0.03 |
| | | | A59 | 其他医疗卫生用地 | 0.15 | 0.01 | 0.01 |
| | | A6 | | 社会福利用地 | 0.29 | 0.02 | 0.02 |
| | | A7 | | 文物古迹用地 | 1.91 | 0.13 | 0.12 |
| | | A9 | | 宗教用地 | 2.13 | 0.15 | 0.14 |
| | | Aa | | 居住社区中心用地 | 5.77 | 0.40 | 0.37 |
| | | Ak | | 公建预留用地 | 0.51 | 0.04 | 0.03 |

续表 5-4

| 序号 | 大类 | 中类 | 小类 | 用地名称 | 面积(ha) | 占城市建设用地(%) | 占总用地(%) |
|---|---|---|---|---|---|---|---|
| 4 | | B | | 商业服务业设施用地 | 258.23 | 17.72 | 16.67 |
| | 其中 | | B1 | 商业用地 | 52.16 | 3.58 | 3.37 |
| | | | B2 | 商务用地 | 52.95 | 3.63 | 3.42 |
| | | 其中 | B29 | 其他商务用地 | 36.43 | 2.50 | 2.35 |
| | | | B3 | 娱乐康体用地 | 45.95 | 3.15 | 2.97 |
| | | | B4 | 公用设施营业网点用地 | 0.61 | 0.04 | 0.04 |
| | | 其中 | B41 | 加油加气站用地 | 0.61 | 0.04 | 0.04 |
| | | | B9 | 其他服务设施用地 | 0.34 | 0.02 | 0.02 |
| | | | Bb | 商办混合用地 | 106.22 | 7.29 | 6.86 |
| 5 | | S | | 道路与交通设施用地 | 326.43 | 22.40 | 21.07 |
| | 其中 | | S1 | 道路用地 | 322.82 | 22.15 | 20.84 |
| | | | S2 | 城市轨道交通用地 | 0.36 | 0.02 | 0.02 |
| | | | S4 | 交通场站用地 | 3.18 | 0.22 | 0.21 |
| | | 其中 | S41 | 公共交通场站用地 | 1.75 | 0.12 | 0.11 |
| | | | S42 | 社会停车场用地 | 1.43 | 0.10 | 0.09 |
| | | | S9 | 其他交通设施用地 | 0.07 | 0.005 | 0.005 |
| 6 | | U | | 公用设施用地 | 10.27 | 0.70 | 0.66 |
| | 其中 | | U1 | 供应设施用地 | 6.42 | 0.44 | 0.41 |
| | | | U12 | 供电用地 | 3.41 | 0.23 | 0.22 |
| | | 其中 | U13 | 供燃气用地 | 0.11 | 0.01 | 0.01 |
| | | | U15 | 通信用地 | 2.90 | 0.20 | 0.19 |
| | | | U2 | 环境设施用地 | 1.94 | 0.13 | 0.13 |
| | | 其中 | U21 | 排水用地 | 1.22 | 0.08 | 0.08 |
| | | | U22 | 环卫用地 | 0.72 | 0.05 | 0.05 |
| | | | U3 | 安全设施用地 | 1.15 | 0.08 | 0.07 |
| | | 其中 | U31 | 消防用地 | 1.15 | 0.08 | 0.07 |
| | | | Uk | 市政预留地 | 0.76 | 0.05 | 0.05 |
| 7 | | G | | 绿地与广场用地 | 142.11 | 9.75 | 9.17 |
| | 其中 | | G1 | 公园绿地用地 | 139.89 | 9.60 | 9.03 |
| | | 其中 | G1a | 综合公园用地 | 86.50 | 5.94 | 5.58 |
| | | | G1b | 专类公园用地 | 11.50 | 0.79 | 0.74 |
| | | | G1c | 街旁绿地用地 | 41.89 | 2.87 | 2.70 |
| | | | G3 | 广场用地 | 2.22 | 0.15 | 0.14 |
| 8 | | E | | 非建设用地 | 92.23 | / | 5.95 |
| | 其中 | | E1 | 水域 | 92.23 | / | 5.95 |

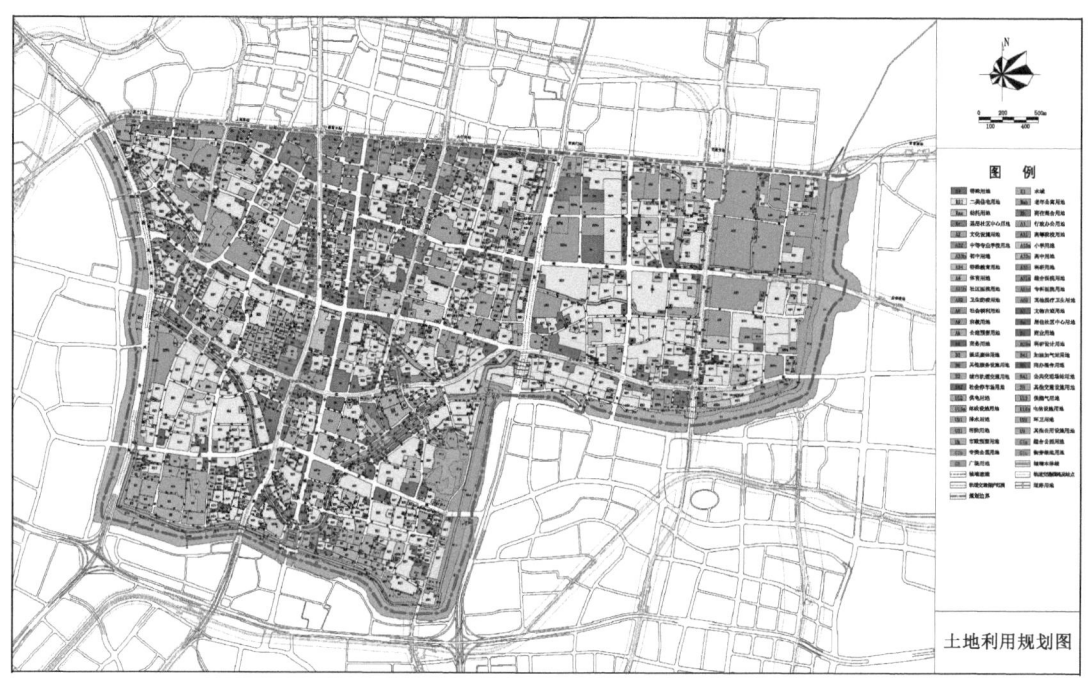

图 5-5　秦淮老城单元土地利用规划图
（资料来源：本课题组自绘）

### 2. 各类用地规划情况分析

（1）居住用地规划

规划居住总用地面积为 491.54 ha，占城市建设用地的 33.73%。其中，二类居住用地 433.22 ha，占城市建设用地的 29.73%；其他居住用地 12.45 ha，占城市建设用地的 0.85%，商住混合用地 41.01 ha，占城市建设用地的 2.81%；基层社区中心用地共 4.86 ha，占城市建设用地的 0.33%。

（2）公共管理与公共服务设施用地规划

规划公共设施用地面积 221.09 ha，占城市建设用地的 15.17%。其中，行政办公用地 20.19 ha，占城市建设用地的 1.39%；文化设施用地 18.17 ha，占城市建设用地的 1.25%；教育科研用地 149.72 ha，占城市建设用地的 10.27%；体育用地 1.00 ha，占城市建设用地的 0.07%；医疗卫生用地 21.40 ha，占城市建设用地的 1.47%；社会福利用地 0.29 ha，占城市建设用地的 0.02%；文物古迹用地 1.91 ha，占城市建设用地的 0.13%；宗教用地 2.13 ha，占城市建设用地的 0.15%；居住社区中心用地 5.77 ha，占城市建设用地的 0.40%；公建预留用地 0.51 ha，占城市建设用地的 0.04%。

（3）商业服务业设施用地规划

规划商业服务业设施用地面积 258.23 ha，占城市建设用地的 17.72%。其中，商业用地 52.16 ha，占城市建设用地的 3.58%；商务用地 52.95 ha，占城市建设用地的 3.63%；娱乐康体用地 45.95 ha，占城市建设用地的 3.15%；公用设施营业网点用地 0.61 ha，占城市建设用地的 0.04%；商办混合用地 106.22 ha，占城市建设用地的 7.29%。

(4) 道路与交通设施用地规划

规划道路与交通设施用地面积 326.43 ha，占城市建设用地的 22.40%。其中，道路用地 322.82 ha，占城市建设用地的 22.15%；城市轨道交通用地 0.36 ha，占城市建设用地的 0.02%；交通场站用地 3.18 ha，占城市建设用地的 0.22%；其他交通设施用地 0.07 ha，占城市建设用地的 0.005%。

(5) 公用设施用地规划

规划公用设施用地面积 10.27 ha，占城市建设用地的 0.70%。其中，供应设施用地 6.42 ha，占城市建设用地的 0.44%；环境设施用地 1.94 ha，占城市建设用地的 0.13%；安全设施用地 1.15 ha，占城市建设用地的 0.08%；市政预留用地 0.76 ha，占城市建设用地的 0.05%。

(6) 绿地与广场用地规划

规划绿地与广场用地面积 142.11 ha，占城市建设用地的 9.75%。其中，公园绿地 139.89 ha，占城市建设用地的 9.60%；广场用地 2.22 ha，占城市建设用地的 0.15%。

(7) 非建设用地规划

规划区内非建设用地面积 92.23 ha，主要为水域，占规划总用地的 5.95%。

### 5.2.4　保护用地规划策略

**1. 规划目标与原则**

秦淮老城单元控制性详细规划对于保护用地坚持"整体保护、应保尽保"的原则，同时力求实现"保护、利用、展示"三者的结合，充分挖掘历史文化价值，展示历史文化内涵，显露老城风韵。

**2. 保护策略**

(1) 串联结构，延续城市文脉

规划结合历史资源点的整合、绿地系统的串联、历史街巷的梳理，串联形成"两区三轴两带多点"的历史文化展示结构。其中，两区指城南历史城区、明故宫历史城区；三轴指中华路轴线、御道街轴线和中山路轴线；两带指明城墙护城河、内秦淮河；多点指明故宫、朝天宫、夫子庙、门东、门西等重要历史地段。规划通过主题旅游线路的组织、历史资源点和轴线两侧特征性绿化空间及慢行系统等结合，充分展示历史文脉。

(2) 整体保护，贯彻应保尽保

以历史保护作为规划的首要前提。将规划范围内的历史文化资源进行汇总、调研、核实，明确保护内容以及相应的保护体系，同时对上位规划及相关专项规划要求进行梳理，明确各项控制要求，确保历史文化资源得到妥善的保护。

(3) 活化利用,实现活体保护

在规划中通过对建筑风貌、尺度、环境的把握,赋予其合适的使用功能(如居住、商业零售、文化等),使历史文化资源更好地融入现代城市发展,有效地延续其价值和寿命。

3. **现状问题分析**

在当前经济高速增长、快速城市化以及社会转型等背景下,规划区历史文化资源的保护与利用的压力仍旧很大,主要存在以下几方面的问题:

(1) 展示利用不够

城内历史文化资源虽然数量多,但布局较为分散,一些独具特色的历史文化资源展示利用不足,缺少最基本的标识,使得历史文化风貌不够突出。

(2) 保护状况参差不齐

由于缺乏有效的维护管理机制,部分历史文化资源存在自然损耗严重、风貌一般等问题,没有得到妥善的保护。

(3) 缺乏现代功能的注入

历史文化资源原本的功能与现代生活之间存在矛盾,不能适应现代生活的需要,缺乏现代、积极的功能注入。

4. **总体保护框架**

保护用地主要根据历史文化资源情况进行保护修复,总体保护内容按照整体格局、历史地段、历史资源点、地下文物四方面进行整体保护(见表5-5)。针对不同保护内容提出规划控制,采取分级保护的模式,针对不同级别的保护对象提出不同的保护措施。

表5-5 南京市秦淮老城单元历史文化资源汇总表
(资料来源:本课题组整理)

| 类别 | | | 数量 |
|---|---|---|---|
| 整体格局 | 总体格局要素 | | 5 |
| | 历史街道 | 历史轴线 | 3 |
| | | 历史道路 | 10 |
| | | 历史街巷 | 94 |
| | 历史城区 | | 2 |
| | 小计 | | 114 |
| 历史地段 | 历史文化街区 | | 5 |
| | 历史风貌区(包括Ⅰ类工业遗产) | | 10+1 |
| | 一般历史地段(包括Ⅱ类、Ⅲ类工业遗产) | | 3+4 |
| | 小计 | | 23 |

续表 5-5

| 类别 | | | | 数量 |
|---|---|---|---|---|
| 历史资源点 | 文物保护单位 | 不可移动文物（文物部门主管） | 全国重点文物保护单位 | 10 |
| | | | 省级文物保护单位 | 24 |
| | | | 市级文物保护单位 | 49 |
| | | | 区级文物保护单位 | 33 |
| | 重要文物古迹 | | 尚未核定公布为文物保护单位的不可移动文物 | 178 |
| | 一般古迹 | 其他历史文化资源点（规划部门主管） | 已公布的历史建筑 | 3 |
| | | | 规划控制建筑（包括推荐历史建筑） | 156 |
| | | | 其他风貌建筑 | 38 |
| | | | 古树名木、古井 | 84 |
| | | 小计 | | 575 |
| 地下文物 | | 地下文物重点保护区 | | 6 |
| 合计 | | | | 718 |

（1）整体格局的保护

① 总体格局要素

规划区内包括 5 处总体格局要素：南唐御道、明代御道、中山路轴线、内秦淮河、明城墙与护城河（见图 5-6）。

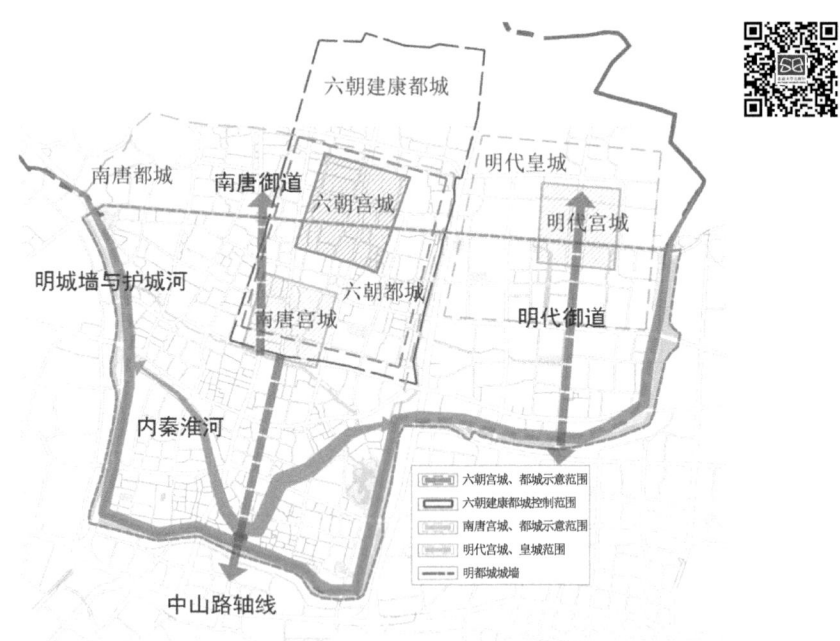

图 5-6　南京市秦淮老城单元城市格局要素分布图
（资料来源：本课题组自绘）

**南唐御道**

保持现有线形和宽度,保护并延续沿街传统建筑风貌特色。规划将沿街 30 m 纵深划定为风貌协调区,继续保护其传统风貌。

**明代御道**

保持御道街现有宽度、线型和断面形式,加强御道街两侧绿带建设,控制沿街建筑高度、体量和形式。新建建筑在高度、体量、形式上尽量强化轴线对称效果,烘托明故宫的庄严气势,与明故宫地区的整体环境相协调。

**中山路轴线**

保持三块板道路断面形式、行道树和环形广场。保护民国历史轴线沿线的民国建筑,保持沿线以公共建筑为主体的功能特色。对重要段落内严重影响民国建筑环境和整体风貌的建筑和界面,应进行必要的清理和整治,新建建筑在高度、体量、风格、色彩上与相邻民国建筑相协调。

**内秦淮河**

河道本体作为核心保护用地,两侧为建设控制地带,河道建设控制地带宽度不得少于 10 m,建设控制地带内以滨河绿地为主,建筑在形式、体量、色彩等方面应与传统建筑协调。

**明城墙与护城河**

按照"垣河一体"的保护原则和世界遗产的标准整体保护明代都城城墙与城河,城墙保护应当遵循保护为主、科学规划、合理利用、依法管理的原则,严格按照《南京市城墙保护条例》(2015 年)要求进行控制。

现存城墙及遗迹划定保护范围为:一般地段城墙保护范围由墙基两侧各向外延伸不少于 15 m,特殊地段城墙保护范围根据城墙保护规划确定;宫城、皇城保护范围根据南京明故宫遗址保护总体规划确定。建设控制地带由保护范围向外延伸不少于 50 m,在建设控制地带内建设建(构)筑物的,其高度不得超过所在地区城墙高度,其中遗址、遗迹段不超过 12 m,建设控制地带以外至 100 m 范围内不超过 18 m;体量、风格、色调、密度应当符合《南京市城墙保护条例》(2015 年)要求,与周边环境风貌相协调,并依法办理相关审批手续。宫城遗址范围内及其城墙遗址外侧 100 m 范围内,不得新建建(构)筑物。

② 历史城区

规划区内包括两处历史城区:明故宫历史城区和城南历史城区(见图 5-7)。

**明故宫历史城区**

主要指明故宫遗址及周边地区,东、北、南至明城墙、护城河,西至龙蟠中路、珠江路、黄埔路和解放路。总面积约 6.5 km²。

明故宫历史城区以全国重点文物保护单位明故宫遗址为核心,依托中山东路沿线的民国建筑,形成展现明代皇城格局、布局舒展,与钟山风景名胜区相协调的特色片区。新建建筑高度一般控制在 35 m 以下(公共建筑可以控制在 40 m 以下)。明故宫宫城遗址及周边 100 m 范围内不得新建建筑,需逐步置换用地功能,为将来明故宫遗址作为大遗址保护、整体展示预留空间。重点保护明代皇城和宫城格局以及宫城城门、护城河、坛庙、衙署等遗迹,保持明

图 5-7　南京市秦淮老城单元历史城区分布图
(资料来源:本课题组自绘)

故宫地区大气疏朗、静谧雅致的空间氛围,突显御道街轴线,强化御道街两侧绿化空间和轴线对称的布局,保持区内高绿地率的环境特色。

**城南历史城区**

主要指门东、门西及周边地区,北至秦淮河中支(运渎),东西分别至秦淮河,南至应天大街,总面积约 6.9 km²。

城南历史城区以夫子庙为核心,以秦淮河、明城墙为纽带,形成集中体现明清南京老城传统风貌的特色片区。新建建筑应以传统风貌为主,并与区内文物古迹、历史地段相协调。与传统风貌不协调的建(构)筑物应当逐步改造。应保护城南地区的街巷肌理,严禁大流量交通和大尺度道路穿越本地区;疏解升州路、建康路的机动车交通功能;强化升州路、建康路、鸣羊街、平江府路、边营的文化休闲氛围;强化中山南路、白下路、虎踞南路两侧的绿化景观;充分利用街巷系统组织单向机动车交通和非机动车、步行交通线路。

③ 历史街道

规划从历史轴线、历史道路、历史街巷三个层级体系对具有历史价值的街道进行保护控制。根据《南京老城历史街道梳理与保护对策研究》(2014.03)及现状调研情况,将规划区内的历史街道分为:历史轴线 3 条,历史道路 10 条,历史街巷 89 条(见图 5-8)。

**历史轴线**

规划区内共有历史轴线 3 条,包括中山大道(中山东路)、御道街和中华路。规划建议延续历史轴线道路的道路断面形式,保护历史轴线道路沿线的行道树,择机恢复已被改造的环形广场。保护历史轴线沿线的历史建筑,保持沿线以公共建筑为主体的功能特色。对严重

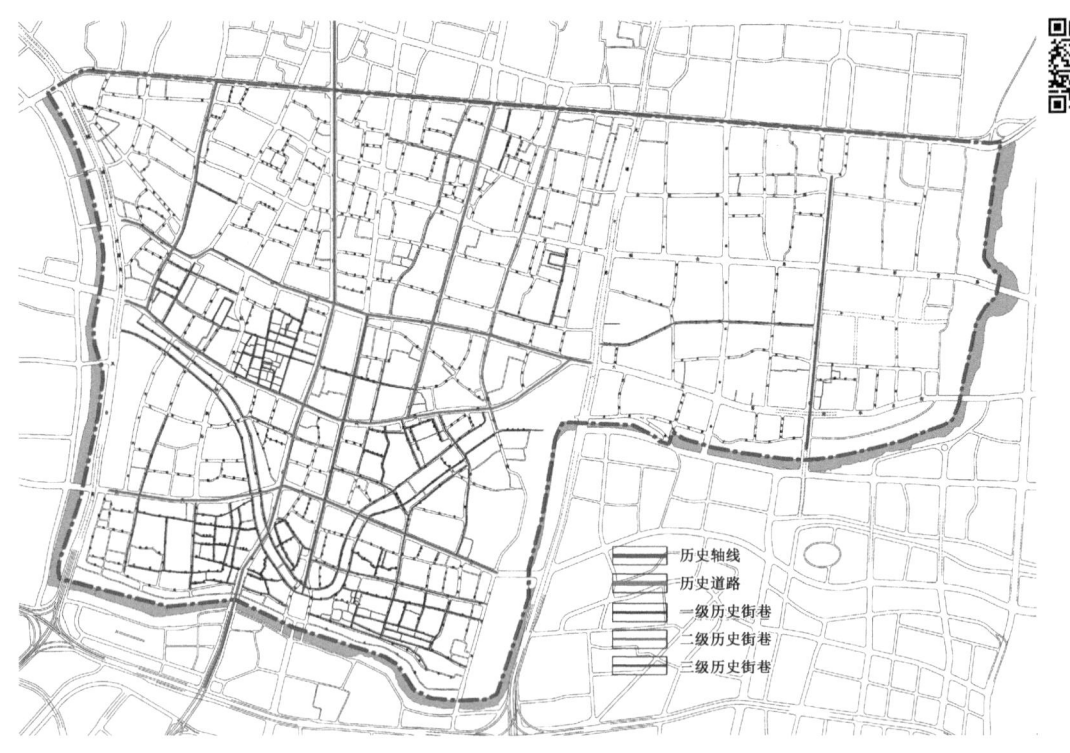

图 5-8 南京市秦淮老城单元历史街道分布图
（资料来源：本课题组自绘）

影响历史建筑环境和整体风貌的建筑和界面，应进行必要的清理和整治，确保新建建筑在高度、体量、风格、色彩上与相邻民国建筑相协调。

**历史道路**

规划区内共有历史道路 10 条，主要为保存并反映一定历史和环境风貌特色的城市主干道。规划要求道路宽度不得拓宽，保持现有断面形式；控制沿街建筑高度、体量、形式和风格与相邻民国建筑相协调，沿街不宜增加大体量的建筑和商业建筑；依托现有的文化底蕴，打造不同时期不同类型的特色风情街区；保护、延续历史道路街巷格局并保持其连续性和整体性（见表 5-6）。

表 5-6 南京市秦淮老城单元历史道路一览表
（资料来源：本课题组整理）

| 序号 | 名称 | 序号 | 名称 |
| --- | --- | --- | --- |
| 1 | 汉中路 | 6 | 中山南路 |
| 2 | 莫愁路 | 7 | 升州路 |
| 3 | 太平南路 | 8 | 建康路 |
| 4 | 建邺路 | 9 | 集庆路 |
| 5 | 白下路 | 10 | 长乐路 |

**历史街巷**

规划区内共有历史街巷 94 条,分为一级街巷、二级街巷、三级街巷,其中:

一级街巷 75 条(见表 5-17),主要指历史地段内的街巷,以及现状尺度未改变、较完整地保存历史风貌的街巷。规划应当保护街巷格局、尺度、绿化及街巷两侧建筑界面。对策为:街巷宽度不得拓宽,保持现有断面形式;严格保护街巷尺度,维持现状沿街建筑高度,控制新建建筑高度;为了突出重要历史建筑、保护其特有的建筑天际线;保护街巷特有的建筑风貌,对不符合街巷风貌特征的建筑应进行整治和改造,保证新建建筑风貌与历史建筑风貌相符合,整体塑造和展示街巷的历史风貌;保护并恢复绿化,以及街巷的围墙、路灯、地面铺装等环境要素,展现街巷历史风貌特色。

表 5-7 南京市秦淮老城单元一级历史街巷一览表
(资料来源:本课题组整理)

| 序号 | 名称 | 序号 | 名称 |
| --- | --- | --- | --- |
| 1 | 仓巷 | 23 | 饮马巷 |
| 2 | 瞻园路 | 24 | 孝顺里 |
| 3 | 冶山道院 | 25 | 水斋庵 |
| 4 | 南埔厅 | 26 | 陈家牌坊 |
| 5 | 大板巷 | 27 | 同乡共井 |
| 6 | 平章巷 | 28 | 学智坊 |
| 7 | 府西街 | 29 | 磨盘街 |
| 8 | 状元境 | 30 | 高岗里 |
| 9 | 贡院西街 | 31 | 泥马巷 |
| 10 | 金陵路 | 32 | 评事街 |
| 11 | 大全福巷 | 33 | 绒庄街 |
| 12 | 来燕路 | 34 | 走马巷 |
| 13 | 平江府路 | 35 | 南市楼 |
| 14 | 四福巷(大全福巷) | 36 | 嘉兆巷 |
| 15 | 三条营 | 37 | 程善坊 |
| 16 | 中营 | 38 | 泰仓巷 |
| 17 | 边营 | 39 | 踹布坊 |
| 18 | 殷高巷 | 40 | 陵庄巷 |
| 19 | 五福里 | 41 | 老坊巷 |
| 20 | 鸣羊里 | 42 | 千章巷 |
| 21 | 荷花塘 | 43 | 水巷 |
| 22 | 谢公祠 | 44 | 花露岗 |

续表 5-7

| 序号 | 名称 | 序号 | 名称 |
|---|---|---|---|
| 45 | 花露北岗 | 61 | 西湖里 |
| 46 | 花露南岗 | 62 | 朱雀里 |
| 47 | 鸣羊街 | 63 | 剪子巷 |
| 48 | 内秦淮河北街（生姜巷、徐家巷、玉带园、牛市、长乐街、糖坊廊、东牌楼、贡院街、桃叶渡、信府河路） | 64 | 陶家巷 |
| 49 | 内秦淮河南街（洄龙街、柳叶街、船板巷、钓鱼台、鹰福街、大油坊巷、钞库街、大石坝街、琵琶街、东关头） | 65 | 转龙巷 |
| 50 | 璇子巷 | 66 | 双塘园 |
| 51 | 大百花巷 | 67 | 上江考棚 |
| 52 | 煤灰堆 | 68 | 新民坊 |
| 53 | 小百花巷 | 69 | 仁厚里 |
| 54 | 过街楼 | 70 | 西白菜园 |
| 55 | 饮马巷 | 71 | 大辉复巷 |
| 56 | 六角井 | 72 | 大常巷 |
| 57 | 甘露巷 | 73 | 马路街 |
| 58 | 瓦匠巷 | 74 | 复成新村 |
| 59 | 堆草巷 | 75 | 五福巷 |
| 60 | 小西湖路 |  |  |

二级街巷 9 条（见表 5-8），主要指现状尺度有少量改变、整体风貌保存较好的街巷。规划对策为：街巷宽度可适当扩宽，但必须保持现有肌理和现有断面形式；控制街巷尺度，沿街建筑高度以 2~3 层为宜；新建建筑风貌与历史建筑风貌相协调，重塑街巷的历史人文特征；街巷的地面铺装、围墙、路灯等环境要素，应延续街巷历史风貌特色。

表 5-8 南京市秦淮老城单元二级历史街巷一览表
（资料来源：本课题组整理）

| 序号 | 名称 | 序号 | 名称 |
|---|---|---|---|
| 1 | 游府西街 | 6 | 教敷营 |
| 2 | 木屐巷 | 7 | 金沙井 |
| 3 | 安品街 | 8 | 延龄巷—火瓦巷—广艺街 |
| 4 | 平安巷 | 9 | 长白街 |
| 5 | 糯米巷 |  |  |

三级街巷 10 条(见表 5-9),主要指现状尺度有较大改变、整体风貌有一定遗存的街巷。规划对策为:道路走向和线形不得改变;适当控制街巷尺度,沿街建筑高度不宜超过 9 m;协调沿线建筑风貌,展现街道历史风貌特色;通过环境设计增加历史元素符号,体现街道历史感,与现代城市街道相区别。

表 5-9　南京市秦淮老城单元三级历史街巷一览表
(资料来源:本课题组整理)

| 序号 | 名称 | 序号 | 名称 |
| --- | --- | --- | --- |
| 1 | 丁家巷 | 6 | 洋珠巷 |
| 2 | 七家湾 | 7 | 五福街 |
| 3 | 旧王府 | 8 | 马道街 |
| 4 | 朱状元巷 | 9 | 凤游寺 |
| 5 | 犁头尖 | 10 | 八宝前街—八宝东街—明御河路 |

(2) 历史地段的保护

① 保护原则

保持和延续历史地段的整体格局、空间尺度和风貌特色;

保护历史地段内的各类文物古迹;

保护历史地段的相关物质环境和文化背景;

强化风貌特色,完善地段功能,提升整体品质。

② 保护等级

规划从历史文化街区、历史风貌区、一般历史地段三个层级体系对具有历史价值的地段进行保护控制,并将工业遗产按级别分别纳入上述保护体系中。

南京市秦淮老城单元控制性详细规划按照《南京历史文化名城保护规划》和《南京工业遗产保护规划》,确定历史文化街区 5 处,历史风貌区 11 处(含 10 处历史风貌区和 1 处工业遗产),一般历史地段 7 处(含 3 处一般历史地段和 4 处工业遗产)(见表 5-10、5-11)。

表 5-10　南京市秦淮老城单元历史地段一览表
(资料来源:本课题组整理)

| 保护类型 | 名称 | 地段面积(ha) |
| --- | --- | --- |
| 历史文化街区 | 南捕厅历史文化街区 | 3.17 |
| | 荷花塘历史文化街区 | 12.57 |
| | 三条营历史文化街区 | 4.84 |
| | 朝天宫历史文化街区 | 9.05 |
| | 夫子庙历史文化街区 | 21.14 |
| 历史风貌区 | 复成新村历史风貌区 | 1.38 |
| | 慧园里历史风貌区 | 0.94 |

续表 5-10

| 保护类型 | 名称 | 地段面积(ha) |
|---|---|---|
| | 西白菜园历史风貌区 | 0.82 |
| | 宁中里历史风貌区 | 0.54 |
| | 评事街历史风貌区 | 14.20 |
| | 内秦淮河历史风貌区 | 47.63 |
| | 花露岗历史风貌区 | 7.88 |
| | 钓鱼台历史风貌区 | 13.56 |
| | 大油坊巷历史风貌区 | 4.68 |
| | 双塘园历史风貌区 | 7.37 |
| 一般历史地段 | 大辉复巷一般历史地段 | 3.63 |
| | 抄纸巷一般历史地段 | 2.80 |
| | 申家巷一般历史地段 | 0.95 |

③ 历史文化街区

规划区内有 5 片历史文化街区，分别为：南捕厅历史文化街区、荷花塘历史文化街区、三条营历史文化街区、朝天宫历史文化街区、夫子庙历史文化街区（见图 5-9）。

图 5-9　南京市秦淮老城单元历史文化街区分布图
（资料来源：本课题组自绘）

**南捕厅**

该地区为传统民居较为集中的区域。甘熙故居为三组五进建筑,是南京保存较为完好的一处私人住宅,现有建筑基本完整。1988 年开始在此筹建南京民俗博物馆,现房屋部分保存较为完好。保护范围为北至府西街小学,西至大板巷,东至中山南路,南至原中北客运站北围墙,面积约 3.17 ha。

**门西荷花塘**

该地区是南京现存为数不多的、具有较大规模的传统街坊和明清时期建筑风格的传统民居区。保护范围东至水斋庵、磨盘街、中山南路一线,南至城墙,西至鸣羊街,北至殷高巷、荷花塘、南华汽车销售公司南边界一线,面积为 12.57 ha。

**门东三条营**

该地区位于南京老城南,中华门东,是南京现存为数不多、具有一定规模的明清时期建筑风格的传统民居区。保护范围东至双塘园(路)及现状街巷,西至规划上江考棚路,南至规划新民坊路,北至三条营及三条营古建筑(蒋寿山故居),总用地面积约 4.84 ha。

**朝天宫**

现为六朝古建筑群,保存较好,风貌较为完整。保护范围为北至冶山道院,东到王府大街,南至建邺路,西到莫愁路,面积约 9.05 ha。

**夫子庙**

该地区已形成以江南明清建筑风格为主的传统建筑群,建筑风貌较好,传统商业气氛浓郁。保护范围北至建康路,东至平江府路,南至琵琶街,西至四福巷—来燕路,总用地面积约 21.14 ha。

历史文化街区的保护应遵循保护历史真实性、风貌完整性和维护生活延续性的原则。保护范围内不得改变历史建筑物、构筑物的高度、体量、外观形象及色彩;对保护范围内的建筑进行保护和改善时,必须保证其功能、高度、尺度、体量、风格、色彩乃至建筑主要构成要素与历史环境相协调;不得改变民居型历史文化街区的主体功能和用途,其他历史文化街区应引导发展展览、文化、休闲等公共活动功能;保护更新方式宜采取小规模、渐进式,避免大拆大建。建设控制地带内的建筑高度、体量、风格应与历史文化街区整体风貌相协调。

④ 历史风貌区

规划区内有 10 片历史风貌区,分别为:复成新村历史风貌区、慧园里历史风貌区、西白菜园历史风貌区、宁中里历史风貌区、评事街历史风貌区、内秦淮河历史风貌区、花露岗历史风貌区、钓鱼台历史风貌区、大油坊巷历史风貌区、双塘园历史风貌区(见图 5-10)。

**复成新村民国住宅区**

为优秀近代建筑群体,整体环境风貌及院落保存完整。保护范围:东至马路街,西至申家巷,南侧和北侧边界以围墙和风貌肌理界定。用地面积约 1.38 ha。

**慧园里民国住宅区**

为民国时期建筑群,风貌情况较好。保护范围:东北抵王府园小区,南至慧园街,西临慧园街小学。用地面积约 0.94 ha。

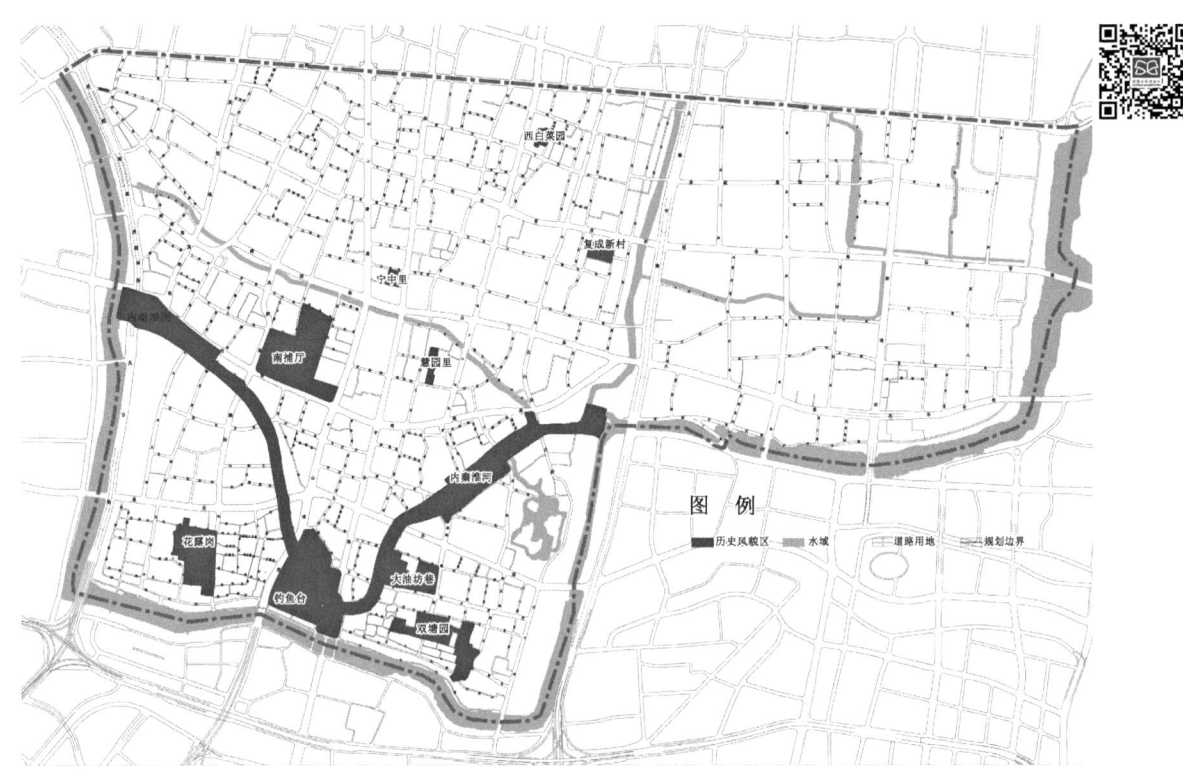

图 5-10　南京市秦淮老城单元历史风貌区分布图
（资料来源：本课题组自绘）

**西白菜园民国住宅区**

为民国时期建筑群，风貌情况较好。保护范围：北至秦淮区人民政府，南至文昌巷幼儿园，西至宝庆大厦，东至西白菜园。用地面积约 0.82 ha。

**宁中里民国住宅区**

为民国时期建筑群，建筑肌理保持完好。保护范围：北至九条巷，南至厅后街，西至南京市三中，东至苏发大厦。用地面积约 0.54 ha。

**评事街传统住宅区**

位于城南历史城区北部，中山南路以西，升州路以北，与南捕厅历史文化街区毗邻。该地区为传统民居较为集中的地区，是南京自明清以来居住建筑由传统多进合院式逐步演进为独栋式、里弄式、现代合院式的典型代表。保护范围：北到泥马巷，东至中山南路、大板巷，南抵升州路，西至红土桥。用地面积约 14.20 ha。

**内秦淮河两岸传统住宅区**

内秦淮河两岸现状为明清时期民居，部分段落保存较为完好，主要为河厅河房形式。保护范围西起西水关，经中华门，东至东水关，以"V"形内秦淮河为轴，南北至现状道路外侧，局部地段北向或南向拓展。总长约 4 300 m，总用地面积约 47.63 ha。

**花露岗传统住宅区**

该地区位于中华门以西，现存大量的传统建筑。传统街区、街巷格局保存较好。保护范围北至花露北岗,东至鸣羊街,南至花露南岗,西至花露岗。总面积 7.88 ha。

**钓鱼台传统住宅区**

该地区现存大量的传统建筑,为明清民居形式。传统街区、街巷格局保存较好。保护范围位于中华门以西,北至璇子巷,南至西干长巷,西至中山南路,东至中华门。用地面积约 13.56 ha。

**大油坊巷传统住宅区**

该地区现存大量的传统建筑,为明清民居形式。传统街区、街巷格局保存较好。保护范围北到小油坊巷、小西湖小学,东至箍桶巷,南抵马道街,西至大油坊巷。用地面积约 4.68 ha。

**双塘园传统住宅区**

该地区现存大量的传统建筑,位于门东三条营传统住宅区的北侧,保护面积约 7.37 ha。

⑤ 一般历史地段

规划区内有 3 片一般历史地段,分别为:大辉复巷、抄纸巷、申家巷(见图 5-11)。

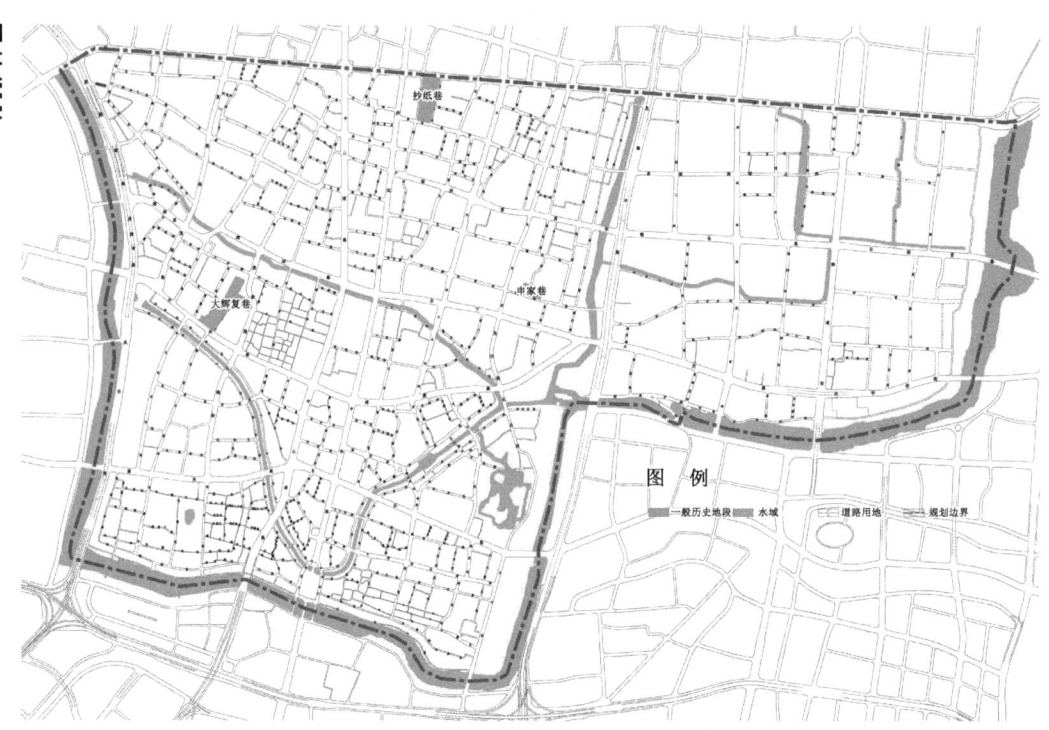

图 5-11 南京市秦淮老城单元一般历史地段分布图
(资料来源:本课题组自绘)

**大辉复巷历史地段**

传统民居较为集中,但风貌一般,建筑肌理保持尚可,建筑质量较差。保护范围:北至大辉复巷、小辉复巷,西至南京二十八中,南至升州路,东至红土桥、糯米巷。用地面积约 3.63 ha。

**抄纸巷历史地段**

为优秀近代建筑群体,整体环境风貌及院落保存完整。保护范围:北到中山东路,东抵西祠堂巷,南至游府西街,西到抄纸巷。用地面积约 2.80 ha。

**申家巷历史地段**

为优秀近代建筑群体,整体环境风貌及院落保存完整。保护范围:北以风貌肌理为界,东抵四五四医院,南至马府街,西到多层住宅。用地面积约 0.95 ha。

一般历史地段由规划行政主管部门纳入城市规划管理信息系统进行规划控制,可以采用多元方式对特定历史文化要素进行保护与更新。保护一般历史地段的历史格局和风貌;新建建筑要延续传统风貌,建筑高度原则上控制在 4 层以下。确需进行拆除或改造的,需经规划及相关行政主管部门审批后方可进行。

⑥ 工业遗产

南京的工业遗产是指鸦片战争以来,各历史阶段工业建设所留下的具有历史学、社会学、建筑学和科技、审美价值的工业文化遗存,包括建筑物、工厂车间、磨坊、矿山和相关设备,相关加工冶炼场地、仓库、店铺、能源生产和传输及使用场所、交通设施、工业生产相关的社会活动场所,以及工艺流程、数据记录、企业档案等物质与非物质文化遗产。

规划区内现有工业遗产 5 处,其中Ⅰ类工业遗产 1 处:南京第二机床厂;Ⅱ类工业遗产 1 处:南京工艺装备厂;Ⅲ类工业遗产 3 处:南京太平瓷件厂、南京印染厂、南京第一棉纺织厂。规划将Ⅰ类工业遗产纳入历史风貌区进行保护控制,将Ⅱ类、Ⅲ类工业遗产纳入一般历史地段进行保护控制(见表 5-11 及图 5-12)。

表 5-11 南京市秦淮老城单元工业遗产一览表
(资料来源:本课题组整理)

| 保护类型 | 工业遗产级别 | 单位名称 | 行业门类 | 保护状况 | 保护措施引导 |
|---|---|---|---|---|---|
| 历史风貌区 | Ⅰ类 | 南京第二机床厂 | 机械 | 原址为 1896 年(光绪二十二年)两江总督设立的江南铸造银元制钱总局。历史建筑 3 处 | 重点保护整体格局和传统风貌延续。保护更新方式宜采取小规模、渐进式,不得大拆大建。注重工业遗产记忆的保护 |
| 一般历史地段 | Ⅱ类 | 南京工艺装备制造公司 | 机械 | 尚未核定公布为文物保护单位的不可移动文物 3 处,历史建筑 6 处,规划控制建筑 3 处 | 保护历史格局和风貌;新建建筑要延续传统风貌。注重工业遗产记忆的保护。 |
| | Ⅲ类 | 南京太平瓷件厂 | 电子 | 规划控制建筑 3 处 | |
| | | 南京印染厂 | 纺织工业 | 尚未核定公布为文物保护单位的不可移动文物 1 处,瓦官寺遗址,规划控制建筑 2 处 | |
| | | 南京第一棉纺织厂 | 纺织工业 | 规划控制建筑 1 处 | |

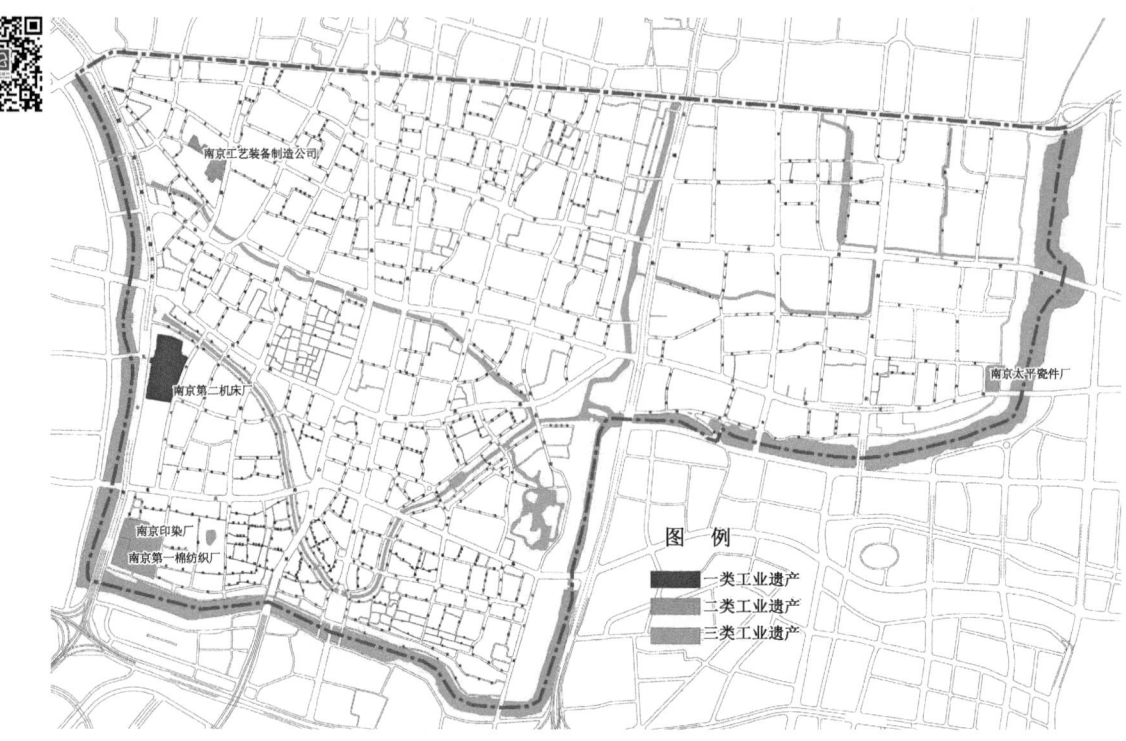

图 5-12　南京市秦淮老城单元工业遗产分布图
（资料来源：本课题组自绘）

工业遗产保护区内的建筑物以及构筑物等的保护与控制要求参照《南京工业遗产保护规划》。工业遗存地块，应结合周边地区整体开发，逐步更新改造原有的工业用地，将历史文化资源注入现代功能，实现保护与利用的良性循环。针对产业建筑，可根据建筑的历史价值和保存状况，进行适当的改造、出新，使之满足新的使用需求。在开发建设方面，应采取"整体保护、有机更新"的方针。通过整体环境整治，将历史文化资源保护和公共空间环境的改善结合起来，将历史文化资源展示给社会公众。

（3）历史资源点的保护

① 保护体系

规划区内历史文化资源丰富，包括不可移动文物（文物部门主管）和其他历史文化资源点（规划部门主管）两大类。其中，不可移动文物包括各级文物保护单位和尚未核定公布为文物保护单位的不可移动文物；其他历史文化资源点包括已公布的历史建筑、规划控制建筑（包括推荐历史建筑）、其他风貌建筑和古树名木、古井。本次规划新增了历史地段（历史文化街区、历史风貌区、一般历史地段）相关保护规划中的拟推荐历史建筑，并将其纳入到规划控制建筑级别加以保护。

本次规划通过对所有历史文化资源点的梳理，针对不同级别提出相应的保护要求及规划措施（见表 5-12）。

表 5-12 历史文化资源点类别与保护措施
（资料来源：本课题组整理）

| 历史文化资源类别 | | 规划保护措施与工作思路 |
| --- | --- | --- |
| 不可移动文物 | 全国重点文物保护单位 | 为法定保护的历史文化资源，严格按照《中华人民共和国文物保护法》(2015)要求进行保护，落实紫线规划内容，表达三条线（实体线、保护线、控制线） |
| | 省级文物保护单位 | |
| | 市级文物保护单位 | |
| | 区级文物保护单位 | 本次规划要求该类文物建筑实体不得灭失，紫线按照建筑实体线进行严格保护控制，在图则中明确相应的保护控制要求，不得擅自拆除改造 |
| | 尚未核定公布为文物保护单位的不可移动文物 | |
| 其他历史文化资源点 | 已公布的历史建筑 | 严格按照《南京市重要近现代建筑及近现代建筑风貌区保护条例》要求进行保护，表达两条线（实体线、保护线） |
| | 规划控制建筑（包括推荐历史建筑） | 为登录保护对象，应保护和延续其历史风貌，建筑实体不得灭失，原则上应进行原址保护，保护方式以修缮为主，需要调整保护措施的，应按程序报审 |
| | 其他风貌建筑 | 为规划控制对象，一般不得灭失，在规划管理过程中，可根据实际情况采取保留、局部保留和迁建等方式进行保护，难以采取保留措施进行保护的，应按程序报审 |
| | 古树名木、古井 | 园林绿化行政主管部门对古树名木应进行普查登记、拍照编号、立档建库，并定期公布。对古树名木分级，并给予针对性保护 |

② 不可移动文物

本次规划的不可移动文物是指各级文物保护单位和尚未核定公布为文物保护单位的不可移动文物（见图 5-13）。

**文物保护单位**

南京市秦淮老城单元规划范围内，包括全国重点文物保护单位 10 处，省级文物保护单位 24 处，市级文物保护单位 49 处，区级文物保护单位 33 处，总计 116 处。其中，2011 年江苏省第七批省级文物保护单位公布，规划区新增 5 处；2012 年南京市第四批市级文物保护单位公布，规划区新增 10 处；2013 年，第七批全国重点文物保护单位公布，规划区新增 2 处。

文物保护单位必须按《中华人民共和国文物保护法》和《中华人民共和国文物保护法实施条例》进行原址保护。只有在发生不可抗拒的自然灾害或因国家重大建设工程的需要，使迁移保护成为唯一有效的手段时，才可以原状迁移，易地保护。易地保护要依法报批，在获得批准后方可实施。严格保护文物保护单位的真实性。建筑内部、外部都要保护，必须划定保护范围和建设控制地带。建筑的主体功能原则上不得改变。建筑保护整治方式以修缮为主。

**尚未核定公布为文物保护单位的不可移动文物**

本规划的尚未核定公布为文物保护单位的不可移动文物，包括文物局网站公布的"不可

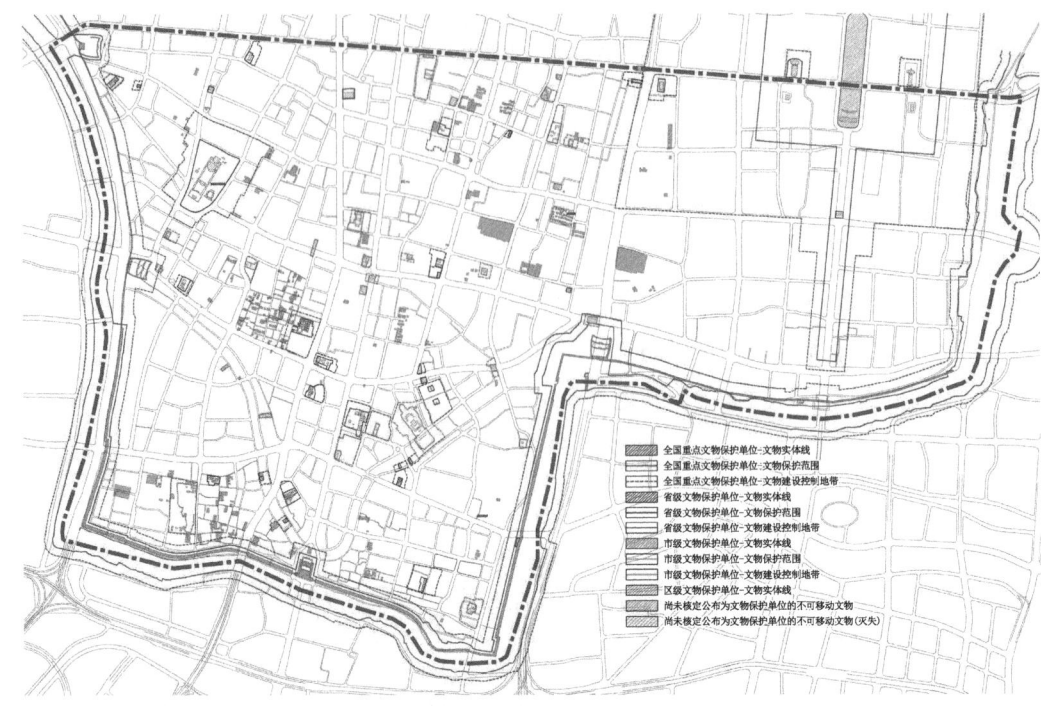

图 5-13 南京市秦淮老城单元不可移动文物分布图
（资料来源：本课题组自绘）

移动文物"和三普新发现。规划区内含有 178 处尚未核定公布为文物保护单位的不可移动文物，包括文物局网站公布的"不可移动文物"172 处和三普新发现 6 处。

依照《中华人民共和国文物保护法》等相关法律法规要求，贯彻"保护为主、抢救第一、合理利用、加强管理"的工作方针，采取切实措施做好不可移动文物的保护、管理和合理利用工作。规划要求该类文物建筑实体不得灭失，紫线按照建筑实体线进行严格保护控制，在图则中明确相应的保护控制要求，不得擅自拆除改造。有位于规划路幅内的新资源，要征求文物部门的意见，按照文物管理相关规定，履行相关程序。确需调整保护措施的，需征求文物部门的意见，请文物部门另行研究确定具体保护措施。对已获规划许可但暂未建设的项目，如涉及尚未核定公布为文物保护单位的不可移动文物，具体方案需征求文物部门的意见，请文物部门另行研究。

③ 其他历史文化资源点

**已公布的历史建筑**

依据《南京重要近现代建筑及近现代建筑风貌区保护名录》，规划区内有 35 处。其中，1 处（金陵刻经处）升级为全国重点文物保护单位，9 处升级为省级文物保护单位，12 处升级为市级文物保护单位，3 处升级为区级文物保护单位，7 处升级为尚未核定公布为文物保护单位的不可移动文物，原南京古物保存库、原金九寓所、原姚文采寓所暂未定级（见图 5-14）。

规划按照《南京市重要近现代建筑和近现代建筑风貌区保护条例》的要求，进行实体线和保护线两个层次的保护。要求对其实行"建档、挂牌、公布名录"等措施，保护建筑外观不

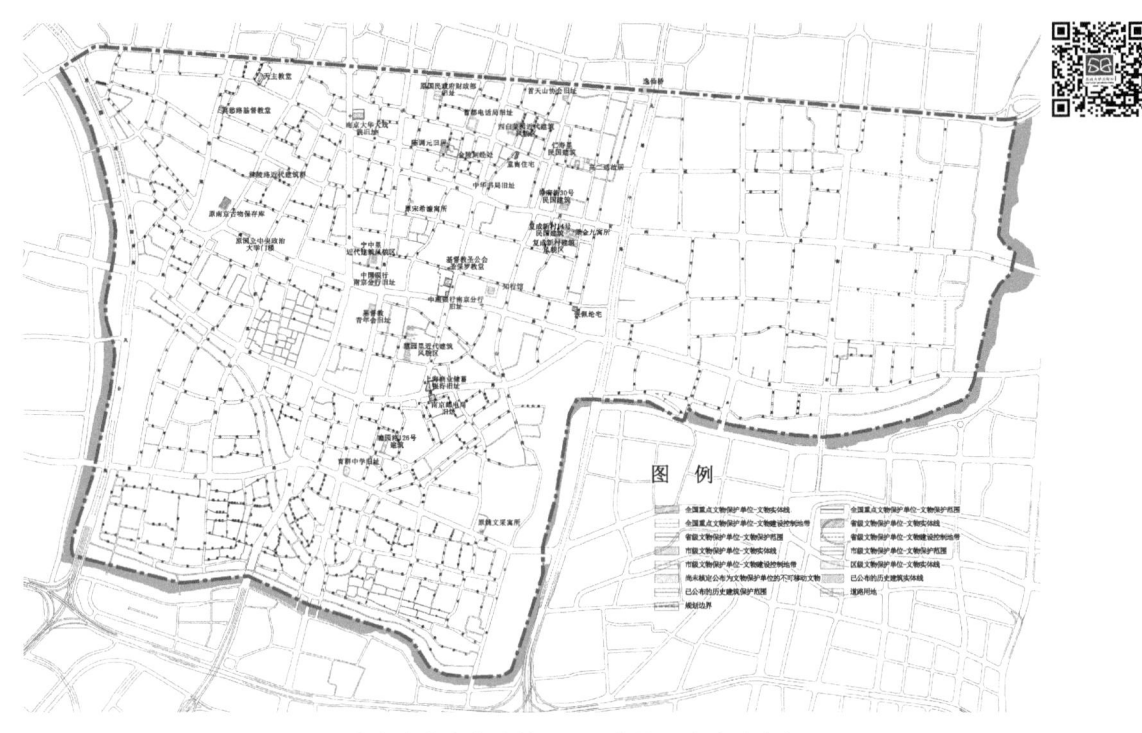

图 5-14 南京市秦淮老城单元已公布的历史建筑分布图
（资料来源：本课题组自绘）

得改变，建筑内部根据需要可以进行更新。

**规划控制建筑**

规划控制建筑（包括推荐历史建筑）涵盖历史文化资源普查库中 75 分以上的资源点和历史地段（历史文化街区、历史风貌区、一般历史地段）相关保护规划中的拟推荐历史建筑。规划区内共有 156 处规划控制建筑，其中 12 处为历史文化资源普查库中 75 分以上的资源点，144 处为拟推荐历史建筑。

规划控制建筑为登录保护对象，不得随意拆除，原则上应进行完整的原地保护，并按实体线划定紫线。规划控制建筑的保护参照《南京市重要近现代建筑风貌保护条例》(2006) 和《南京市历史文化名城保护条例》(2010) 等进行，并采取建档、公布名录等措施。保护措施中还可以划定保护范围，并可以进行功能置换，保护整治方式以修缮为主。如需调整保护措施，应按程序报审（见图 5-15）。

**其他风貌建筑**

规划范围内，其他风貌建筑共 38 处（见图 5-16），为市规划局历史文化资源普查库中 50~75 分之间（含 50 分）的历史文化资源。其他风貌建筑为规划控制对象，参照《南京市历史文化名城保护条例》进行保护，建立档案并纳入规管系统。保护要求为：一般不得灭失，应保留其特色要素，保护整治方式可采用保留、局部保留和迁建。难以采取保留措施进行保护的，应按程序报审。

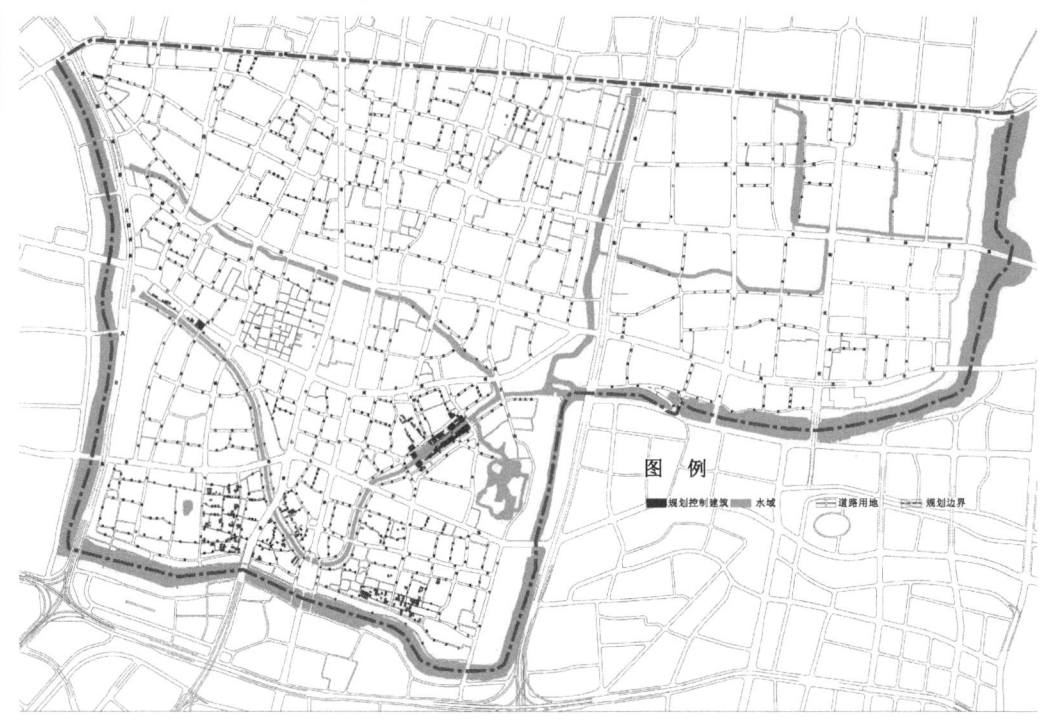

图 5-15 南京市秦淮老城单元规划控制建筑分布图
(资料来源:本课题组自绘)

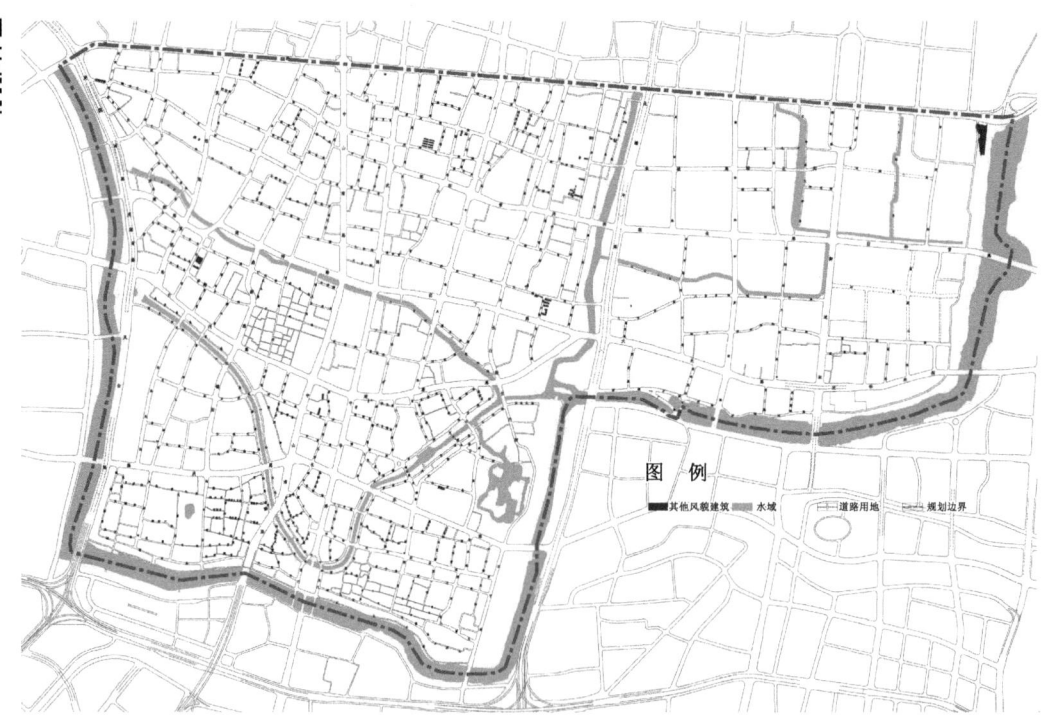

图 5-16 南京市秦淮老城单元其他风貌建筑分布图
(资料来源:本课题组自绘)

**古树名木**

古树：指树龄一百年以上的树木；名木：指稀有、珍贵树木，以及具有历史文化价值、纪念意义及重要科研价值的树木。规划区内共有古树名木84棵（见图5-17）。

依据《南京市古树名木保护和管理办法》，古树名木应由园林绿化行政主管部门会同规划行政主管部门，划定保护范围。保护范围不小于树冠垂直投影外5 m。在保护范围内禁止堆放物料、挖坑取土、兴建设施、埋设管线、动用明火、排放烟气以及倾倒有毒有害物品。园林绿化行政主管部门应对古树名木进行普查登记、拍照编号、立档建库，并定期公布；应对古树名木分级，并给予针对性保护。

图5-17 南京市秦淮老城单元古树名木分布图
（资料来源：本课题组自绘）

(4) 地下文物重点保护区的保护

规划区内有6片地下文物重点保护区，分别为：六朝宫城及御道遗址区、西州城、东府城、南唐宫城及御道遗址区、明代宫城及御道遗址区、内秦淮河两岸十朝遗存区（见表5-13、图5-18）。

地下文物重点保护区保护要求：

① 依法事先考古

地下文物重点保护区内的国有土地使用权公开出让前，土地行政主管部门应当委托文物行政主管部门进行考古调查、勘探。发现重要遗址遗存的，应当取消土地出让计划或调整土地出让范围。

表 5-13　南京市秦淮老城单元地下文物重点保护区一览表
（资料来源：本课题组整理）

| 序号 | 名称 | 规划区内面积(ha) |
| --- | --- | --- |
| 1 | 六朝宫城及御道遗址区 | 176.91 |
| 2 | 西州城 | 26.81 |
| 3 | 东府城 | 16.03 |
| 4 | 南唐宫城及御道遗址区 | 145.40 |
| 5 | 明代宫城及御道遗址区 | 264.33 |
| 6 | 内秦淮河两岸十朝遗存区 | 268.05 |

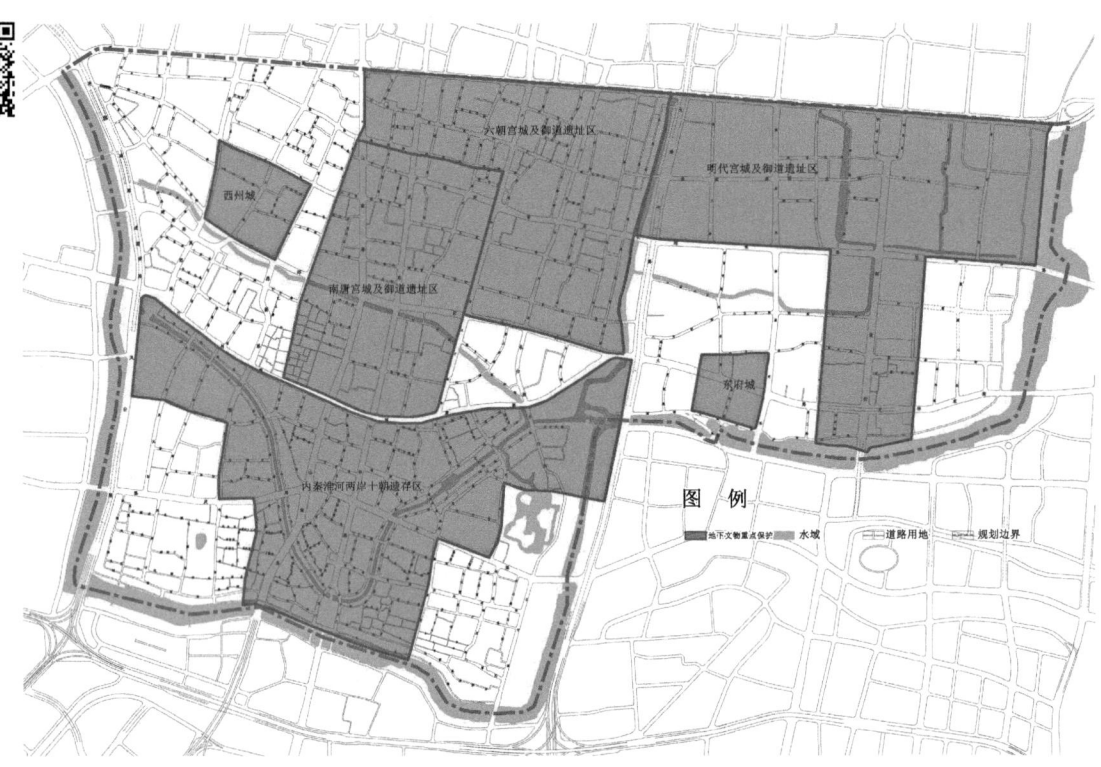

图 5-18　南京市秦淮老城单元地下文物重点保护区分布图
（资料来源：本课题组自绘）

对于地下文物重点保护区以及位于其外但占地面积 50 000 m² 以上的建设项目，开工前，建设单位应当向文物行政主管部门申请进行考古调查、勘探。发现重要遗址遗存的，文物行政主管部门应当出具书面意见并告知城乡规划行政主管部门；确需变更规划设计方案的，城乡规划行政主管部门应当告知建设单位。对重大考古发现，必须原址保护并尽可能融入城市公共空间系统中。

② 加强勘探考察

文物部门应从"保护为主、抢救第一"的原则出发，加强对重要遗址区以及其他重要地下文物埋藏区的文物勘探和科学考察工作,变被动为主动,制定文物勘探考察长远规划和年度推进计划,逐步探明南京市重要地下遗存分布情况,为进一步科学保护和展示利用奠定基础。

在地下文物重点保护区内的建设工程,按照《南京市地下文物保护条例》的要求,在取得建设项目选址意见书后,必须经过考古调查勘探,方可取得建设工程规划许可证。

(5) 历史文化资源展示与利用

秦淮老城单元控规提出对秦淮区老城范围内历史资源采取"整合资源、利用遗存、展示历史"的保护思路。结合历史资源点的整合、绿地系统的串联、历史街巷的梳理,串联形成"两区三轴两带多点"的历史文化展示结构。两区:城南历史城区、明故宫历史城区;三轴:中华路轴线、御道街轴线和中山路轴线;两带:明城墙护城河、内秦淮河;多点:明故宫、朝天宫、夫子庙、门东、门西等重要历史地段。

① 历史文化资源展示

**整治资源点周边环境,显露历史**

秦淮老城单元有许多历史文化资源位于城市待改造地块中,周边违章搭建多、环境脏乱差,对历史资源本体安全造成威胁。规划整治历史文化资源点周边环境,使历史资源得以充分展示。

首先,重点打通秦淮河—护城河—明城墙绿环,逐步实施外秦淮河绿带建设,疏通河道,改硬质垂直堤岸为人性化亲水堤岸;尽可能开辟滨河绿地,建设游园绿地,增强亲水性;进行明城墙、护城河沿线的环境整治,形成宽度在 50～100 m 不等的绿带;在沿城墙绿带中开辟步行游览路径,加强游览路径的可达性,充分展现完整贯通的明城墙绿环。

其次,结合人流集散地展示资源。规划片区内历史资源丰富,规划注重结合地块更新,充分利用并展示历史遗存。针对规划用地类别,可展示的历史遗存主要分布在绿地广场等休闲空间、人流集散密集的商业空间、轨道交通站点周边集散场地等,可在相应空间的适合位置设置展示点。

第三,结合主要干道和传统街巷选择展示点。设置地区历史标识牌和指引牌,叙述本地段的历史沿革,指示周边历史建筑方位。尤其是重要的道路——中山东路、中山南路、建康路、太平南路等,应结合绿地空间,建设展示系统;针对历史街巷,应优化街巷景观环境,结合街头巷尾及街巷围墙,设置雕塑、小品、浮雕等。

第四,整治资源点周边环境。拆除历史文化街区、历史风貌区、历史地段内历史建筑周边的违章搭建,展现历史风貌;结合地块改造和道路拓宽,拆除破旧建筑,设置有利于展示资源风貌的开敞空间;改实体围墙为透空围墙,打通历史资源面向公共空间的视线通道,使历史文化资源得以充分显露,突出本地区浓郁的历史文化氛围。

**建立历史资源标识系统,解读历史**

规划在城市主要干道、历史街巷边或城市重要的公共空间内设置展示点,设置指引牌和地区历史标识牌,指示资源方位,充分展现一个地段的历史变迁。

另外,将城市重要的公共空间和历史建筑集中地区开辟为历史建筑重点展示区,在展示区内设置介绍南京历史变迁的说明牌、历史建筑分布图、历史文化旅游线路展示牌等,充分展现和叙述南京城的历史变迁和文化魅力。

**设立博物馆、展览馆、纪念馆,描绘历史**

规划将有特殊历史意义和艺术、技术价值的资源点,开辟成博物馆、展览馆、纪念馆,或有展览空间的小型公共建筑,包括南京民俗博物馆(甘熙故居)、南京市博物馆、金陵刻经处、李鸿章祠堂、科举博物馆等,赋予资源点一定使用功能,充分展示历史风貌。

② 历史文化资源利用

充分利用历史资源,借鉴国内外城市的成功经验,对历史文化资源实施活体保护。在加强保护的同时,融入现代城市功能,以适应现代城市生活方式的需要。

**对于指定保护对象的利用**

根据历史文化名城保护规划的要求,作为指定保护的历史资源,应在注重其真实性和完整性的同时,遵循"合理利用、永续利用"的原则。不得改变文物主体及其功能,而应维持其原有功能,同时注重整合其周边环境,拆除违章搭建。国有产权的文物,应尽可能向社会开放,建立参观游览场所。针对规划地段内现存的使馆类建筑,建议转为国有产权,并鼓励对外开放。

**对于登录保护对象的利用**

对列入登录保护与规划控制的历史文化资源,在按照相关法规进行规划保护的基础上,应加强多元化利用。可以对其外观和内部进行适当改造。主要利用方式包括:文化展示功能(如各类博物馆、纪念馆等)、文化产业功能(如文化创意产业、文化休闲功能等)、文化设施功能(如区、街道和社区文化设施等)、文化旅游功能(如特色旅游饭店等)。

**对于规划控制对象的利用**

对于规划控制的对象,鼓励多元化利用。可以进行局部改造,但仍需保留建筑的主要历史要素。在延续历史信息的同时,实现功能的更新和升级。

③ 历史文化资源整合

针对大量历史性建筑处于"养在深闺无人识"的状态,规划结合绿地系统、慢行系统等线状要素,打造秦淮区老城文化线路。通过文化主体线路串联整合文化地景,形成整体展现片区独特风貌特色的城市历史文化线路。同时,串联、整合零散的历史文化资源,实现资源的有效整合和利用。

### 5.2.5 保留用地及发展用地规划策略

**1. 民生类——居住区及配套设施规划**

(1) 居住用地规划

① 居住用地规划

规划居住总用地面积为 491.54 ha,占城市建设用地的 33.73%,比现状减少 76.2 ha。

其中,二类居住用地 433.22 ha,其他居住用地 12.45 ha,商住混合用地 41.01 ha,基层社区中心用地共 4.86 ha。相较于现状,住宅用地减少约 83.27 ha,而其他居住用地和基层社区中心用地得到相应的增加,约 7.07 ha(见图 5-19)。

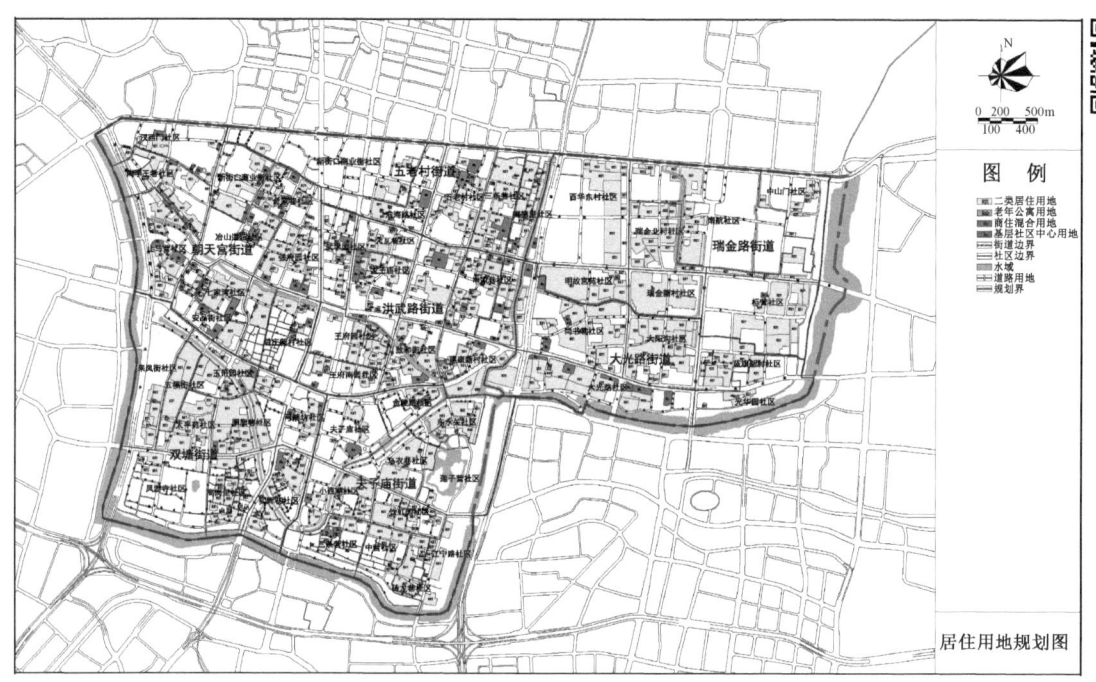

图 5-19　秦淮老城单元居住用地规划图
(资料来源:本课题组自绘)

② 居住用地发展策略

规划结合南京老城更新建设,以改善老城居住结构和条件为目标进行居住用地规划。改造置换原有三类居住用地;更新、改善 1990 年代以前建设的住宅小区整体环境,适当增加小区绿地、综合协调停车问题、提高服务管理水平等。在可能的情况下,对现有老旧住宅进行改造,改善住宅平面功能和空间形式。通过整合居住用地,改善居住条件,提升居住品质。

(2) 规划人口测算

规划依据疏散老城人口的要求,综合考虑人口增加因素(待改造地块转换为居住功能)及人口减少因素(危旧房改造、家庭分户、历史文保地区整体控制、养老方式改变等),采用人口增减推算法推算规划区人口规模(见图 5-20)。

**现状人口**:主要参照各街道提供的现状常住人口数据,共计 56.18 万人。

**疏散人口**:经统计,本轮减少的现状居住建筑面积约 1 305 300 $m^2$,按照秦淮单元户均面积 80.83 $m^2$ 以及户均人口为 2.7 的数据,测算出对应的疏散人口数为 4.36 万人。

**新增的居住用地核定人口**:本轮规划以疏散老城人口为前提,规划后新增居住建筑面积约 914 800 $m^2$(主要为已审批用地中的居住用地)。按照户均面积 100.00 $m^2$、户均人口 2.7 的要求,测算出新增人口数为 2.47 万人。

综合上述测算方案,规划区规划人口为54.29万人,疏散人口1.89万人。

图 5-20 秦淮老城单元规划人口分布图
(资料来源:本课题组自绘)

(3)社区组织优化

本次规划在现有的街道办事处和社区居委会基础上提出优化调整方案。按照规模适中、服务便利、分配合理的原则,结合未来城市空间组织,逐步形成更加清晰、明确、便于管理的居住社区(街道级)和基层社区(社区级)二级结构,实现空间资源配置的最优化。

规划区属秦淮区管辖,范围内包括居住社区(街道)7个、下设基层社区中心(居委会)59个,分别配套建设居住社区中心和基层社区中心。具体规划如下:

① 朝天宫街道:

下辖11个基层社区中心(居委会),分别为冶山道院社区、七家湾社区、俞家巷社区、陶李王巷社区、评事街社区、绒庄新村社区、安品街社区、秣陵路社区、汉西门社区、止马营社区、张府园社区。规划安排人口约9.24万人。

② 五老村街道:

下辖5个基层社区中心(居委会),分别为五老村社区、三条巷社区、新街口社区、淮海路社区、树德里社区。规划安排人口约6.65万人。

③ 洪武路街道:

下辖10个基层社区中心(居委会),分别为火瓦巷社区、建康新村社区、龙王庙社区、马府街社区、棉鞋营社区、申家巷社区、王府南园社区、王府园社区、武学园社区、致和街社区。规划安排居住人口约 9.71 万人。

④ 瑞金路街道：

下辖 7 个基层社区中心（居委会），分别为瑞金北村社区、明故宫苑社区、中山门社区、西华东村社区、瑞金新村社区、标营社区、南航社区。规划安排居住人口约 7.59 万人。

⑤ 大光路街道：

下辖 5 个基层社区中心（居委会），分别为尚书巷社区、大阳沟社区、大光路社区、蓝旗新村社区、光华园社区。规划安排居住人口约 6.24 万人。

⑥ 双塘街道：

下辖 10 个基层社区中心（居委会），分别为五福街社区、太平苑社区、实辉巷社区、磨盘街社区、高岗里社区、胭脂巷社区、玉带园社区、来凤街社区、弓箭坊社区、凤游寺社区。规划安排居住人口约 8.14 万人。

⑦ 夫子庙街道：

下辖 11 个基层社区中心（居委会），分别为东水关社区、夫子庙社区、饮虹园社区、转龙巷社区、江宁路社区、中营社区、乌衣巷社区、三条营社区、莲子营社区、金陵路社区、小西湖社区。规划安排居住人口约 6.72 万人。

(4) 社区公共服务设施配套

① 规划目标

基于发展基本公共服务的要求，遵循公益性设施优先、集约节约用地、复合利用空间、因地制宜、合理布局的原则，进行公共设施配套规划。通过对公益性公共设施实施强制配套，对经营性设施实施建设引导，逐步实现居民步行 5 分钟得到最基本的社区服务，步行 10 分钟得到相对全面的社区服务的规划目标。

针对南京老城的特殊性，在进行已建成区的更新改造时，应结合人口情况和实际需求，在既有设施基础上进行优化完善。鼓励功能混合、提高使用效率，保证设施配套的服务水平。对设施的布局形式不做硬性要求。

② 居住社区级公共设施配建标准

本次规划充分考虑规划实施与行政管理的空间对应关系，按照实际管理单元，结合社区组织优化方案，按居住社区级、基层社区级两个级别进行公共设施配建。规划借鉴国外社区服务和管理的理论，参照国内社区组织的实践经验。同时，以南京市及其他有关法律、法规及强制性标准为规定，根据南京老城的实际情况，提出下列标准具体的配建规划：

**服务范围：**

根据规划人口 54.29 万人测算，未来街道的平均居住人口规模约为 7.76 万人。考虑到老城人口密度和人口总量较大，平均每个居住社区中心服务人口约 6～10 万人左右，服务半径约 500～800 m。

**设置准则：**

居住社区级公共设施为居民提供较为综合、全面的日常生活服务项目。居住社区中心原则上应集中布局，形成中心用地；宜设置在居住社区交通便利的中心地段或邻近公共交通站点的地段，与居住社区公园、街头绿地等共同形成边界明晰的居住社区中心。由于规划编制单元位于老城范围，用地条件紧张，规划对公共设施的布局形式不做硬性要求。采取分类配置、分散配置、协同配置的策略。

**配建内容：**

居住社区中心主要包括社区综合服务中心和社区医养结合服务中心。包括公共文化、体育、行政管理和社区服务、社区商业服务、菜市场、邮政所、机动车停车场及公厕等设施。

**基层社区级公共设施**

**服务范围：**

根据规划人口 54.29 万人测算，未来各基层社区的平均居住人口规模约为 0.92 万人。平均每个基层社区级公共设施服务人口约 0.3~1 万人，服务半径约 200~500 m。

**设置准则：**

基层社区级公共设施为居民提供最基本的日常生活服务项目。基层社区级公共设施应在交通便利的中心地段集中设置，与基层社区游园共同形成基层社区中心。但由于老城用地紧张，可适当灵活布局。采取"分类配置、分散配置、协同配置"的策略，以满足规范要求为目标。基层社区中心可采取周边居住开发单元配建形式集中形成，也可以通过独立用地控制方式形成。

**配建内容：**

主要包括社区卫生服务站、文化活动室、体育活动站/场、基层社区服务中心、社区警务室、居家养老服务站、小型商业金融服务设施等。

③ 社区公共服务设施规划策略

**a. 规划原则**

分类配置，按照不同功能设施的实际使用需求，兼顾是否需要独立占地与公益属性，将各类设施分为必须独立占地的设施、适宜独立占地的设施、可与其他用地合建的公益性设施以及可与其他用地合建的商业性设施四类，分别予以配置落实。

分散、协同配置，布局形式多样。根据老城特点，采取集中与分散相结合的方式，积极利用地块整体改造配置社区服务设施；个别用地条件紧张的社区可以考虑与相邻社区共建部分配套设施，实现协同配置。

根据不同地区实际情况因地制宜进行各项内容设置。如新街口地区的文化体育商业等设施充足，可以共享，规划时不再重复配置；重点增加与居民密切相关且紧缺的公共设施，包括基层办公用房、与健身设施结合的社区绿地、社区卫生服务中心、相关养老服务设施等。

**b. 居住社区中心**

规划居住社区中心 7 个，根据功能类别分散至 32 处进行布置，其中保留 10 处，新建 12 处，扩建 3 处，配建 7 处。规划后，居住社区中心用地总面积为 5.77 ha。

**c. 基层社区中心**

规划基层社区中心59处,根据功能类别共分散至89个地块进行配置。这89个地块中,保留33处,扩建2处,配建6处,新建独立地块34处,新建配建14处。规划后,基层社区中心用地总面积为4.86 ha。

(5) 基础教育设施规划

① 规划原则

规划涉及学前教育、九年义务教育和高中教育。其中,九年义务教育作为重点内容,主要保证小学、初中用地,兼顾高中用地;对幼儿园用地采取公办与市场化运作相结合的方式。

原则上按照中学不超过1 000 m、小学500~1 000 m、幼儿园不超过300 m的服务半径为原则进行合理布局。

考虑老城内学校通过疏散人口减少生源的情况,逐步满足生均用地标准。

② 规模测算

通过用地梳理,适度增加了基础教育设施用地。规划后,基础教育设施用地占城市建设用地的比例由现状的3.71%增加到4.64%;中小学及幼儿园的办学条件得到一定改善,现有教育资源得到更有效的利用。

③ 幼儿园规划

按照服务半径不超过300 m的原则(见图5-21),对规划区内现有幼儿园的服务半径进行校核,对配套不足地区进行合理配建。本次规划幼儿园共46所,其中维持现状26所,规划扩建3所,规划异地新建5所,新增12所,规划占地面积11.64 ha(见图5-22)。

图5-21 秦淮老城单元规划幼儿园300 m服务半径分析图
(资料来源:本课题组自绘)

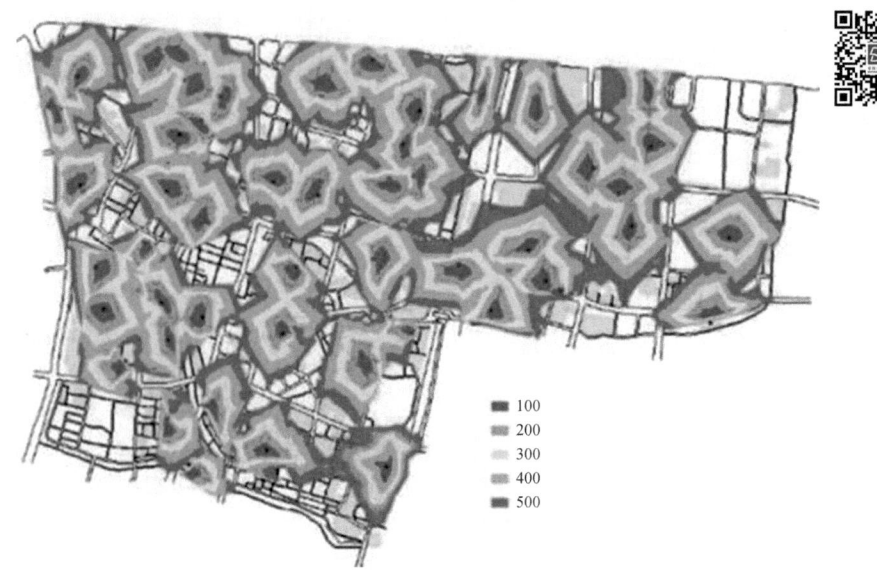

图 5-22　秦淮老城单元基于路径距离划分服务区的规划幼儿园服务半径分析
(资料来源:本课题组自绘)

④ 小学规划

按照 500~1000 m 服务半径和"规模办学"的要求(见图 5-23),对规划区内现有小学进行规划整合调整。规划原则上不新建扩建小学用地,仅对已有的上位规划和相关专项规划进行整合、落实和适当调整。

本次规划小学共 30 所,其中维持现状 13 所,扩建 12 所,异地新建 4 所,新增 1 所,占地面积 26.19 ha(见图 5-24)。

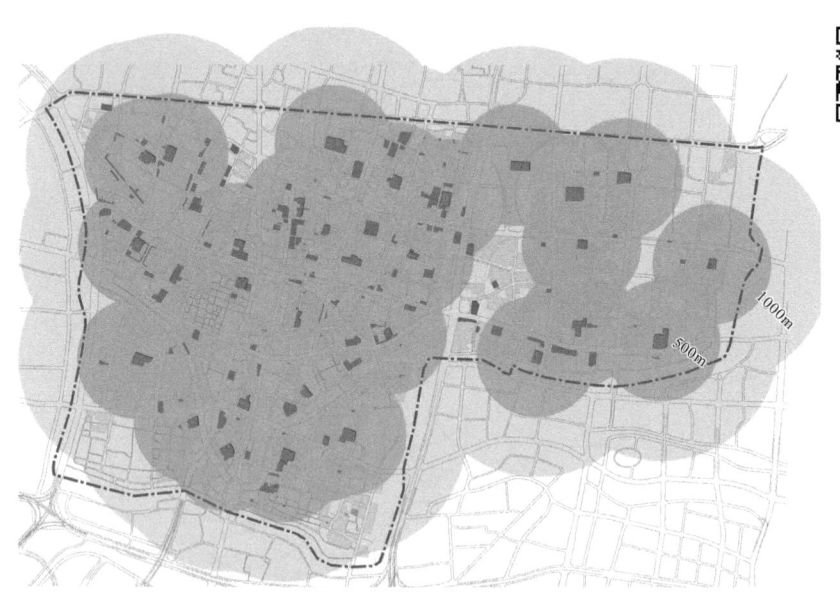

图 5-23　秦淮老城单元规划小学 500~1000 m 服务半径分析图
(资料来源:本课题组自绘)

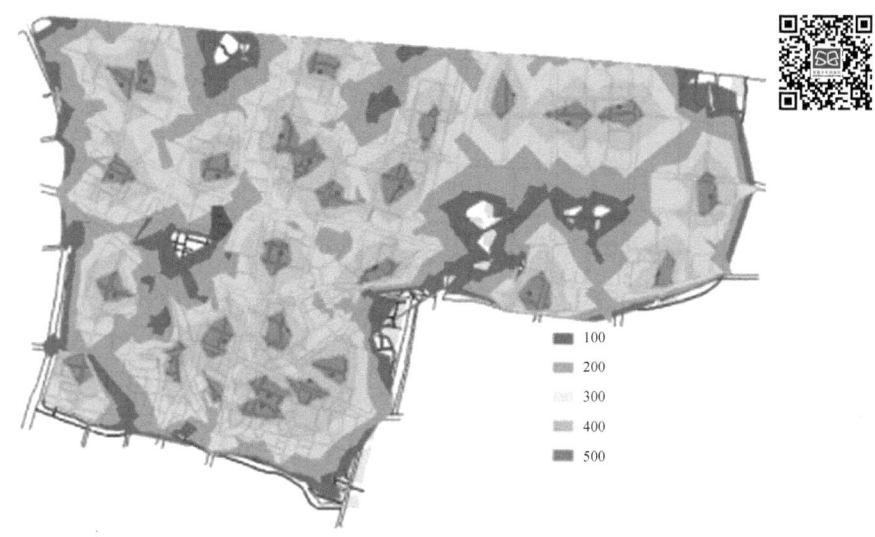

图 5-24　秦淮老城单元基于路径距离划分服务区的规划小学服务半径分析
（资料来源：本课题组自绘）

⑤ 中学规划

按照 1 000 m 服务半径和"规模办学"的要求（见图 5-25），对规划区内现有中小学进行规划整合调整。中学用地调整则根据初高中分设的原则，高中教学功能逐步向新区疏散，老城内学校以满足初中教学功能为主。规划原则上不新建扩建中学用地，仅对已有的上位规划和相关专项规划进行整合、落实和适当调整。

图 5-25　秦淮老城单元规划中学 1 000 m 服务半径分析图
（资料来源：本课题组自绘）

本次规划中学共 14 所，其中维持现状 5 所，规划扩建 8 所，规划异地新建 1 所，规划占地面积 29.73 ha（见图 5-26）。

图 5-26　秦淮老城单元基于路径距离划分服务区的规划中学服务半径分析
（资料来源：本课题组自绘）

### 2. 民生类——公共管理与公共服务设施规划

（1）规划内容

公共管理与公共服务设施用地面积为 221.08 ha，占规划城市建设用地的 15.17%，人均公共管理与公共服务设施用地面积为 4.07 $m^2$。

（2）规划原则

秦淮老城单元的公共设施规划原则上保留现有的各类公共服务设施用地。从区域统筹角度出发，考虑到老城内优质资源集中、用地紧张，规划区内区级及以上公共设施不再增加。同时，结合现状情况，重点完善社区级及基层社区级公共设施。公共管理与公共服务设施按以下原则进行设置：

① 统一规划，统筹兼顾

按照规划人口、发展需求和用地情况，公共管理与公共服务设施实行统一规划、统筹安排。

② 合理布局，便民利民

区级以下公共服务设施服务范围原则上以居民为主，服务半径根据不同功能的设施合理确定。

③ 因地制宜，差别配置

从实际出发，针对不同街道、不同社区的人口、用地、资源情况综合评判，实行差别化配置。

④ 形式多样，资源共享

考虑老城实际情况，通过新建、改建、扩建和调整、共享、租赁、收购等多种形式，推进设施建设,有计划地推进公共管理与公共服务设施规划落地。

(3) 公共管理与公共服务设施规划

① 行政办公设施规划

规划行政办公用地 20.19 ha,占规划城市建设用地的 1.39%。该类用地主要集中分布在秣陵路、白下路等道路两侧,以及小西湖、马府街等地区。规划区的行政办公用地主要以省级、市级、区级行政办公用地为主。规划原则上对现有的大部分行政办公设施予以保留,不再另行增加。

② 文化设施规划

规划文化设施用地为 18.17 ha,占规划城市建设用地的 1.25%。其中,区级及以上文化设施主要集中布局在新街口及夫子庙片区。规划原则上保留现有的文化娱乐设施,整合现有历史文化资源、梳理内秦淮河文化廊道,串联朝天宫片区、门东片区、门西片区、夫子庙片区四大文化展示区;通过打造特色产业园、中国航空工业科技城,强化文化创意产业的发展。同时,规划加大对居住社区级和基层社区级的文化设施改造和建设力度。

③ 教育科研设施规划

规划教育科研设施用地为 149.71 ha,占规划城市建设用地的 10.27%。其中,中小学用地面积 55.92 ha,占规划城市建设用地的 3.84%;非义务教育用地面积 74.52 ha,占规划城市建设用地的 5.11%;科研用地 19.28 ha,占规划城市建设用地的 1.32%。

规划区内教育科研设施资源丰富、科研水平较高。对于非义务教育设施,原则上保留现状,重点在于改善环境品质、提高服务能力。义务教育设施规划具体详见民生类——居住区及配套设施规划部分。

④ 体育设施规划

规划体育设施用地为 1.00 ha,占规划城市建设用地的 0.07%。规划保留一处区级体育设施——秦淮体育中心。同时,考虑到老城体育设施缺乏,本轮规划重点建设社区级体育设施,并鼓励积极开放区内学校、单位等的体育设施用地,以满足市民需求。在老城区小区出新、旧城改造、拆违整破工程中,要尽可能地拓展体育用地,以满足群众健身需求。

⑤ 医疗卫生设施规划

规划医疗卫生用地为 21.40 ha,占规划城市建设用地的 1.47%。规划区的医疗资源雄厚。规划原则上不新建区级及以上医疗设施,重点优化调整现有医疗卫生设施布局,建立健全以社区卫生服务中心为主体、社区卫生服务站为补充的社区卫生服务网络。

重点改造和新建基层医疗卫生设施,主要结合社区卫生中心及社区卫生服务站建设,完善基层医疗卫生设施。

⑥ 社会福利设施规划

规划社会福利用地为 0.29 ha,主要为保留的秦淮区老年公寓。由于规划区用地紧张,区级以上的社会福利设施建设困难。但老城内医疗卫生设施资源和条件较好,规划建议区级以上社会福利设施在老城外规划建设。老城内主要加强社区级的福利设施配置,建议社区级及基层社区级福利设施以多种方式和模式配置,并与社区卫生服务中心或卫生服务站相邻布置。

⑦ 文物古迹用地规划

规划文物古迹用地为 1.91 ha,占规划城市建设用地的 0.13%。文物古迹用地主要包括城门和其他一些历史文化资源。文物古迹内容具体详见本书 5.2.4 节保护用地规划策略部分。

⑧ 宗教用地规划

规划宗教用地为 2.13 ha,占规划城市建设用地的 0.15%,包括基督教莫愁路堂、草桥清真寺、圣保罗教堂、古金粟庵、天主教堂、古瓦官寺、净觉寺、天后宫、鹫峰寺等。规划保留现有宗教用地,并提出相关保护要求,注重多元文化的发展作用。

⑨ 公建预留用地规划

规划公建预留用地 0.51 ha,占规划城市建设用地的 0.04%。

秦淮老城单元公共管理与公共服务设施规划分布详见图 5-27。

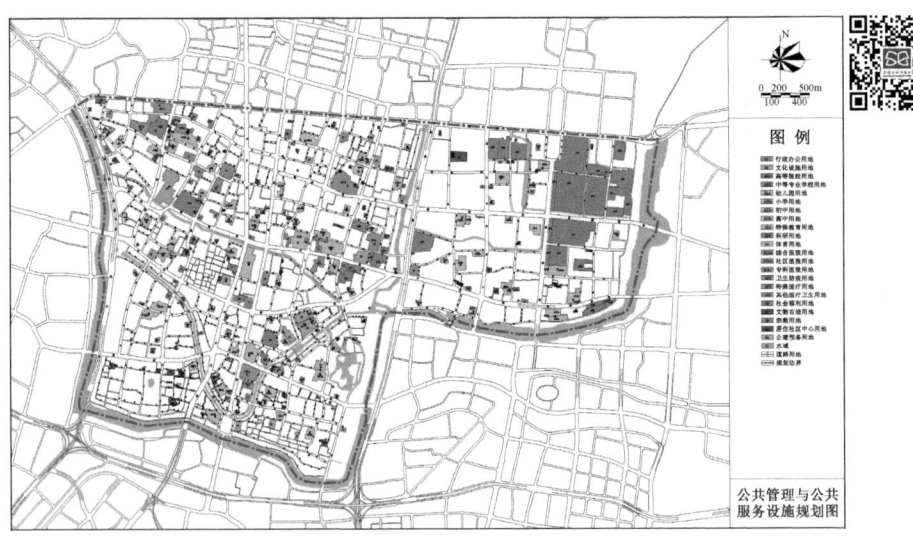

图 5-27 秦淮老城单元公共管理与公共服务设施规划图
(资料来源:本课题组自绘)

### 3. 民生类——绿地系统规划

(1) 布局原则

以人为本原则,创造和谐优美的人居生态环境。

充分利用资源原则,将绿地系统规划与山水资源的保护和利用有机结合。

组织有机网络原则,结合区域山水格局,将区内不同尺度的山水、绿地联系成有机的整体网络,有效地平衡自然与人工、保育与开发、工作与生活的关系。

多元化塑造原则,积极采用垂直绿化、屋顶绿地等多元化的绿地营造方式,结合公共空间的建设,为高密度的大都市空间增加绿化率。

(2) 总体布局结构

规划以明城墙—护城河为绿环,以秦淮河为纽带,以规划区内郑和公园、瞻园、白鹭洲公园等为节点,结合多处街头绿地,形成点—线—面结合的有机绿地系统网络,改善老城生活环境,为老城添绿。最终形成"一环一带多点"的绿地系统结构。

一环:以明城墙和护城河为界限,严格控制沿线的绿地空间,串联两侧若干绿地节点,形成环绕老城的生态绿色项链和公共活动绿带。

一带:秦淮河风光带不仅是热闹繁华的文化走廊,也是水系与绿地相结合的通风走廊和景观廊道。

多点:以市级公园白鹭洲公园、古典园林瞻园、胡家花园、中华门城堡为主要开敞空间节点,以社区公园和街头绿地等多处公园绿地为基底,规划强调绿地分布的均衡性和服务的便捷性。

(3) 规划内容

① 绿地总量

规划对绿地系统进行整合完善,结合小规模发展用地改造,采取"渐进式更新"方式建设绿地。规划绿地总量 142.12 ha,占规划城市建设用地面积的 9.75%(见图 5-28)。

图 5-28 秦淮老城单元绿地系统规划图
(资料来源:本课题组自绘)

② 绿地类型与分布

结合现状,从绿地服务功能的角度出发,将规划绿地分为两类:公园绿地和广场用地。

**公园绿地规划**

规划公园绿地面积 139.90 ha,占规划城市建设用地面积的 9.60%,人均公园绿地面积 2.58 m²。

其中:规划综合公园与专类公园绿地占地 98.00 ha,包括明故宫遗址公园、郑和公园、白鹭洲公园、瞻园、胡家花园等;街旁绿地占地 41.89 ha。主要由零星的发展用地改造而成,以提升规划区环境品质。

**广场用地规划**

规划广场用地 2.22 ha。规划广场 12 个,面积均较小,大部分为现状保留,包括桃叶渡广场、夫子庙广场、水西门广场等。另外,秦淮老城单元控规结合钓鱼台保护规划新增三处广场,结合古戏苑打造公共活动空间,彰显历史文脉。

③ 可达性分析

规划基本实现 3 000 m² 以上公园绿地以 500 m 半径对居住用地的覆盖,满足居民日常休闲游憩需求,提升老城整体环境品质(见图 5-29)。相对秦淮老城单元现状 3 000 m² 以上公园绿地 500 m 服务半径的覆盖范围(见图 5-30),规划 3 000 m² 以上公园绿地 500 m 服务半径覆盖范围有大幅提升。

图 5-29 秦淮老城单元现状 3 000 m² 以上公园绿地 500 m 服务半径分析图
(资料来源:本课题组自绘)

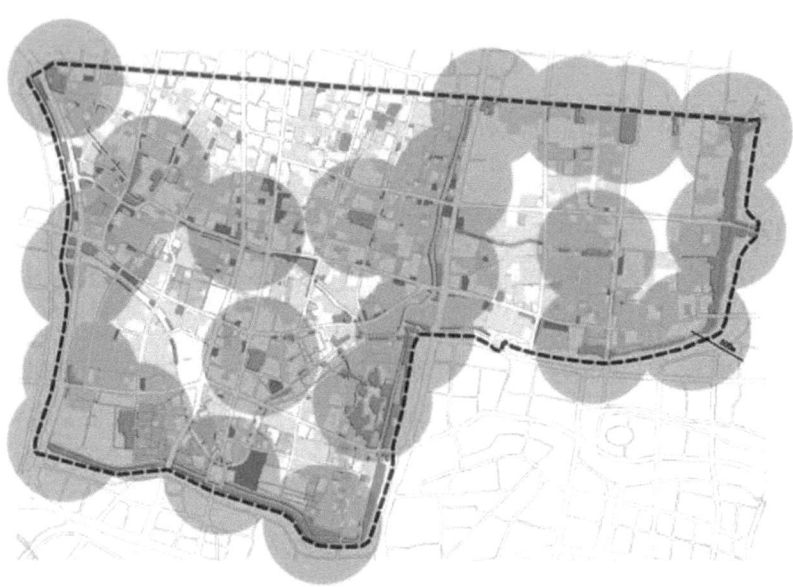

图 5-30 秦淮老城单元规划 3 000 m² 以上公园绿地 500 m 服务半径分析图
(资料来源:本课题组自绘)

④ 绿地规划策略

**强化秦淮河、护城河、明城墙沿线绿带结构**

规划以外秦淮河与护城河水体为依托,形成并强化明城墙绿带。规划通过环境整治,沿绿环形成适合居民活动且能展示南京城市文化的绿色开放空间,并通过汉中门广场、月牙湖公园、白鹭洲公园、胡家花园等空间节点,加强绿环向城市空间的渗透。

**鼓励垂直绿化**

绿化建设建议向立体化方向发展,鼓励垂直绿化、屋顶绿化等的建设,以提升规划区整体绿化覆盖率。

**提升绿地品质**

各绿地应通过平面、空间、植被、小品设计,提升绿化空间的环境品质;结合历史文化资源,赋予绿地一定的文化内涵,提升空间的文化品质。从而提升本地区整体环境、文化品位,彰显古都的文化特色。

**提高绿地覆盖率**

结合土地使用情况及现状建筑质量,深入挖掘规划区内用地。对于发展用地进行开发,尤其是现状面积较小的发展用地,秦淮老城单元控规结合实际情况将其作为绿地,以提高绿地 500 m 半径内对居住用地的覆盖,从而改善老城生活环境。

**4. 产业类——商业服务业设施规划**

(1) 规划原则

① 提档升级、优化质量

规划区商业设施的发展应注重分清层次结构,完善功能配套,优化质量。商业设施发展应满足多元化消费需求,发展不同层次且功能配套完善的商业设施。

② 区内协调、突出重点

从城市总体发展要求出发,与人口分布、消费需求、交通体系相协调,合理配置商业服务设施资源。商业服务设施布局应形成合理的圈层和等级结构,突出新街口核心圈,以重点设施作为龙头和示范,辐射并带动区域商业设施的发展。

③ 合理布局、便民利民

充分考虑居民的消费水平、市场需求,合理确定区内商业设施的数量、规模、档次和业态。既要发展规模档次较高、品种齐全的大型商业设施,也要发展贴近居民住区、购物便利的基层社区商业设施。

(2) 商业中心体系

① 市级商业中心

市级商业中心侧重商贸设施的区域辐射功能,商务比重偏大。

规划区内辖一处市级商业中心:新街口地区。作为南京传统的城市中心,该地区以商贸、商务等综合服务功能为主,融金融贸易、商务办公、旅游服务、休闲娱乐、餐饮购物等综合性功能于一体。秦淮老城单元控规加速推进辖区内新街口中心区商业业态的提档升级,并与洪武路、太平南路等周边地区共同打造国际性商务服务核心。

② 市级商业副中心

规划区内辖一处市级商业副中心：夫子庙地区。夫子庙将以"人文秦淮"为核心，集商贸、旅游和文化休闲于一体，成为服务全市、影响全国的商旅文示范区。该地区将突出商旅文融合发展，彰显文、水、商一体发展的商业特色。通过重点项目带动、旅游文化引导，形成设施齐全、规模合理、环境宜人的商业中心。

③ 地区级商业中心

地区级一处商业中心为瑞金路地区，侧重商业设施的便民服务功能，商业配套比重偏大，形成辐射地区的商业中心。

④ 社区级商业中心

规划结合各街道各社区，重点建设7个居住社区级商业中心、59个基层社区级商业中心。

（3）空间布局结构

构建多层次、多元化的商业服务业设施空间布局，规划形成"三核、四区、多轴、多点"的产业发展结构引导：

三核：新街口金融商务商贸产业发展核心；夫子庙文化旅游产业发展核心；中航科技城研发创意产业发展核心。

四区：以新街口为核心的金融商务商贸产业发展区；以夫子庙为核心，由门东、门西、评事街、内秦淮河等多片历史地段共同构成的文化旅游产业发展区；以中航科技城为核心，由国创园、创意东八区、南航等多片创意产业园区及高校共同构成的研发创意产业发展区；其他片区主要作为品质提升地块，以优化配套、完善交通、改善环境为主。

多轴：以中山东路、洪武路、瑞金路等多条道路为产业发展轴，串联各产业发展片区。

多点：以东铁管巷地块、江苏饭店地块、中航科技城等近期建设项目为主触媒点，带动周边地块协同发展，引导产业功能提升。

（4）规划内容

规划商业服务业设施用地为258.23 ha，占规划城市建设用地的17.72%，人均商业服务业设施用地面积为4.76 m²。商业服务业设施包括各级商业服务业设施、商业金融设施、商务办公设施、娱乐康体设施等。

① 商业设施规划

规划商业用地主要集中分布在新街口、夫子庙地区，并在其他地区零散分布。用地面积共52.16 ha，占规划城市建设用地的3.58%。规划按市级商业中心、市级商业副中心、地区级商业中心和社区级商业中心的四级商业体系进行设施配置，并根据级别类型确定服务人口、发展空间、商业网点规模和准入业态的标准。

同时，规划区内依托现有资源打造多条特色商业街区。对于现状已基本成型的特色街区进行完善提升，包括太平南路黄金珠宝商业街、莫愁路妇幼用品商业街（北段）、文化创意特色街（南段）、王府大街美食商业街、洪武路金融商务街、门东历史文化街区等。规划对于有发展潜力的特色街区进行引导培育,包括仓巷文化商业步行街、朝天宫古玩特色街、南捕厅手工作坊特色街、长白街传统美食特色街、瑞金路娱乐休闲特色街、石鼓路酒吧美食特色街等。

② 商务设施规划

规划商务用地 52.95 ha,占规划城市建设用地的 3.63%。规划主要对楼宇经济和产业园区进行重点引导,以提升规划区的竞争力和活力(见图 5-31)。

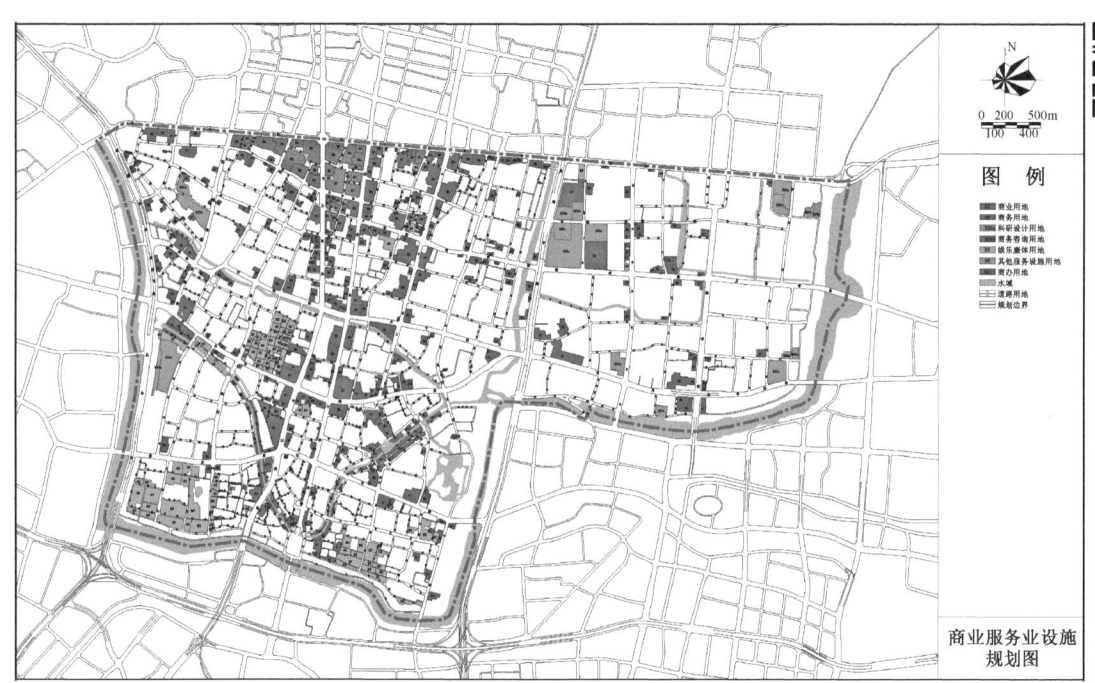

图 5-31 秦淮老城单元商业服务业设施规划图
(资料来源:本课题组自绘)

**楼宇经济规划引导(主要为商务办公用地)**

规划以建设国际化商务街区为目标,整合梳理区域载体资源,增强现有楼宇品质,进一步拓展商务楼宇的发展空间,提升集聚度。依托国际金融中心、新百南京中心等现有办公楼宇,结合相关新建项目,形成触媒点,带动周边地块发展,提高新街口商务服务业的国际竞争力。

根据用地潜力分析和项目选址意向,结合对存量楼宇的升级改造情况,规划将扩大新街口片区商务楼宇的规模,形成总部基地,提升新街口核心竞争力。同时,瑞金板块依托中航科技城中航科技大厦等超 5A 级写字楼项目,形成瑞金片区商务楼宇集群,打造新的楼宇经济增长点。

**产业园区引导(主要为科研设计类用地)**

梳理产业园区功能布局,明确主攻产业方向。瑞金路片区重点打造以航空航天大学为依托,以中航科技城为核心的科教众创先导区。老城南片区作为国家级文化产业试验园区,依托其丰富的历史文化资源,以夫子庙为核心,秦淮河及明城墙为纽带,多处文化创意产业园为载体,形成文化创意产业示范区。

③ 商办混合用地规划

规划商办混合用地 106.22 ha,占规划城市建设用地的 7.29%。规划提高土地混合利用程度,最大限度地集约利用有限的土地资源,打造多元丰富、便捷高效的城市生活,提升老城生活品质和城市活力。

④ 娱乐康体设施规划

规划娱乐康体用地 45.95 ha,占规划城市建设用地的 3.15%。该类用地在秦淮老城单元主要集中分布在门东、门西等地区。规划抓住老城南发展的契机,将其发展成为具有城市特色的集娱乐、休闲、文化、展示为一体的特色区域。

⑤ 公用设施营业网点规划

规划公用设施营业网点用地 0.61 ha,占规划城市建设用地的 0.04%。主要为加油加气站用地。

⑥ 其他服务设施用地规划

规划其他服务设施用地 0.34 ha,占规划城市建设用地的 0.02%。主要为现状保留的汽车维修服务用地。

## 5.3 南京市玄武老城单元控制性详细规划成果概要

### 5.3.1 项目概况

**1. 项目区位与规划范围**

玄武老城单元位于南京老城东北象限,玄武区西南方位,依山傍水,明城墙围合,西临鼓楼区,南与新秦淮区相接,区位优势显著(见图 5-32)。

规划范围西至中央路、中山路、中央北路,南至中山东路,东至城墙、黄家圩路,北至京沪铁路,紧邻玄武湖公园与钟山风景区,总用地面积约 10.37 km²。

**2. 行政区划**

规划区属玄武区管辖,范围内包括 3 个街道,22 个社区居委会(见表 5-14,图 5-33)。受现状地形、道路分割以及地区内大单位用地割据等情况影响,22 个社区中规模最小的约 20 ha,最大的超过 150 ha。其中新街口街道各社区规模相近,边界规整;玄武门与梅园街道受区界、地形与大单位割据等影响,出现了个别"超级社区"。

图 5-32 玄武老城单元在南京老城的区位
（资料来源：本课题组自绘）

表 5-14 南京市玄武老城单元行政区划一览表
（资料来源：本课题组整理）

| 街道名称 | 所辖社区名称 |
| --- | --- |
| 新街口街道 | 大石桥社区 |
|  | 成贤街社区 |
|  | 唱经楼社区 |
|  | 北门桥社区 |
|  | 香铺营社区 |
|  | 长江路社区 |

续表 5-14

| 街道名称 | 所辖社区名称 |
| --- | --- |
| 玄武门街道 | 廖家巷社区 |
| | 大树根社区 |
| | 百子亭社区 |
| | 高楼门社区 |
| | 天山路社区 |
| | 台城花园社区 |
| | 公教一村社区 |
| 梅园新村街道 | 兰园社区 |
| | 东南大学社区 |
| | 梅园新村社区 |
| | 大行宫社区 |
| | 大影壁社区 |
| | 太平门社区 |
| | 富贵山社区 |
| | 北安门社区 |
| | 明故宫社区 |

### 3. 地区发展背景

南京老城（明城墙围合区域）是承载南京主要城市功能的重点区域，也是体现南京作为国家历史文化名城、全省政治经济、科教文卫中心的核心区域。历经多年的发展改造，南京老城面临人口基数大、存量土地资源少、交通拥堵严重、发展与保护矛盾日益突出等问题。玄武老城单元位于玄武区老城，需要适应老城"双控双提升"以及存量发展环境下的新要求，落实城市总体规划提出的发展目标，进一步对玄武老城单元的用地进行精细化的梳理和整合，进行有针对性的生态环境修复、城市功能修补、交通体系顺畅、基础设施完善等工作，实现片区内环境品质和文化内涵的全面提升。

玄武老城单元控规在"疏散减量、整合落实、量体裁衣、实事求是"的思想指导下，对规划范围内的土地利用、公共设施、综合交通、基础设施、历史文化资源、旧城更新、建筑高度、绿地系统等方面进行了规划布局和控制引导，以适应新的政策和城市发展要求，为城市规划实施提供法定管理依据，为编制下层次规划提供技术指导。

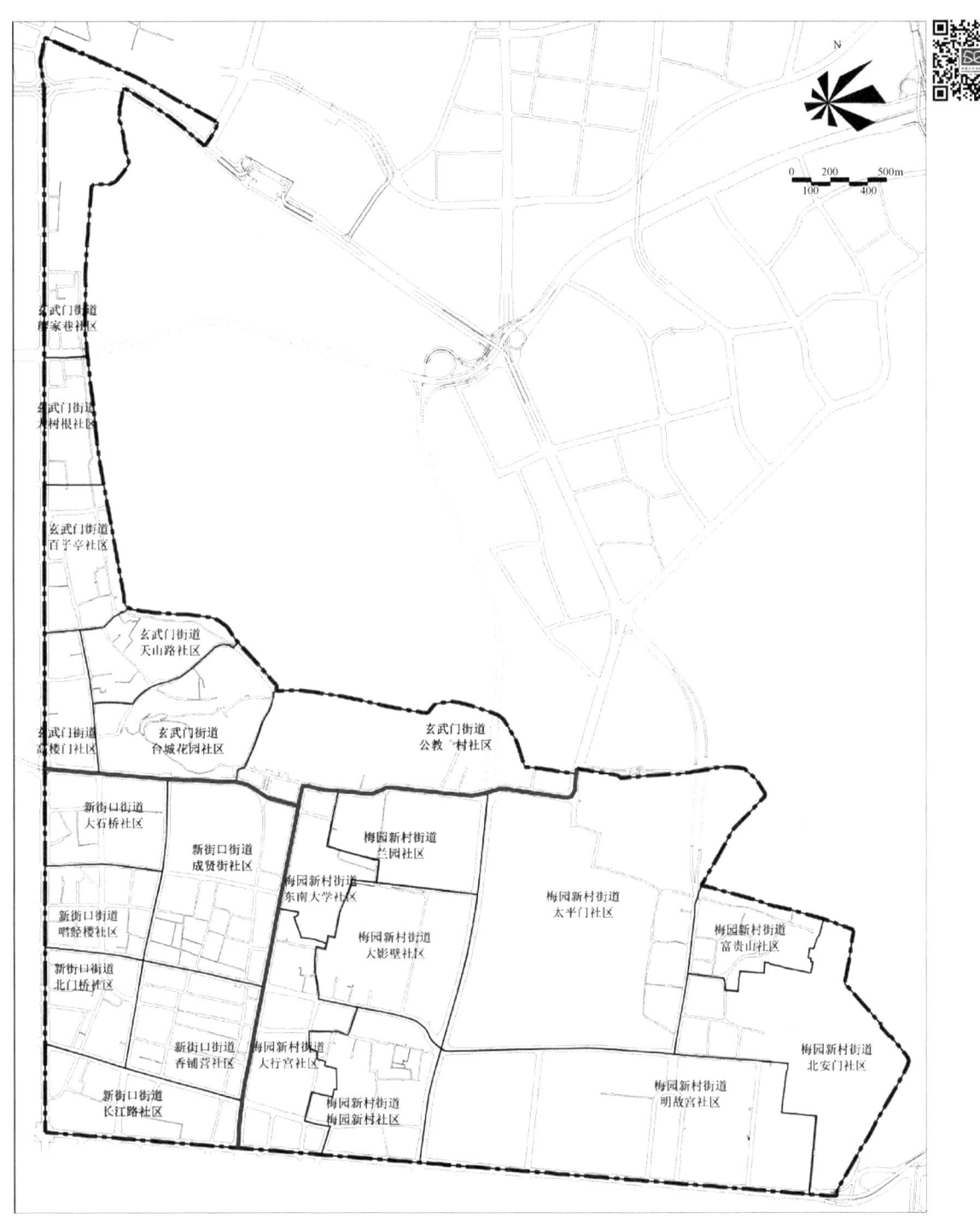

图 5-33　南京市玄武老城单元行政区划图
（资料来源：本课题组自绘）

### 5.3.2 现状综合分析

**1. 现状综合研判**

（1）区位条件优越

玄武老城单元位于南京老城中心区，具有大都市中心区的典型特征。作为南京城市中心城区的组成部分之一，拥有新街口中心区的东北象限，中央路、中山东路、中山路、龙蟠东路等城市干道穿越其间，地铁1、2号线将之与河西新城区、仙林和东山两个新市区紧密地联系在一起，地铁3、4号线加强了与江宁、浦口、仙林、栖霞地区的联系，区位交通条件极为优越。

规划区北依玄武湖、东靠紫金山，可谓山明水秀，紧紧依托南京明城墙，城墙赋予了其独特的空间形制和环境肌理，从而得以区别于当前许多千城一面的大城市，能够塑造具有地域特色的都市空间。

（2）文化优势突出

规划区内拥有总统府、明故宫等重量级的文物保护单位，以及星罗棋布的历史文化资源点，民国文化资源数量规模较大，如百子亭、梅园等地区，可谓人文荟萃。众多的历史人文资源为整个地区赋予了深厚的人文底蕴，使得现代都市的发展与其悠久的历史长久而又协调地融合在一起。但旅游资源的开发局限于几个节点，后续开发利用潜力较大。

（3）产业结构老化

玄武区经济总量较大，但主要以传统的商贸服务业为主。服务业发展较快，并已经进入逆工业化进程。但从目前的产业结构分析，批发零售业、其他服务业和金融业产值比重较大，新型产业比重尚不高。

另外，在园区发展上，产业园的数量较多，但分布散；规模偏小，产出偏低。空间分布不均，相对于南京其他的产业园区，发展较弱。在楼宇经济方面，也存在着贡献不足、分布不均、结构单一、空置率较高、老化严重等问题。

总体来看，规划区产业结构和分布存在着"一业独大（商业）、一极独大（新街口）"的问题，结构相对老化。在未来的发展中，产业升级、整体优化、扩大增长应是重点。

（4）发展潜力有限

规划区不仅具有中心区的区位经济优势，同时，也面临着城市中心区的典型问题，例如：人口压力巨大、社会矛盾集中、基础设施老化、交通极度拥堵等问题。其中，最为突出的压力体现在社会民生压力和空间资源有限的压力。

在民生保障方面，规划区人口压力巨大，老龄化程度非常高，60岁以上人口占全区超过20%，个别社区街道甚至达到30%，社会服务设施配套不足。因此，规划区面临着人口老龄化、公共服务设施有待升级等主要问题。

在空间资源方面，土地总体开发率已经很高，而其中未开发和可改造用地多数已划入储备用地中,实际可利用的土地更少。在已批在建、待建项目用地中,多以危旧房改造、道路用地为主,用于商务和公共设施的较少。

### 2. 现状 SWOT 分析

(1) 优势

根据上述分析,规划区的总体优势概括为:中心区位,山水城市格局突出,交通便捷;经济总量较大;产业特色明显;文化优势极为突出;资源和空间多样性强。

(2) 劣势

和周边城区相比,规划区现状的劣势主要表现为:产业结构老化、发展失衡,交通组织不畅;空间负荷较重,持续发展的空间储备不足,潜力有限。

(3) 机遇

规划区在新的历史时期,面对如下重大机遇:新街口的转型提升、珠江路的升级转型、环东大科创园的建设以及规划区内重大项目的落实等。

(4) 挑战

作为老城区,规划区面临着极大挑战,尤其是来自中心区衰退及可发展用地有限的挑战,这对于规划区的未来将是至关重要的核心问题。此外,更多的挑战来自:周边地区的改造升级;大都市区结构的分化;资源与生态保护的要求;民生保障的提升等。

总体来看,规划区需要围绕其"中心""文化""山水"三大资源优势,充分结合资源重组、空间重构、品质重塑的区域发展要求,将文化保护和民生保障的压力转变为动力,充分挖掘空间潜力,用更为创新的思路、更为现实的路径开拓新的发展机遇。

### 5.3.3 规划核心问题与应对策略

#### 1. 技术路线

根据规划背景研究、现状条件分析、上位规划及相关规划解读、既有规划梳理及科学性校核、GIS 分析、国内控制性详细规划的比较借鉴及相关专题研究,确定规划区的规划目标定位,优化规划区的功能结构,指导规划区的用地布局及建设容量调整。通过对存量用地现状的梳理,区分旧城改造项目、产业发展项目、已储备项目,进而提出用地布局调整草案。再结合公共设施规划、道路交通规划形成初步方案汇报内容。与相关管理部门充分沟通,广泛吸取意见和建议并修改完善后,完成规划方案。完善市政设施规划、特定意图区城市设计、控制引导体系研究,以"六线"融合为核心,研究细分后各类用地布局与规模,明确土地使用规划要点以及用地性质细分和土地使用兼容性控制措施,形成规划控制指标体系、城市设计导则及控制图则。经过多层次的专家、领导的论证与评审通过后,形成最终控规规划成果。

#### 2. 总体定位

南京市域文化科教中心区、高端商务商贸引领区、高校科创先行区、历史文化彰显区、生态宜居示范区。

### 3. 核心问题

根据规划背景研究、上位规划解读、现状条件分析,确定规划区的规划目标定位。对应保护、发展、保障三大规划目标,提出玄武老城单元控规需要解决的七大核心问题,分别为:(1)保护——文化之城(历史文化保护、城市特色塑造);(2)发展——活力之城(产业转型发展、地区活力激发);(3)保障——宜居之城(公共设施配套、综合交通整治、景观环境提升)。以这七个核心问题为规划研究的主要内容,研究分析规划的应对策略,指导规划区的用地功能布局,完成规划求解。

### 4. 应对策略

(1) 保护

**核心问题 1——历史文化保护**

**应对策略**:串联结构,延续城市文脉;整体保护,贯彻应保尽保原则;活化利用,实现活体保护。

规划区内用地功能布局、空间形态建构应重点突出南京悠久历史文化,以"显山露水"为原则,维护"山城相依"的城市格局。

对区内历史文化资源进行严格保护,包括沿御道街、中山路—中山东路、长江路等重要历史道路两侧的历史资源,为非物质文化遗产保护提供展示的载体空间,营造民俗文化氛围,形成人文景观带,串联区内历史文物古迹,展示南京金陵文化内涵。

**核心问题 2——城市特色塑造**

**应对策略**:特色梳理,突出重要节点;高度管控,彰显名城风貌。

结合规划区整体空间特色和丰富的历史文化底蕴,充分利用钟山风景区和玄武湖等山水资源和地形地貌条件,以自然山水和生态绿地为本底,促进自然山水格局与老城区的有机融合,延续城市文脉,切实落实区内建筑控高,维护"城中见山"的城市格局,突出南京"山水城市"的地区特色。

(2) 发展

**核心问题 3——产业转型发展**

**应对策略**:产业转型,实现功能提升;政策分区,引导发展策略。

以规划区内部资源禀赋为依托,划分产业发展片区,以策略引导为主,通过转型提升、引导培育等,实现产业功能提升。

形成以新街口为核心,德基为龙头,引导传统商业向高端商务商贸产业发展;

以东大、南大高校为依托,珠江路转型发展为契机,打造环东大知识经济圈,发展智慧科创产业,鼓励创业创新;

以长江路、明城墙为发展轴,整合自然、历史文化资源,发展文化旅游服务产业,打造长江路六朝古都文化脉络的城市中央客厅;

依托熊猫电子、梅园新村地区丰富资源,发展以体验为特色的文化创意+文化旅游产业联动发展。

**核心问题 4——地区活力激发**

**应对策略**：潜力挖掘，提升综合品质；置换用地，激发地区活力。

在对现状进行充分调研的基础上，结合上轮控规用地潜力图、现状土地利用情况、建筑高度、质量，城市建设用地划拨情况、危旧房城中村改造项目等多方面因素，结合规划区内相关项目建设情况与低效用地、储备项目情况进行研判，辅以 GIS 多因子分析，形成现状用地综合评价分析。

通过对土地的分析，将其按用地潜力的不同分为保护用地、保留用地和发展用地，并给出相应的评价标准及应对策略。

（3）保障

**核心问题 5——公共设施配套**

**应对策略**：科学测算，确定人口规模；灵活配置，落实公建指标。

**以供调需，需供平衡**

从存量资源供给能力角度出发，重点研究可供公共设施配置的存量土地资源，梳理总量，按级按类按规模有序分配。以人口疏减后的居住用地与可供配置的各类公共设施用地规模反推可服务的人口规模，继而确定公共设施建设规模。利用已梳理用地与可利用的存量建筑资源满足配置要求，最终达到公共设施配置资源供给与需求的平衡。

**实事求是，统筹兼顾**

充分认识到存量规划现状环境的复杂性，重视现状调研与前期相关规划、地籍权属、国土信息等内容的梳理与校核。重视存量规划中面临的产权归属、成本增加等问题，做到统筹现状、已有规划与当下规划的要求，兼顾各相关主体利益。

**公平高效，积极创新**

存量资源有限且难以利用，为了满足居民公共服务需求与规范标准的配置要求，在充分利用存量资源的前提下，做到公共设施规划、建设与服务过程中的公平，保证各地区内与地区之间公共服务享受的公平。在研究地方配置条件差异的基础上，不局限于既有规划思路与规范要求，合理调整，积极创新。

**核心问题 6——综合交通整合**

**应对策略**：完善体系，疏通毛细血管；公交优先，实现 TOD 发展；优化慢行，鼓励低碳出行；平限结合，划定供应分区。

**完善体系，疏通毛细血管。**

规划区道路网络的形成具有其历史的延续性，且受部分大单位的影响，新建道路的条件较为困难。在改造路网时，保持现有骨架道路走向，根据现有条件充分挖掘潜力改造或增加部分支路，并注重"毛细血管"的疏通。重点梳理 7—12 m 街巷，作为充实道路网体系的"毛细血管"，纳入玄武老城单元控规的综合交通体系。同时规划打通部分断头路，增强贯通性，方便人流车流集散。

**公交优先,实现 TOD 发展。**

加强交通发展政策的引导和交通设施的建设,形成以公共交通为主,步行、自行车交通为辅,适度使用小汽车的绿色交通体系。建设一体化的轨道交通与常规公交系统,同时构建公共自行车网络,完善公共自行车服务体系。

**优化慢行,鼓励低碳出行。**

提高对慢行交通重要性的认识,改善和建设慢行交通设施,创造宜人的慢行交通环境,合理分配慢行空间。结合支路与街巷的梳理及整合,建设合理的单向交通循环系统。

**平限结合,划定供应分区。**

平衡道路容量、停车供应和城市中心功能发挥之间的关系,提出差别化的停车策略。控制中心地带的社会停车位供应,适度满足家庭小汽车的停车需求,合理组织重点旅游地区的停车。

**核心问题 7——景观环境提升**

**应对策略**:合理布局,构建绿地网络;深入挖掘,利用零星用地;校核对比,保证老城绿量。

规划紧紧依托玄武湖—紫金山城市绿心,构建"历史为轴、绿网为脉、依城成环"的绿地系统结构。

整合现状生态绿化廊道,积极保护现有生态资源,构建系统性、结构性的生态绿色空间,制定指导性和强制性相结合的生态绿色空间构建政策。打造宜居环境,建设生态城区,响应低碳经济号召,实现可持续发展。

结合土地使用情况及现状建筑质量,深入挖掘规划区内用地资源。根据实际情况,将面积较小的发展用地规划为绿地,以改善老城生活环境。

### 5. 总体布局

规划依托历史形成的"山水城林"的空间格局,将整个片区分解为三个空间发展圈层:里层为新街口核心经济发展圈,中层为科技创新、文化休闲与居住混合发展圈,外层为环明城墙生态宜居圈。这一布局将山水相间的理想城市形态与高度混合的城市功能组织有机结合,旨在构建一个充满现代生活活力、富于地域人文特色的都市生活空间。

在此空间发展框架下,结合全区空间发展重点,形成"一极、两核、一带、两轴、两片"的空间结构(见图 5-34):

**一极**:新街口高端商务商贸增长极;

**两核**:环东大—珠江路智创核心,龙蟠路体验文创核心;

**一带**:环明城墙风光带;

**两轴**:中央路—中山路高端商贸休闲集聚轴,中山东路民国历史文化轴;

**两片**:新街口核心区片,明故宫历史城区片。

5 供需共轭视角的存量规划控制技术在规划实践中的应用 213

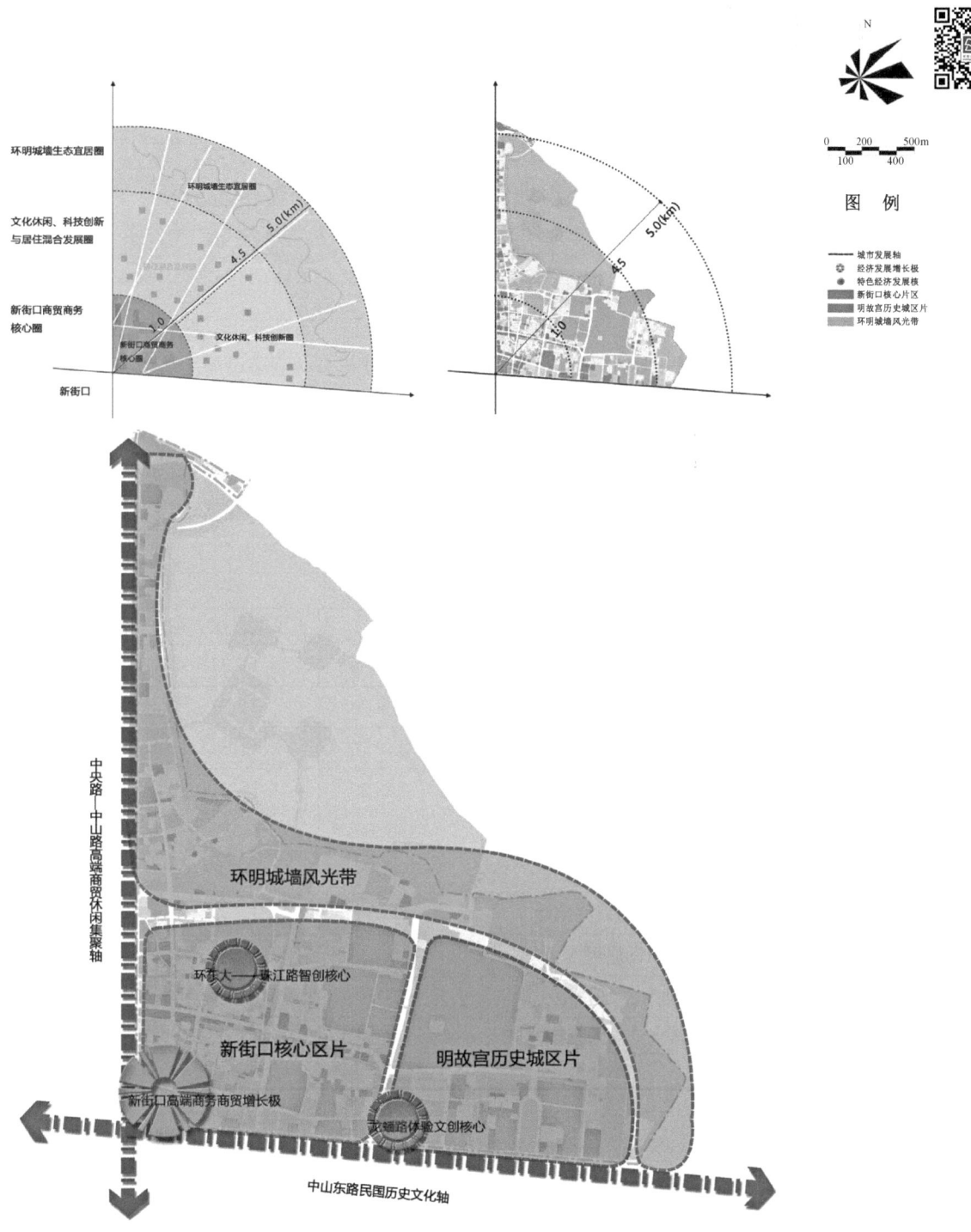

图 5-34 南京市玄武老城单元控制性详细规划空间结构图
（资料来源：本课题组自绘）

## 5.4 基于存量资源供给能力的公共设施配置模式在玄武老城单元控规中的应用

### 5.4.1 玄武老城单元现状用地特征及公共设施配置情况分析

#### 1. 土地利用现状概况

南京市玄武老城单元控规规划范围现状总用地面积 1037.15 ha，城市建设用地面积 1025.01 ha，占总用地的 98.8%。其中以居住用地、公共管理与公共服务设施用地和商业服务业设施用地为主。水域等其他非建设用地面积 12.14 ha，占总用地的 1.17%（见表 5-15、5-16，图 5-35）。

表 5-15 南京市玄武老城单元现状用地汇总表
（资料来源：本课题组整理）

| 序号 | 类别 | 面积(ha) | 占城市建设用地比例(%) | 占现状总用地比例(%) |
|---|---|---|---|---|
| 1 | 现状总用地 | 1037.15 | — | 100.00 |
| 2 | 城市建设用地 | 1025.01 | 100.00 | 98.83 |
| 其中 | 建设用地 | 151.89 | 14.82 | 14.64 |
| | 居住用地 | 325.78 | 31.78 | 31.41 |
| | 公共管理与公共服务设施用地 | 203.79 | 19.88 | 19.65 |
| | 商业服务业设施用地 | 115.95 | 11.31 | 11.18 |
| | 工业用地 | 11.89 | 1.16 | 1.15 |
| | 物流仓储用地 | 0.68 | 0.07 | 0.07 |
| | 道路与交通设施用地 | 147.88 | 14.43 | 14.26 |
| | 公用设施用地 | 5.61 | 0.55 | 0.54 |
| | 绿地和广场用地 | 61.54 | 6.00 | 5.93 |
| 3 | 水域和其他非城市建设用地 | 12.14 | — | 1.17 |
| 其中 | 水域 | 12.14 | — | 1.17 |

表 5-16 南京市玄武老城单元现状城市建设用地汇总表
（资料来源：本课题组整理）

| 序号 | 大类 | 中类 | 用地名称 | 面积(ha) | 占建设用地比例(%) | 人均建设用地面积($m^2$/人) |
|---|---|---|---|---|---|---|
| 1 | | | 城市建设用地 | 1025.01 | 100.00 | 50.13 |
| 2 | H | | 建设用地 | 151.89 | 14.82 | 7.43 |
| | | H4 | 特殊用地 | 151.89 | 14.82 | — |

续表 5-16

| 序号 | 大类 | 中类 | 用地名称 | 面积(ha) | 占建设用地比例(%) | 人均建设用地面积(m²/人) |
|---|---|---|---|---|---|---|
| 3 | R | | 居住用地 | 325.78 | 31.78 | 15.93 |
| | | R1 | 一类居住用地 | 6.28 | 0.61 | — |
| | | R2 | 二类居住用地 | 214.01 | 20.88 | — |
| | | R3 | 三类居住用地 | 61.42 | 5.99 | — |
| | | Ra | 其他居住用地 | 16.69 | 1.63 | — |
| | | Rc | 基层社区中心用地 | 1.71 | 0.17 | — |
| | | Rb | 商住混合用地 | 25.67 | 2.50 | — |
| 4 | A | | 公共管理与公共服务设施用地 | 203.78 | 19.88 | 9.97 |
| | | A1 | 行政办公用地 | 23.62 | 2.30 | — |
| | | A2 | 文化设施用地 | 18.03 | 1.76 | — |
| | | A3 | 教育科研用地 | 120.29 | 11.74 | — |
| | | A4 | 体育用地 | 1.17 | 0.11 | — |
| | | A5 | 医疗卫生用地 | 17.85 | 1.74 | — |
| | | A6 | 社会福利用地 | 1.17 | 0.11 | — |
| | | A7 | 文物古迹用地 | 12.36 | 1.21 | — |
| | | A9 | 宗教用地 | 4.03 | 0.39 | — |
| | | Aa | 居住社区中心用地 | 0.74 | 0.07 | — |
| | | Ak | 公建预留用地 | 4.52 | 0.44 | — |
| 5 | B | | 商业服务业设施用地 | 115.95 | 11.31 | 5.67 |
| | | B1 | 商业用地 | 48.91 | 4.77 | — |
| | | B2 | 商务用地 | 30.56 | 2.98 | — |
| | | B3 | 娱乐康体用地 | 3.04 | 0.30 | — |
| | | B4 | 公用设施营业网点用地 | 0.59 | 0.06 | — |
| | | B9 | 其他服务设施用地 | 6.33 | 0.62 | — |
| | | Bb | 商办混合用地 | 26.52 | 2.59 | — |
| 6 | M | | 工业用地 | 11.89 | 1.16 | 0.58 |
| | | M1 | 一类工业用地 | 11.01 | 1.07 | — |
| | | M2 | 二类工业用地 | 0.88 | 0.09 | — |
| 7 | W | | 物流仓储用地 | 0.68 | 0.07 | 0.03 |
| | | W1 | 一类物流仓储用地 | 0.68 | 0.07 | — |

续表 5-16

| 序号 | 大类 | 中类 | 用地名称 | 面积(ha) | 占建设用地比例(%) | 人均建设用地面积(m²/人) |
|---|---|---|---|---|---|---|
| 8 | S | | 道路与交通设施用地 | 147.88 | 14.43 | 7.23 |
| | | S1 | 道路用地 | 142.84 | 13.94 | — |
| | | S2 | 城市轨道交通用地 | 0.50 | 0.05 | — |
| | | S4 | 交通场站用地 | 3.81 | 0.37 | — |
| | | S9 | 其他交通设施用地 | 0.73 | 0.07 | — |
| 9 | U | | 公用设施用地 | 5.61 | 0.55 | 0.27 |
| | | U1 | 供应设施用地 | 3.85 | 0.38 | — |
| | | U2 | 环境设施用地 | 0.82 | 0.08 | — |
| | | U3 | 安全设施用地 | 0.18 | 0.02 | — |
| | | U9 | 其他公用设施用地 | 0.76 | 0.07 | — |
| 10 | G | | 绿地与广场用地 | 61.55 | 6.00 | 3.01 |
| | | G1 | 公园绿地用地 | 53.27 | 5.20 | — |
| | | G2 | 防护绿地用地 | 0.42 | 0.04 | — |
| | | G3 | 广场用地 | 7.86 | 0.77 | — |

**2. 现状用地主要特征**

(1) 现状居住用地

现状居住用地为 325.78 ha，占现状城市建设用地的 31.78%。人均居住用地面积为 15.93 m²，低于人均 18～28 m² 的国家标准。

现状居住用地中以二类居住用地为主，用地面积 214.01 ha，占现状城市建设用地的 20.88%。该类用地分布较广，主要以 1980 年后兴建的住宅小区为主，大都为多层、高层建筑，居住环境相对较好，配套设施齐全。包括台城花园、富贵山小区、后宰门小区、公教一村、峨嵋新村、百子亭小区等。

现状一类居住用地为 6.28 ha，占现状城市建设用地的 0.61%。该类用地主要为部分仍作为居住功能使用的历史建筑等用地，此类居住用地环境优美、管理完善、配套设施齐全。

现状三类居住用地为 61.42 ha，占现状城市建设用地的 5.99%。该类用地主要以 1980 年以前兴建的 1～3 层破旧低矮住宅为主，其中部分为历史遗留的几十年甚至上百年的木结构房屋。建筑质量普遍较差，布局密集，街巷狭窄，配套设施匮乏，居住环境恶劣。该类居住用地主要分布于珠江路、富贵山、高楼门地区，应加大力度调整该类用地，改善环境。

现状商住混合用地为 25.67 ha，占现状城市建设用地的 2.50%。该类用地以 2000 年后兴建的混合用地为主，主要分布在珠江路、丹凤街等地区，例如同仁新寓、长发中心、新月大厦等。

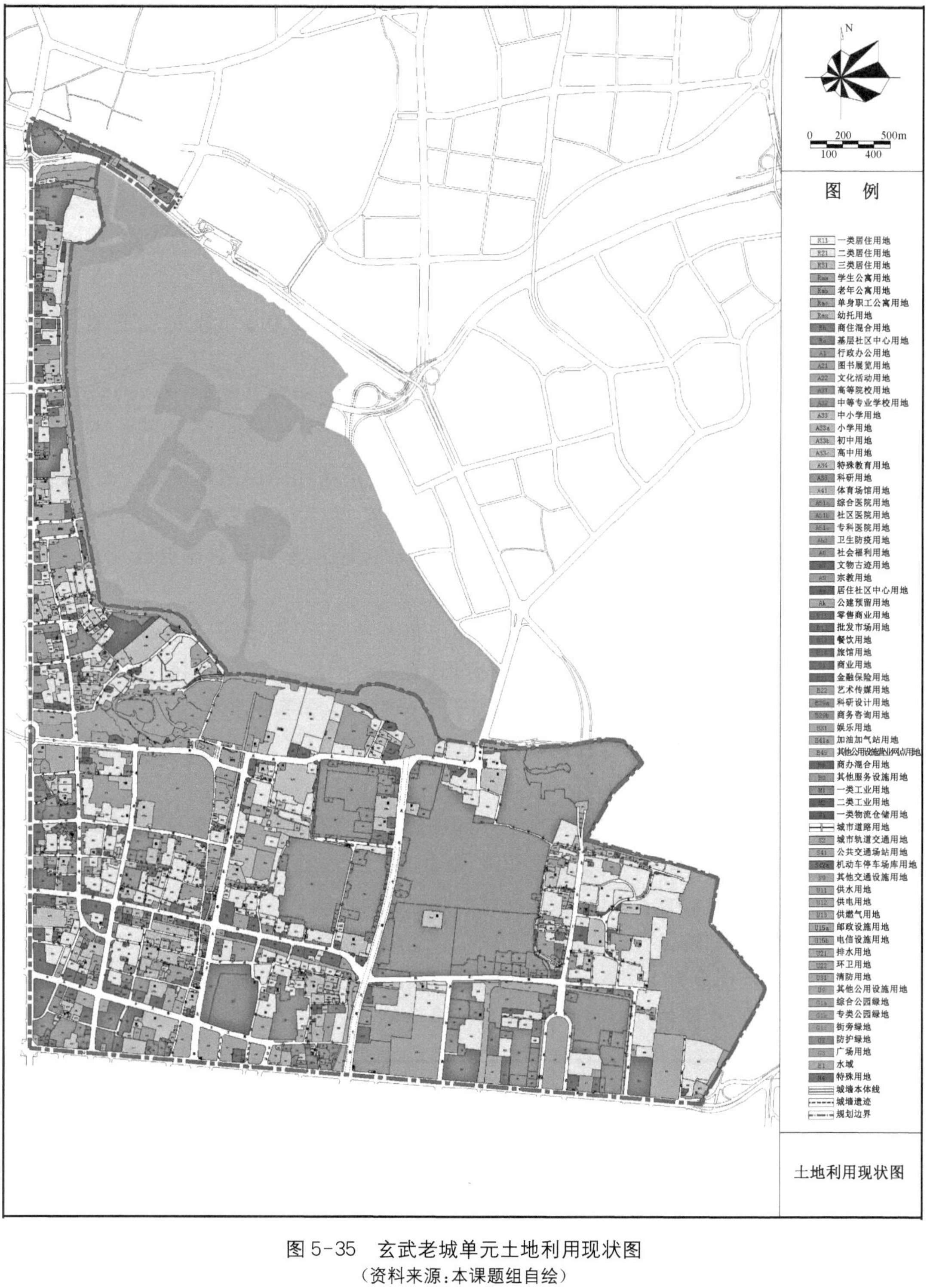

图 5-35 玄武老城单元土地利用现状图
（资料来源：本课题组自绘）

现状其他居住用地为16.69 ha,占现状城市建设用地的1.63%。主要包括洪福老年公寓、熊猫电子集团公司单身职工公寓、南京卷烟厂单身职工公寓以及东南大学宿舍区为主的学生公寓用地。

现状基层社区中心用地为1.71 ha,占现状城市建设用地的0.17%。主要包括各个社区的居委会和服务中心等。

(2) 现状公共管理与公共服务设施用地

现状公共管理与公共服务设施用地为203.78 ha,占现状城市建设用地的19.88%。公共服务设施比例较高,但市级及以上行政、文化设施比重过大,区级、社区级文化、体育、医疗设施配套薄弱。

现状行政办公用地为23.62 ha,主要包括江苏省卫生厅、江苏省气象局、江苏省科技厅、南京市人民政府、南京市教育局、南京市财政局、南京市审计局、南京市卫生局、南京市邮政局、南京市规划与自然资源局、南京市体育局、玄武区人民政府等重要省、市、区级政府机关单位。

现状文化设施用地为18.03 ha,主要集中在长江路沿线和中山东路东段。长江路沿线分布有省美术馆新馆、南京市文化艺术中心、人民大会堂、南京市图书新馆、梅园新村纪念馆等重要文化设施;中山东路东段分布有中国第二历史档案馆、南京军区军史馆、南京博物院等文化设施。

现状教育科研用地为120.29 ha,主要包括东南大学、东大科技园、江苏软件园、总参第十六研究所、中国科学院南京地质古生物研究所、北极阁气象台等相关科研单位,以及南京外国语学校、人民中学、北京东路小学、南京师范大学附属中学等中小学。

现状体育用地为1.17 ha,仅占现状城市建设用地的0.11%,体育设施匮乏,主要为南京市全民健身中心。

现状医疗卫生用地为17.85 ha,包括江苏省肿瘤医院、东部战区总医院、南京市口腔医院、南京市鼓楼医院门诊部、南京市市级机关医院、南京市玄武区中医院、南京市玄武医院等。

现状社会福利用地为1.17 ha,仅占现状城市建设用地的0.11%,社会福利设施匮乏,主要为南京市儿童福利院。

现状文物古迹用地为12.36 ha,占现状城市建设用地的1.21%。该类用地主要集中分布在中山东路一侧,主要包括总统府、梅园新村等。

现状宗教用地为4.03 ha,占现状城市建设用地的0.39%,主要包括鸡鸣寺、清真寺、毗卢寺、基督教天城堂等。

现状居住社区中心用地为0.74 ha,占现状城市建设用地的0.07%。

现状公建预留用地为4.52 ha,占现状城市建设用地的0.44%。

(3) 现状商业服务业设施用地

现状商业服务业设施用地为115.95 ha,占现状城市建设用地的11.31%。其中,商业用地占比最大,用地面积48.91 ha,占现状城市建设用地的4.77%。主要包括零售商业用地、批发市场用地、餐饮用地、旅馆用地,集中分布在新街口片区;商务用地为30.56 ha,商办混合用地为 26.52 ha,分别占现状城市建设用地的 2.98% 和 2.59%,主要沿中央路、珠江路、长江路两侧分布。另外还有娱乐康体用地 3.04 ha、公用设施营业网点用地 0.59 ha、其他服务设施用地 6.33 ha。

(4) 现状工业用地

现状工业用地为 11.89 ha,占现状城市建设用地的 1.16%。区内工业用地较少,零星分布。其中一类工业用地 11.01 ha,包括金梦都集团、熊猫电子厂等;二类工业用地 0.88 ha,包括丝织厂、鲲鹏工艺装饰公司、工艺漆器厂、南烟厂等。

(5) 现状物流仓储用地

现状物流仓储用地 0.68 ha,占现状城市建设用地的 0.07%,包括玄武物资仓库等。

(6) 现状道路与交通设施用地

现状道路与交通设施用地为 147.88 ha,占现状城市建设用地的 14.43%。其中,道路用地为 142.84 ha,包括中央路、中山路以及珠江路等城市道路;城市轨道交通用地为 0.50 ha,主要为地铁用地;交通场站用地为 3.81 ha;其他交通设施用地 0.73 ha。

(7) 现状公用设施用地

现状公用设施用地 5.61 ha,占现状城市建设用地的 0.55%。其中,供应设施用地 3.85 ha,主要为南京港华燃气有限公司等;环境设施用地 0.82 ha;安全设施用地 0.18 ha;其他公用设施 0.76 ha。

(8) 现状绿地与广场用地

现状绿地与广场用地为 61.55 ha,占现状城市建设用地的 6.00%。人均公共绿地面积为 3.01 $m^2$/人,远低于国家人均 7 $m^2$ 的标准。其中,公园绿地 53.27 ha,占现状城市建设用地的 5.20%,主要分布在明城墙玄武门—太平门至鼓楼沿线,包括九华山公园、北极阁公园、台城公园、大钟亭公园、神策门公园等,以及一处专类公园,即明故宫遗址公园。沿太平北路西侧与珠江路东段南侧有连续带状绿地;防护绿地 0.42 ha,占现状城市建设用地的 0.04%;广场用地 7.86 ha,占现状城市建设用地的 0.77%,主要包括鼓楼广场、环亚凯瑟琳广场、大行宫广场等。

(9) 现状特殊用地

特殊用地 151.89 ha,占现状城市建设用地的 14.82%。

**3. 相关公共设施现状分析**

公共设施规划一般包括公共管理以及公共服务设施以及居住区配套设施规划两方面。本研究从与居民生活关联的紧密性、提高生活品质的重要性角度考虑,将市政公用设施与绿地一并纳入考虑范围,但在规划成果中仍保留专项规划内容。公共管理与公共服务设施分类中的文物古迹设施与宗教设施比重小,且更新置换的可能性不大,因此不纳入此次研究范围。

(1) 公共管理与公共服务设施

1) 教育科研设施占比过半

规划区内集聚了东南大学、中国科学院南京地质古生物研究所、南京外国语学校、北京东路小学等各类教育科研机构,教育科研资源丰富,用地面积占公共管理与公共服务设施总用地的59%。

2)行政办公、文化、医疗卫生设施基础好

现有江苏省卫生健康委员会、南京市人民政府、江苏省美术馆、东部战区总医院等大量行政机构、文化设施与医疗机构。玄武老城单元内重要的文化设施较多,在南京市占有重要地位。其中,文化设施沿长江路集中分布,突出了长江路市级"文化一条街"的定位。

3)体育与社会福利设施少

现状仅有全民健身中心与南京市儿童福利院各一处设施。

4)市级公共设施占据主导,地区级设施建设力度不足

除区行政办公设施外,其余地区级文化、医疗卫生等设施较少。

(2)居住配套设施

居住配套设施包括居住社区级与基层社区级两级设施,存在以下特征:

1)部分设施规模存在不同程度缺口

按现状常住人口统计,各类居住社区级设施规模达标率低,社区养老院、体育活动场地、幼儿园、社区绿地等设施存在建设缺项。

2)设施布局分散,功能拆分现象严重

现状3个街道有4处居住社区中心用地,其中3处被各街道用于街政管理办公使用,1处为新街口街道社区服务中心;另有4处派出所用地、4处社区卫生服务中心用地,其余居住社区级设施分散布置在街道内,多为租用、购买用房设置,设施之间关联性较差。现状基层社区服务同样存在多处分散设置现象,仅有50%的社区设施集中在一处设置,大树根社区基层社区服务设施分4处设置。

3)同类设施每处规模差别较大

以建筑规模比较,各街道社区卫生服务中心建筑面积最小为1 200 m$^2$,最大一处规模达5 000 m$^2$;玄武门派出所建筑面积仅280 m$^2$,其他三处规模均在1 200~1 600 m$^2$,规模差距达4倍以上;现状基层社区用房面积大小分布也从340至2 150 m$^2$ 不等,公共设施建设的规模差异较大。

4)基层教育设施配置的特殊要求

玄武老城单元不乏市重点中学、小学的本部坐落其中。现有用地规模难以满足新版标准中对应的人口需求。问题核心一是新版标准人均用地面积提高,幼儿园生均占地面积需≥15 m$^2$,老城区小学生均占地面积需≥18 m$^2$,中学生均占地面积需≥23 m$^2$。各校办学时间久,生均用地规模难以达标,多为超负荷运行。其中,幼儿园20所,生均面积达标率仅为41%(不含在校生数据缺失的三所幼儿园),小学达标率仅有27%,中学仅有一处达标。其二,2015年南京市政府办公厅印发《关于控制老城范围内学校医院合理规模的指导意见》,提出在老城范围内控制学校新建、改建项目,学校择校比例只减不增,通过控制老城学校规模,逐渐引导各校办学规模合理化,进而实现老城人口控制与疏散。在政策施行过程中,不可避免会出现阶段性的矛盾。

**(3) 市政公用设施与绿地**

本节所述市政公用设施为有用地表达的设施，不含各类设施管线、站点的分析。

现有区域增压站 2 座，分别为北极阁增压站（为北极阁区域增压供水，供水规模 1 900 m³/日）和西家大塘增压站（为西家大塘区域增压供水，供水规模 9 000 m³/日）。

现有污水提升泵站 1 座，即清溪路污水提升泵站，泵站规模为 0.22 m³/s，占地 97 m²。

规划区内现有 4 座 110 千伏变电站，分别为安仁街变电站、珠江路变电站、长江路变电站和小营变电站。

规划区内现有邮政支局 4 座，分别为鼓楼邮政支局、鼓楼投递分局、浮桥邮政支局、明故宫邮政支局；邮政所 2 处，分别为丹凤街邮政所和北京东路邮政所。

规划区现有 2 座小型垃圾中转站，即汇文里垃圾中转站和富贵山垃圾中转站。现有环卫管理所两座，一座位于进香河路与卫巷交叉口西南侧，占地面积 1 780 m²；另一座位于富贵山路与富贵巷交叉口西北侧，占地面积 2 296 m²。现有公厕 44 座，其中玄武门街道 11 座，新街口街道 13 座，梅园新村街道 20 座。

现状绿地与广场用地面积为 61.54 ha，占现状城市建设用地的 6.0%。其中，公园绿地 53.27 ha（包括北极阁公园、九华山公园和明故宫遗址公园）。人均绿地与广场用地为 3.01 m²/人，远低于国家人均 7 m² 的标准。此外，绿地分布零散，未成系统，新街口核心区缺乏公共绿地，私密性绿地可达性低；社区集中绿地有待改善。

**(4) 现状公共设施配置问题小结**

综合上述现状公共设施配置特征分析，总结玄武老城单元公共设施配置存在以下四点问题：

问题 1：不同等级设施之间配置情况差异大，地区级及以下等级公共设施配置总量不足，尤其是居住社区级、基层社区级设施，现状设施规模不足且存在缺项。

问题 2：部分设施每处规模差异较大，设施配置达标情况较差。受老城人口控制政策影响，中小学、公立医院的建设受到限制，重新确定现状设施尤其是中小学教育设施的合理规模是本次规划的重要工作之一。

问题 3：公共设施空间布局过于分散，无法形成良好的公共服务氛围。

问题 4：租用空间的公共设施持续性服务无法保障，而且建设运行与维护均由政府承担。受房价、地价影响，政府财政负担加重，公共设施服务水平难以保持。

## 5.4.2 玄武老城单元土地利用规划

**1. 规划用地汇总**

玄武老城单元规划总用地面积为 1 037.16 ha，其中规划城市建设用地面积为 1 023.80 ha，占规划总用地面积的比例为 98.71%（见表 5-17、5-18、图 5-36）。

表 5-17　南京市玄武老城单元规划用地汇总表
（资料来源：本课题组整理）

| 序号 | 类别 | | | 面积(ha) | 占规划总用地比例(%) |
|---|---|---|---|---|---|
| 1 | 规划总用地 | | | 1 037.16 | 100.00 |
| 2 | | 城市建设用地 | | 1 023.80 | 98.71 |
| | 其中 | 建设用地 | | 123.44 | 11.90 |
| | | 居住用地 | | 291.32 | 28.09 |
| | | 公共管理与公共服务设施用地 | | 186.16 | 17.95 |
| | | 商业服务业设施用地 | | 121.91 | 11.75 |
| | | 道路与交通设施用地 | | 166.07 | 16.01 |
| | | 公用设施用地 | | 4.9 | 0.47 |
| | | 绿地与广场用地 | | 130.00 | 12.53 |
| 3 | 水域和其他非城市建设用地 | | | 13.36 | 1.29 |
| | 其中 | 水域 | | 13.36 | 1.29 |

表 5-18　南京市玄武老城单元规划城市建设用地汇总表
（资料来源：本课题组整理）

| 序号 | 大类 | 中类 | 小类 | 用地名称 | 面积(ha) | 占城市建设用地(%) | 占总用地(%) |
|---|---|---|---|---|---|---|---|
| 1 | H | | | 建设用地 | 123.44 | 12.06 | 11.90 |
| | 其中 | H4 | | 特殊用地 | 123.44 | 12.06 | 11.90 |
| 2 | R | | | 居住用地 | 291.32 | 28.45 | 28.09 |
| | 其中 | R2 | | 二类居住用地 | 241.54 | 23.59 | 23.29 |
| | | 其中 | R21 | 二类住宅用地 | 241.54 | 23.59 | 23.29 |
| | | Ra | | 其他居住用地 | 20.19 | 1.97 | 1.95 |
| | | 其中 | Raa | 学生公寓用地 | 8.77 | 0.86 | 0.85 |
| | | | Rab | 老年公寓用地 | 3.91 | 0.38 | 0.38 |
| | | | Rax | 幼托用地 | 7.51 | 0.73 | 0.72 |
| | | Rc | | 基层社区中心用地 | 3.04 | 0.30 | 0.29 |
| | | Rb | | 商住混合用地 | 26.55 | 2.59 | 2.56 |
| 3 | A | | | 公共管理与公共服务设施用地 | 186.16 | 18.18 | 17.95 |
| | 其中 | A1 | | 行政办公用地 | 21.92 | 2.14 | 2.11 |
| | | A2 | | 文化设施用地 | 18.49 | 1.81 | 1.78 |
| | | A3 | | 教育科研用地 | 111.72 | 10.91 | 10.77 |

续表 5-18

| 序号 | 大类 | 中类 | 小类 | 用地名称 | 面积(ha) | 占城市建设用地(%) | 占总用地(%) |
|---|---|---|---|---|---|---|---|
| 3 | 其中 | A31 | | 高等院校用地 | 52.41 | 5.12 | 5.05 |
| | | A32 | | 中等专业学校用地 | 0.68 | 0.07 | 0.07 |
| | | A33 | | 中小学用地 | 37.76 | 3.69 | 3.64 |
| | | A34 | | 特殊教育用地 | 0.34 | 0.03 | 0.03 |
| | | A35 | | 科研用地 | 20.53 | 2.01 | 1.98 |
| | | A4 | | 体育用地 | 1.18 | 0.12 | 0.11 |
| | | A5 | | 医疗卫生用地 | 18.15 | 1.77 | 1.75 |
| | | 其中 | A51 | 医院用地 | 17.89 | 1.75 | 1.72 |
| | | | A52 | 卫生防疫用地 | 0.26 | 0.03 | 0.03 |
| | | A6 | | 社会福利用地 | 0.51 | 0.05 | 0.05 |
| | | A7 | | 文物古迹用地 | 8.65 | 0.84 | 0.83 |
| | | A9 | | 宗教用地 | 4.11 | 0.40 | 0.40 |
| | | Aa | | 居住社区中心用地 | 1.43 | 0.14 | 0.14 |
| 4 | B | | | 商业服务业设施用地 | 121.91 | 11.91 | 11.75 |
| | 其中 | B1 | | 商业用地 | 36.37 | 3.55 | 3.51 |
| | | B2 | | 商务用地 | 34.62 | 3.38 | 3.34 |
| | | B3 | | 娱乐康体用地 | 2.73 | 0.27 | 0.26 |
| | | B4 | | 公用设施营业网点用地 | 0.17 | 0.02 | 0.02 |
| | | 其中 | B41 | 加油加气站用地 | 0.17 | 0.02 | 0.02 |
| | | B9 | | 其他服务设施用地 | 4.38 | 0.43 | 0.42 |
| | | Bb | | 商办混合用地 | 43.64 | 4.26 | 4.21 |
| 5 | S | | | 道路与交通设施用地 | 166.07 | 16.22 | 16.01 |
| | 其中 | S1 | | 道路用地 | 163.23 | 15.94 | 15.74 |
| | | S2 | | 城市轨道交通用地 | 0.36 | 0.04 | 0.03 |
| | | S4 | | 交通场站用地 | 1.12 | 0.11 | 0.11 |
| | | 其中 | S41 | 公共交通场站用地 | 0.48 | 0.05 | 0.05 |
| | | | S42 | 社会停车场用地 | 0.64 | 0.06 | 0.06 |
| | | S9 | | 其他交通设施用地 | 1.36 | 0.13 | 0.13 |

续表 5-18

| 序号 | 大类 | 中类 | 小类 | 用地名称 | 面积(ha) | 占城市建设用地(%) | 占总用地(%) |
|---|---|---|---|---|---|---|---|
| 6 | | U | | 公用设施用地 | 4.90 | 0.48 | 0.47 |
| | | | U1 | 供应设施用地 | 3.87 | 0.38 | 0.37 |
| | | 其中 | U11 | 供水用地 | 0.12 | 0.01 | 0.01 |
| | | | U12 | 供电用地 | 1.12 | 0.11 | 0.11 |
| | | | U13 | 供燃气用地 | 0.45 | 0.04 | 0.04 |
| | | | U15 | 通信用地 | 2.18 | 0.21 | 0.21 |
| | 其中 | U2 | | 环境设施用地 | 0.45 | 0.04 | 0.04 |
| | | 其中 | U21 | 排水用地 | 0.06 | 0.01 | 0.01 |
| | | | U22 | 环卫用地 | 0.39 | 0.04 | 0.04 |
| | | U3 | | 安全设施用地 | 0.12 | 0.01 | 0.01 |
| | | 其中 | U31 | 消防用地 | 0.12 | 0.01 | 0.01 |
| | | U9 | | 其他公用设施用地 | 0.46 | 0.04 | 0.04 |
| 7 | | G | | 绿地与广场用地 | 130.00 | 12.70 | 12.53 |
| | | | G1 | 公园绿地用地 | 92.52 | 9.04 | 8.92 |
| | 其中 | 其中 | G1a | 综合公园用地 | 22.91 | 2.24 | 2.21 |
| | | | G1b | 专类公园用地 | 13.41 | 1.31 | 1.29 |
| | | | G1c | 街旁绿地用地 | 56.20 | 5.49 | 5.42 |
| | | G2 | | 防护绿地用地 | 27.31 | 2.67 | 2.63 |
| | | G3 | | 广场用地 | 10.17 | 0.99 | 0.98 |
| 8 | | E | | 非建设 | 13.36 | —— | 1.29 |
| | 其中 | E1 | | 水域 | 13.36 | —— | 1.29 |

## 2. 居住用地规划

规划居住用地 291.32 ha，占规划城市建设用地面积的 28.45%。其中：二类居住用地 241.54 ha，占规划城市建设用地的 23.59%；基层社区中心用地 3.04 ha，占规划城市建设用地的 0.30%；商住混合用地 26.55 ha，占规划城市建设用地的 2.59%；其他居住用地 20.19 ha，占规划城市建设用地的 1.97%。

## 3. 公共管理与公共服务设施用地规划

规划公共管理与公共服务设施用地面积为 186.16 ha，占规划城市建设用地的 18.18%。其中：行政办公用地 21.92 ha，占规划城市建设用地的 2.14%；文化设施用地 18.49 ha，占规划城市建设用地的 1.81%；教育科研用地 111.72 ha，占规划城市建设用地的 10.91%；体育

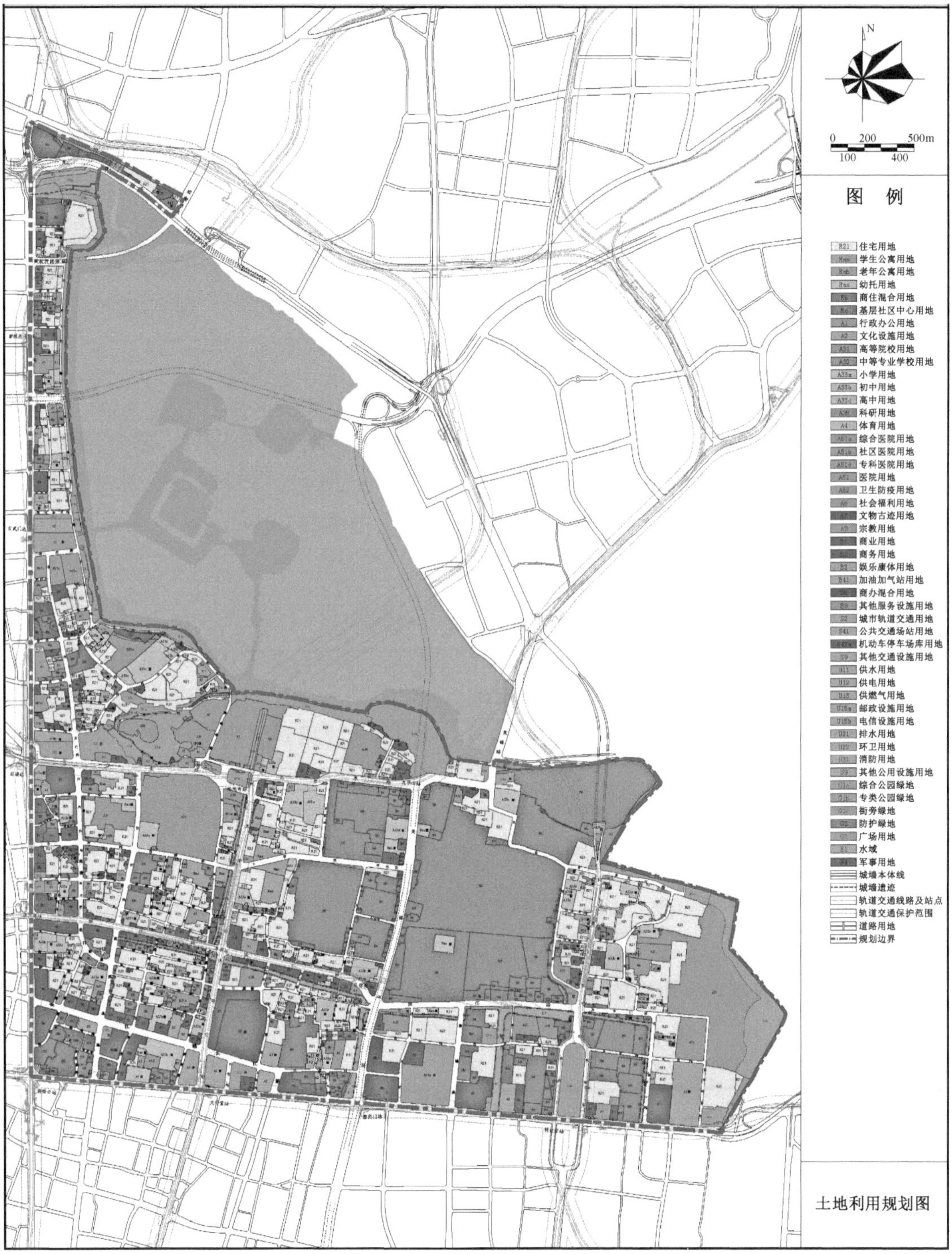

图 5-36 玄武老城单元土地利用规划图
（资料来源：本课题组自绘）

用地 1.18 ha,占规划城市建设用地的 0.12%;医疗卫生用地 18.15 ha,占规划城市建设用地的 1.77%;社会福利用地 0.51 ha,占规划城市建设用地的 0.05%;文物古迹用地 8.65 ha,占规划城市建设用地的 0.84%;宗教用地 4.11 ha,占规划城市建设用地的 0.40%;居住社区中心用地 1.43 ha,占规划城市建设用地的 0.14%。

#### 4. 商业服务业设施用地规划

规划商业服务业设施用地 121.91 ha,占规划城市建设用地的 11.91%。其中:商业用地 36.37 ha,占规划城市建设用地的 3.55%;商务用地 34.62 ha,占规划城市建设用地的 3.38%;娱乐康体用地 2.73 ha,占规划城市建设用地的 0.27%;公用设施营业网点用地 0.17 ha,占规划城市建设用地的 0.02%;其他服务设施用地 4.38 ha,占规划城市建设用地的 0.43%;商办混合用地 43.64 ha,占规划城市建设用地的 4.26%。

#### 5. 道路与交通设施用地规划

规划道路与交通设施用地 166.07 ha,占规划城市建设用地的 16.22%。其中:道路用地 163.23 ha,占规划城市建设用地的 15.94%;城市轨道交通用地 0.36 ha,占规划城市建设用地的 0.04%;交通场站用地 1.12 ha,占规划城市建设用地的 0.11%;其他交通设施用地 1.36 ha,占规划城市建设用地的 0.13%。

#### 6. 公用设施用地规划

规划公用设施用地 4.90 ha,占规划城市建设用地的 0.48%。其中:供应设施用地 3.87 ha,占规划城市建设用地的 0.38%;环境设施用地 0.45 ha,占规划城市建设用地的 0.04%;安全设施用地 0.12 ha,占规划城市建设用地的 0.01%;其他公用设施用地 0.46 ha,占规划城市建设用地的 0.04%。

本研究公共设施配置涉及公用设施用地配置,对于具体市政公用设施管网或容量规划,以相关设施专项配置标准为依据进行配置,归属市政公用设施专项规划说明。

#### 7. 绿地与广场用地规划

规划绿地与广场用地 130.00 ha,占规划城市建设用地的 12.70%。其中:公园绿地用地 92.52 ha,占规划城市建设用地的 9.04%;防护绿地用地 27.31 ha,占规划城市建设用地的 2.67%;广场用地 10.17 ha,占规划城市建设用地的 0.99%。

#### 8. 建设用地适建性规定

为保障土地使用的灵活性,同时鼓励土地的综合利用,规划除了确定为绿化、学校、市政公用设施、社区服务中心等应严格控制的地块外,对其他地块的用地性质都进行适建性分析。地块土地使用可在相容性许可范围内按照有关规定进行变更,但必须符合《江苏省控制性详细规划编制导则》中"用地兼容控制表"中规定的要求。变更用地面积应与规划面积相当,且不得占用必需的配套公共服务设施及市政公用设施用地。

如地块在"建设用地适建规定"允许的范围内变更,其土地使用强度应参照相邻地段、同类用地性质的控制规定做相应的调整,但不应突破原规划的土地使用强度指标。

凡需改变规划用地性质,超出《江苏省控制性详细规划编制导则》中"用地兼容控制表"中规定范围的,应先提出调整规划,按规定程序和审批权限进行上报批准后执行。

### 5.4.3 公共设施配置专项——规划人口规模测算

#### 1. 基于用地变化推算规划人口规模的两种办法

规划提出推算规划人口规模的两种测算办法,一种是基于居住用地变化推算近期规划人口,另一种则是以公共设施用地供给能力反推出服务人口作为远期人口引导。其中:

基于居住用地变化的人口预测是立足地区现状实际居住人口的预测方式,直接反映了地区居住人口的变化趋势。规划将基于居住用地变化的人口预测作为近期规划人口依据,以指导地区内公共设施进一步的规模配置,尤其是对于与居住人口紧密相关的社区级公共设施。

根据各类有用地要求的公共设施实际配置情况,反推各类公共设施能够服务的合理人口。通过比对各项公共设施反推的服务人口规模,取各类公共设施中能够服务的最小人口规模数作为该地区公共设施服务能承受的理想人口规模。规划将此人口规模确定为地区远期规划人口规模,作为指导存量规划地区远期人口疏减的引导目标。

#### 2. 基于居住用地变化的近期规划人口预测

依据疏散老城人口的要求,从居住用地变化角度,规划提出近期规划人口＝现状常住人口＋规划新增居住用地对应人口－置换居住用地中疏散的人口。

**疏散的现状人口**

经统计,本次规划置换现状居住建筑面积约 328 434 m²(含已批用地),按照玄武区户均面积 88.28 m²,以及户均 2.7 人计算,测算出对应的疏散人口数约 10 045 人。

**新增的居住用地核定人口**

规划置换新增的居住建筑面积约 51 726 m²(主要为已审批用地中的居住用地),按照户均 88.28 m²,以及户均 2.7 人计算,测算出对应的新增人口数约 1 582 人。

根据上述测算方法,现状玄武老城单元常住人口为 20.45 万人,得出近期规划人口约为 19.6 万人,疏散人口约 0.85 万人。

#### 3. 以公共设施用地供给能力反推服务人口,作为远期人口引导

推算公共设施用地对应服务的理想人口规模,计算各类公共设施用地所能服务的人口,远期规划人口＝(各类公共设施对应服务人口)$_{\text{mix}}$。

以各项公共设施配置的千人指标为依据,反推各项设施用地服务对应的人口数。规划区内小学设施用地反推出的人口规模最小,玄武老城单元以小学设施配置规模对应的服务人口 11.3 万人作为远期人口引导目标。因此,玄武老城单元远期规划人口 11.3 万人,远期疏散人口目标 11.3 万人。

#### 4. 基于人口疏减的规模引导

玄武老城单元发展时间久,设施服务水准高,就业机会多,日积月累形成了地区人口压力较大的问题。通过用地配置反推的服务人口规模,为疏减人口提供有力的引导。

但城市建设是一个动态过程,在疏散人口的目标引导下,需逐步将这些被疏散的人口对应的居住用地置换出来,作为存量土地资源,用以完善公共设施配置或促进城市经济、环境发展。因此,居住用地与公共设施用地存在相互变化影响的关系,存量土地建设与人口疏减引导形成了"土地—设施—人口—土地"循环影响的动态发展过程。当人口与公共设施用地规模的配比关系趋于公共设施配置标准的要求时,即达到了人口规模疏减的目的。

### 5.4.4 公共设施配置专项——公共管理与公共服务设施规划

#### 1. 规划原则

玄武老城单元的公共管理与公共服务设施规划,原则上保留现有的各类公共管理与公共服务设施用地。从区域统筹角度出发,规划区内区级及以上公共设施不再增加,同时结合现状情况,重点完善社区级及基层社区级公共设施。公共管理与公共服务设施按以下原则进行设置:

（1）统一规划,统筹兼顾

按照社区发展需求和地区实际,公共管理与公共服务设施实行统一规划、统筹安排。

（2）合理布局,便民利民

区级以下公共服务设施服务范围原则上以居民为主,服务半径根据不同功能的设施合理确定。

（3）因地制宜,差别配置

从实际出发,不同区域的社区,按其人口特征及本区域内已有公共管理与公共服务设施的不同情况,实行差别化配置。

（4）形式多样,资源共享

考虑老城实际情况,通过新建、改建、扩建和调整、共享、租赁、收购等多种形式,推进设施建设,有计划地推进公共管理与公共服务设施规划落地。

#### 2. 各类设施规划

（1）行政办公设施规划

规划行政办公用地21.92 ha,占规划城市建设用地的2.14%。该类用地主要集中分布在北京东路、中山路等道路两侧,以及新街口等地区。规划区的行政办公用地主要以省级、市级、区级行政办公用地为主。规划原则上对现有的大部分行政办公设施予以保留,不再另行增加(见图5-37)。

（2）文化设施规划

规划文化设施用地为18.49 ha,占规划城市建设用地的1.81%。其中,区级及以上文化设施主要集中布局在沿中山东路、长江路两侧地区。规划原则上保留现有的文化娱乐设施,整合现有历史文化资源,以长江路文化旅游大街为依托,完善梅园新村—桃园—钟岚里—熊猫电子厂地区的文化设施建设,强化文化创意产业的发展。同时,规划加大对居住社区级和基层社区级的文化设施改造和新建的力度(见图 5-38)。

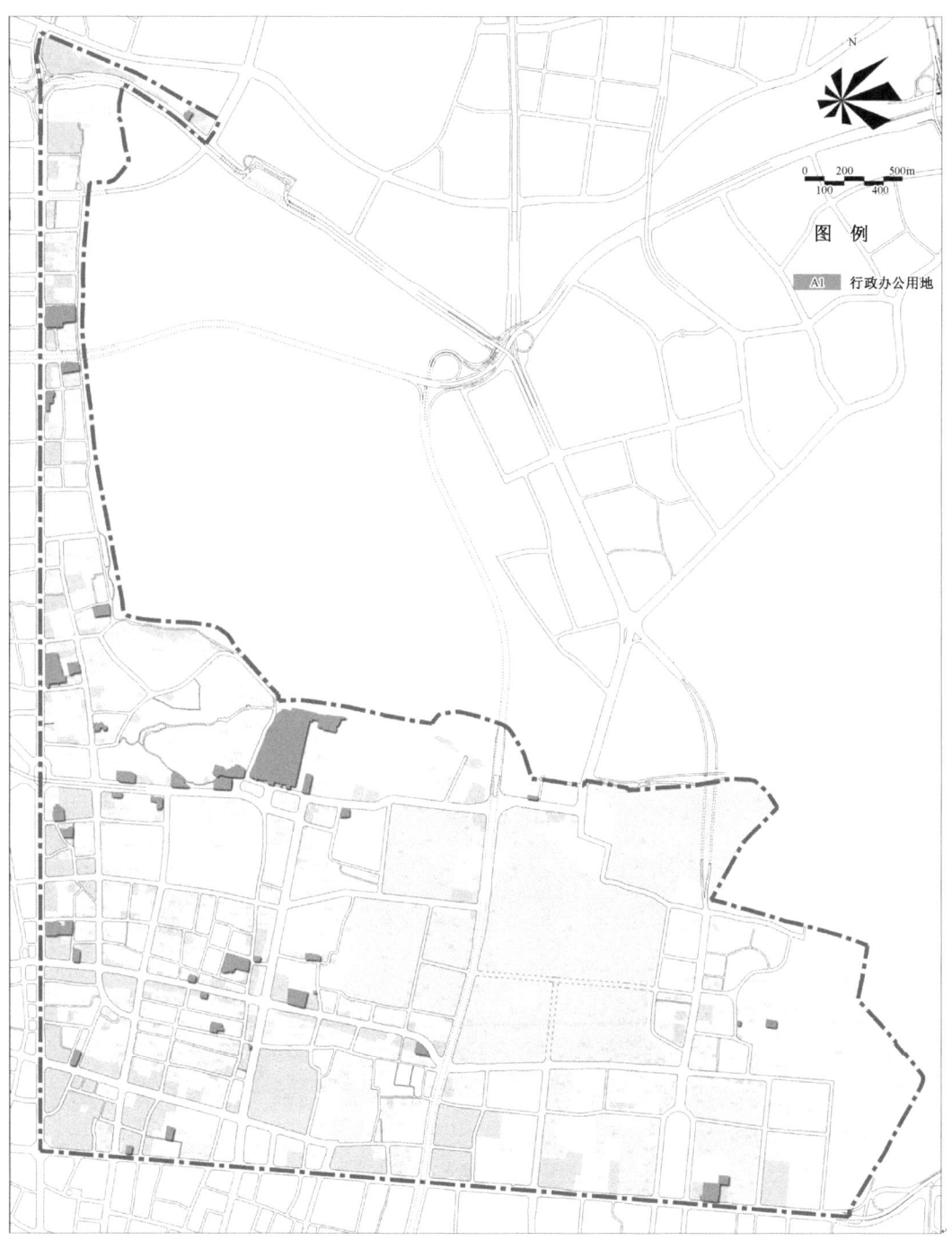

图 5-37　玄武老城单元行政办公设施用地规划图
(资料来源:本课题组自绘)

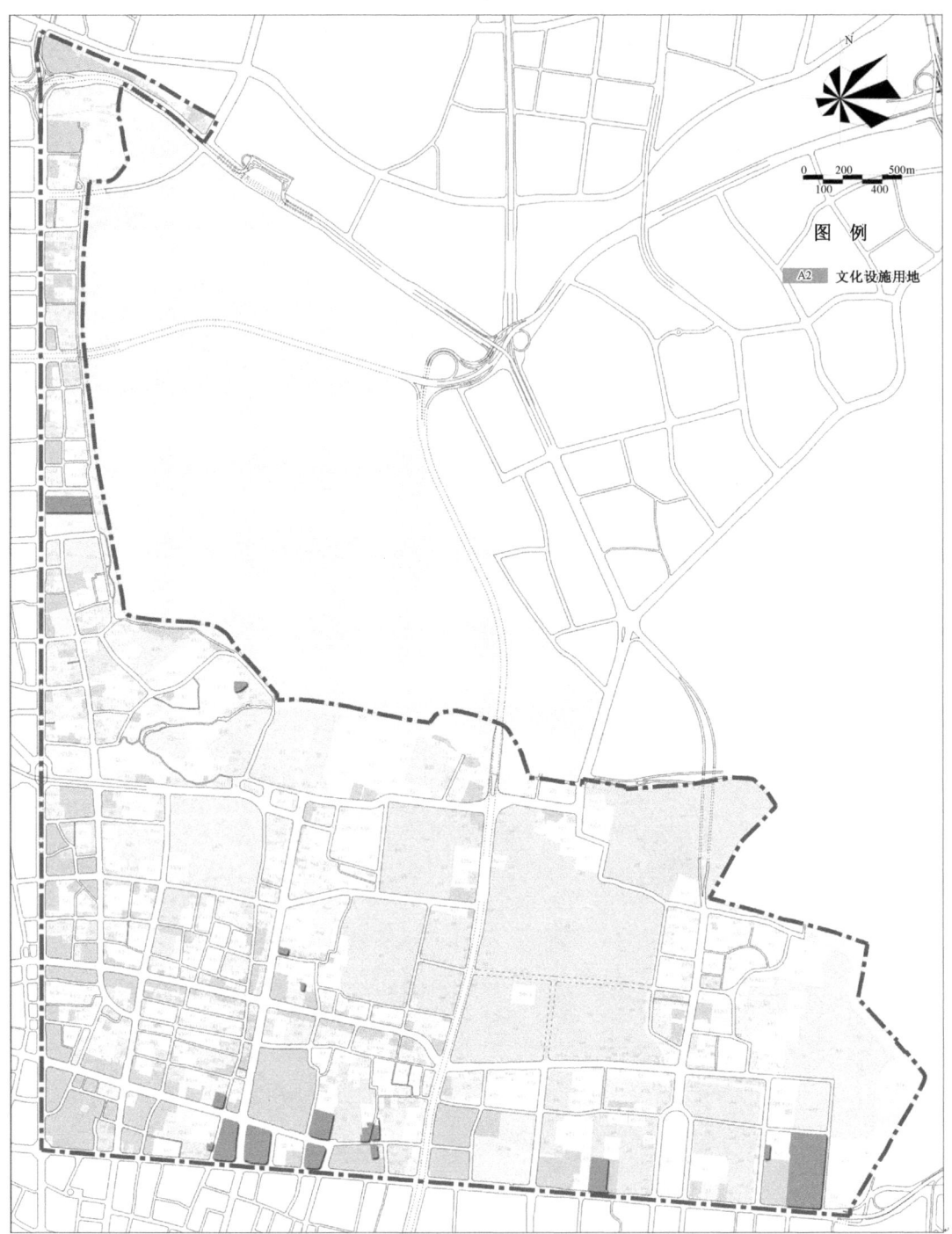

图 5-38 玄武老城单元文化设施用地规划图
（资料来源：本课题组自绘）

(3) 教育科研设施规划

规划教育科研用地为 111.72 ha,占规划城市建设用地的 10.91%。其中,中小学用地面积 37.76 ha,占规划城市建设用地的 3.69%;非义务教育用地面积 53.42 ha,占规划城市建设用地的 5.22%;科研用地 20.53 ha,占规划城市建设用地的 2.00%(见图 5-39)。

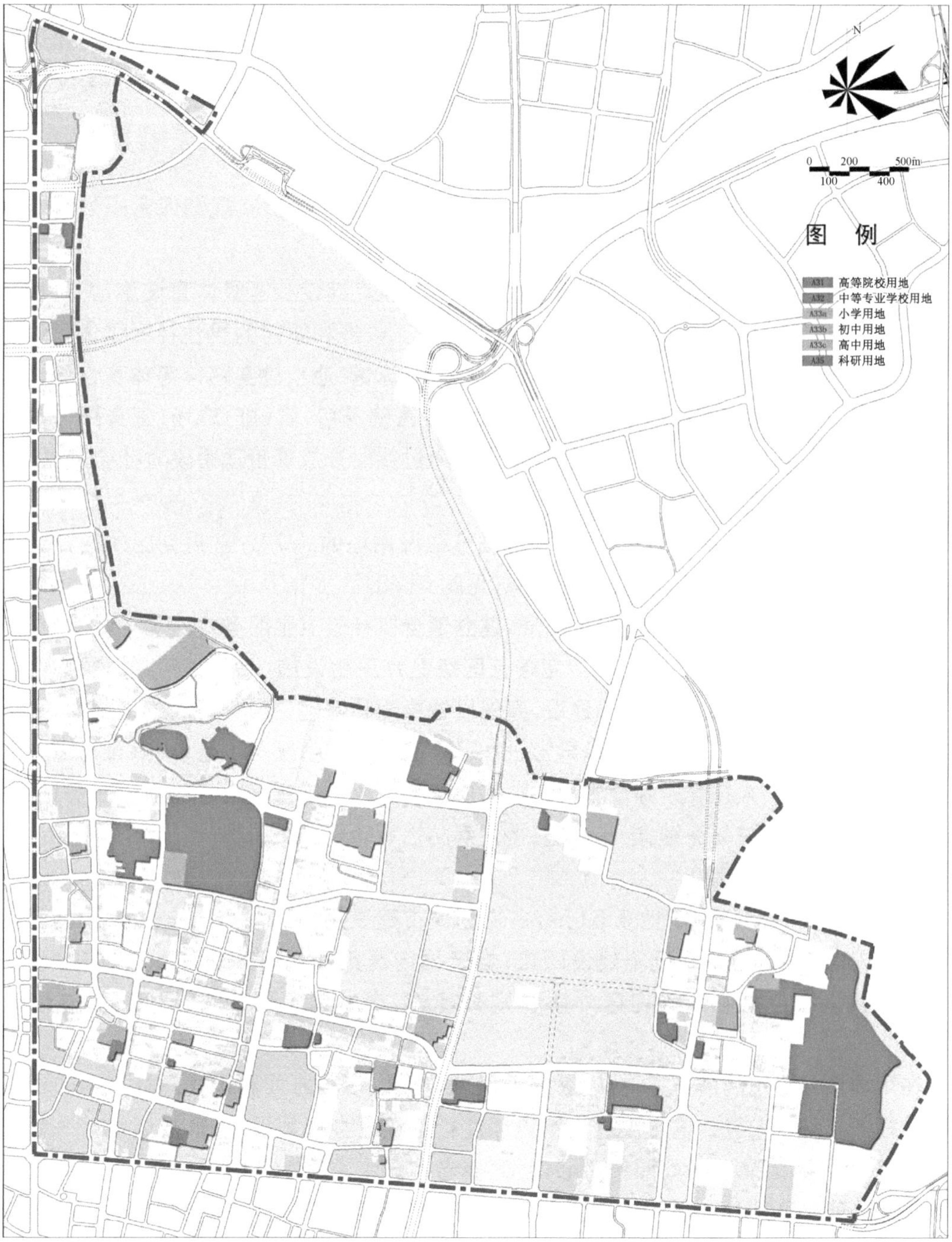

图 5-39 玄武老城单元教育科研设施用地规划图
(资料来源:本课题组自绘)

规划区内教育科研设施资源丰富、科研水平较高;对于非义务教育设施,原则上保留现状,重点在于改善环境品质、提高服务能力;义务教育设施的中小学规划具体详见居住区及配套设施规划章节的中小学、幼儿园规划。

规划依托东南大学等优质高教资源,积极推动南京图书馆旧馆、总参六零停车场等地块的功能置换与整体改造,与现有的数字文化创意园、东南大学国家大学科技园、南京玄东科技园、珠江路创业大街等形成集群优势,建设科技创业创新基地。同时,借此带动邻近居住小区的环境整治、面貌出新,形成大学校区、创新社区与城市商区联动发展、产学联盟的态势,构建都市科技中央创新区。

(4)体育设施规划

规划体育设施用地为 1.18 ha,占规划城市建设用地的 0.12%,规划保留一处区级体育设施——全民健身中心。

考虑到老城体育设施的缺乏,玄武老城单元控规重点建设社区级体育设施,并积极开放区内学校、单位等的体育设施用地,以满足市民需求。改造和新建的居住社区级体育设施宜结合体育活动中心建设,建议设置体育馆、健身房、游泳馆(池)、健身路径等体育设施。基层社区级体育设施宜结合体育活动站场建设,建议设置健身房、篮(排)球场、健身路径等体育设施。鼓励大专院校、中小学等所属的体育设施通过错时开放等管理手段对社会开放。

(5)医疗卫生设施规划

规划医疗卫生设施用地为 18.16 ha,占城市建设用地的 1.77%。规划区的医疗资源雄厚,规划原则上不新建区级及以上医疗设施(见图 5-40)。

重点优化调整现有医疗卫生设施布局,建立健全以社区卫生服务中心为主体、社区卫生服务站为补充的社区卫生服务网络。完善社区级医疗卫生设施,改造和新建的居住社区级医疗卫生设施宜结合社区卫生中心建设,建议设置集预防保健、全科医疗、妇幼保健、康复治疗、健康教育、计划免疫、计划生育指导"六位一体"的社区卫生服务中心,同时可与老人和残疾人康复中心、残疾人托养所等设施共建。基层医疗卫生设施宜结合社区卫生服务站建设,建议设置健康咨询、妇幼保健、老年保健、慢性病防治等功能。

(6)社会福利设施规划

规划区社会福利设施用地 0.51 ha,占规划城市建设用地的 0.05%。由于规划区用地紧张,区级以上的社会福利设施建设困难;但老城内医疗卫生设施资源和条件较好,规划建议区级以上社会福利设施在区外协调规划建设,老城内主要加强社区级的养老设施配置。

在用地条件不足的情况下,社区级养老设施建议以多种方式和模式与社区中心或卫生服务站相邻或结合布置。重点改造和新建居住社区级社会福利设施,形成以社区一站式居家养老服务中心、老年人日间照料中心、社区养老院三大主题功能为主,完善社区级社会福利和保障功能。基层社会福利设施结合居家养老服务站提供多元福利和保障功能,如提供上门家政、生活照料、康复护理服务,10 分钟步行圈内应急呼救服务,生活咨询服务,助餐和送餐服务等。

5 供需共轭视角的存量规划控制技术在规划实践中的应用 233

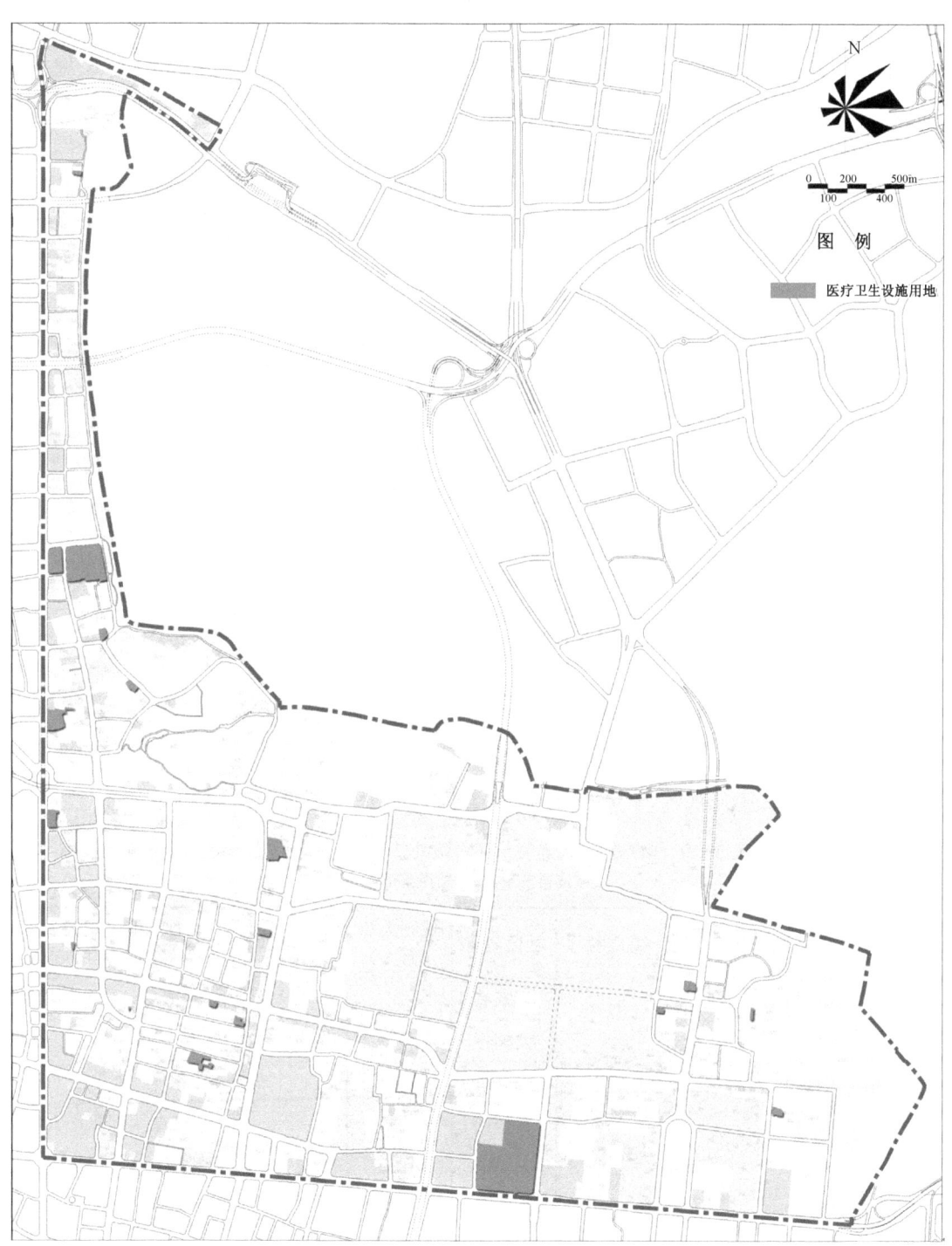

图 5-40 玄武老城单元医疗卫生设施用地规划图
（资料来源：本课题组自绘）

(7) 其他设施规划

① 文物古迹设施

规划文物古迹设施用地为 8.65 ha，占规划城市建设用地的 0.85%。文物古迹设施主要包括城墙本体、城门和其他一些历史文化资源。

② 宗教设施

规划宗教设施用地为 4.11 ha，占规划城市建设用地的 0.40%，设施包括基督教天城堂、吉兆营清真寺、毗卢寺、鸡鸣寺等。规划保留宗教设施用地，并提出相关保护要求，注重多元文化的发展作用。

## 5.4.5 公共设施配置专项——居住区及配套设施规划

1. 规划原则

（1）严格控制新增居住用地，逐步改造现状质量较差的三类居住用地。
（2）着重改善和提升居住环境品质，营造和谐的邻里氛围。
（3）着重完善社区服务设施和基础教育设施配套。
（4）配套设施采取分散与集中结合、功能混合、协同等方式灵活配置。

2. 居住区规划组织

根据设施配置情况和服务半径，保留现有居住社区（街道）——基层社区（居委会）两级社区组织结构。

规划玄武片区居住社区（街道）3 个，下设基层社区（居委会）22 个（见表 5-19）。

表 5-19 南京市玄武老城单元各级社区名称及规划人口列表
（资料来源：本课题组整理）

| 街道名称 | 社区名称 | 规划人口（万人） | 街道名称 | 社区名称 | 规划人口（万人） | 街道名称 | 社区名称 | 规划人口（万人） |
|---|---|---|---|---|---|---|---|---|
| 新街口街道 | 大石桥 | 7.20 | 玄武门街道 | 廖家巷 | 4.35 | 梅园新村街道 | 兰园 | 8.05 |
|  | 成贤街 |  |  | 大树根 |  |  | 东南大学 |  |
|  | 唱经楼 |  |  | 百子亭 |  |  | 梅园新村 |  |
|  | 北门桥 |  |  | 高楼门 |  |  | 大行宫 |  |
|  | 香铺营 |  |  | 天山路 |  |  | 大影壁 |  |
|  | 长江路 |  |  | 台城花园 |  |  | 太平门 |  |
|  | —— |  |  | 公教一村 |  |  | 富贵山 |  |
|  | —— |  |  | —— |  |  | 北安门 |  |
|  | —— |  |  | —— |  |  | 明故宫 |  |

### 3. 居住用地布局规划

(1) 居住用地规模

规划居住用地 291.32 ha，占规划城市建设用地的 28.46%。

(2) 居住用地优化策略

规划结合南京老城更新建设，从改善老城区居住结构和条件的角度出发，改造置换原有三类居住用地；更新、改善 1990 年代以前建设的住宅小区的整体环境，例如增加小区绿地、综合协调停车问题、提高服务管理等；在可能的情况下，对现有住宅进行改造，改善住宅平面功能和空间形式。通过整合居住用地，改善居住条件，提升居住品质。

(3) 居住用地布局规划

规划基本保留现状已成规模的居住小区，对分布零散、质量较差的三类住宅给予功能置换或拆除重建，原则上不新增大面积的居住用地。对零散居住用地整合规划后，基本延续了老城原有的居住用地布局，即相对集中，均质分布。规划后，相较于现状，住宅用地减少约 34.46 ha，实现了老城人口疏解和社区公共设施配套完善的目标（见图 5-41）。

### 4. 社区公共服务设施配套

(1) 规划目标

玄武老城单元控规根据国家推行的社区化管理模式，将改善居住环境、增加配套设施与增加基层就业岗位、增强社区凝聚力结合起来，在优化社区组织结构的基础上，合理配置公共服务设施。针对南京老城的特殊性，在进行已建成区的更新改造时，结合人口情况和实际需求，在既有设施基础上进行优化完善，鼓励功能混合、提高使用效率，保证设施配套的服务水平，对设施的布局形式不做硬性要求。

基于发展基本公共服务的要求，遵循公益性设施优先、集约节约用地、复合利用空间、因地制宜、合理布局的原则，进行公共设施配套规划。通过对公益性公共设施实施强制配套，以及对经营性设施实施建设引导，逐步实现居民步行 5 分钟得到最基本的社区服务，步行 10 分钟得到相对全面的社区服务的规划目标。

(2) 配建标准与原则

玄武老城单元控规充分考虑规划实施与行政管理的空间对应关系，按照实际管理单元，结合社区组织优化方案，按居住社区级、基层社区级两个级别进行公共设施配建。规划借鉴国外社区服务和管理的理论，参照国内社区组织的实践经验，根据南京老城的实际情况，按下列标准进行具体的配建规划：

① 居住社区级公共设施

a. 服务范围

根据近期规划居住人口 19.6 万，未来街道的平均居住人口规模约为 6.5 万人。考虑到老城人口密度和人口总量较大，平均每个居住区级社区服务中心服务人口 4~7 万人左右，服务半径约 500~1 000 m。

236 供需共轭视角的存量规划控制技术

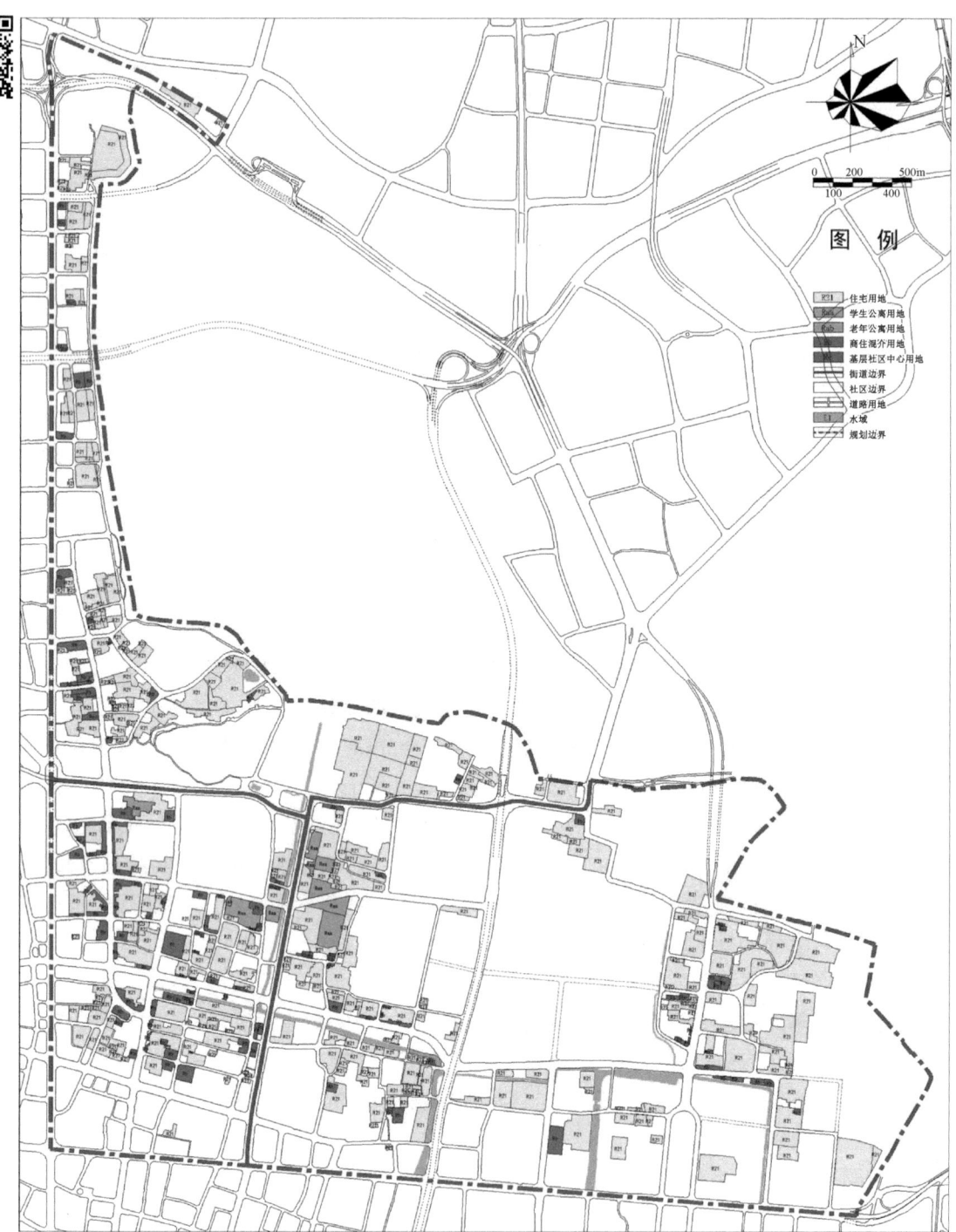

图 5-41 玄武老城单元居住用地规划图
（资料来源：本课题组自绘）

b. 设置准则

居住社区级公共设施为居民提供较为综合、全面的日常生活服务项目。居住社区中心原则上应集中布局,形成中心用地;宜在居住社区交通便利的中心地段或邻近公共交通站点集中设置居住社区级公共设施(少数独立设置的设施除外),与居住社区公园共同形成边界明晰的居住社区中心。玄武老城单元位于老城区范围,用地条件紧张,规划对公共设施的布局形式不做硬性要求。

c. 配建内容

居住社区中心主要包括社区综合服务中心和社区医养结合服务中心。社区综合服务中心以综合体的形式集中布置形成,用地 1.4~2.8 ha,包括公共文化、体育、行政管理和社区服务、社区商业服务、菜市场、邮政所、机动车停车场及公厕等设施。社区医养结合服务中心有条件情况下建议以院落组合的形式集中布置形成,用地 0.6~1.2 ha,包括社区卫生服务中心(含护理床位和康复中心)、社区养老院、社区居家养老服务中心、日间照料中心(日托所)等设施。

② 基层社区级公共设施

a. 服务范围

根据近期规划居住人口 19.6 万,未来各社区平均居住人口规模约为 0.89 万人,平均每处基层社区级公共设施服务人口约 0.4~1 万人,服务半径约 200~500 m。

b. 设置准则

基层社区级公共设施为居民提供最基本的日常生活服务项目。在交通便利的中心地段集中设置基层社区级公共设施(少数独立设置的设施除外),与基层社区游园共同形成基层社区中心。基层社区中心应集中布局,可采取周边居住开发单元配建形式集中形成,也可以通过独立用地控制方式形成。

c. 配建内容

基层社区中心用地规模控制在 7 000~8 000 $m^2$。其中公共设施用地约 2 000~3 000 $m^2$,基层社区游园不小于 5 000 $m^2$。当基层社区处于城市公园服务范围内,可不集中设置游园。基层社区级公共设施为居民提供最基本的日常生活服务项目,主要包括:社区卫生服务站、文化活动室、体育活动站/场、基层社区服务中心、社区警务室、居家养老服务站、小型商业金融服务设施等。

③ 配建原则

由于老城用地紧张,针对社区级以及基层社区级公共设施的配置,采用"分级分类配置、分散配置、分类集中配置、功能混合配置、协同配置"等方式实现。在进行规划布置时,按照不同功能设施的实际使用需求,兼顾是否有独立用地配置要求,将各类设施分为有用地要求的设施、无用地要求的设施;按照产权归属划分为应移交产权至政府的设施、不必移交与产权私有的公共设施三类。分类确定各项设施配置要求与用地规划。

(3) 设施规划

① 规划原则

a. 分类配置

按照不同功能设施的实际使用需求,兼顾是否需要独立占地与公益属性,将各类设施分为必须独立占地的设施、适宜独立占地的设施、可与其他用地合建的公益性设施以及可与其他用地合建的商业性设施四类,分别予以配置落实。

b. 分散、协同配置

布局形式多样,根据老城特点,采取集中与分散相结合的方式,积极利用地块整体改造配置社区服务设施;个别用地条件紧张的社区可以考虑与相邻社区共建部分配套设施,协同配置。

c. 根据不同地区实际情况因地制宜进行各项内容设置

如新街口地区文化体育商业等设施充足,可以共享,规划不再配置;重点增加与居民密切相关且紧缺的公共设施,包括基层办公用房、与健身设施结合的社区绿地、农贸市场、社会停车场、社区卫生服务中心、相关养老服务设施等。

② 居住社区级设施规划

规划 3 个街道的居住社区中心,共分散 8 处布置,其中规划保留 5 处,新建 3 处。规划后,居住社区中心占地 1.42 ha(见图 5-42)。

③ 基层社区级设施规划

规划基层社区中心 22 处,其中保留 2 处,调整 12 处,原址扩建 8 处。单处规模难以满足需求的社区,采用配建、租赁等方式满足建筑面积要求。规划后,基层社区中心占地 3.04 ha(见图 5-43)。

**5. 中小学、幼儿园规划**

(1) 规划原则

规划涵盖学前教育、九年义务教育和高中教育,其中九年义务教育作为重点内容,主要确保小学、初中用地,兼顾高中用地;对幼儿园用地采取公办与市场化运作相结合的方式,新建小区按建设量配置幼儿园。

按照中学服务半径不超过 1 000 m、小学 500～1 000 m、幼儿园不超过 300 m 的标准进行合理布局。

考虑老城内学校通过疏散人口减少生源,逐步满足生均用地标准。规划尽可能在现有校舍原址扩建,一方面可充分利用原有用地与校舍,减少浪费,另一方面也避免大拆大建给教育部门带来操作难度。

(2) 中学规划

按照 1 000 m 服务半径和"规模办学"的要求,对规划区内现有中学进行规划整合调整(见图 5-44)。并基于路径距离划分服务区对规划中学进行了服务半径的分析(见图 5-45)。规划原则上不新建或扩建中学用地,仅对已有的上位规划和相关专项规划进行整合、落实和适当的调整。

规划维持现有 8 所中学、12 个校区数量不变。规划中学用地面积 23.49 ha。其中:7 所中学、9 个校区维持现状;3 所中学、3 个校区在原址上略有扩建(见图 5-46)。

(3) 小学规划

按照 500～1 000 m 服务半径和"规模办学"的要求,对规划区内现有小学进行规划整合调整。规划原则上不新建或扩建小学用地,仅对已有的上位规划和相关专项规划进行整合、落实和适当的调整(见图 5-47、5-48、5-49)。

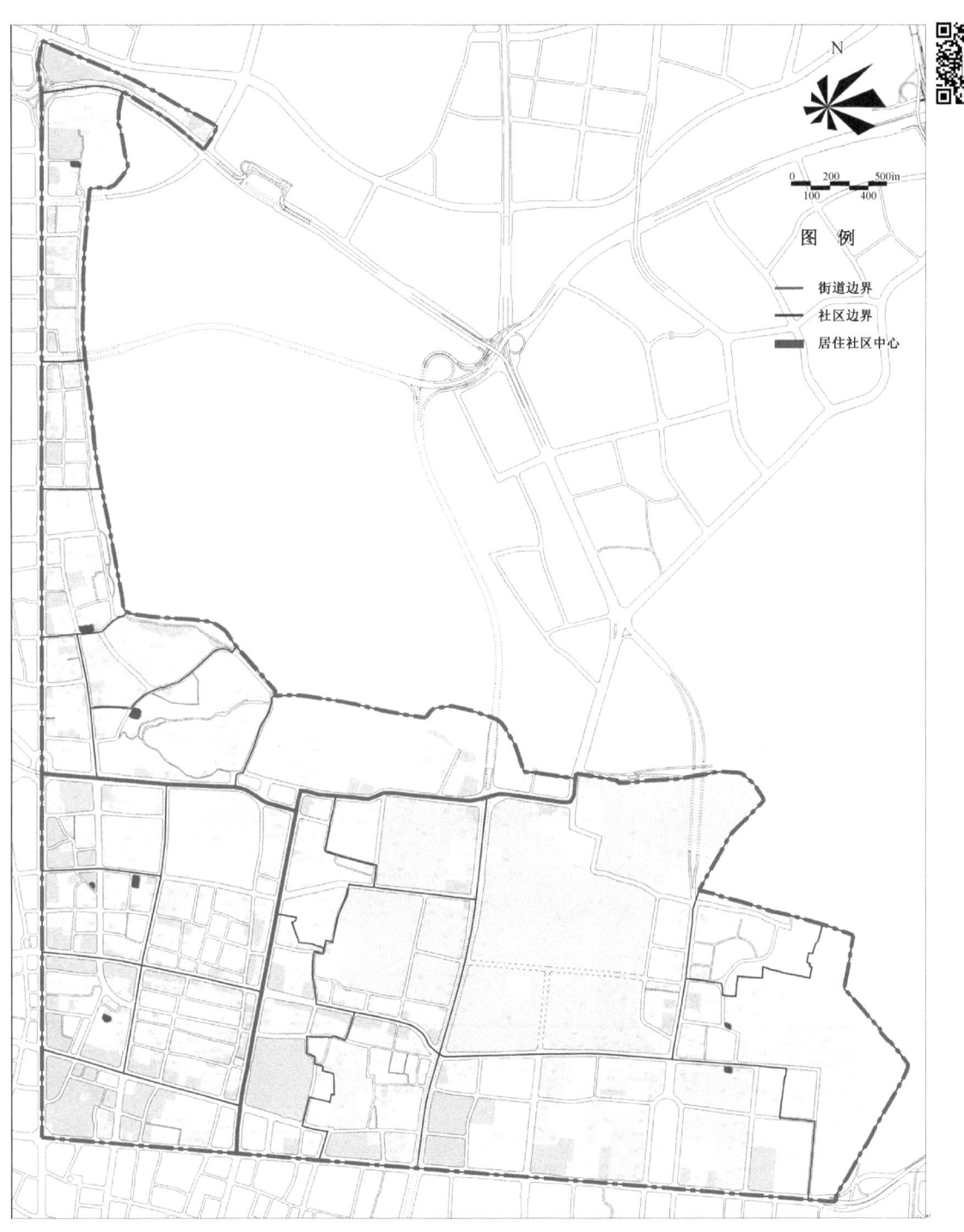

图 5-42　玄武老城单元居住社区中心规划图
(资料来源:本课题组自绘)

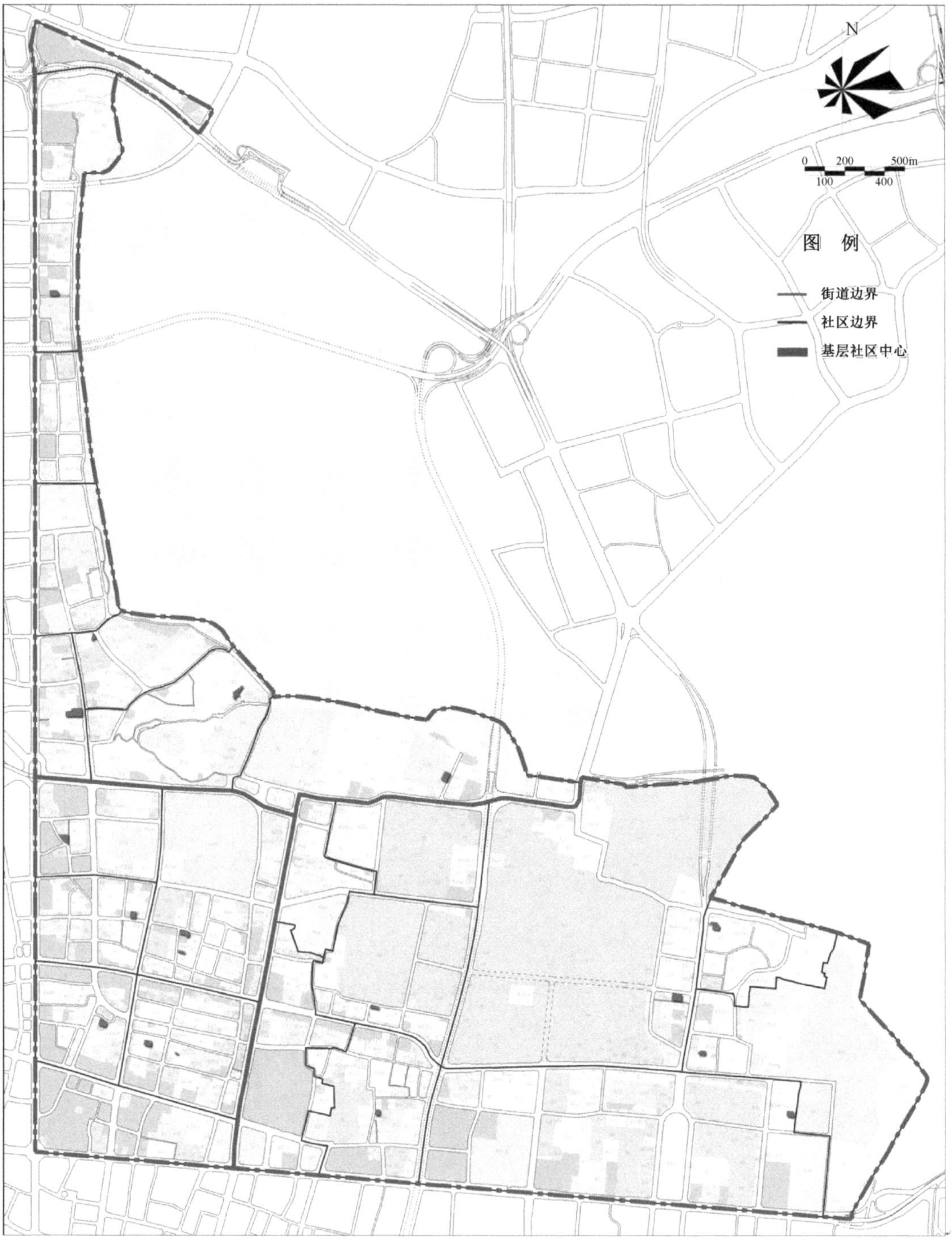

图 5-43　玄武老城单元基层社区中心规划图
（资料来源：本课题组自绘）

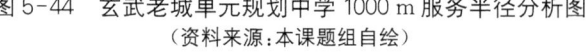

图 5-44 玄武老城单元规划中学 1000 m 服务半径分析图
（资料来源：本课题组自绘）

图 5-45 玄武老城单元基于路径距离划分服务区的规划中学服务半径分析
（资料来源：本课题组自绘）

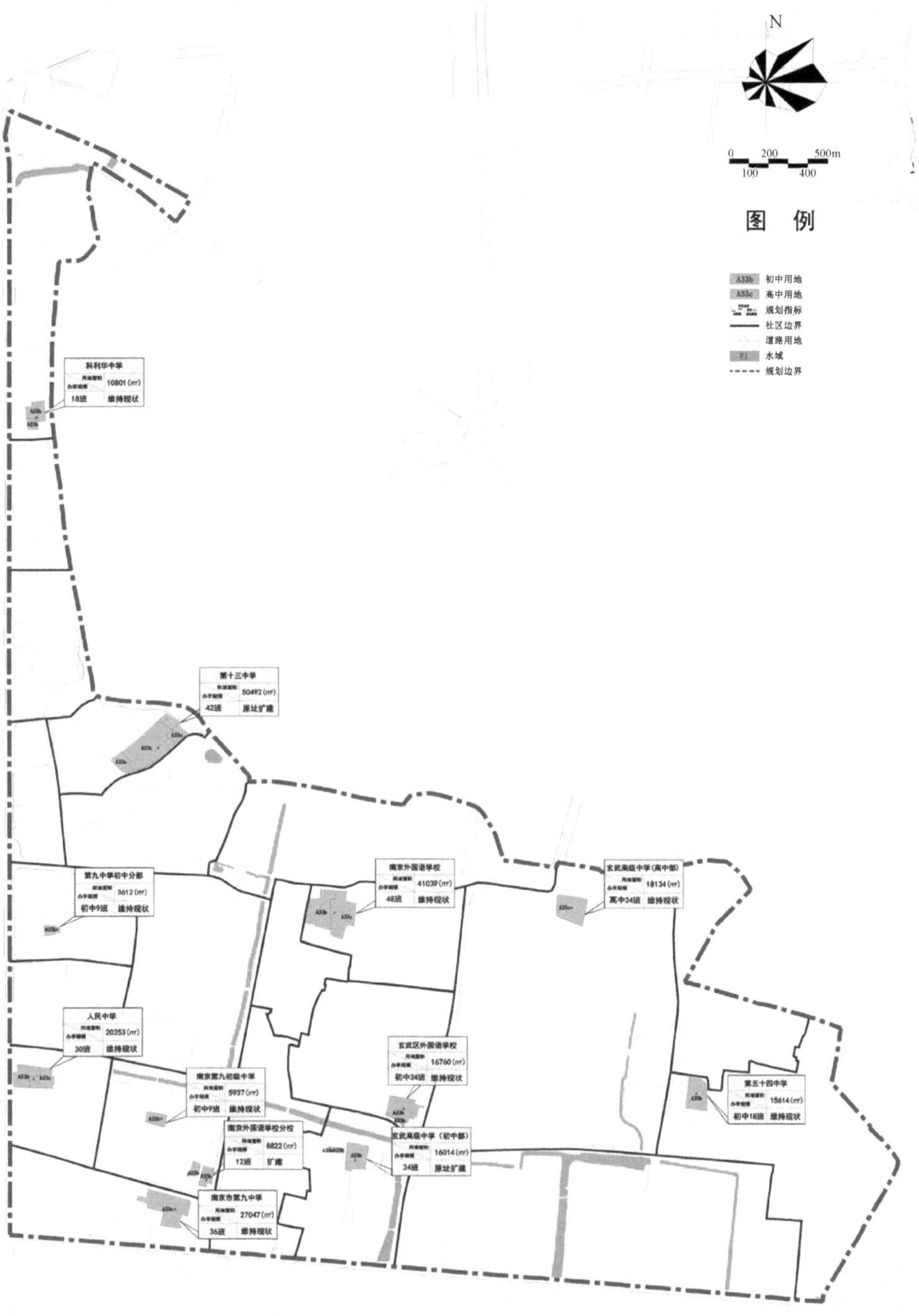

图 5-46　玄武老城单元中学用地规划图
（资料来源：本课题组自绘）

规划小学 14 所，规划小学用地面积 14.27 ha。其中：7 所小学维持现状，4 所小学在原址基础上略有扩建，异地新建逸仙小学、中央路小学，恢复半山园小学。

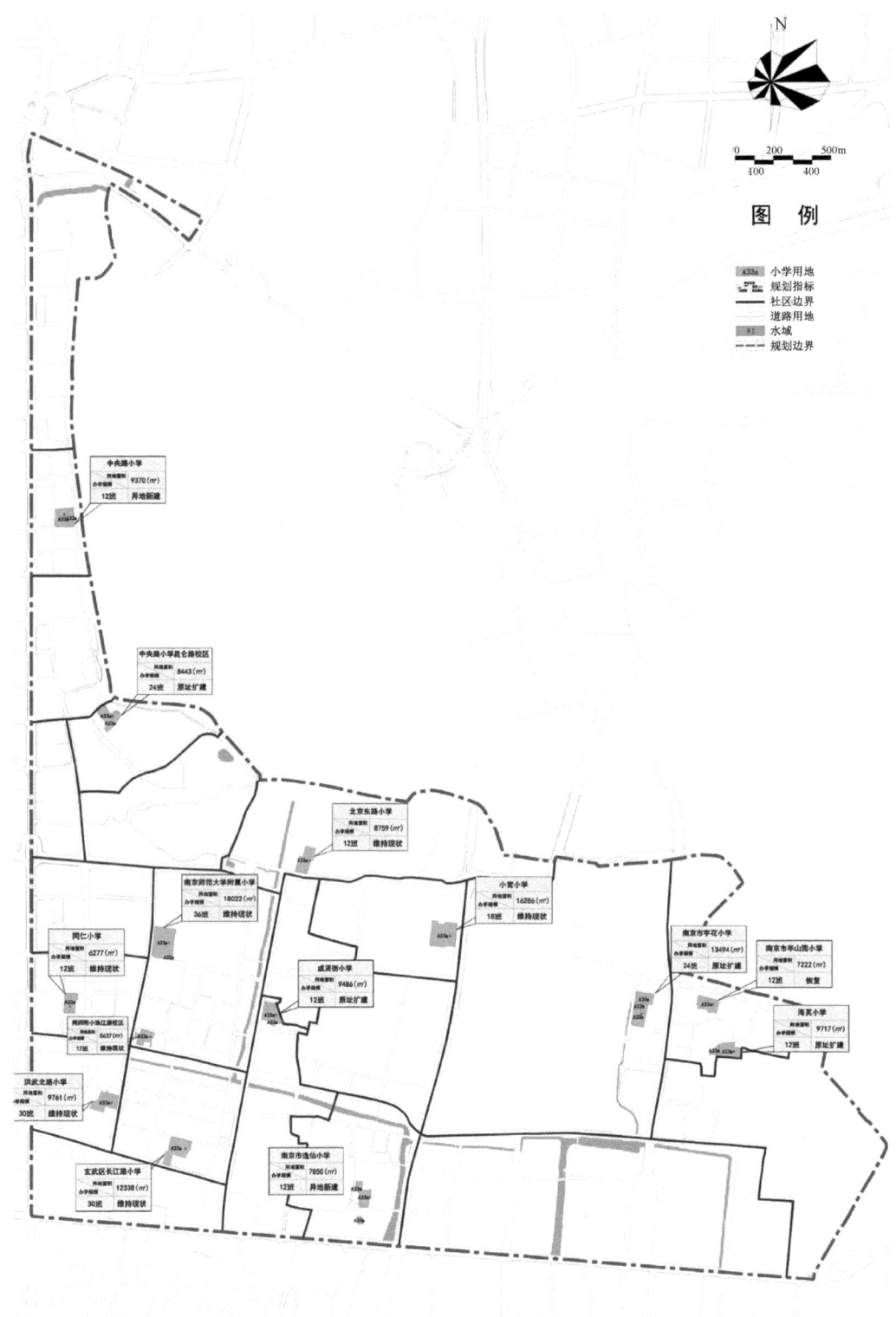

图 5-47　玄武老城单元小学用地规划图
（资料来源：本课题组自绘）

图 5-48　玄武老城单元规划小学 1000 m 服务半径分析图
（资料来源：本课题组自绘）

图 5-49 玄武老城单元基于路径距离划分服务区的规划小学服务半径分析
(资料来源:本课题组自绘)

(4) 幼儿园规划

按照服务半径不超过 300 m 的原则,对规划区内现有幼儿园进行规划整合,对配套不足地区进行合理配建。规划幼儿园 21 所,规划幼儿园用地面积 7.51 ha。19 所幼儿园维持现状,其

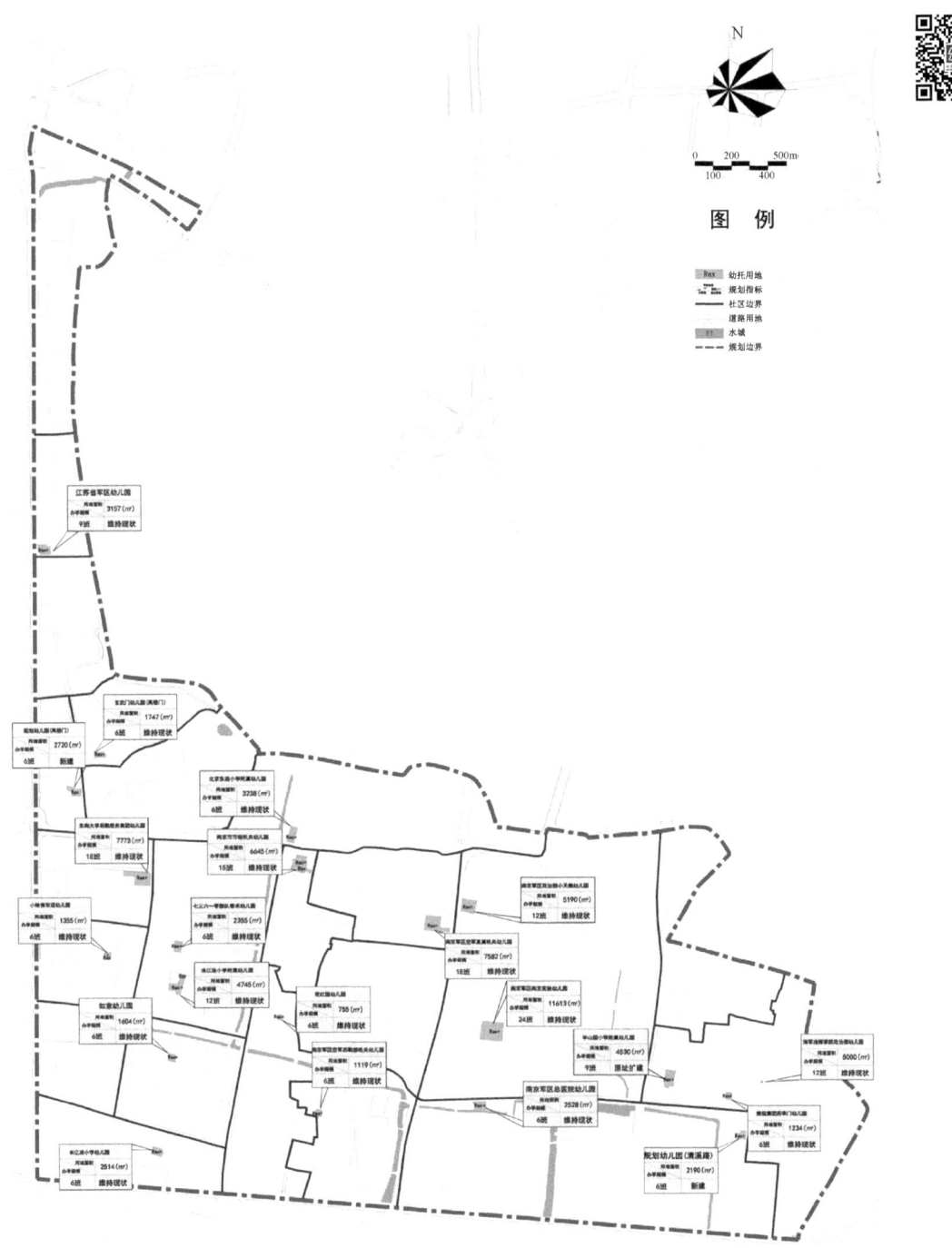

图 5-50 玄武老城单元幼儿园用地规划图
(资料来源:本课题组自绘)

中2所幼儿园在原址基础上略有扩建;江苏省军区幼儿园因道路拓宽,用地略有减少。于明故宫社区、高楼门社区各新建一所幼儿园;规划调整撤销红帆幼儿园(见图5-50、5-51、5-52)。

图 5-51　玄武老城单元规划幼儿园 300 m 服务半径分析图
(资料来源:本课题组自绘)

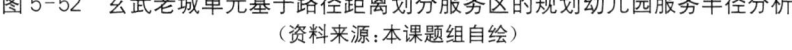

图 5-52　玄武老城单元基于路径距离划分服务区的规划幼儿园服务半径分析
（资料来源：本课题组自绘）

### 5.4.6 公共设施配置专项——绿地系统规划

**1. 规划原则**

**以人为本原则**：创造和谐优美的人居生态环境。

**充分利用资源原则**：绿地系统规划与山水资源的保护和利用有机结合。

**组织有机网络原则**：结合区域山水格局，组织区内不同尺度的山水、绿地联系成有机整体网络，有效地平衡自然与人工、保育与开发、工作与生活。

**多元化塑造原则**：积极采用垂直绿化、屋顶绿地等多元化的绿地营造方式，结合公共空间的建设，为高密度大都市空间增加绿化率。

**2. 绿地系统结构**

规划依托玄武湖——紫金山城市绿心，构建"历史为轴、绿网为脉、依城成环"的绿地系统结构（见图5-53）。

**历史为轴**

沿两条重要的历史轴线，民国城市轴线（中山路—中山东路）、明宫城轴线（北安门街—明故宫路），加强道路绿化，保持两侧梧桐树绿荫如盖的特色，强化历史城市轴线的空间意象。

**绿网为脉**

沿着长江路、珠江路、学府路、龙蟠中路等城市道路，结合沿线的城市广场、公共绿地，以及沿明御河、珍珠河绿带，构建格网状的绿色空间网络，提高城市空间的绿化率。

**依城成环**

依托环明城墙风光带建设，沿明城墙，结合玄武湖、琵琶湖、前湖等环湖绿带，将九华山、北极阁以及紫金山等大型山体绿地和众多历史文化资源点有机串联起来，构建环明城墙休闲绿道，供游人和周边居民日常散步、骑车健身、旅游休闲等。

这一绿地规划结构将促使玄武区景观绿地系统得到进一步完善，将带状、面状的结构性绿地与星罗棋布的点状公共绿地有机的组织起来，继续推进"绿色玄武、绿色社区"的规划发展目标。

**3. 绿地规划布局**

（1）公园绿地规划

规划公园绿地92.52 ha，占规划城市建设用地面积的9.04%，人均公园绿地面积4.72 m²（见图5-54）。

规划综合公园与专类公园用地36.32 ha。规划城市公园8个，分别为：明故宫遗址公园、中山门公园、北安门公园、神策门公园、九华山公园、北极阁公园、大钟亭公园、和平公园。

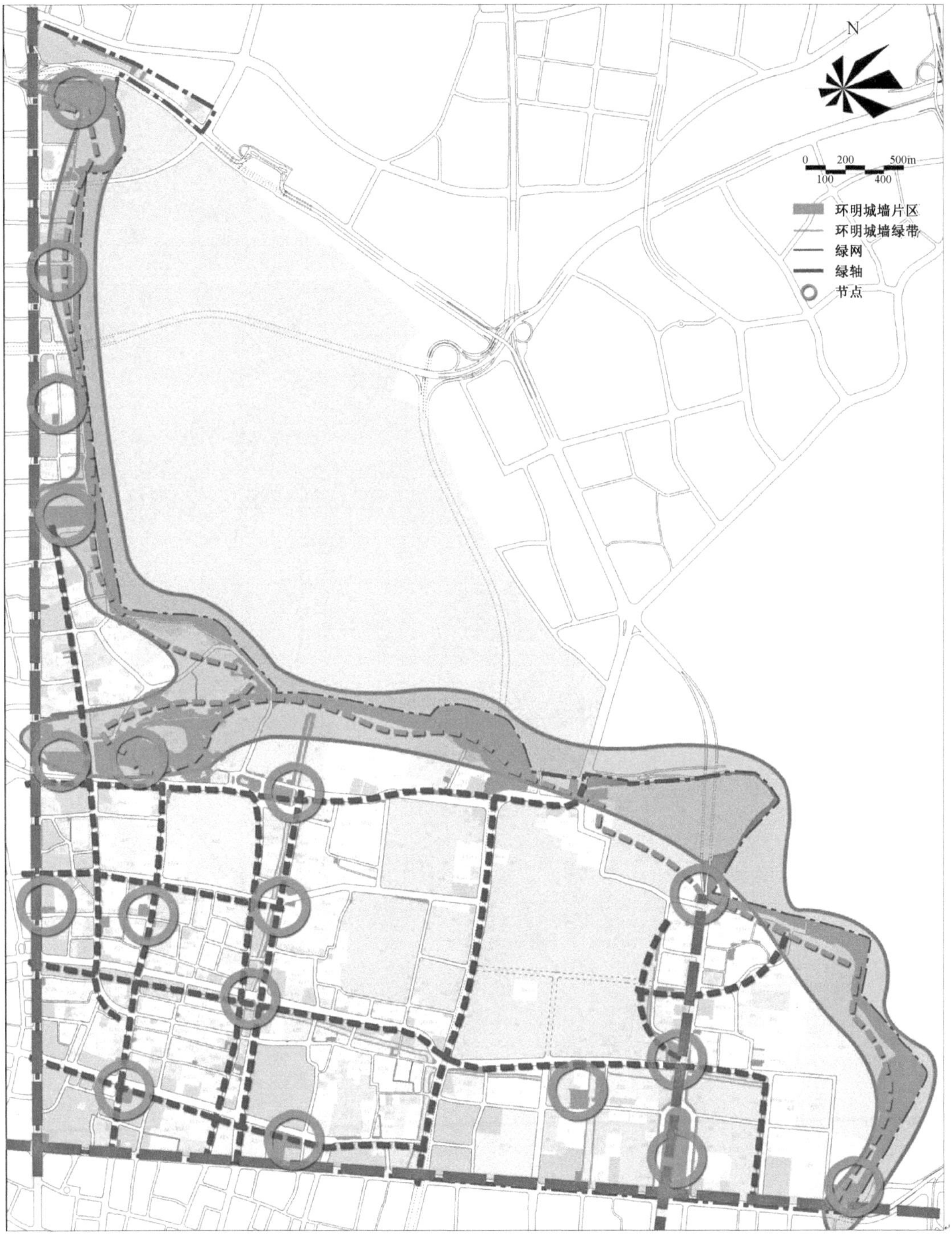

图 5-53 玄武老城单元绿地空间结构图
(资料来源:本课题组自绘)

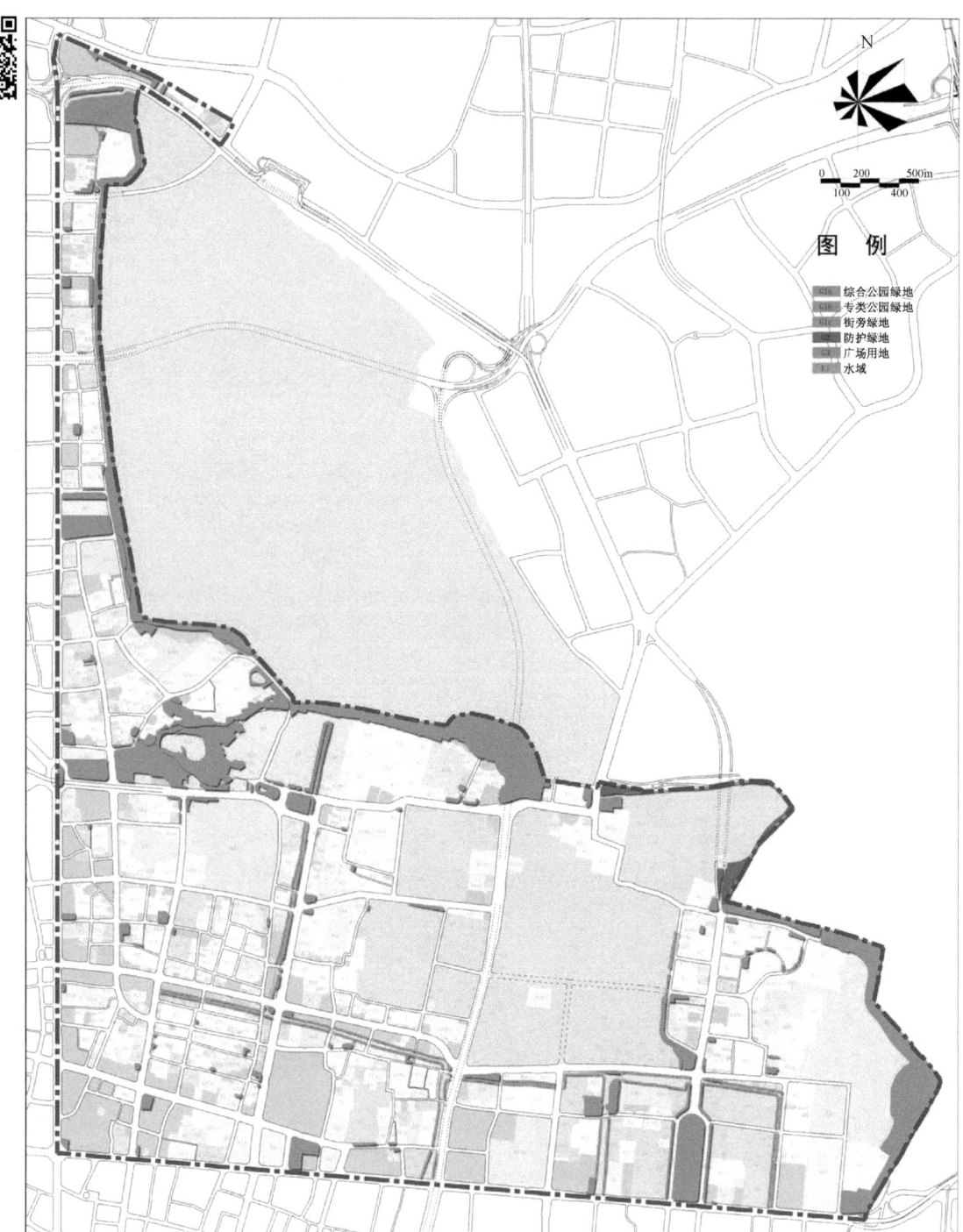

图 5-54 玄武老城单元绿地系统规划图
(资料来源:本课题组自绘)

规划街旁绿地用地 56.20 ha。新建街旁绿地原则上选址于城市生活性道路、商业街、文物古迹附近,服务半径 300~500 m(见图 5-55)。

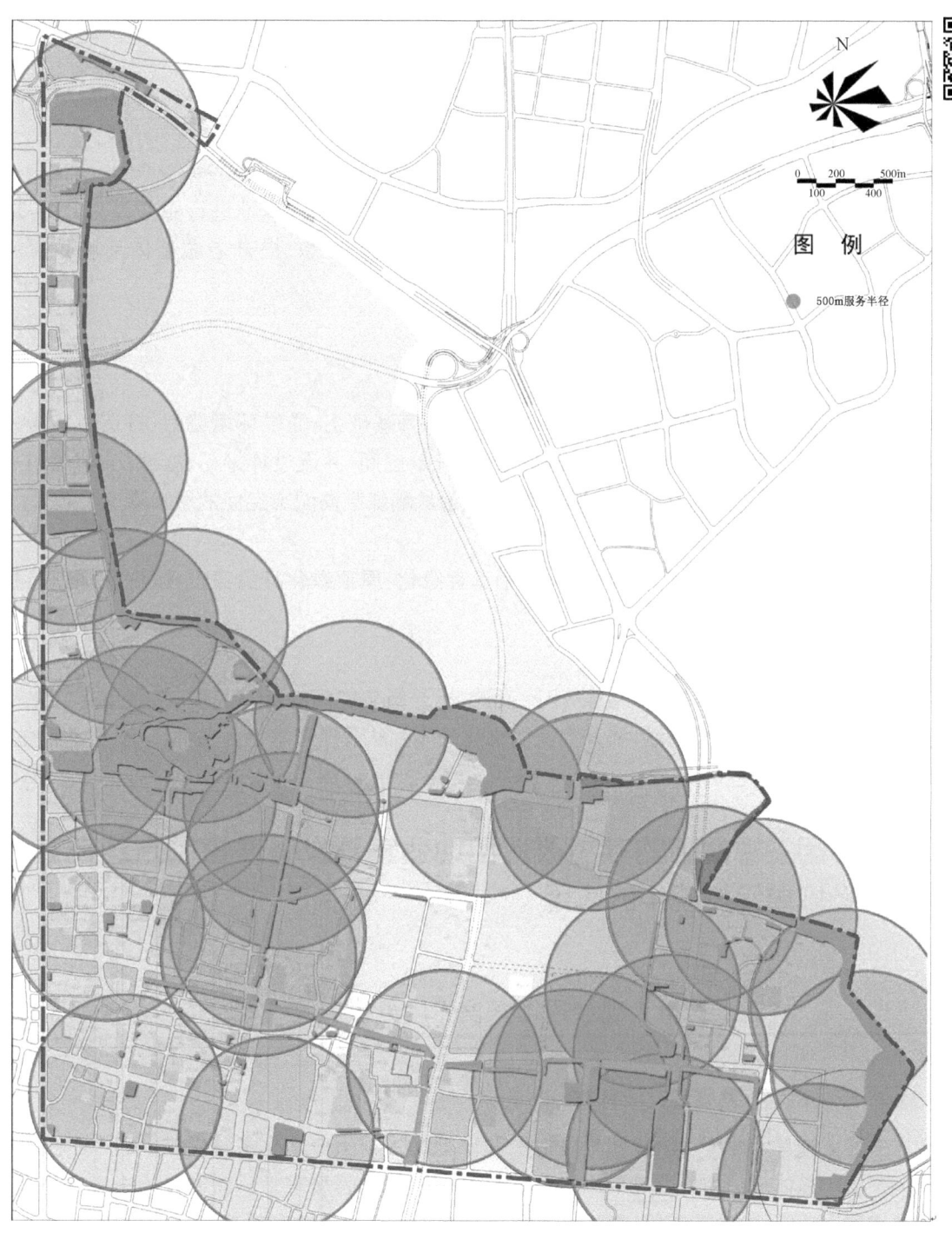

图 5-55　玄武老城单元规划绿地 10 min(500 m)服务圈覆盖分析
(资料来源:本课题组自绘)

(2) 防护绿地规划

防护绿地主要位于富贵山东侧，用地面积 27.31 ha，占规划城市建设用地面积的 2.67%。

(3) 广场用地规划

规划广场用地 10.17 ha。规划广场 6 个，分别为玄武门广场、鼓楼广场、北极阁广场、越时空通信广场、德基广场、大行宫广场。

(4) 绿地可达性

规划后，以 500 m 服务半径为标准，对 3 000 m² 以上的公园绿地进行服务覆盖分析，对规划居住用地的覆盖率可达 97.2%，满足居民日常休闲游憩、提升老城整体环境品质的要求。

4. 绿地规划措施

(1) 强化明城墙沿线绿带结构

规划以明城墙为依托，在现状已建成沿城墙绿带基础上，通过环境整治，打造适宜居民活动且能展示南京城市文化的沿城墙带状绿色开放空间，并通过神策门、玄武门、解放门—台城、九华山、太平门、中山门等空间节点，加强沿城墙绿带向城市空间的展示渗透。

(2) 鼓励垂直绿化

绿化建设建议向立体化方向发展，鼓励垂直绿化、屋顶绿化等的建设，以提升规划区整体绿化覆盖率。

(3) 提升绿地品质

各绿地应通过平面、空间、植被、小品设计，提升绿化空间的环境品质；结合历史文化资源，赋予绿地一定的文化内涵，提升空间的文化品质。从而提升本地区整体环境、文化品位，彰显古都的文化特色。

## 5.5 多因子视角下的存量改造用地适宜开发强度控制方法在玄武老城单元控规中的应用

### 5.5.1 玄武老城单元现状用地开发强度分析

#### 1. 现状用地开发强度空间分布

玄武老城单元北部沿明城墙地区以及东部地区由于历史文化名城保护、南京城墙保护规划及城市总体规划中的视廊要求，多为低层建筑，开发强度较低。新街口中央商务区、轨道站点周边地区、中央路南段、珠江路西段等片区多为商业办公和新建住宅，高层建筑集中，开发强度较高，如新世界中心、德基大厦、维景国际大酒店等。中部等其他地区多为多层住宅区、学校以及军区等大单位，多为多层建筑，开发强度中等。总体上，规划范围建筑以多层为主,普遍开发强度较低。

### 2. 不同类型用地开发强度分析

(1) 居住类用地开发强度分析

居住类用地主要为 20 世纪 80 年代以后至 2 000 年的成片多层住宅区,容积率在 1.00 到 3.00 之间,部分商住混合类用地内的住宅建筑为小高层或者高层住宅,且建筑密度较高,此类居住用地的容积率多为 3.00～5.00。

(2) 商业、商务办公类用地开发强度分析

商业类用地主要为低层建筑,但建筑密度普遍较高,容积率在 1.5 到 3.00 之间。商务办公类用地的容积率大部分在 2.50 以上,新街口地区部分商办混合类用地由于地块内布置有超高层建筑,容积率可达 10.00 以上。

(3) 公共服务设施类用地开发强度分析

公共服务设施类用地的容积率范围大致为 0.80～4.00。其中学校类用地容积率偏低,主要为 0.80 到 1.50 之间,其次为文化设施用地,容积率一般为 2.50 以下,医院类用地和行政办公用地的容积率普遍为 2.0 以上,个别行政办公用地为高层建筑,容积率超过 3.00。

## 5.5.2　玄武老城单元存量改造用地规划

### 1. 现状用地潜力分析

(1) 用地潜力评价标准与应对策略

通过对玄武老城单元的存量用地进行分析,将其按用地潜力的不同分为应保护用地、已审批用地、宜保留用地和可改造用地,并给出相应的评价标准及应对策略(见表 5-20)。

表 5-20　用地潜力评价标准与应对策略
(资料来源:本课题组整理)

| 用地潜力 | 评价标准 | 建筑与环境处置 |
| --- | --- | --- |
| 应保护用地 | 包括文物古迹保护与建设控制范围、历史地段、风景名胜区、生态敏感区以及上层次规划确定的需要规划保护与控制的用地 | 按照生态、风景区、历史等相关保护要求,对建筑进行整修或修缮、环境整治、基础设施完善,并提出用地的整体控制引导要求 |
| 已审批用地 | 包括已批在建用地、已批未建用地,以及其他用途已确定并已进入规划用地审批流程的用地。该类用地以规划分局提供的案件信息为准 | (1)已批在建用地应严格按照规划审批的具体要求推进建设<br>(2)已批未建用地,应按照已提供的案件信息落实用地边界、性质、开发强度等要求 |

续表 5-20

| 用地潜力 | 评价标准 | 建筑与环境处置 |
|---|---|---|
| 宜保留用地 | 建筑质量与环境风貌较好的企事业单位用地、公共设施用地、居住用地及特殊用地等。其中，新建建筑地块、高层建筑地块、连片低层或多层居住区原则上应纳入宜保留用地 | 根据建筑与环境景观的情况，区分三种规划对策：<br>(1)原貌保留<br>(2)改善整治<br>(3)拆除重建 |
| 可改造用地 | 除上述用地以外的其他用地均属于可改造用地 | (1)功能更新——用地的性质改变时，允许建筑结构及外观进行适当的调整更新，以适应新的功能需求<br>(2)拆除重建——整体或局部建筑拆除并重建 |

(2)用地潜力分析汇总

玄武老城单元规划区现状总用地面积 1 037.15 ha，现状城市建设用地面积 1 025.01 ha，通过对规划区的建设用地的分析，将其按用地潜力的不同分为应保护用地、已审批用地、宜保留用地和可改造用地，统称为存量用地。规划区现状存量用地面积 882.03 ha（现状城市建设用地面积中扣除了道路等用地面积 142.98 ha）。其中：

应保护用地 79.81 ha，占现状存量用地面积的 9.05%。已审批用地 26.66 ha，占现状存量用地面积的 3.02%。宜保留用地 734.94 ha，占现状存量用地面积的 83.32%。可改造用地 40.62 ha，占现状存量用地面积的 4.61%。具体用地情况详见本书 4.4 节及表 5-21。

表 5-21 玄武老城单元用地潜力分析汇总表
(资料来源：本课题组整理)

| 用地分类 | 应保护用地 | 已审批用地 | | 宜保留用地 | | 可改造用地 | | |
|---|---|---|---|---|---|---|---|---|
| | 整修保护 | 已批在建用地 | 已批待建用地 | 原貌保留 | 改善整治 | 拆除重建 | 功能更新 | 拆除重建 |
| 面积(ha) | 79.81 | 7.37 | 19.29 | 689.52 | 45.42 | 9.04 | 10.00 | 21.58 |
| 占比 | 9.05% | 0.84% | 2.19% | 78.17% | 5.15% | 1.02% | 1.13% | 2.45% |
| 总面积(ha) | 79.81 | 26.66 | | 734.94 | | 40.62 | | |

**2. 存量改造用地规划**

(1)发展用地规划

发展用地是指存量用地中规划用地性质或容积率和现状相比发生变化的用地，包括宜保留用地中的拆除重建用地和可改造用地中的拆除重建用地及功能更新用地。

玄武老城单元发展用地总面积 40.62 ha，占现状城市建设用地的 3.96%。规划区发展用地现状以居住用地为主，特别是风貌较差的三类居住用地以及改造难度相对较小的 6 层以下老旧居住用房，占发展用地现状的 43.62%；其次比重较大的为商业服务业设施用地，占发展用地现状的 31.06%，主要为一些不能满足服务要求、现状质量较差的商业用地。

规划区发展用地整体分布分散，不集中成片。规划后的发展用地主要以公共管理与公共设施用地、商业服务业设施用地、绿地与广场用地为主，其中：公共管理与公共设施用地 9.05 ha，占发展用地的 22.28%，主要为中小学用地以及居住社区中心用地；商业服务业设施用地 9.02 ha，占发展用地的 22.21%，主要位于新街口、珠江路、中央路、龙蟠中路等片区，以商办混合用地为主；绿地与广场用地 9.51 ha，占发展用地的 23.41%；另外，居住用地面积 6.04 ha，主要为新增的基层社区中心和幼儿园用地（见表 5-22、图 5-56）。

表 5-22　玄武老城单元发展用地规划汇总表
（资料来源：本课题组整理）

| 用地代码 | 用地名称 | 面积（ha） | 占发展用地比例（%） |
|---|---|---|---|
| R | 居住用地 | 6.04 | 14.87 |
| A | 公共管理与公共服务设施用地 | 9.05 | 22.28 |
| B | 商业服务业设施用地 | 9.02 | 22.21 |
| U | 公用设施用地 | 0.65 | 1.60 |
| S | 道路与交通设施 | 6.35 | 15.63 |
| G | 绿地与广场用地 | 9.51 | 23.41 |
| 合计 | | 40.62 | 40.62 |

(2) 存量改造用地规划

在发展用地中，除去仅用地性质改变容积率不变的功能更新用地，将其余容积率发生变化的发展用地称为存量改造用地。存量改造用地包括宜保留用地中的拆除重建用地和可改造用地中的拆除重建用地。这是在控规编制中要重新对容积率等用地控制指标进行赋值的用地，也是要重点研究的用地。

存量改造用地根据不同的开发用途，可分为公益性存量改造用地和经营性存量改造用地两类。用地规模上，面积 2 000 m² 以下的一般划为公益性存量改造用地，面积 2 000 m² 及以上的一般划为经营性存量改造用地。

公益性存量改造用地由于用地规模较小，周围限制条件复杂，很难用于居住、商业或办公等大型项目的开发建设。这类用地分布零散，往往因为公共利益的需要，对其减少建设容量和降低开发强度，作为公共服务设施、广场和绿地等使用。

经营性存量改造用地由于有一定的用地规模，且一般有两条以上的道路临边而获得较高的交通可达性，同时临边道路削弱了周边现状建筑带来的建设限制，因此具备较大的建设潜力。这类用地在老城区数量并不多，作为老城内部仅有的可开发利用、价值较高的用地，将成为城市未来发展提升的关键点。基于旧城改造的压力，对其增加建设容量并提高开发强度，以保障并提升土地的经济效益，用于居住、商业、商务办公的开发。

玄武老城单元中规划公益性存量改造用地约 21.03 ha，占存量改造用地的 68.68%。包括公共管理与公共服务设施、公用设施、绿地与广场、道路与交通设施用地等。其中，公共管理与公共设施用地面积 9.05 ha，主要为中小学用地以及居住社区中心用地；绿地与广场用地面积 7.51 ha。

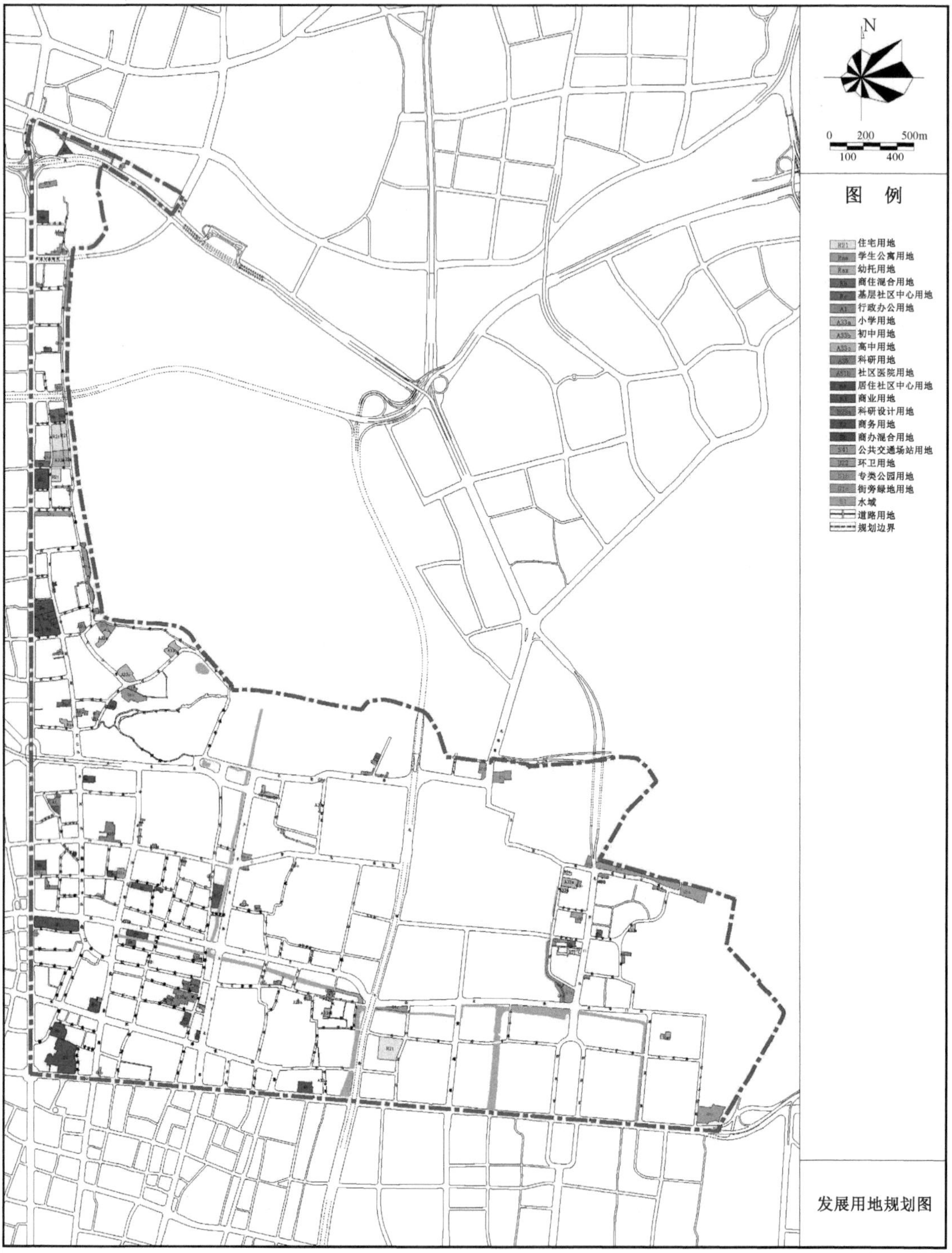

图 5-56 玄武老城单元发展用地规划图
（资料来源：本课题组自绘）

玄武老城单元中规划经营性存量改造用地约 9.59 ha，占存量改造用地的 31.32%。包括居住、商业、商务办公用地等。其中，商业、商务办公用地面积 5.02 ha，占存量改造用地的 52.35%，主要位于新街口、珠江路、中央路、龙蟠中路等片区，以商办混合用地为主。

### 5.5.3 存量改造用地土地开发强度控制

**1. 土地开发强度控制原则**

（1）体现"疏散"的存量更新理念

玄武老城单元作为南京最早集中发展起来的老城区之一，随着土地的不断开发建设和人口规模的持续扩张，现状建筑和人口高度集聚，从而导致人居环境不理想、交通压力大、公共服务供给不足等问题。在存量规划背景下，老城区应当树立"疏散"的更新理念，"疏散"主要包括人口的疏散和功能的疏散两方面。

人口疏散可以通过控制居住用地的开发和拆除部分三类住宅，保持老城区适度的发展容量，并引导居民向外搬迁以实现人口的疏散。相应的，中小学用地、社区公共服务设施用地等公共服务设施用地的开发强度可根据疏散后的人口容量进行控制。

功能疏散主要通过疏散传统工业生产和低层次的服务功能，引导老城发展多元复合功能，注重发展商业、商务、金融、文化、旅游服务等多元综合功能，引导产业转型发展，从而实现老城功能的疏散与优化提升。传统工业和低层次服务功能的用地一般为低密度低强度开发，而多元复合功能用地为集中高强度开发，更符合规划区土地集约化利用的发展路线。

（2）符合"双修"的存量建设模式

通过对改造地块的高度、体量、密度的控制，进行城市天际线的织补、视线通廊的保护、特色路径和空间场所的塑造，以实现城市修补；对河流山体周围建筑的开发强度进行控制，创造优良的人居环境，实现生态修复。

（3）遵循"确定合适的开发强度"的存量改造原则

基于存量规划背景，玄武老城单元作为老城区，存量改造用地的开发不宜过度追求经济利益，从而尽量提高土地开发强度，而需要平衡公共利益和经济利益，为各个改造地块确定一个合适的开发强度，引导城市健康有序的发展。

**2. 高度控制与引导**

（1）规划原则

在历史保护和特色塑造的总体要求下，整体上保护鼓楼—北极阁—九华山—富贵山—紫金山的视线走廊与自然界面的连续，进一步突出新街口中心区的标志性，加强明城墙与城市交接、过渡段的界面协调，集中体现"近山低、远山高；近河湖低、远河湖高；保护区低、地铁站点周边高"的原则。具体要求：

体现城市现代化风貌，兼顾历史风貌保护。

衔接城市总体空间景观和视线走廊。

满足规划区内的自然、历史文化资源对建筑高度的要求。

符合经济、交通和可操作性方面的要求。

(2) 视线走廊控制

玄武老城单元控规对视线走廊控制进行整体指引,优先考虑人在空间中的感受和体验,规划重点控制3条视线走廊:鼓楼—北极阁—九华山、中山门—新街口、明故宫—紫金山视线走廊;以及一条景观轴线:明故宫—富贵山景观轴线。相关控制引导如下:

**鼓楼—北极阁—九华山视线走廊**

应确保在观景点的最南端能够看到山体的轮廓,对于一些遮挡视线的建筑,规划远期建议拆除或整改。

**中山门—新街口视线走廊**

严格控制中山东路两侧高层建筑后退红线宽度和裙房高度。注意街区界面的延续,严禁新建高层建筑直接毗邻街道界面。

**明故宫—紫金山视线走廊**

维持好现状高度格局,视廊区域内新建建筑高度严格按照《南京城墙保护条例》和《明故宫遗址保护总体规划》要求进行控制。

**明故宫—富贵山景观轴线**

主要控制北安门街两侧建筑高度,建筑设计富于变化,与自然景观和谐统一,整体效果错落有致,丰富视觉景观的层次。

(3) 地块建筑高度控制

1) 新建建筑高度控制

规划将片区内的新建建筑高度按照8个高度分区控制,分别为:$H \leqslant 7$ m、$7$ m$< H \leqslant 12$ m、$12$ m$< H \leqslant 18$ m、$18$ m$< H \leqslant 24$ m、$24$ m$< H \leqslant 35$ m、$35$ m$< H \leqslant 50$ m、$50$ m$< H \leqslant 100$ m、$H > 100$ m(见图5-57)。

高度控制在7 m及以下、12 m及以下的地区主要分布在各类历史资源点周边地段以及明城墙建控范围内,这一地区基本以低层建筑为主。

高度控制在18 m以下的地区主要分布于明城墙沿线及现状保留的成片多层住宅区,以低层建筑和多层建筑为主。

高度控制在24 m以下的地区主要分布在新街口街道,主要为现状保留的7层住宅区和部分公建集中区。

高度控制在35 m以下的地区零散均匀分布在规划区内,主要为小高层住宅以及商办类用地。

位于历史城区和历史地段、景观视廊以外地区,重点为新街口地区,部分高度控制在50 m以上,局部控制在100 m以上,以展现城市中心区的现代风貌。

2) 规划高度控制

考虑到近期控规的可操作性,提出保留用地的高度以其现状建筑高度为准,改造用地以新建建筑高度控制标准为依据予以控制。

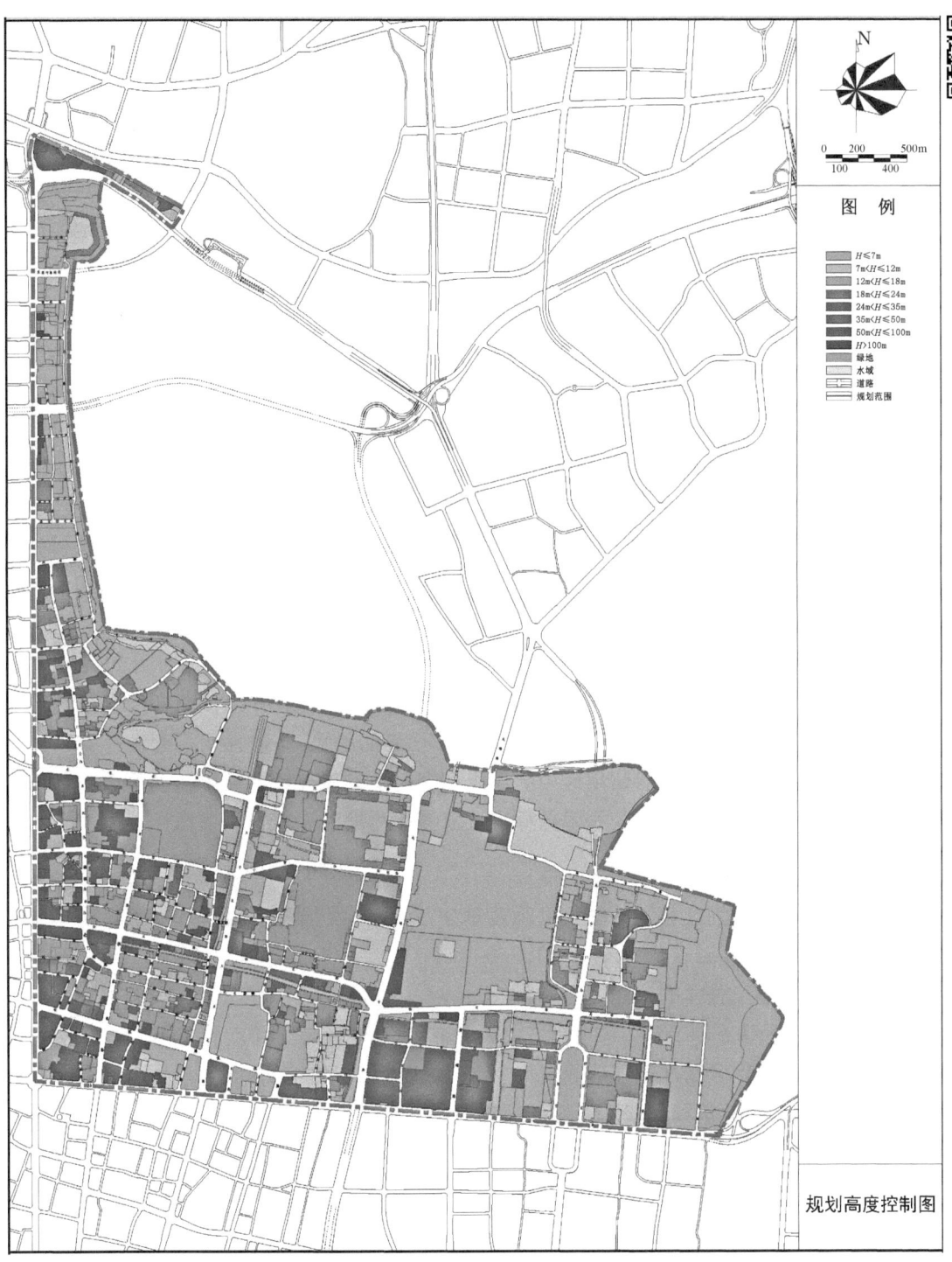

图 5-57 玄武老城单元规划高度控制图
（资料来源：本课题组自绘）

### 3. 容积率指标的确定

(1) 公益性存量改造用地容积率指标的确定

公益性存量改造用地包括公共管理与公共服务设施、公用设施、绿地与广场、道路与交通设施用地。其中,公共管理与公共服务设施用地主要为中小学用地和社区公共服务设施用地。根据规划人口推算出此类用地所需的建设容量,据此即可计算出此类用地的容积率指标,同时需要满足相应规范及标准所规定的容积率取值范围要求。公用设施、绿地与广场用地则根据对应的建设容量控制要求确定容积率指标。

(2) 经营性存量改造用地容积率指标的确定

第一步,通过对研究地块进行经济性分析、交通承载力分析以及基于城市设计控制要素的形体模拟分析,计算出地块开发强度的下限值和上限值,作为开发强度的极限区间。

第二步,选取专家及公众认可的开发强度指标相对合理且具有参考价值的参考地块,对参考地块集合以及研究地块进行相似判定类因子属性的分级量化,得到参考地块和研究地块的因子数据库。

最后,在开发强度极限区间的限定下,选出符合条件的参考地块。运用相似地块可参照的原理,从多因子视角出发,通过多因子相似性分析寻找到和研究地块相似度最高的参考地块,并参照其容积率指标作为研究地块的开发强度最终值。

(3) 其他存量用地容积率指标的确定

存量用地中已审批用地包括已批在建用地和已批未建用地,其容积率指标直接落实审批案卷信息中的审批指标结果。存量用地中除去已审批用地、公益性及经营性存量改造用地外,还包括应保护用地、宜保留用地中的原貌保留用地和改善整治用地以及可改造用地中的功能更新用地。这些用地的容积率指标直接取该类用地的现状容积率指标。

### 4. 规划开发强度控制

玄武老城单元规划区各地块的开发强度确定后,将开发强度按照以下5个容积率分区划分:FAR≤1.00、1.00<FAR≤3.00、3.00<FAR≤5.00、5.00<FAR≤7.00、FAR>7.00。规划开发强度整体的分布如下所示:

(1) 规划容积率在1.00以下的地块主要分布于各类历史资源点周边地段以及明城墙建控范围内。这一地区基本以低层建筑为主,主要包括低层住宅、军区大单位以及散布在片区的文保单位、历史建筑和三普新发现的历史遗存。

(2) 规划容积率在1.00到3.00之间的地块主要分布于明城墙沿线和明故宫历史城区,以低层建筑和多层建筑为主,主要为现状保留的20世纪80年代以后至2000年的成片多层住宅区和公共服务设施类用地。

(3) 规划容积率在3.00到5.00之间的地块主要分布于新街口街道、主要道路两侧、轨道站点周边地区以及部分公建集中区,主要为小高层住宅类用地、商务办公类用地。

(4) 规划容积率在5.00到7.00之间以及7.00以上的地块主要分布于新街口地区,以商办混合类用地为主,集中展现城市中心区的现代风貌。

总体上，根据历史文化名城保护、南京城墙保护规划及城市总体规划中视廊要求，对于历史城区和历史地段以及重要景观视廊分布较多的玄武老城单元规划区北部和东部，规划开发强度较低；中部主要为保留的学校、军区、多层住宅区，规划开发强度适中；而南部以新街口中央商务区为中心的地区为规划区重点发展区域，多为商业及商务办公用地。为强化新街口的中心辐射功能，规划开发强度普遍较高。

# 6 结论与展望

随着我国城市化的快速发展,城市化地区面临着用地、设施等供给紧缺和需求高涨的巨大供需矛盾。城市已由增量发展进入存量发展的转型阶段,协调城市供求端和需求端的矛盾成为制约城市持续良性发展的瓶颈问题。为了实现城市从"量"的发展到"质"的发展的转变,国内大中城市早已实施"退二进三""疏散并限制中心区人口""合理转移中心城区功能"等措施,但推进缓慢且收效甚微,中国城市的城市问题仍然严峻。作为城市规划工作者,我们必须反思:城市存量发展为何难以实现规划目标?造成存量地区"城市病"的具体内因是什么?面对发展困境和矛盾多重的城市存量地区,如何通过优化存量规划的途径实现城市存量地区的更新与可持续发展?这是本书研究的出发点。

## 6.1 研究的指导性与应用领域

### 1. 研究的典型性和指导性

长江三角洲城市群作为中国最大的城市群,是中国城市化发展的先行者,对中国城市化道路具有引领作用。而南京作为与长三角城市群同步发展的国家区域中心城市,在长三角占有重要地位。南京城市发展历史悠久,产业综合多元,城市化水平高,人口集聚势头强劲,城市发展的人地矛盾突出,城市由"增量发展"向"存量发展"转型的要求迫切,具有中国城市存量空间转型发展的典型性。

南京作为长三角的副中心,经济高速增长下,城市发展空间紧张、土地资源严重短缺等问题愈加突出,不得不依靠存量空间提质增效来满足用地需求。存量更新建设实践方兴未艾,为本书研究提供了多类型的研究对象和丰富的研究样本。本书以南京作为存量空间研究的实证对象,以问题为导向,探究面临发展困境和矛盾多重的城市存量地区如何通过优化存量规划的途径实现更新与可持续发展,对国内其他城市的城市存量地区更新具有引领性和指导作用,有助于推动我国城市存量地区在供需共轭的协调下可持续地发展。

**2. 研究的应用领域**

本书研究抓住存量地区转型发展的主要矛盾——即供给端匮乏与需求端旺盛的供需矛盾,系统地研究其转型发展的基本特征、发展规律及内在运作机制。在此基础上,探讨具有中国特色的存量规划控制引导技术,以利于指导相关规划编制与政策制定,对城市更新活动进行控制引导,实现城市存量地区的可持续发展。

对于规划行业而言,本书有助于提升规划设计人员对城市存量地区发展困境的认识,指导存量地区相关规划的编制,为城市存量地区的更新与可持续发展的研究提供新的视角和方法,推动我国存量规划研究的进一步深入。

对于政府机构而言,本书有助于完善相关住房政策、产业政策和保障体制,推进城市存量地区人口和产业的协同转移,促进公共交通体系和公共服务设施的均衡建设,在规划管理中加强城市存量地区建设和优化更新的匹配性引导与控制。

对于其他相关行业而言,本书有助于相关企业依据城市存量地区更新与功能优化配置的原则,主动介入城市存量空间的提质增效,合理确定房地产开发住房的定位,既能促进企业的健康发展,又能集合多方力量推动城市存量地区的更新与可持续发展。

## 6.2 研究的主要结论

**1. 基于用地发展导向及管控措施提出差异化的存量规划用地发展策略**

鉴于存量建设用地现状的复杂性,采用合适的分类方式梳理用地,便于在规划中分类进行控制管理。用地分类从两个层面进行:

第一个层面,基于存量地区现状问题及需求,从发展导向的角度确定各地块的发展策略。在存量地区中,首要任务是解决民生问题,其次是经济发展问题。在这样的前提下,提炼出两种用地类型:民生类用地和产业类用地。民生类是指规划后用于提升居民生活质量、改善民生的用地,如环境整治、公共设施增加、绿地建设等;产业类则是规划后用于提升经济效益的地块,如商业设施、商务设施、文化旅游设施等。

第二个层面,是基于用地的现状特征,从管控措施的角度进行分类。通过对用地现状情况的深入调研、理性分析,结合 GIS 平台的多因子叠加分析、审批用地信息、历史资源分布等情况,将用地分为保护用地、保留用地和发展用地。

在以上两个层面的分类基础上,囊括存量地区中所有存量建设用地。通过适宜的分类模式,结合各类地块特征,因地制宜地提出差异化的用地发展策略,从而大大提升存量规划的效果及效率。

### 2. 从"性、量、位、质"四个方面、"保护修复、改善整治、发展提升"三种模式对存量建设用地进行规划控制引导

控制性详细规划控制引导的核心在于其指标体系。无论哪种层面的创新，最终都需落实到指标体系的优化上。基于存量建设用地的分类，总结出各类用地的不同特征及规划需求。在此基础上，通过以下两方面进行指标体系的优化：

第一个方面，是指标体系的再分类。将原有的指标体系重新按照"性、量、位、质"四个方面进行分类。增量规划对规划对象的控制指标大都体现在"性、量、位"的控制上，对"质"的提升方面缺乏引导内容。为此，在存量规划中着重增加了"质"的提升方面的引导内容。

第二个方面，是在存量规划中引入新的控制引导指标。在"性、量、位、质"的分类模式下，分别针对"保护、保留、发展"三类用地的不同特征，进行保护修复、改善整治和发展提升型控制。并通过新指标的引入，使得对各类用地的控制落实到控规图则中，深入到规划实施层面。

### 3. 基于存量资源供给能力的人口规模疏减引导是存量规划配置公共设施的前提

城市存量地区公共设施配置的最终目标是满足存量地区规划人口的公共服务需求。存量建设地区现状人口压力大，规划需要进行人口疏减。在基于存量资源供给能力的公共设施配置模式中，分别以居住用地与公共设施用地的变化结果进行地区人口规模预测，引导人口疏减。通过用地反推的人口规模尊重了存量地区资源，尤其是存量用地资源的承载能力的预测结果。其中，以公共设施用地反推的结果是从公共设施配置角度出发的理想人口规模，作为远期规划人口引导；以居住用地反推的人口规模作为近期规划人口疏减指标，进一步确定公共设施建设规模、设施布局等内容。基于居住与公共设施两种用地变化进行人口疏减引导，是存量规划配置公共设施的前提。

### 4. 综合评价存量资源潜力，确定供给能力，是存量规划配置公共设施的基础

存量地区的存量资源，尤其是存量用地资源总量有限，这是存量规划中公共设施配置的最大约束。存量资源包括存量用地资源与存量建筑资源，其中，存量建筑资源在总量上对于公共设施建设而言，可谓取之不尽、用之不竭，重点在于存量建筑资源的合理选择。存量用地资源总量有限，从公共设施配置的角度出发，可供配置的存量用地资源包括现状使用较好可以保留的公共设施用地、已有规划中新增预留但尚未建设的公共设施用地、在梳理用地潜力的基础上确定可用于新增公共设施配置的用地。其中，保留现状的设施用地需重点进行现状调研评价与地籍权属校核，除空间梳理外还要进行国土性质与权属单位的登记，便于后续规划管理。对于已有规划中新增的公共设施用地，则需重点校核相关法律法规、政策指引与不同规划成果。新增公共设施用地源于可用于更新发展的潜力用地，除已明确用于商业商务等经营性用地外，其余均可作为新增公共设施用地。而存量用地潜力的判断与分类，是梳理新增用地总量的关键。本研究提出包括现状综合调研分析、相关规划分析、相关政策引导分析等一系列参考内容，同时引入 GIS 多因子分析，为各地块的潜力判断提供依据。通过现状保留、已有规划预留、规划新增三方面的梳理，确定存量规划地区可用于公共设施配置

的存量资源供给能力,这是基于存量资源供给能力的公共设施配置模式的基础。

**5. 按级、按类、按规模多种方式灵活配置,合理利用存量资源供给能力,是存量规划配置公共设施的关键**

在可供公共设施配置的存量资源供给能力分析的基础上,以公共设施服务范围、建设要求、建成后产权归属三方面为配置时序,为保障公共设施建设满足要求,提出依据各类设施每处用地规模筛选新增用地资源进行分配,并辅以设施配比、服务覆盖、多方参与协调等因素进行综合调整,合理优化分配结果,基于存量用地供给能力优化存量规划公共设施用地规划。不同于以往依据规划人口确定各功能设施用地规模与布局的做法,基于梳理的存量用地总量进行公共设施用地配置的方式,是尊重地区资源承载能力与供给能力的用地规划模式。

按级、按类灵活配置公共设施,考虑了公共设施后续建设、运营管理中权责与产权归属问题,既能有序指导用地规划,也便于有效衔接后续工作。按规模配置是在总量梳理的基础上对公共设施用地量化配置的直接依据,这种方式能够在规划初期保证公共设施建设与服务的质量,但是也不能仅从规模要求上确定用地功能,后续需要适当进行调整优化。其中,地块形态是公共设施建设考虑的基本条件。由于存量规划中新增公共设施用地数量有限且多为小地块,因此在具体公共设施用地调整时,应根据用地形态等进行筛选优化。

在基于存量资源供给能力确定公共设施用地布局,以及基于用地变化确定人口疏减规模以明确公共设施具体建设规模后,应充分利用已有可利用的建筑资源,考虑各类设施有无用地配置要求、兼容共建要求、服务特性等,采取整体分散、分类集中、功能混合、相关设施协同、相邻设施协同等多种布局形式。在公共设施的空间建设、投资运营、后续管理等方面,应结合存量地区空间环境特征,提出拆除重建、修缮整建、功能置换等建设形式选择,并以公共设施是否应移交产权至政府作为分类标准,提出投资经营管理方式的选择建议,充分利用市场资源,积极引导公众参与公共设施建设工作。

**6. 多因子视角下存量改造用地开发强度的测算**

本书研究从多因子的研究视角提出了"先区间后定值"的存量改造用地开发强度的测算方法。

首先,测算基于研究分析类因子的开发强度极限区间。基于交通承载力因子、城市设计因子、经济利益因子这三个研究分析类因子,对研究地块进行经济性分析、交通承载力分析以及基于城市设计控制要素的形体模拟分析,从而计算出地块开发强度的下限值和上限值,确定开发强度极限区间。

然后,建立地块相似判定类因子数据库。选取专家及公众认可的开发强度指标相对合理的、具有参考价值的参考地块,对参考地块集合以及研究地块进行相似判定类因子属性的分级量化,得到参考地块和研究地块的因子数据库。

最后,基于交通可达性因子、历史文化保护因子、城市发展因子、改造难度因子、景观生态因子、用地格局因子这六个相似判定类因子,运用相似地块可参照的原理测算地块的开发强度最终值。在开发强度极限区间的限定下，选出符合条件的参考地块，运用相似地块可参照的原理，从多因子视角出发，通过多因子相似性分析，运用欧式距离原理计算地块相似度，并基于 Python 实现地块相似度计算和分析，寻找到和研究地块相似度最高的参考地块，参照其容积率指标作为研究地块的开发强度最终值。

## 6.3 研究的创新点

与已有关于城市建成区存量规划的研究成果相比较，本书研究打破了以往研究偏重于"单一主线、单一层面"的结构性局限，聚焦城市存量规划中的瓶颈问题——供需矛盾，构建了一个多层次、系统化的存量规划控制技术体系研究的基本框架，并在以下方面做出了创新与尝试：

### 1. 研究视角的创新

我国以往的规划控制技术研究，偏重于城市空间外延扩张的增量规划型的控制技术研究，其规划思路、技术方法已不能适应目前城市发展迈入以存量开发为主的内涵增长的需要。

本书研究紧扣我国当前城市建设中面临的主要矛盾——即供给端匮乏与需求端旺盛的供需矛盾，不同以往地引入"供给能力"作为需求配置研究切入的参照系，以城市存量空间转型发展的瓶颈问题为导向，**探索性地引入"以供调需，需供平衡"的供需共轭新视角**，进而打破了以往增量规划偏重于"以需定供"的单一思路。本书围绕供给侧和需求侧双向创新，以"供给-需求"双线共轭的新视角构建供需共轭的测度模型和规划调控模式，以供给能力协调配置需求，推动存量资源利用集约高效地进行，实现存量地区的转型发展。

### 2. 研究层面的创新

传统的增量规划对所有地块采取同一套指标体系进行统一化控制，管控层面单一，控制方式相对粗放，难以应对城市存量建设中的复杂问题，不能实现有效的管理控制。

本书研究针对存量空间转型发展的复杂性和特殊性，在对城市存量建设现状情况深入调研、理性分析的基础上，结合 GIS 平台的多因子叠加分析、审批用地信息、历史资源分布等情况，因地制宜地提出了差异化的规划策略，探索构建基于供需共轭视角的存量规划控制技术的多层面、系统化的研究框架。研究从保护、改善、发展三重目标层面出发，探讨了保护修复型、整治改善型、发展提升型三种类型的管控方式，从而在性质控制、容量控制、位置控制和品质提升四个方面研究如何优化存量规划控制指标体系。

研究对城市存量建设地区的资源供给能力和转型发展需求进行了多层面、系统化的测度和评价，突破以往增量规划以"量的控制"为主的单一层面研究，延伸至提升存量地区空间品质的"质的控制"的多层面、系统化研究，交叉覆盖城乡规划、城市经济、生态环境、社会人文、政策管理等多个学科领域。

#### 3. 研究方法的创新

本书研究除了采用实地观察、专题访谈、问卷统计等传统的数据资料采集方法外，在存量资源供给和需求的调研和分析中拓展了数理统计分析等数字技术的应用领域和路径，寻求新的数字化技术的优化与提升。

在多因子视角下的存量改造用地适宜开发强度控制研究中，基于主导性和差异性的原则，运用德尔菲法结合文献整理和归纳法，依据调查问卷的数据进行因子的选取，并进行分类和解析，构建了存量改造用地适宜开发强度控制的多因子研究体系。基于研究分析类因子，通过对研究地块进行交通承载力分析、基于城市设计要素控制的形体模拟分析以及经济性分析，确定了研究地块的开发强度极限区间。选取开发强度指标相对合理的、具有参考价值的参考地块，再对所有的参考地块和研究地块进行相似判定类因子属性的分级量化，建立地块相似判定类因子数据库。在开发强度极限区间的限定下，运用相似地块可参照的原理确定地块的开发强度最终值。

本书研究将计算机编程运用到城市规划的研究中，使得相关数据的计算和分析更加准确无误，并且利用其高效便捷的优点为研究工作节省了大量人力和时间，具备可参考利用与推广的价值。

## 6.4 研究的不足与展望

#### 1. 研究的不足之处

本书的实证研究是以南京市玄武老城单元和秦淮老城单元存量建设地区两个特定区域的实际情况作为依据的，涉及南京市老城存量建设地区大量的现状调研和数据统计分析，工作量庞大。然而，受作者的时间、精力和水平所限，实证研究仅限于南京案例。尽管南京市老城存量建设地区的更新与发展具有一定的典型性和代表性，但本书缺乏对国内其他大城市、国际大城市等宏观层面的比较分析，这在一定程度上影响了本书实证研究结论的普遍性。

此外，由于研究案例数量和数据来源的制约，本书对南京市玄武老城单元和秦淮老城单元存量建设地区的实证研究范围受到限制，部分研究成果的精确度也因此受到影响。这些问题期待在后续研究中得以解决。

#### 2. 研究的未来展望

**其一，拓展研究范围**：本书所探讨的存量规划控制技术是在对南京市玄武老城单元和秦淮老城单元存量建设地区的调研基础上展开的。由于缺乏多城市、多案例的比较，该控制引导模式存在一定的局限性。在未来的研究中可以在全国范围内的各大城市进行调研，对存量建设用地进行更加深入、广泛且全面的研究，以验证本书存量规划控制技术研究成果的通用性，并归纳出一个区域乃至全国适用的存量规划控制引导模式，提高研究成果的适用性。

**其二，持续跟踪研究**：存量规划的控制引导指标体系是一个十分复杂且需要不断实践、反馈、调整的内容。由于目前尚无充分有效的反馈,对于指标体系的创新,尤其是引入的新指标在实际操作中的适用性尚不能完全确定。因此,还需在后期持续跟踪规划实施情况和效果,进行不断的优化调整,希望为存量规划的编制提供更科学的指标体系。

**其三,提高研究的科学性**:量化研究的科学性和合理性是本书研究的难点之一。对存量改造用地开发强度影响因子的选取、权重分配以及赋值的科学合理与否是影响研究科学性的重要因素。如何处理好这个难题将是后续研究的一个重点。多因子数值权重及实际运用的有效性尚需更多的实践和验证,需要根据具体情况和具体要求作出必要的修正和取舍。因此,后期研究将持续跟踪规划实施情况和效果,对因子相关参数进行优化和调整。

# 参考文献

学术著作：

[1] MILLINGTON R, GIFFORD R. Energy and How We Live[M]. Australian UNESCOS Seminar, Committee for Man and Biosphere, 1973.

[2] PARK R E, BURGESS E W. Introduction to the Science of Sociology[M]. Chicago: The University of Chicago Press, 1921.

[3] FISCHEL W A. Do growth controls matter? A review of empirical evidence on the effectiveness and efficiency of local government land use regulation [M]. Cambridge: Lincoln Institute of Land Policy, 1990.

[4] 马尔萨斯. 人口原理[M]. 陈小白,译. 北京:华夏出版社,2012.

[5] KNAAP G J. 土地市场监控与城市理性发展 [M]. 国土资源部信息中心,译. 北京:中国大地出版社,2003.

[6] 成思危. 中国城镇住房制度改革:目标模式与实施难点[M]. 北京:民主与建设出版社,1999.

[7] 郭跃进. 管理学(修订版)[M]. 北京:经济管理出版社,2003.

[8] 徐家钰,程家驹. 道路工程.[M]. 2版. 上海:同济大学出版社,2004.

[9] 交通出行率指标研究课题组. 交通出行率手册[M]. 北京:中国建筑工业出版社,2009.

[10] 范如国. 房地产投资与管理[M]. 武汉:武汉大学出版社,2014.

学术期刊：

[1] LOWE M. The regional shopping centre in the inner city: A study of retail-led urban regeneration [J]. Urban Studies, 2005, 42(3): 449-470.

[2] LEE G K L, CHAN E H W The analytic hierarchy process(AHP) approach for assessment of urban renewal proposals[J]. Social Indicators Research, 2008, 89(1): 155-168.

[3] GULLINO S. Urban regeneration and democratization of information access: CitiStat experience in Baltimore[J]. Journal of Environmental Management, 2009, 90(6): 2012-2019.

[4] ARROW K, BOLIN B, COSTANZA R, et al. Economic growth, carrying capacity, and the environment[J]. Science, 1995, 268(5210): 520-521.

[5] JOARDAR S D. Carrying capacities and standards as bases towards urban infrastructure planning in India[J]. Habitat International, 1998, 22(3): 327-337.

[6] SAVERIADES A. Establishing the social tourism carrying capacity for the tourist resorts of the east coast of the Republic of Cyprus[J]. Tourism Management, 2000, 21(2): 147-156.

[7] OH K, JEONG Y, LEE D, et al. An integrated framework for the assessment of urban carrying capacity[J]. Journal of Korea Planning Association, 2002, 37(5): 7-26.

[8] MCLEOD S R. Is the concept of carrying capacity useful in variable environments? [J]. Oikos, 1997, 79(3): 529-542.

[9] KIM W, PARK Y, KIM B J. Estimating hourly variations in passenger volume at airports using dwelling time distributions[J]. Journal of Air Transport Management, 2004, 10(6): 395-400.

[10] YAMAMOTO K, KOKUBO S, NISHINARI K. Simulation for pedestrian dynamics by real-coded cellular automata (RCA)[J]. Physica A: Statistical Mechanics and its Applications, 2007, 379(2): 654-660.

[11] LAM W H K, CHEUNG C Y, LAM C F. A study of crowding effects at the Hong Kong light rail transit stations [J]. Transportation Research Part A: Policy and Practice, 1999, 33(5): 401-415.

[12] SURYANI E, CHOU S Y, CHEN C H. Air passenger demand forecasting and passenger terminal capacity expansion: A system dynamics framework [J]. Expert Systems with Applications, 2010, 37(3): 2324-2339.

[13] ZHOU S L, MCMAHON T A, WALTON A, et al. Forecasting operational demand for an urban water supply zone[J]. Journal of hydrology, 2002, 259(1-4): 189-

202.

[14] MOHAMED M M, AL-MUALLA A A. Water demand forecasting in Umm Al Quwain using the constant rate model[J]. Desalination, 2010, 259(3): 161-168.

[15] GELLINGS C W. The concept of demand-side management for electric utilities[J]. Proceedings of the IEEE, 1985, 73(10): 1468-1470.

[16] BROOKS A, LU E, REICHER D, et al. Demand dispatch[J]. IEEE Power and Energy Magazine, 2010, 8(3): 20-29.

[17] COBB C W, DOUGLAS P H. A theory of production[J]. American Economic Review, 1928, 18(Supplement): 139-165.

[18] ALEXANDER C. A city is not a tree[J]. Architectural Forum, 1965, 122: 58-62.

[19] MONNIKHOF R, EDELENBOS J, VAN DER KROGT R. How to determine the necessity for using underground space: an integral assessment method for strategic decision-making[J]. Tunnelling and Underground Space Technology, 1998, 13(2): 167-172.

[20] HERNÁNDEZ LÓPEZ M, CÁCERES-HERNÁNDEZ J J. Forecasting tourists' characteristics by a genetic algorithm with a transition matrix[J]. Tourism Management, 2007, 28(1): 290-297.

[21] PALACIOS-AGUNDEZ I, ONAINDIA M, BARRAQUETA P, et al. Provisioning ecosystem services supply and demand: the role of landscape management to reinforce supply and promote synergies with other ecosystem services[J]. Land Use Policy, 2015, 47(9): 145-155.

[22] SING C P, CHAN H C, LOVE P E D, et al. Building maintenance and repair: determining the workforce demand and supply for a mandatory building-inspection scheme[J]. Journal of Performance of Constructed Facilities, 2016, 30(2): 04015014.

[23] 田深圳,李雪铭,杨俊,等.人居环境:检验城市化质量的重要标准[J].西部人居环境学刊,2016,31(4):84-89.

[24] 方创琳,王德利.中国城市化发展质量的综合测度与提升路径[J].地理研究,2011,30(11):1931-1946.

[25] 欧定余,尹碧波.现代城市化标准与城市边界[J].统计与决策,2006,22(20):68-70.

[26] 卢丹梅.规划:走向存量改造与旧区更新:"三旧"改造规划思路探索[J].城市发展研究,2013,20(6):43-48,71.

[27] 刘鹏飞,赵海月.空间政治经济学视角下的城市更新[J].学术交流,2016(12):135-139.

[28] 张更立.走向三方合作的伙伴关系:西方城市更新政策的演变及其对中国的启示[J].城市发展研究,2004,11(4):26-32.

[29] 王兰,刘刚.上海和芝加哥中心城区的邻里再开发模式及规划:基于两个案例的比较[J].城市规划学刊,2011(4):101-110.

[30] 吴良镛.北京旧城保护研究[J].北京规划建设,2005(1):18-28.

[31] 赵燕菁.存量规划:理论与实践[J].北京规划建设,2014(4):153-156.

[32] 刘晓斌,温锋华.系统规划理论在存量空间规划中的应用模型研究[J].城市发展研究,2014,21(2):119-124.

[33] 邹兵.增量规划向存量规划转型:理论解析与实践应对[J].城市规划学刊,2015(5):12-19.

[34] 杨槿,徐辰.城市更新市场化的突破与局限:基于交易成本的视角[J].城市规划,2016,40(9):32-38,48.

[35] 石爱华,范钟铭.从"增量扩张"转向"存量挖潜"的建设用地规模调控[J].城市规划,2011,35(8):88-90,96.

[36] 邹兵.增量规划、存量规划与政策规划[J].城市规划,2013,37(2):35-37,55.

[37] 张帆.城市更新的"进行性"规划方法研究[J].城市规划学刊,2012(5):99-104.

[38] 王芃.探索城市转型和可持续发展的新路径:《深圳市城市总体规划(2010—2020)》综述[J].城市规划,2011,35(8):66-71,82.

[39] 张波,于姗姗,成亮,等.存量型控制性详细规划编制:以西安浐灞生态区A片区控制性详细规划为例[J].规划师,2015,31(5):43-48.

[40] 贺传皎,李江.深圳城市更新地区规划标准编制探讨[J].城市规划,2011,35(4):74-79.

[41] 王建国,张愚,冯瀚.城市设计干预下基于用地属性相似关系的开发强度决策模型[J].中国科学:技术科学,2010,40(9):983-993.

[42] 刘瑞亮."能值理论"可以一试[J].中国土地,2009(5):62.

[43] 谭文垦,石忆邵,孙莉.关于城市综合承载能力若干理论问题的认识[J].中国人口·资源与环境,2008,18(1):40-44.

[44] 陈天民.评任美锷著"四川省农作物生产力的地理分布"[J].地理学报,1952,7(S1):117-119.

[45] 张海鱼.土地生产潜力及人口承载量的研究[J].自然资源研究,1987(4):6-11.

[46] 林晓娟,房世峰,杜加强,等.基于综合承载力的北京市适度人口研究[J].地球信息科学学报,2017,19(11):1495-1503.

[47] 张博文,何苑.兰州市城市综合承载力问题研究[J].生产力研究,2017(9):74-78.

[48] 曾鹏,晁操.十大城市群城市综合承载力及要素耦合度特征分析[J].统计与决策,2017,33(13):92-95.

[49] 邢娜,杨松茂,张婉金.西安市城市综合承载力动态评价分析[J].当代经济,2017,34(11):74-75.

[50] 方创琳,贾克敬,李广东,等.市县土地生态-生产-生活承载力测度指标体系及核算

模型解析[J]. 生态学报,2017,37(15):5198-5209.

[51] 蒙海花,赵静,卞子浩,等. 基于均方差决策法的辽宁省城市综合承载力研究[J]. 环境保护科学,2016,42(5):56-62.

[52] 高媛. 京津冀城市群社会环境承载力预测研究:基于可能-满意度分析法[J]. 经济研究导刊,2016(22):55-56.

[53] 李文龙,任圆. 城市综合承载力系统动力学仿真模型研究[J]. 生态经济,2017,33(2):78-80,189.

[54] 陈玮. 辽宁省城镇化用地的发展与控制研究[J]. 城市问题,1989(6):22-30.

[55] 郑锋. 海南省2000年土地需求结构预测及土地宏观开发战略研究[J]. 资源科学,1994,16(1):20-28.

[56] 陈国建,刁承泰,黄明星,等. 重庆市区城市建设用地预测研究[J]. 长江流域资源与环境,2002,11(5):403-408.

[57] 张军,王红,孙伟. 信息科学中软计算法在城市建设用地需求量预测中的应用[J]. 统计与决策,2006,22(4):32-34.

[58] 施骞,卫国昌. 基于居民需求的城市住区配套设施完善程度评定模型[J]. 同济大学学报(自然科学版),2001,29(11):1335-1339.

[59] 胡畔,王兴平,张建召. 公共服务设施配套问题解读及优化策略探讨:居民需求视角下基于南京市边缘区的个案分析[J]. 城市规划,2013,37(10):77-83.

[60] 李婧,刘晓辰,朱柳慧. 第二居所住区的居民需求与公共服务设施配置优化策略[J]. 规划师,2016,32(2):102-108.

[61] 曹轶,冯艳君. 基于关联耦合法探讨城市地下空间需求模型[J]. 地下空间与工程学报,2013,9(6):1215-1222,1241.

[62] 姚雪松,冷红,魏冶,等. 基于老年人活动需求的城市公园供给评价:以长春市主城区为例[J]. 经济地理,2015,35(11):218-224.

[63] 王颖芳,张彦芝. 基于生态供需关系下的"有限规划"理念的现实性初探[J]. 城市发展研究,2011,18(7):87-94.

[64] 盛鸣,沈沛. 基于"供需"分析的城市空间发展战略研究[J]. 规划师,2007,23(4):79-83.

[65] 王晗昱. 上海社区公共服务设施供需研究与规划思考[J]. 科学发展,2014(10):79-83.

[66] 郑思齐,于都,孙聪,等. 基于供需匹配的城市基础教育设施配置问题研究:以合肥市为例[J]. 华东师范大学学报(哲学社会科学版),2017,49(1):133-138.

[67] 刘金广. 城市交通综合发展及供需关系测算模型研究[J]. 综合运输,2016,38(7):30-36.

[68] 于善初,傅白白,李昀轩. 基于交通供需平衡的控规土地开发强度控制研究[J]. 山东建筑大学学报,2014,29(4):341-346,363.

[69] 巢耀明. 从量的控制走向质的控制：在城市规划管理中加强城市形态环境的管理[J]. 城市规划,1996,20(4):54-55.

[70] 匡晓明,徐伟. 基于规划管理的城市街道界面控制方法探索[J]. 规划师,2012,28(6):70-75.

[71] 周钰. 街道界面形态规划控制之"贴线率"探讨[J]. 城市规划,2016,40(8):25-29,35.

[72] 沈雷洪. 城市地下空间控规体系与编制探讨[J]. 城市规划,2016,40(7):19-25.

[73] 张清,黄懿. 浅谈公共设施多元发展下的规划管理对策[J]. 江苏城市规划,2016(8):36-37,44.

[74] 戴彦欣,孔令斌.《建设项目交通影响评价技术标准》简析[J]. 城市交通,2010,8(4):1-5.

[75] 王建国,高源,胡明星. 基于高层建筑管控的南京老城空间形态优化[J]. 城市规划,2005,29(1):45-51,97-98.

## 学位论文：

[1] 刘龙华. 福建省三大中心城市综合承载力研究[D]. 福州：福建师范大学,2014.

[2] 费彦. 广州市居住区公共服务设施供应研究[D]. 广州：华南理工大学,2013.

[3] 权丹. 与城市设计相结合的控制性详细规划编制方法研究[D]. 南京：东南大学,2009.

[4] 赵守谅. 容积率的定量经济分析方法研究[D]. 武汉：华中科技大学,2004.

[5] 张愚. 城市设计互动思维与方法：以基于用地开发强度决策支持系统的城市空间形态优化控制为例[D]. 南京：东南大学,2014.

## 论文集：

[1] 汪虹,蒋伶,葛大永. 实施需求视角下的南京老城社区公共服务设施配套策略[C]//2015 中国城市规划年会论文集. 北京：中国建筑工业出版社,2015:1-14.

[2] 黄明华,丁亮. 科学性、合理性、操作性：经济利益和公共利益双视角下的独立商业地块"容积率值域化"研究[C]//2013 中国城市规划年会论文集. 青岛：青岛出版社,2014:1-17.

## 规划资料：

[1] 建设部关于加强城市总体规划修编和审批工作的通知,(建规〔2005〕2 号)[Z]. 建设部,2005.

[2] 南京市规划局,南京东南大学城市规划设计研究院有限公司. 南京市主城区（城中

片区)控制性详细规划——秦淮老城单元(NJZCa030),2018.

[3] 南京市规划局,南京东南大学城市规划设计研究院有限公司. 南京市主城区(城中片区)控制性详细规划——玄武老城单元(NJZCa020),2018.

网络资源:

[1] 中华人民共和国住房和城乡建设部. 住房城乡建设部关于加强生态修复城市修补工作的指导意见[EB/OL].(2017-03-12)https://www.gov.cn/xinwen/2017-03/12/content_5176047.htm

[2] 现代快报. 有活力有温度,南京全力打造魅力古都[EB/OL].(2023-08-24)https://new.qq.com/rain/a/20230824A04SLX00

[3] 恽爽,刘巍,吕涛. 面向存量的规划转型研究[EB/OL].(2017-04-25)https://www.sohu.com/a/136311222_275005

# 附录一　开发强度影响因子筛选调查问卷

**第一轮调查问卷**

尊敬的各位专家学者：

您好！首先对您的参与和帮助表示真诚的感谢，谢谢！

我单位正在编制南京老城玄武、秦淮编制单元控制性详细规划，为了有效促进规划区的合理开发建设，保证规划区土地开发强度指标对社会、经济、文化和生态等权益的兼顾，我单位现进行土地开发强度控制的研究，目前正处于深入探讨规划区土地开发强度影响因子的阶段。此份调查问卷目的在选出对于规划区土地开发强度具有主导性影响作用的因子。本调查匿名进行，收集结果仅限本次研究所用。

东南大学建筑学院

以下为调查内容，请您认真填写。

在以下的规划区土地开发强度的影响因子中，请您根据自身实践与经验，采用十分制标准进行评分。同时您也可以按照您自己的想法以及对于规划区的认识，自行添加其他开发强度影响因子并打分，请填写在后面。

| 因子 | 评分 | 因子 | 评分 |
|---|---|---|---|
| 视线通廊 | 7 | 地基承载力 | 5 |
| 城市形象 | 6 | 交通承载力 | 9 |
| 城市风貌 | 6 | 土地价格 | 8 |
| 天际线 | 7 | 地形地貌 | 9 |
| 历史文化地段 | 9 | 自然条件优劣度 | 3 |
| 历史文化遗址 | 9 | 用地规模 | 5 |
| 历史保护文物 | 9 | 拆迁成本 | 7 |
| 道路可达性 | 7 | 城市安全 | 2 |
| 交通站点可达性 | 8 | 用地性质 | 8 |
| 经济发展水平 | 6 | 生态环境 | 8 |
| 商业发展潜力 | 7 | 环境区位 | 7 |
| 商业聚集度 | 8 | 景观质量 | 6 |
| 社会服务完善度 | 3 | | |
| 政策引导 | 9 | | |
| 城市区位 | 6 | | |
| 经济利益 | 5 | | |
| 人口密度 | 5 | | |

## 第二轮调查问卷

尊敬的各位专家学者：

您好！感谢您的积极配合以及宝贵意见！谢谢！

通过上一轮调查，我们共收回有效问卷 30 份，在对调查结果进行整合与分析后，我们按照分数高低排序，重新整理了规划区土地开发强度的影响因子，剩下以下因子选项。为配合南京老城玄武、秦淮编制单元控制性详细规划土地开发强度控制研究的继续进行，我们设计了第二轮调查问卷。本调查匿名进行，收集结果仅限本次研究所用。

东南大学建筑学院

以下为调查内容，请您认真填写。

在以下的规划区土地开发强度的影响因子中，请您根据自身实践与经验，采用十分制标准进行评分。

| 因子 | 评分 | 因子 | 评分 |
|---|---|---|---|
| 视线通廊 | 7 | 地基承载力 | 8 |
| 城市形象 | 6 | 交通承载力 | 8 |
| 城市风貌 | 6 | 土地价格 | 9 |
| 天际线 | 6 | 用地规模 | 8 |
| 历史文化地段 | 7 | 拆迁成本 | 7 |
| 历史保护文物 | 8 | 用地性质 | 8 |
| 道路可达性 | 7 | 生态环境 | 7 |
| 交通站点可达性 | 8 | 景观质量 | 6 |
| 经济发展水平 | 4 | | |
| 商业发展潜力 | 5 | | |
| 商业聚集度 | 5 | | |
| 政策引导 | 8 | | |
| 城市区位 | 8 | | |
| 经济利益 | 6 | | |
| 人口密度 | 5 | | |

# 附录二 地块因子数据库

研究地块因子数据库

| 地块编号 | 用地性质 | 交通可达性因子 | | | | | | 历史文化保护因子 | | | | 景观生态因子 | | | | 改造难度因子 | | | 城市发展因子 | | | | | 用地格局因子 | | |
|---|---|---|---|---|---|---|---|---|---|---|---|---|---|---|---|---|---|---|---|---|---|---|---|---|---|---|
| | | 主干路可达性因子 | 次干路可达性因子 | 支路可达性因子 | 地铁站点可达性因子 | 公交站点可达性因子 | 综合分值 | 文物保护单位因子 | 历史保护限高因子 | 历史地段保护因子 | 综合分值 | 相邻绿地规模因子 | 相邻绿地数量因子 | 山体水系融合度因子 | 综合分值 | 土地价值因子 | 拆迁成本因子 | 综合分值 | 区位因子 | 人口密度因子 | 商业聚集度因子 | 政策导向因子 | 综合分值 | 用地规模因子 | 用地形状因子 | 综合分值 |
| X01-06 | Bb | 1.00 | 0.20 | 1.00 | 0.30 | 1.00 | 0.67 | 1.00 | 0.40 | 1.00 | 0.76 | 1.00 | 1.00 | 0.40 | 0.82 | 0.38 | 0.18 | 0.28 | 0.60 | 0.27 | 0.70 | 0.40 | 0.52 | 0.39 | 1.00 | 0.57 |
| X02-08 | Rb | 1.00 | 0.20 | 1.00 | 0.70 | 0.30 | 0.63 | 1.00 | 0.40 | 1.00 | 0.76 | 0.57 | 0.40 | 0.40 | 0.47 | 0.38 | 0.14 | 0.26 | 0.60 | 0.39 | 0.40 | 0.40 | 0.46 | 0.51 | 1.00 | 0.66 |
| X02-16 | Rb | 1.00 | 0.20 | 1.00 | 0.50 | 1.00 | 0.72 | 1.00 | 1.00 | 1.00 | 1.00 | 0.90 | 0.60 | 0.40 | 0.66 | 0.38 | 0.18 | 0.28 | 0.80 | 0.39 | 0.70 | 0.40 | 0.61 | 0.23 | 1.00 | 0.46 |
| X02-17 | R2 | 1.00 | 0.20 | 1.00 | 0.70 | 0.30 | 0.63 | 1.00 | 0.40 | 1.00 | 0.76 | 0.59 | 0.42 | 0.40 | 0.48 | 0.38 | 0.14 | 0.26 | 0.60 | 0.39 | 0.40 | 0.40 | 0.46 | 1.00 | 1.00 | 1.00 |
| X02-21 | Bb | 1.00 | 0.80 | 1.00 | 0.70 | 1.00 | 0.89 | 1.00 | 1.00 | 1.00 | 1.00 | 1.00 | 0.84 | 0.40 | 0.77 | 0.76 | 0.24 | 0.50 | 0.80 | 0.39 | 1.00 | 1.00 | 0.82 | 0.78 | 1.00 | 0.85 |
| X09-05 | Bb | 1.00 | 0.80 | 0.70 | 1.00 | 0.70 | 0.86 | 1.00 | 1.00 | 1.00 | 1.00 | 0.19 | 0.32 | 1.00 | 0.47 | 0.77 | 0.41 | 0.59 | 1.00 | 1.00 | 1.00 | 0.70 | 0.94 | 0.34 | 1.00 | 0.54 |
| X10-13 | Bb | 0.40 | 0.80 | 1.00 | 0.70 | 0.50 | 0.67 | 1.00 | 1.00 | 1.00 | 1.00 | 0.48 | 0.34 | 1.00 | 0.59 | 0.54 | 0.29 | 0.42 | 0.60 | 1.00 | 0.70 | 0.70 | 0.73 | 0.32 | 1.00 | 0.52 |
| X11-11 | B2 | 0.40 | 1.00 | 1.00 | 0.50 | 0.70 | 0.70 | 1.00 | 1.00 | 1.00 | 1.00 | 0.34 | 0.47 | 1.00 | 0.58 | 0.54 | 0.26 | 0.40 | 0.80 | 0.46 | 0.40 | 1.00 | 0.65 | 0.33 | 1.00 | 0.53 |

附录二 地块因子数据库

续表

| 地块编号 | 用地性质 | 交通可达性因子 | | | | | 历史文化保护因子 | | | | 景观生态因子 | | | | 改造难度因子 | | | | 城市发展因子 | | | | 用地格局因子 | | |
|---|---|---|---|---|---|---|---|---|---|---|---|---|---|---|---|---|---|---|---|---|---|---|---|---|---|
| | | 主干路可达性因子 | 次干路可达性因子 | 支路可达性因子 | 地铁站点可达性因子 | 公交站点可达性因子 | 综合分值 | 文物保护单位因子 | 历史保护限高因子 | 历史地段保护因子 | 综合分值 | 相邻绿地规模因子 | 相邻绿地数量因子 | 山体水系融合度因子 | 综合分值 | 土地价值因子 | 拆迁成本因子 | 综合分值 | 区位因子 | 人口密度因子 | 商务商业聚集度因子 | 政策导向因子 | 综合分值 | 用地规模因子 | 用地形状因子 | 综合分值 |
| X13-01 | Bb | 1.00 | 1.00 | 1.00 | 1.00 | 1.00 | 1.00 | 0.80 | 1.00 | 1.00 | 0.94 | 0.17 | 0.29 | 1.00 | 0.46 | 0.77 | 0.44 | 0.61 | 1.00 | 0.75 | 1.00 | 0.70 | 0.89 | 1.00 | 1.00 | 1.00 |
| X13-42 | Bb | 0.40 | 1.00 | 0.40 | 0.30 | 0.70 | 0.56 | 1.00 | 1.00 | 1.00 | 1.00 | 0.18 | 0.47 | 1.00 | 0.51 | 0.62 | 0.17 | 0.40 | 1.00 | 0.75 | 1.00 | 0.70 | 0.89 | 1.00 | 1.00 | 0.55 |
| X16-05 | Rb | 0.20 | 0.60 | 1.00 | 0.50 | 0.30 | 0.50 | 0.20 | 1.00 | 1.00 | 0.76 | 0.43 | 0.59 | 1.00 | 0.65 | 0.54 | 0.10 | 0.32 | 0.60 | 0.84 | 0.70 | 0.40 | 0.64 | 0.36 | 1.00 | 0.49 |
| X16-13 | B2 | 0.20 | 0.60 | 1.00 | 0.50 | 0.30 | 0.50 | 0.20 | 1.00 | 1.00 | 0.76 | 0.44 | 0.59 | 1.00 | 0.65 | 0.54 | 0.10 | 0.32 | 0.60 | 0.84 | 0.70 | 0.40 | 0.64 | 0.27 | 1.00 | 0.41 |
| X16-34 | B2 | 0.20 | 0.60 | 1.00 | 0.70 | 1.00 | 0.72 | 0.20 | 1.00 | 1.00 | 0.72 | 0.32 | 0.34 | 1.00 | 0.53 | 0.62 | 0.39 | 0.51 | 0.80 | 0.75 | 0.70 | 0.70 | 0.74 | 0.16 | 1.00 | 0.45 |
| X29-15 | R2 | 1.00 | 0.60 | 1.00 | 1.00 | 1.00 | 0.92 | 0.80 | 1.00 | 1.00 | 0.94 | 0.36 | 0.47 | 1.00 | 0.59 | 0.56 | 0.21 | 0.39 | 0.60 | 0.18 | 1.00 | 0.70 | 0.63 | 0.22 | 1.00 | 1.00 |

参考地块因子数据库

| 地块编号 | 用地性质 | 交通可达性因子 | | | | | 历史文化保护因子 | | | | 景观生态因子 | | | | 改造难度因子 | | | | 城市发展因子 | | | | 用地格局因子 | | |
|---|---|---|---|---|---|---|---|---|---|---|---|---|---|---|---|---|---|---|---|---|---|---|---|---|---|
| | | 主干路可达性因子 | 次干路可达性因子 | 支路可达性因子 | 地铁站点可达性因子 | 公交站点可达性因子 | 综合分值 | 文物保护单位因子 | 历史保护限高因子 | 历史地段保护因子 | 综合分值 | 相邻绿地规模因子 | 相邻绿地数量因子 | 山体水系融合度因子 | 综合分值 | 土地价值因子 | 拆迁成本因子 | 综合分值 | 区位因子 | 人口密度因子 | 商务商业聚集度因子 | 政策导向因子 | 综合分值 | 用地规模因子 | 用地形状因子 | 综合分值 |
| X01-26 | Rb | 1.00 | 0.20 | 1.00 | 0.50 | 0.30 | 0.58 | 1.00 | 0.40 | 1.00 | 0.76 | 0.79 | 0.61 | 1.00 | 0.74 | 0.38 | 0.31 | 0.35 | 0.40 | 0.39 | 0.40 | 0.40 | 0.40 | 0.13 | 0.50 | 0.24 |
| X01-28 | Rb | 1.00 | 0.20 | 1.00 | 0.30 | 0.30 | 0.63 | 1.00 | 0.40 | 1.00 | 0.76 | 0.61 | 0.34 | 0.40 | 0.47 | 0.38 | 0.19 | 0.29 | 0.60 | 0.39 | 0.40 | 0.40 | 0.46 | 0.14 | 0.50 | 0.25 |
| X02-04 | B2 | 1.00 | 0.20 | 1.00 | 0.50 | 0.50 | 0.67 | 1.00 | 1.00 | 1.00 | 1.00 | 0.56 | 0.27 | 0.40 | 0.43 | 0.76 | 0.86 | 0.81 | 0.80 | 0.39 | 0.70 | 0.70 | 0.67 | 0.20 | 1.00 | 0.44 |
| X02-10 | A1 | 1.00 | 0.20 | 1.00 | 0.50 | 1.00 | 0.72 | 1.00 | 1.00 | 1.00 | 1.00 | 0.56 | 0.27 | 0.40 | 0.43 | 0.76 | 0.51 | 0.64 | 0.80 | 0.39 | 0.70 | 0.70 | 0.67 | 0.24 | 1.00 | 0.47 |

续表

| 地块编号 | 用地性质 | 交通可达性因子 ||||||  历史文化保护因子 |||| 景观生态因子 |||| 改造难度因子 ||| 城市发展因子 ||||| 用地格局因子 |||
|---|---|---|---|---|---|---|---|---|---|---|---|---|---|---|---|---|---|---|---|---|---|---|---|---|---|
| | | 主干路可达性因子 | 次干路可达性因子 | 支路可达性因子 | 地铁站点可达性因子 | 公交站点可达性因子 | 综合分值 | 文物保护单位因子 | 历史保护限高因子 | 历史地段保护因子 | 综合分值 | 相邻绿地规模因子 | 相邻绿地数量因子 | 山体水系融合度因子 | 综合分值 | 土地价值因子 | 拆迁成本因子 | 综合分值 | 区位因子 | 人口密度因子 | 商务商业聚集度因子 | 政策导向因子 | 综合分值 | 用地规模因子 | 用地形状因子 | 综合分值 |
| X03-11 | B2 | 1.00 | 0.60 | 1.00 | 0.50 | 0.70 | 0.74 | 1.00 | 1.00 | 1.00 | 1.00 | 0.56 | 0.46 | 1.00 | 0.66 | 0.76 | 0.23 | 0.50 | 0.80 | 0.39 | 0.70 | 0.70 | 0.67 | 0.60 | 1.00 | 0.72 |
| X03-20 | Rb | 1.00 | 0.60 | 1.00 | 0.50 | 1.00 | 0.80 | 1.00 | 1.00 | 1.00 | 1.00 | 0.57 | 0.48 | 1.00 | 0.67 | 0.76 | 0.38 | 0.57 | 0.80 | 0.39 | 0.70 | 0.70 | 0.67 | 0.38 | 1.00 | 0.57 |
| X04-01 | Rb | 1.00 | 0.20 | 1.00 | 0.30 | 1.00 | 0.67 | 1.00 | 1.00 | 1.00 | 1.00 | 0.51 | 0.40 | 1.00 | 0.62 | 0.76 | 0.67 | 0.72 | 0.80 | 0.57 | 0.70 | 0.70 | 0.70 | 0.45 | 1.00 | 0.62 |
| X04-03 | A1 | 1.00 | 0.20 | 1.00 | 0.50 | 0.70 | 0.66 | 1.00 | 1.00 | 1.00 | 1.00 | 0.51 | 0.40 | 1.00 | 0.62 | 0.76 | 0.29 | 0.53 | 0.80 | 0.57 | 0.70 | 0.70 | 0.70 | 0.92 | 1.00 | 0.94 |
| X04-10 | A1 | 0.80 | 0.20 | 1.00 | 0.30 | 1.00 | 0.63 | 1.00 | 1.00 | 1.00 | 1.00 | 0.51 | 0.40 | 1.00 | 0.62 | 0.51 | 0.51 | 0.51 | 0.80 | 0.57 | 0.70 | 0.70 | 0.70 | 0.18 | 1.00 | 0.43 |
| X04-13 | B2 | 1.00 | 0.20 | 1.00 | 0.70 | 1.00 | 0.77 | 1.00 | 1.00 | 1.00 | 1.00 | 0.97 | 0.47 | 1.00 | 0.83 | 0.76 | 1.00 | 0.88 | 1.00 | 0.57 | 0.70 | 0.70 | 0.76 | 0.17 | 1.00 | 0.42 |
| X04-15 | Rb | 1.00 | 0.20 | 1.00 | 0.70 | 0.70 | 0.75 | 1.00 | 1.00 | 1.00 | 1.00 | 0.96 | 0.40 | 1.00 | 0.80 | 0.51 | 0.75 | 0.63 | 1.00 | 0.57 | 0.70 | 0.70 | 0.76 | 0.28 | 1.00 | 0.50 |
| X04-24 | B2 | 1.00 | 0.40 | 1.00 | 0.70 | 0.70 | 0.77 | 1.00 | 1.00 | 1.00 | 1.00 | 0.80 | 0.40 | 0.40 | 0.56 | 0.51 | 0.37 | 0.44 | 1.00 | 0.57 | 0.70 | 0.70 | 0.76 | 0.14 | 0.50 | 0.25 |
| X05-10 | Bb | 1.00 | 0.60 | 1.00 | 0.70 | 1.00 | 0.83 | 1.00 | 1.00 | 1.00 | 1.00 | 0.96 | 0.40 | 1.00 | 0.80 | 0.51 | 0.37 | 0.44 | 1.00 | 0.57 | 0.70 | 0.70 | 0.76 | 0.35 | 1.00 | 0.55 |
| X07-01 | U15a | 1.00 | 0.60 | 0.40 | 1.00 | 1.00 | 0.83 | 1.00 | 1.00 | 1.00 | 1.00 | 0.98 | 0.53 | 1.00 | 0.85 | 0.77 | 0.59 | 0.68 | 1.00 | 0.58 | 1.00 | 0.70 | 0.86 | 0.44 | 1.00 | 0.61 |
| X07-04 | B2 | 1.00 | 1.00 | 1.00 | 0.50 | 0.50 | 0.90 | 1.00 | 1.00 | 1.00 | 1.00 | 0.98 | 0.53 | 1.00 | 0.76 | 0.54 | 0.46 | 0.50 | 1.00 | 0.58 | 1.00 | 0.70 | 0.86 | 0.95 | 1.00 | 0.97 |
| X07-05 | Bb | 1.00 | 1.00 | 1.00 | 0.50 | 1.00 | 0.78 | 1.00 | 1.00 | 1.00 | 1.00 | 1.00 | 0.60 | 1.00 | 0.88 | 0.77 | 0.17 | 0.47 | 1.00 | 0.58 | 1.00 | 1.00 | 0.92 | 0.42 | 1.00 | 0.59 |
| X07-14 | B2 | 1.00 | 0.60 | 1.00 | 1.00 | 1.00 | 0.92 | 1.00 | 1.00 | 1.00 | 1.00 | 0.64 | 0.33 | 1.00 | 0.66 | 0.77 | 0.93 | 0.85 | 1.00 | 0.58 | 1.00 | 1.00 | 0.92 | 0.40 | 1.00 | 0.58 |
| X07-15 | B2 | 1.00 | 0.80 | 1.00 | 0.70 | 0.70 | 0.83 | 1.00 | 1.00 | 1.00 | 1.00 | 0.64 | 0.33 | 1.00 | 0.66 | 0.77 | 0.89 | 0.83 | 1.00 | 0.58 | 1.00 | 1.00 | 0.92 | 0.34 | 1.00 | 0.54 |
| X07-25 | B2 | 1.00 | 1.00 | 1.00 | 0.30 | 1.00 | 0.79 | 1.00 | 1.00 | 1.00 | 1.00 | 0.22 | 0.33 | 1.00 | 0.49 | 0.77 | 0.64 | 0.71 | 1.00 | 0.58 | 1.00 | 1.00 | 0.92 | 0.44 | 1.00 | 0.61 |
| X07-28 | Bb | 0.80 | 1.00 | 1.00 | 0.70 | 1.00 | 0.89 | 1.00 | 1.00 | 1.00 | 1.00 | 0.23 | 0.40 | 1.00 | 0.51 | 0.54 | 0.73 | 0.64 | 1.00 | 0.58 | 1.00 | 1.00 | 0.92 | 0.56 | 1.00 | 0.69 |
| X09-01 | B2 | 1.00 | 1.00 | 0.40 | 1.00 | 0.30 | 0.77 | 1.00 | 1.00 | 1.00 | 1.00 | 0.22 | 0.33 | 1.00 | 0.49 | 0.77 | 0.95 | 0.86 | 1.00 | 1.00 | 1.00 | 1.00 | 1.00 | 0.47 | 1.00 | 0.63 |

续表

| 地块编号 | 用地性质 | 交通可达性因子 ||||  历史文化保护因子 |||| 景观生态因子 |||| 改造难度因子 |||| 城市发展因子 ||||| 用地格局因子 |||
|---|---|---|---|---|---|---|---|---|---|---|---|---|---|---|---|---|---|---|---|---|---|---|---|---|
| | | 主干路可达性因子 | 次干路可达性因子 | 支路可达性因子 | 地铁站点可达性因子 | 公交站点可达性因子 | 综合分值 | 文物保护单位因子 | 历史保护限高因子 | 历史地段保护因子 | 综合分值 | 相邻绿地规模因子 | 相邻绿地数量因子 | 山体水系融合度因子 | 综合分值 | 土地价值因子 | 拆迁成本因子 | 综合分值 | 区位因子 | 人口密度因子 | 商务商业聚集度因子 | 政策导向因子 | 综合分值 | 用地规模因子 | 用地形状因子 | 综合分值 |
| X09-10 | Bb | 0.80 | 1.00 | 1.00 | 0.70 | 0.50 | 0.79 | 1.00 | 1.00 | 1.00 | 1.00 | 0.22 | 0.33 | 1.00 | 0.49 | 0.54 | 0.72 | 0.63 | 1.00 | 1.00 | 1.00 | 1.00 | 1.00 | 0.52 | 1.00 | 0.66 |
| X09-16 | A1 | 1.00 | 0.80 | 1.00 | 1.00 | 1.00 | 0.96 | 1.00 | 1.00 | 1.00 | 1.00 | 0.29 | 0.40 | 1.00 | 0.54 | 0.77 | 0.82 | 0.80 | 1.00 | 1.00 | 1.00 | 1.00 | 1.00 | 0.31 | 1.00 | 0.52 |
| X09-20 | Rb | 1.00 | 1.00 | 1.00 | 1.00 | 1.00 | 1.00 | 1.00 | 1.00 | 1.00 | 1.00 | 0.29 | 0.40 | 1.00 | 0.54 | 0.77 | 0.95 | 0.86 | 1.00 | 1.00 | 1.00 | 1.00 | 1.00 | 1.00 | 1.00 | 1.00 |
| X09-21 | Bb | 0.60 | 1.00 | 1.00 | 1.00 | 1.00 | 0.92 | 1.00 | 1.00 | 1.00 | 1.00 | 0.29 | 0.40 | 1.00 | 0.54 | 0.54 | 1.00 | 0.77 | 1.00 | 1.00 | 1.00 | 1.00 | 1.00 | 0.37 | 1.00 | 0.56 |
| X09-26 | A1 | 0.80 | 1.00 | 1.00 | 1.00 | 1.00 | 0.96 | 1.00 | 1.00 | 1.00 | 1.00 | 0.29 | 0.40 | 1.00 | 0.54 | 0.54 | 0.98 | 0.76 | 1.00 | 1.00 | 1.00 | 1.00 | 1.00 | 0.61 | 1.00 | 0.73 |
| X09-27 | Bb | 0.80 | 1.00 | 1.00 | 1.00 | 1.00 | 0.96 | 1.00 | 1.00 | 1.00 | 1.00 | 0.29 | 0.40 | 1.00 | 0.54 | 0.54 | 0.96 | 0.75 | 1.00 | 1.00 | 1.00 | 1.00 | 1.00 | 0.18 | 1.00 | 0.43 |
| X10-01 | Rb | 0.60 | 1.00 | 0.40 | 0.50 | 0.50 | 0.61 | 1.00 | 1.00 | 1.00 | 1.00 | 0.22 | 0.33 | 1.00 | 0.49 | 0.54 | 0.90 | 0.84 | 1.00 | 1.00 | 1.00 | 1.00 | 1.00 | 0.28 | 1.00 | 0.50 |
| X10-21 | Rb | 0.80 | 1.00 | 1.00 | 1.00 | 1.00 | 0.96 | 1.00 | 1.00 | 1.00 | 1.00 | 0.29 | 0.40 | 1.00 | 0.54 | 0.77 | 1.00 | 0.89 | 1.00 | 1.00 | 1.00 | 1.00 | 1.00 | 0.20 | 1.00 | 0.44 |
| X11-06 | B29a | 0.40 | 1.00 | 1.00 | 0.50 | 1.00 | 0.76 | 0.80 | 0.80 | 1.00 | 0.94 | 0.42 | 0.67 | 1.00 | 0.67 | 0.54 | 0.26 | 0.40 | 0.60 | 0.46 | 0.40 | 0.70 | 0.53 | 0.31 | 1.00 | 0.52 |
| X12-14 | B2 | 0.20 | 0.80 | 1.00 | 1.00 | 0.70 | 0.74 | 0.80 | 0.80 | 1.00 | 0.94 | 0.50 | 1.00 | 1.00 | 0.80 | 0.54 | 0.30 | 0.42 | 0.60 | 0.46 | 0.40 | 0.70 | 0.53 | 0.19 | 1.00 | 0.43 |
| X12-26 | B1 | 0.20 | 1.00 | 1.00 | 1.00 | 0.70 | 0.78 | 0.80 | 1.00 | 1.00 | 0.94 | 0.57 | 1.00 | 1.00 | 0.83 | 0.54 | 0.23 | 0.39 | 0.60 | 0.46 | 0.40 | 0.70 | 0.53 | 0.11 | 1.00 | 0.23 |
| X12-29 | Bb | 0.20 | 1.00 | 1.00 | 0.50 | 0.70 | 0.70 | 0.80 | 1.00 | 1.00 | 0.94 | 0.57 | 1.00 | 1.00 | 0.83 | 0.54 | 0.79 | 0.67 | 0.80 | 0.46 | 0.40 | 0.70 | 0.68 | 0.16 | 1.00 | 0.41 |
| X13-11 | B2 | 0.60 | 1.00 | 1.00 | 0.50 | 0.50 | 0.70 | 0.40 | 0.80 | 1.00 | 0.82 | 0.34 | 0.61 | 1.00 | 0.62 | 0.62 | 0.38 | 0.50 | 1.00 | 0.75 | 0.70 | 0.70 | 0.80 | 0.18 | 1.00 | 0.43 |
| X13-12 | Bb | 1.00 | 1.00 | 1.00 | 0.50 | 0.70 | 0.88 | 0.80 | 1.00 | 1.00 | 0.94 | 0.46 | 0.80 | 1.00 | 0.72 | 0.62 | 0.56 | 0.59 | 1.00 | 0.75 | 0.70 | 0.70 | 0.80 | 0.40 | 1.00 | 0.58 |
| X13-21 | Bb | 1.00 | 1.00 | 1.00 | 0.70 | 0.70 | 0.93 | 1.00 | 1.00 | 1.00 | 1.00 | 0.42 | 0.80 | 1.00 | 0.71 | 0.77 | 0.61 | 0.69 | 1.00 | 0.75 | 0.70 | 0.70 | 0.80 | 1.00 | 1.00 | 1.00 |
| X13-25 | Rb | 0.60 | 0.80 | 1.00 | 0.50 | 0.50 | 0.66 | 0.80 | 1.00 | 1.00 | 0.94 | 0.29 | 0.65 | 1.00 | 0.61 | 0.77 | 0.82 | 0.80 | 1.00 | 0.75 | 0.70 | 0.70 | 0.80 | 0.29 | 1.00 | 0.50 |
| X13-40 | B2 | 0.40 | 1.00 | 1.00 | 0.30 | 0.70 | 0.56 | 0.40 | 0.80 | 1.00 | 0.82 | 0.15 | 0.47 | 1.00 | 0.50 | 0.62 | 0.17 | 0.40 | 1.00 | 0.75 | 1.00 | 0.40 | 0.83 | 0.39 | 1.00 | 0.57 |

续表

| 地块编号 | 用地性质 | 交通可达性因子 ||||| 历史文化保护因子 |||| 景观生态因子 |||| 改造难度因子 ||| 城市发展因子 |||| 用地格局因子 |||
|---|---|---|---|---|---|---|---|---|---|---|---|---|---|---|---|---|---|---|---|---|---|---|---|---|
| | | 主干路可达性因子 | 次干路可达性因子 | 支路可达性因子 | 地铁站点可达性因子 | 公交站点可达性因子 | 综合分值 | 文物保护单位因子 | 历史保护限高因子 | 历史地段保护因子 | 综合分值 | 相邻绿地规模因子 | 相邻绿地数量因子 | 山体水系融合度因子 | 综合分值 | 土地价值因子 | 拆迁成本因子 | 综合分值 | 区位因子 | 人口密度因子 | 商务商业聚集度因子 | 政策导向因子 | 综合分值 | 用地规模因子 | 用地形状因子 | 综合分值 |
| X13-41 | Bb | 0.40 | 1.00 | 0.40 | 0.30 | 0.70 | 0.56 | 1.00 | 1.00 | 1.00 | 1.00 | 0.18 | 0.47 | 1.00 | 0.51 | 0.62 | 0.17 | 0.40 | 1.00 | 0.75 | 1.00 | 0.70 | 0.89 | 0.38 | 1.00 | 0.57 |
| X14-02 | Bb | 0.20 | 1.00 | 0.70 | 0.70 | 0.30 | 0.58 | 0.80 | 1.00 | 1.00 | 0.94 | 0.47 | 0.58 | 1.00 | 0.66 | 0.62 | 0.37 | 0.50 | 0.80 | 0.84 | 0.70 | 0.70 | 0.76 | 0.35 | 1.00 | 0.55 |
| X14-10 | Rb | 0.20 | 1.00 | 0.70 | 0.70 | 0.30 | 0.58 | 1.00 | 1.00 | 1.00 | 1.00 | 0.36 | 0.51 | 1.00 | 0.60 | 0.54 | 0.31 | 0.43 | 0.80 | 0.84 | 0.70 | 0.70 | 0.76 | 0.17 | 1.00 | 0.42 |
| X14-17 | Bb | 0.20 | 1.00 | 0.70 | 1.00 | 0.50 | 0.70 | 1.00 | 1.00 | 1.00 | 1.00 | 0.36 | 0.51 | 1.00 | 0.60 | 0.54 | 0.23 | 0.39 | 0.80 | 0.84 | 0.70 | 0.70 | 0.76 | 0.27 | 1.00 | 0.49 |
| X14-43 | B2 | 0.20 | 1.00 | 1.00 | 1.00 | 1.00 | 0.84 | 0.80 | 1.00 | 1.00 | 0.94 | 0.57 | 0.41 | 0.70 | 0.56 | 0.54 | 0.49 | 0.52 | 0.80 | 0.84 | 0.70 | 0.70 | 0.76 | 0.16 | 1.00 | 0.41 |
| X15-18 | B2 | 0.40 | 1.00 | 0.70 | 0.50 | 0.70 | 0.65 | 0.20 | 1.00 | 1.00 | 0.76 | 0.16 | 0.47 | 1.00 | 0.51 | 0.62 | 0.27 | 0.45 | 0.80 | 0.75 | 1.00 | 0.70 | 0.83 | 0.47 | 1.00 | 0.63 |
| X16-03 | B2 | 0.20 | 0.60 | 0.70 | 0.30 | 0.30 | 0.50 | 0.20 | 1.00 | 1.00 | 0.76 | 0.43 | 0.59 | 1.00 | 0.65 | 0.54 | 0.10 | 0.32 | 0.60 | 0.84 | 0.70 | 0.40 | 0.64 | 0.17 | 1.00 | 0.42 |
| X16-05 | Rb | 0.20 | 0.60 | 0.70 | 0.30 | 0.30 | 0.50 | 0.20 | 1.00 | 1.00 | 0.76 | 0.43 | 0.59 | 1.00 | 0.65 | 0.54 | 0.10 | 0.32 | 0.60 | 0.84 | 0.70 | 0.40 | 0.64 | 0.27 | 1.00 | 0.49 |
| X16-26 | B2 | 0.40 | 0.80 | 1.00 | 0.50 | 0.30 | 0.52 | 0.80 | 1.00 | 1.00 | 0.94 | 0.12 | 0.33 | 1.00 | 0.45 | 0.62 | 0.48 | 0.55 | 0.80 | 0.75 | 1.00 | 0.70 | 0.83 | 0.53 | 1.00 | 0.67 |
| X16-28 | B2 | 0.40 | 1.00 | 0.70 | 0.50 | 0.70 | 0.60 | 0.20 | 1.00 | 1.00 | 0.76 | 0.12 | 0.33 | 1.00 | 0.45 | 0.62 | 0.54 | 0.58 | 0.80 | 0.75 | 1.00 | 0.70 | 0.83 | 0.32 | 1.00 | 0.52 |
| X16-30 | B1 | 0.40 | 1.00 | 0.70 | 0.50 | 0.50 | 0.61 | 0.80 | 1.00 | 1.00 | 0.94 | 0.14 | 0.27 | 1.00 | 0.44 | 0.62 | 0.41 | 0.52 | 0.80 | 0.75 | 1.00 | 0.70 | 0.83 | 0.40 | 1.00 | 0.58 |
| X16-40 | B2 | 0.20 | 1.00 | 0.70 | 0.70 | 0.70 | 0.72 | 0.20 | 1.00 | 1.00 | 0.76 | 0.32 | 0.34 | 1.00 | 0.53 | 0.62 | 0.39 | 0.51 | 0.80 | 0.75 | 1.00 | 0.70 | 0.74 | 0.14 | 1.00 | 0.40 |
| X17-01 | Bb | 1.00 | 1.00 | 1.00 | 1.00 | 0.70 | 0.94 | 1.00 | 1.00 | 1.00 | 1.00 | 0.21 | 1.09 | 1.00 | 0.41 | 0.78 | 0.53 | 0.66 | 1.00 | 0.22 | 1.00 | 1.00 | 0.78 | 1.00 | 1.00 | 1.00 |
| X17-04 | B2 | 1.00 | 1.00 | 1.00 | 0.70 | 0.70 | 0.87 | 1.00 | 1.00 | 1.00 | 1.00 | 0.28 | 0.12 | 1.00 | 0.45 | 0.78 | 0.72 | 0.75 | 1.00 | 0.22 | 1.00 | 1.00 | 0.70 | 0.33 | 1.00 | 0.53 |
| X17-06 | B2 | 1.00 | 1.00 | 1.00 | 0.50 | 1.00 | 0.90 | 1.00 | 1.00 | 1.00 | 1.00 | 0.27 | 0.13 | 1.00 | 0.45 | 0.78 | 0.61 | 0.70 | 1.00 | 0.22 | 1.00 | 1.00 | 0.78 | 0.70 | 1.00 | 0.79 |
| X17-08 | B2 | 1.00 | 1.00 | 1.00 | 0.70 | 0.70 | 1.00 | 0.80 | 1.00 | 1.00 | 0.94 | 0.28 | 0.12 | 1.00 | 0.45 | 0.78 | 0.87 | 0.83 | 1.00 | 0.22 | 1.00 | 1.00 | 0.78 | 0.42 | 1.00 | 0.59 |
| X17-10 | Bb | 1.00 | 1.00 | 1.00 | 1.00 | 1.00 | 1.00 | 0.80 | 1.00 | 1.00 | 0.94 | 0.28 | 0.12 | 1.00 | 0.59 | 1.00 | 0.18 | 0.59 | 1.00 | 0.22 | 1.00 | 1.00 | 0.84 | 1.00 | 1.00 | 1.00 |

续表

| 地块编号 | 用地性质 | 交通可达性因子 ||||| 历史文化保护因子 ||||| 景观生态因子 ||||| 改造难度因子 |||| 城市发展因子 |||| 用地格局因子 |||
|---|---|---|---|---|---|---|---|---|---|---|---|---|---|---|---|---|---|---|---|---|---|---|---|---|---|---|
| | | 主干路可达性因子 | 次干路可达性因子 | 支路可达性因子 | 地铁站点可达性因子 | 公交站点可达性因子 | 综合分值 | 文物保护单位因子 | 历史保护地段因子 | 历史保护限高因子 | 综合分值 | 相邻绿地规模因子 | 相邻绿地数量因子 | 山体水系融合度因子 | 综合分值 | 土地价值因子 | 拆迁成本因子 | 综合分值 | 区位因子 | 人口密度因子 | 商务商业聚集度因子 | 政策导向因子 | 综合分值 | 用地规模因子 | 用地形状因子 | 综合分值 |
| X17-21 | Bb | 1.00 | 1.00 | 1.00 | 1.00 | 1.00 | 1.00 | 1.00 | 1.00 | 1.00 | 1.00 | 0.32 | 0.16 | 1.00 | 0.48 | 0.62 | 0.45 | 0.54 | 1.00 | 0.22 | 1.00 | 1.00 | 0.84 | 1.00 | 1.00 | 1.00 |
| X17-23 | Bb | 1.00 | 1.00 | 1.00 | 1.00 | 0.70 | 0.94 | 0.80 | 1.00 | 1.00 | 0.94 | 0.31 | 0.16 | 1.00 | 0.47 | 0.62 | 0.40 | 0.51 | 1.00 | 0.22 | 1.00 | 1.00 | 0.84 | 0.77 | 1.00 | 0.84 |
| X17-25 | Bb | 1.00 | 1.00 | 1.00 | 0.70 | 0.50 | 0.78 | 1.00 | 1.00 | 1.00 | 1.00 | 0.28 | 0.12 | 1.00 | 0.45 | 0.52 | 0.48 | 0.50 | 1.00 | 0.22 | 1.00 | 1.00 | 0.84 | 1.00 | 1.00 | 1.00 |
| X17-32 | B2 | 1.00 | 1.00 | 1.00 | 0.70 | 0.30 | 0.79 | 1.00 | 1.00 | 1.00 | 1.00 | 0.28 | 0.12 | 1.00 | 0.45 | 0.69 | 0.56 | 0.63 | 1.00 | 0.22 | 1.00 | 1.00 | 0.84 | 0.32 | 1.00 | 0.52 |
| X17-35 | B1 | 1.00 | 1.00 | 0.70 | 0.70 | 0.70 | 0.88 | 1.00 | 1.00 | 1.00 | 1.00 | 0.37 | 0.31 | 1.00 | 0.54 | 0.52 | 0.47 | 0.50 | 0.80 | 0.22 | 0.70 | 0.70 | 0.63 | 0.34 | 1.00 | 0.54 |
| X18-26 | B2 | 1.00 | 1.00 | 1.00 | 1.00 | 0.50 | 0.86 | 1.00 | 1.00 | 0.80 | 0.94 | 0.57 | 0.37 | 0.70 | 0.55 | 0.56 | 0.33 | 0.45 | 0.40 | 0.47 | 0.40 | 0.70 | 0.47 | 0.31 | 1.00 | 0.52 |
| X20-18 | Rb | 0.20 | 0.80 | 1.00 | 1.00 | 0.50 | 0.70 | 1.00 | 1.00 | 1.00 | 1.00 | 0.15 | 0.31 | 1.00 | 0.45 | 0.62 | 0.29 | 0.46 | 0.80 | 0.32 | 0.70 | 0.70 | 0.65 | 0.08 | 0.50 | 0.21 |
| X20-28 | Bb | 0.40 | 1.00 | 1.00 | 0.70 | 0.70 | 0.82 | 1.00 | 1.00 | 1.00 | 1.00 | 0.15 | 0.31 | 1.00 | 0.45 | 0.54 | 0.61 | 0.58 | 0.80 | 0.32 | 0.70 | 0.70 | 0.65 | 0.85 | 1.00 | 0.90 |
| X20-30 | Bb | 0.40 | 1.00 | 1.00 | 0.70 | 0.70 | 0.82 | 1.00 | 1.00 | 1.00 | 1.00 | 0.15 | 0.31 | 1.00 | 0.45 | 0.54 | 0.35 | 0.45 | 0.80 | 0.32 | 0.70 | 0.70 | 0.65 | 0.37 | 1.00 | 0.56 |
| X21-16 | Rb | 0.20 | 1.00 | 1.00 | 0.70 | 0.50 | 0.74 | 1.00 | 1.00 | 1.00 | 1.00 | 0.13 | 0.31 | 1.00 | 0.45 | 0.56 | 0.49 | 0.53 | 0.60 | 0.32 | 0.70 | 0.70 | 0.59 | 0.26 | 1.00 | 0.48 |
| X21-20 | B2 | 0.20 | 1.00 | 1.00 | 0.70 | 0.50 | 0.74 | 1.00 | 1.00 | 1.00 | 1.00 | 0.13 | 0.31 | 1.00 | 0.45 | 0.56 | 0.49 | 0.53 | 0.60 | 0.32 | 0.70 | 0.70 | 0.59 | 0.14 | 1.00 | 0.40 |
| X21-50 | B2 | 0.20 | 1.00 | 1.00 | 0.70 | 0.70 | 0.78 | 1.00 | 1.00 | 1.00 | 1.00 | 0.13 | 0.31 | 1.00 | 0.45 | 0.56 | 0.48 | 0.52 | 0.60 | 0.32 | 0.70 | 0.70 | 0.59 | 0.15 | 1.00 | 0.41 |
| X21-55 | B2 | 0.40 | 1.00 | 1.00 | 1.00 | 0.70 | 0.88 | 1.00 | 1.00 | 1.00 | 1.00 | 0.16 | 0.34 | 1.00 | 0.47 | 0.56 | 0.32 | 0.44 | 0.80 | 0.32 | 0.70 | 0.70 | 0.65 | 0.31 | 1.00 | 0.52 |
| X22-07 | B2 | 0.60 | 1.00 | 1.00 | 0.70 | 0.70 | 0.85 | 0.80 | 1.00 | 1.00 | 0.94 | 0.48 | 0.68 | 1.00 | 0.70 | 0.62 | 0.41 | 0.52 | 1.00 | 0.46 | 1.00 | 0.70 | 0.89 | 0.34 | 1.00 | 0.54 |
| X22-11 | Bb | 0.60 | 1.00 | 1.00 | 0.70 | 0.70 | 0.79 | 1.00 | 1.00 | 1.00 | 1.00 | 0.17 | 0.33 | 1.00 | 0.47 | 0.83 | 0.48 | 0.66 | 0.80 | 0.46 | 0.70 | 0.70 | 0.68 | 0.55 | 1.00 | 0.69 |
| X23-02 | Bb | 0.20 | 1.00 | 1.00 | 0.70 | 0.70 | 0.80 | 1.00 | 1.00 | 1.00 | 1.00 | 0.14 | 0.32 | 1.00 | 0.45 | 0.83 | 0.45 | 0.64 | 0.80 | 0.24 | 0.70 | 0.70 | 0.64 | 0.27 | 1.00 | 0.49 |
| X23-15 | Bb | 0.20 | 1.00 | 1.00 | 0.70 | 1.00 | 0.80 | 1.00 | 1.00 | 1.00 | 1.00 | 0.13 | 0.31 | 1.00 | 0.45 | 0.83 | 0.78 | 0.81 | 0.80 | 0.24 | 0.70 | 0.70 | 0.64 | 0.31 | 1.00 | 0.52 |

续表

| 地块编号 | 用地性质 | 交通可达性因子 | | | | | | 历史文化保护因子 | | | | 景观生态因子 | | | | 改造难度因子 | | | 城市发展因子 | | | | | 用地格局因子 | | |
|---|---|---|---|---|---|---|---|---|---|---|---|---|---|---|---|---|---|---|---|---|---|---|---|---|---|---|
| | | 主干路可达性因子 | 次干路可达性因子 | 支路可达性因子 | 地铁站点可达性因子 | 公交站点可达性因子 | 综合分值 | 文物保护单位因子 | 历史保护限高因子 | 历史地段保护因子 | 综合分值 | 相邻绿地规模因子 | 相邻绿地数量因子 | 山体水系融合度因子 | 综合分值 | 土地价值因子 | 拆迁成本因子 | 综合分值 | 区位因子 | 人口密度因子 | 商务商业聚集度因子 | 政策导向因子 | 综合分值 | 用地规模因子 | 用地形状因子 | 综合分值 |
| X23-16 | A1 | 0.20 | 1.00 | 1.00 | 1.00 | 0.70 | 0.78 | 1.00 | 1.00 | 1.00 | 1.00 | 0.13 | 0.31 | 1.00 | 0.45 | 0.34 | 0.58 | 0.46 | 0.80 | 0.24 | 0.70 | 0.70 | 0.64 | 0.22 | 1.00 | 0.45 |
| X23-56 | Bb | 1.00 | 0.60 | 1.00 | 1.00 | 1.00 | 0.92 | 0.80 | 0.80 | 0.80 | 0.88 | 0.36 | 0.47 | 1.00 | 0.59 | 0.43 | 0.35 | 0.39 | 0.80 | 0.24 | 0.70 | 0.70 | 0.64 | 1.00 | 1.00 | 1.00 |
| X23-64 | B2 | 1.00 | 0.60 | 1.00 | 1.00 | 1.00 | 0.92 | 0.80 | 0.80 | 0.80 | 0.88 | 0.36 | 0.47 | 1.00 | 0.59 | 0.43 | 0.28 | 0.36 | 0.80 | 0.24 | 0.70 | 0.70 | 0.64 | 0.35 | 1.00 | 0.55 |
| X23-67 | B2 | 1.00 | 0.60 | 1.00 | 1.00 | 1.00 | 0.92 | 0.80 | 0.80 | 0.80 | 0.88 | 0.48 | 0.53 | 0.70 | 0.56 | 0.43 | 0.37 | 0.40 | 0.60 | 0.24 | 0.70 | 0.70 | 0.58 | 0.27 | 1.00 | 0.49 |
| X24-38 | Bb | 0.20 | 0.60 | 0.70 | 0.30 | 0.50 | 0.44 | 1.00 | 0.40 | 0.40 | 0.76 | 0.64 | 0.58 | 1.00 | 0.73 | 0.43 | 0.18 | 0.31 | 0.20 | 0.34 | 0.40 | 0.70 | 0.39 | 0.36 | 1.00 | 0.55 |
| X29-04 | B1 | 0.80 | 1.00 | 1.00 | 0.70 | 0.70 | 0.75 | 1.00 | 0.80 | 0.80 | 0.94 | 0.31 | 0.42 | 1.00 | 0.55 | 0.56 | 0.59 | 0.58 | 0.60 | 0.18 | 0.70 | 0.70 | 0.57 | 0.32 | 1.00 | 0.52 |
| X29-16 | Bb | 1.00 | 0.60 | 1.00 | 1.00 | 1.00 | 0.92 | 1.00 | 0.80 | 0.80 | 0.94 | 0.36 | 0.47 | 1.00 | 0.59 | 0.56 | 0.24 | 0.40 | 0.60 | 0.18 | 0.70 | 1.00 | 0.63 | 0.76 | 1.00 | 0.83 |
| X29-43 | Rb | 0.80 | 1.00 | 1.00 | 0.70 | 0.70 | 0.83 | 1.00 | 0.80 | 0.80 | 0.86 | 0.53 | 0.47 | 1.00 | 0.65 | 0.43 | 0.57 | 0.50 | 0.40 | 0.18 | 0.70 | 0.70 | 0.51 | 1.00 | 1.00 | 1.00 |
| X29-59 | B2 | 1.00 | 1.00 | 1.00 | 1.00 | 1.00 | 1.00 | 1.00 | 0.20 | 0.80 | 0.62 | 0.65 | 0.61 | 0.70 | 0.69 | 0.52 | 0.31 | 0.42 | 0.40 | 0.18 | 0.70 | 0.40 | 0.45 | 0.51 | 1.00 | 0.66 |
| Q01-10 | Bb | 1.00 | 0.20 | 1.00 | 1.00 | 0.50 | 0.78 | 1.00 | 1.00 | 1.00 | 1.00 | 0.51 | 0.63 | 1.00 | 0.69 | 0.68 | 0.71 | 0.70 | 0.80 | 0.46 | 1.00 | 1.00 | 0.83 | 0.71 | 1.00 | 0.80 |
| Q01-12 | B2 | 1.00 | 0.60 | 1.00 | 1.00 | 0.50 | 0.78 | 1.00 | 0.80 | 0.80 | 0.94 | 0.42 | 0.57 | 1.00 | 0.64 | 0.68 | 0.47 | 0.58 | 0.80 | 0.46 | 0.70 | 0.70 | 0.68 | 0.37 | 1.00 | 0.56 |
| Q02-05 | Bb | 1.00 | 0.80 | 1.00 | 0.50 | 0.50 | 0.79 | 1.00 | 0.80 | 0.80 | 0.92 | 0.41 | 0.45 | 1.00 | 0.60 | 0.62 | 0.41 | 0.52 | 0.80 | 0.46 | 0.70 | 0.70 | 0.68 | 0.24 | 1.00 | 0.47 |
| Q04-31 | B2 | 1.00 | 1.00 | 1.00 | 0.70 | 0.70 | 0.87 | 0.80 | 0.80 | 0.80 | 0.80 | 0.31 | 0.37 | 1.00 | 0.54 | 1.00 | 0.45 | 0.73 | 1.00 | 0.86 | 1.00 | 0.70 | 0.91 | 0.73 | 1.00 | 0.81 |
| Q07-03 | Bb | 0.60 | 1.00 | 0.70 | 1.00 | 0.50 | 0.78 | 1.00 | 0.20 | 0.20 | 0.62 | 1.00 | 1.00 | 0.40 | 0.82 | 0.43 | 0.24 | 0.34 | 0.40 | 0.40 | 0.40 | 0.40 | 0.40 | 0.38 | 1.00 | 0.57 |
| Q08-02 | Bb | 0.20 | 0.60 | 1.00 | 0.50 | 0.50 | 0.54 | 0.80 | 0.20 | 0.80 | 0.80 | 0.70 | 0.77 | 0.70 | 0.72 | 0.33 | 0.34 | 0.34 | 0.40 | 0.27 | 0.40 | 0.40 | 0.37 | 0.10 | 0.50 | 0.22 |
| Q09-13 | Bb | 0.20 | 1.00 | 1.00 | 0.50 | 0.50 | 0.62 | 1.00 | 1.00 | 0.80 | 0.94 | 0.55 | 0.46 | 1.00 | 0.66 | 0.43 | 0.32 | 0.38 | 0.60 | 0.87 | 0.70 | 0.70 | 0.70 | 0.54 | 1.00 | 0.68 |
| Q09-40 | B2 | 0.40 | 1.00 | 1.00 | 1.00 | 0.50 | 0.78 | 1.00 | 1.00 | 1.00 | 1.00 | 0.58 | 0.65 | 1.00 | 0.73 | 0.43 | 0.32 | 0.38 | 0.80 | 0.87 | 0.70 | 0.70 | 0.76 | 0.36 | 1.00 | 0.55 |

续表

| 地块编号 | 用地性质 | 交通可达性因子 ||||| 历史文化保护因子 |||| 景观生态因子 |||| 改造难度因子 ||| 城市发展因子 |||| 用地格局因子 |||
|---|---|---|---|---|---|---|---|---|---|---|---|---|---|---|---|---|---|---|---|---|---|---|---|---|
| | | 主干路可达性因子 | 次干路可达性因子 | 支路可达性因子 | 地铁站点可达性因子 | 公交站点可达性因子 | 综合分值 | 文物保护单位因子 | 历史保护限高因子 | 历史地段保护因子 | 综合分值 | 相邻绿地规模因子 | 相邻绿地数量因子 | 山体水系融合度因子 | 综合分值 | 土地价值因子 | 拆迁成本因子 | 综合分值 | 区位因子 | 人口密度因子 | 商务商业聚集度因子 | 政策导向因子 | 综合分值 | 用地规模因子 | 用地形状因子 | 综合分值 |
| Q09-41 | B2 | 0.40 | 1.00 | 1.00 | 1.00 | 0.70 | 0.82 | 1.00 | 1.00 | 0.80 | 0.94 | 0.58 | 0.80 | 1.00 | 0.77 | 0.43 | 0.32 | 0.38 | 0.80 | 0.87 | 0.70 | 0.70 | 0.76 | 0.45 | 1.00 | 0.62 |
| Q09-46 | Rb | 0.60 | 1.00 | 1.00 | 1.00 | 0.50 | 0.82 | 1.00 | 1.00 | 1.00 | 1.00 | 0.61 | 0.80 | 1.00 | 0.78 | 0.43 | 0.32 | 0.38 | 0.80 | 0.87 | 0.70 | 0.70 | 0.76 | 0.34 | 1.00 | 0.54 |
| Q09-48 | Bb | 0.60 | 1.00 | 1.00 | 1.00 | 0.70 | 0.86 | 1.00 | 1.00 | 1.00 | 1.00 | 0.61 | 0.80 | 1.00 | 0.78 | 0.43 | 0.32 | 0.38 | 0.80 | 0.87 | 0.70 | 0.70 | 0.76 | 0.36 | 1.00 | 0.55 |
| Q11-11 | B2 | 0.40 | 1.00 | 1.00 | 0.70 | 1.00 | 0.81 | 1.00 | 0.40 | 0.80 | 0.70 | 1.00 | 1.00 | 0.40 | 0.82 | 0.43 | 0.19 | 0.31 | 0.60 | 0.40 | 1.00 | 0.40 | 0.64 | 0.10 | 0.50 | 0.22 |
| Q11-32 | B1 | 0.40 | 1.00 | 1.00 | 0.70 | 1.00 | 0.81 | 1.00 | 0.40 | 0.80 | 0.70 | 1.00 | 1.00 | 0.40 | 0.82 | 0.43 | 0.24 | 0.34 | 0.40 | 0.40 | 0.40 | 0.40 | 0.40 | 0.96 | 1.00 | 0.97 |
| Q15-01 | Bb | 1.00 | 0.60 | 0.70 | 0.30 | 1.00 | 0.86 | 1.00 | 0.40 | 0.80 | 1.00 | 0.59 | 0.75 | 1.00 | 0.76 | 0.78 | 0.52 | 0.65 | 1.00 | 0.25 | 1.00 | 0.70 | 0.79 | 0.62 | 1.00 | 0.73 |
| Q15-02 | Bb | 1.00 | 0.60 | 0.40 | 0.70 | 1.00 | 0.80 | 1.00 | 0.40 | 0.80 | 0.88 | 0.24 | 0.53 | 1.00 | 0.56 | 0.78 | 0.39 | 0.59 | 1.00 | 0.25 | 1.00 | 0.70 | 0.79 | 0.32 | 1.00 | 0.52 |
| Q15-03 | Bb | 1.00 | 0.60 | 0.40 | 0.70 | 1.00 | 0.76 | 1.00 | 0.80 | 0.80 | 0.94 | 0.24 | 0.53 | 1.00 | 0.56 | 0.78 | 0.25 | 0.52 | 1.00 | 0.25 | 1.00 | 0.70 | 0.79 | 0.32 | 1.00 | 0.52 |
| Q15-05 | Bb | 1.00 | 0.80 | 0.40 | 0.70 | 1.00 | 0.80 | 1.00 | 0.80 | 0.80 | 1.00 | 0.24 | 0.53 | 1.00 | 0.56 | 0.78 | 0.77 | 0.78 | 1.00 | 0.25 | 1.00 | 0.70 | 0.79 | 1.00 | 1.00 | 1.00 |
| Q15-11 | Bb | 1.00 | 0.80 | 0.70 | 0.70 | 1.00 | 0.96 | 1.00 | 0.80 | 0.80 | 1.00 | 0.31 | 0.56 | 1.00 | 0.59 | 1.00 | 0.79 | 0.90 | 1.00 | 0.25 | 1.00 | 0.70 | 0.79 | 1.00 | 1.00 | 1.00 |
| Q15-13 | Bb | 1.00 | 0.80 | 1.00 | 1.00 | 1.00 | 0.90 | 1.00 | 0.80 | 1.00 | 1.00 | 0.31 | 0.56 | 1.00 | 0.59 | 1.00 | 0.82 | 0.91 | 1.00 | 0.25 | 1.00 | 0.70 | 0.79 | 1.00 | 1.00 | 1.00 |
| Q15-16 | Bb | 1.00 | 0.80 | 1.00 | 1.00 | 0.70 | 0.90 | 1.00 | 0.80 | 1.00 | 1.00 | 0.31 | 0.56 | 1.00 | 0.57 | 1.00 | 0.45 | 0.73 | 1.00 | 0.25 | 1.00 | 0.70 | 0.79 | 0.34 | 1.00 | 0.54 |
| Q16-02 | Bb | 1.00 | 0.80 | 1.00 | 1.00 | 0.70 | 0.90 | 1.00 | 0.80 | 1.00 | 1.00 | 0.28 | 0.52 | 1.00 | 0.57 | 1.00 | 0.47 | 0.74 | 1.00 | 0.25 | 1.00 | 0.70 | 0.79 | 1.00 | 1.00 | 1.00 |
| Q16-06 | Bb | 1.00 | 0.80 | 1.00 | 1.00 | 1.00 | 0.96 | 1.00 | 1.00 | 0.60 | 1.00 | 0.29 | 0.55 | 1.00 | 0.58 | 1.00 | 0.41 | 0.71 | 1.00 | 0.25 | 1.00 | 0.70 | 0.79 | 0.73 | 1.00 | 0.81 |
| Q16-13 | B2 | 1.00 | 0.60 | 0.50 | 0.50 | 0.70 | 0.74 | 0.20 | 1.00 | 0.60 | 0.64 | 0.39 | 0.80 | 1.00 | 0.80 | 1.00 | 0.32 | 0.66 | 1.00 | 0.25 | 1.00 | 0.40 | 0.79 | 0.51 | 1.00 | 0.66 |
| Q18-12 | Bb | 0.60 | 1.00 | 1.00 | 1.00 | 0.70 | 0.66 | 0.80 | 1.00 | 0.60 | 0.82 | 0.39 | 0.80 | 1.00 | 0.80 | 1.00 | 0.34 | 0.67 | 1.00 | 0.87 | 1.00 | 0.40 | 0.85 | 0.70 | 1.00 | 0.79 |
| Q18-20 | Bb | 0.40 | 0.80 | 1.00 | 1.00 | 0.50 | 0.66 | 0.80 | 1.00 | 0.60 | 0.82 | 0.39 | 0.80 | 1.00 | 0.80 | 1.00 | 0.34 | 0.67 | 1.00 | 0.87 | 1.00 | 0.70 | 0.91 | 0.94 | 1.00 | 0.96 |

续表

| 地块编号 | 用地性质 | 交通可达性因子 | | | | | 历史文化保护因子 | | | | 景观生态因子 | | | | 改造难度因子 | | | | 城市发展因子 | | | | 用地格局因子 | | |
|---|---|---|---|---|---|---|---|---|---|---|---|---|---|---|---|---|---|---|---|---|---|---|---|---|---|
| | | 主干路可达性因子 | 次干路可达性因子 | 支路可达性因子 | 地铁站点可达性因子 | 公交站点可达性因子 | 综合分值 | 文物保护单位因子 | 历史保护限高因子 | 历史地段保护因子 | 综合分值 | 相邻绿地规模因子 | 相邻绿地数量因子 | 山体水系融合度因子 | 综合分值 | 土地价值因子 | 拆迁成本因子 | 综合分值 | 区位因子 | 人口密度因子 | 商务商业聚集度因子 | 政策导向因子 | 综合分值 | 用地规模因子 | 用地形状因子 | 综合分值 |
| Q19-14 | Rb | 0.40 | 0.80 | 1.00 | 0.70 | 0.70 | 0.71 | 1.00 | 0.60 | 1.00 | 0.88 | 0.31 | 0.65 | 1.00 | 0.62 | 0.43 | 0.47 | 0.45 | 1.00 | 0.87 | 1.00 | 0.70 | 0.91 | 0.83 | 1.00 | 0.88 |
| Q19-15 | Bb | 0.40 | 0.80 | 1.00 | 0.70 | 0.70 | 0.71 | 1.00 | 0.60 | 1.00 | 0.88 | 0.31 | 0.65 | 1.00 | 0.62 | 0.52 | 0.42 | 0.47 | 1.00 | 0.87 | 0.70 | 0.70 | 0.82 | 0.30 | 1.00 | 0.51 |
| Q19-16 | Bb | 0.40 | 0.80 | 1.00 | 0.50 | 0.70 | 0.67 | 1.00 | 0.80 | 1.00 | 0.94 | 0.31 | 0.65 | 1.00 | 0.62 | 0.52 | 0.42 | 0.47 | 1.00 | 0.87 | 0.70 | 0.70 | 0.82 | 0.44 | 1.00 | 0.61 |
| Q20-03 | Bb | 1.00 | 0.80 | 1.00 | 0.70 | 1.00 | 0.90 | 1.00 | 1.00 | 1.00 | 1.00 | 0.86 | 0.54 | 1.00 | 0.81 | 0.69 | 0.86 | 0.78 | 0.80 | 0.94 | 1.00 | 0.70 | 0.87 | 0.78 | 1.00 | 0.85 |
| Q20-04 | Bb | 1.00 | 0.80 | 1.00 | 0.70 | 1.00 | 0.90 | 1.00 | 1.00 | 1.00 | 1.00 | 0.86 | 0.54 | 1.00 | 0.81 | 0.69 | 0.56 | 0.63 | 0.80 | 0.94 | 1.00 | 0.70 | 0.87 | 0.52 | 1.00 | 0.66 |
| Q20-19 | Rb | 0.80 | 0.60 | 1.00 | 1.00 | 1.00 | 0.88 | 0.80 | 1.00 | 1.00 | 0.94 | 0.86 | 0.54 | 1.00 | 0.81 | 0.44 | 0.43 | 0.44 | 0.80 | 0.94 | 1.00 | 0.70 | 0.87 | 0.56 | 1.00 | 0.69 |
| Q20-51 | Bb | 0.40 | 1.00 | 1.00 | 0.50 | 0.50 | 0.66 | 1.00 | 1.00 | 1.00 | 1.00 | 0.31 | 0.46 | 1.00 | 0.56 | 0.35 | 0.50 | 0.43 | 0.80 | 1.00 | 0.70 | 0.70 | 0.78 | 0.19 | 1.00 | 0.43 |
| Q21-02 | Bb | 1.00 | 0.60 | 1.00 | 1.00 | 1.00 | 0.92 | 0.80 | 1.00 | 1.00 | 0.94 | 0.37 | 0.37 | 1.00 | 0.56 | 0.46 | 0.59 | 0.53 | 0.80 | 1.00 | 0.70 | 0.70 | 0.79 | 0.17 | 1.00 | 0.42 |
| Q21-13 | Bb | 0.80 | 0.60 | 1.00 | 0.70 | 0.70 | 0.75 | 1.00 | 1.00 | 1.00 | 1.00 | 0.43 | 0.41 | 1.00 | 0.60 | 0.35 | 0.31 | 0.33 | 0.60 | 1.00 | 0.70 | 0.70 | 0.73 | 0.33 | 1.00 | 0.53 |
| Q22-01 | Bb | 1.00 | 0.60 | 1.00 | 0.50 | 0.50 | 0.82 | 1.00 | 0.60 | 1.00 | 0.88 | 0.37 | 0.37 | 1.00 | 0.56 | 0.46 | 0.82 | 0.64 | 0.80 | 1.00 | 0.70 | 0.70 | 0.79 | 0.39 | 1.00 | 0.57 |
| Q22-36 | Rb | 0.80 | 0.60 | 1.00 | 0.30 | 0.30 | 0.57 | 1.00 | 1.00 | 1.00 | 1.00 | 0.87 | 0.37 | 1.00 | 0.96 | 0.35 | 0.32 | 0.34 | 0.80 | 1.00 | 0.70 | 0.70 | 0.79 | 0.23 | 1.00 | 0.46 |
| Q23-01 | Bb | 1.00 | 1.00 | 1.00 | 1.00 | 1.00 | 1.00 | 0.80 | 1.00 | 1.00 | 0.94 | 0.31 | 0.80 | 1.00 | 0.54 | 1.00 | 0.72 | 0.86 | 1.00 | 0.96 | 1.00 | 0.70 | 0.93 | 0.34 | 1.00 | 0.54 |
| Q23-31 | Bb | 1.00 | 0.80 | 1.00 | 0.50 | 0.50 | 0.79 | 1.00 | 1.00 | 1.00 | 1.00 | 0.51 | 0.71 | 1.00 | 0.74 | 0.78 | 0.41 | 0.60 | 0.80 | 0.96 | 1.00 | 0.70 | 0.87 | 0.44 | 1.00 | 0.61 |
| Q23-37 | Bb | 1.00 | 0.80 | 0.70 | 0.30 | 1.00 | 0.82 | 1.00 | 0.60 | 1.00 | 0.88 | 0.53 | 0.80 | 1.00 | 0.73 | 0.78 | 0.39 | 0.59 | 0.80 | 0.96 | 0.70 | 0.70 | 0.78 | 0.22 | 1.00 | 0.45 |
| Q23-41 | Bb | 1.00 | 0.80 | 0.70 | 0.50 | 0.50 | 0.82 | 1.00 | 1.00 | 1.00 | 1.00 | 0.62 | 0.80 | 1.00 | 0.79 | 0.69 | 0.44 | 0.57 | 0.80 | 0.96 | 0.70 | 0.70 | 0.78 | 0.22 | 1.00 | 0.45 |
| Q23-44 | Bb | 0.80 | 0.80 | 0.70 | 0.50 | 1.00 | 0.78 | 0.80 | 1.00 | 1.00 | 0.94 | 0.62 | 0.80 | 1.00 | 0.79 | 0.69 | 0.37 | 0.53 | 0.80 | 0.96 | 0.70 | 0.70 | 0.78 | 0.40 | 1.00 | 0.58 |
| Q24-03 | Bb | 0.80 | 0.80 | 0.70 | 0.70 | 1.00 | 0.80 | 1.00 | 1.00 | 1.00 | 1.00 | 0.41 | 0.75 | 1.00 | 0.69 | 0.78 | 0.43 | 0.61 | 0.80 | 0.85 | 0.70 | 0.70 | 0.76 | 0.23 | 1.00 | 0.46 |

续表

| 地块编号 | 用地性质 | 交通可达性因子 ||||| 历史文化保护因子 ||||| 景观生态因子 ||||| 改造难度因子 |||| 城市发展因子 |||| 用地格局因子 |||
|---|---|---|---|---|---|---|---|---|---|---|---|---|---|---|---|---|---|---|---|---|---|---|---|
| | | 主干路可达性因子 | 次干路可达性因子 | 支路可达性因子 | 地铁站点可达性因子 | 公交站点可达性因子 | 综合分值 | 文物保护单位因子 | 历史保护限高因子 | 历史地段保护因子 | 综合分值 | 相邻绿地规模因子 | 相邻绿地数量因子 | 山体水系融合度因子 | 综合分值 | 土地价值因子 | 拆迁成本因子 | 综合分值 | 区位因子 | 人口密度因子 | 商务商业聚集度因子 | 政策导向因子 | 综合分值 | 用地规模因子 | 用地形状因子 | 综合分值 |
| Q24-19 | Bb | 0.80 | 0.80 | 0.70 | 1.00 | 0.50 | 0.78 | 0.80 | 1.00 | 1.00 | 0.94 | 0.41 | 0.75 | 1.00 | 0.69 | 0.69 | 0.51 | 0.60 | 0.80 | 0.85 | 0.70 | 0.70 | 0.76 | 1.00 | 1.00 | 1.00 |
| Q25-13 | Rb | 0.80 | 0.80 | 0.70 | 0.70 | 0.70 | 0.74 | 0.80 | 1.00 | 1.00 | 0.94 | 0.41 | 0.75 | 1.00 | 0.69 | 0.69 | 0.39 | 0.54 | 0.80 | 0.93 | 0.70 | 0.70 | 0.78 | 0.39 | 1.00 | 0.57 |
| Q25-22 | Bb | 0.80 | 0.80 | 0.70 | 1.00 | 0.50 | 0.78 | 0.80 | 1.00 | 1.00 | 0.94 | 0.37 | 0.61 | 1.00 | 0.63 | 0.69 | 0.24 | 0.47 | 0.80 | 0.93 | 0.70 | 0.70 | 0.78 | 1.00 | 1.00 | 1.00 |
| Q25-32 | Bb | 0.80 | 0.80 | 0.70 | 0.70 | 0.50 | 0.70 | 1.00 | 1.00 | 1.00 | 1.00 | 0.37 | 0.61 | 1.00 | 0.63 | 0.69 | 0.46 | 0.58 | 0.80 | 0.93 | 0.70 | 0.70 | 0.78 | 0.54 | 1.00 | 0.68 |
| Q25-44 | Rb | 0.60 | 1.00 | 1.00 | 0.70 | 0.70 | 0.80 | 0.80 | 1.00 | 1.00 | 0.94 | 0.41 | 0.78 | 1.00 | 0.70 | 0.69 | 0.91 | 0.80 | 0.80 | 0.93 | 0.70 | 0.70 | 0.78 | 0.35 | 1.00 | 0.55 |
| Q26-30 | Bb | 0.60 | 1.00 | 1.00 | 0.70 | 1.00 | 0.85 | 0.80 | 1.00 | 1.00 | 0.94 | 0.52 | 1.00 | 1.00 | 0.81 | 0.69 | 0.41 | 0.55 | 1.00 | 0.69 | 1.00 | 0.70 | 0.88 | 0.49 | 1.00 | 0.64 |
| Q27-01 | Bb | 0.60 | 1.00 | 1.00 | 0.50 | 0.50 | 0.70 | 0.80 | 1.00 | 1.00 | 0.94 | 0.78 | 0.46 | 1.00 | 0.75 | 0.44 | 0.85 | 0.65 | 1.00 | 0.69 | 1.00 | 0.70 | 0.88 | 0.41 | 1.00 | 0.59 |
| Q28-19 | Bb | 0.80 | 1.00 | 1.00 | 0.30 | 1.00 | 0.79 | 1.00 | 1.00 | 1.00 | 1.00 | 0.82 | 0.79 | 1.00 | 0.87 | 0.36 | 0.43 | 0.40 | 0.80 | 0.78 | 1.00 | 0.70 | 0.75 | 0.31 | 1.00 | 0.52 |
| Q29-13 | Bb | 0.60 | 1.00 | 1.00 | 0.70 | 0.70 | 0.85 | 0.80 | 1.00 | 1.00 | 0.94 | 0.52 | 1.00 | 1.00 | 0.81 | 0.43 | 0.63 | 0.53 | 1.00 | 0.69 | 1.00 | 0.70 | 0.88 | 0.75 | 1.00 | 0.83 |
| Q29-16 | Bb | 0.60 | 1.00 | 1.00 | 0.70 | 0.50 | 0.75 | 1.00 | 0.80 | 1.00 | 0.92 | 0.41 | 0.75 | 1.00 | 0.69 | 0.47 | 0.48 | 0.48 | 0.80 | 0.99 | 1.00 | 0.70 | 0.88 | 0.84 | 1.00 | 0.89 |
| Q31-35 | Bb | 1.00 | 1.00 | 1.00 | 1.00 | 1.00 | 0.92 | 1.00 | 0.80 | 0.80 | 0.86 | 0.88 | 1.00 | 0.70 | 0.86 | 0.44 | 0.23 | 0.34 | 0.60 | 0.69 | 1.00 | 0.70 | 0.67 | 0.48 | 1.00 | 0.64 |
| Q31-38 | Rb | 1.00 | 0.60 | 1.00 | 1.00 | 0.70 | 0.88 | 0.80 | 0.80 | 0.80 | 0.80 | 0.84 | 0.94 | 0.70 | 0.83 | 0.44 | 0.19 | 0.32 | 1.00 | 0.69 | 0.70 | 0.70 | 0.79 | 0.59 | 1.00 | 0.71 |
| Q33-08 | B2 | 0.60 | 0.60 | 1.00 | 1.00 | 0.70 | 0.85 | 0.80 | 0.80 | 0.80 | 0.80 | 0.51 | 1.00 | 1.00 | 0.80 | 0.37 | 0.37 | 0.37 | 0.80 | 0.28 | 0.70 | 0.70 | 0.71 | 1.00 | 1.00 | 1.00 |
| Q33-22 | Bb | 0.80 | 1.00 | 0.20 | 0.50 | 0.50 | 0.62 | 1.00 | 0.80 | 0.80 | 0.86 | 0.31 | 0.42 | 1.00 | 0.55 | 0.44 | 0.28 | 0.36 | 0.20 | 0.28 | 0.40 | 0.70 | 0.38 | 0.33 | 1.00 | 0.53 |
| Q36-19 | Bb | 0.20 | 1.00 | 0.70 | 0.30 | 0.70 | 0.61 | 1.00 | 0.80 | 0.80 | 0.86 | 0.36 | 0.27 | 1.00 | 0.53 | 0.44 | 0.35 | 0.40 | 0.20 | 0.76 | 0.40 | 0.40 | 0.41 | 0.23 | 1.00 | 0.46 |
| Q43-07 | B2 | 1.00 | 0.80 | 0.70 | 0.30 | 1.00 | 0.78 | 1.00 | 0.60 | 0.80 | 0.80 | 0.42 | 0.37 | 1.00 | 0.58 | 0.37 | 0.35 | 0.36 | 0.40 | 0.64 | 0.40 | 0.40 | 0.51 | 0.67 | 1.00 | 0.77 |
| Q45-16 | Rb | 1.00 | 0.60 | 0.40 | 1.00 | 0.50 | 0.73 | 0.80 | 0.40 | 0.80 | 0.64 | 0.37 | 0.42 | 0.70 | 0.48 | 0.33 | 0.41 | 0.37 | 0.40 | 0.43 | 0.40 | 0.40 | 0.41 | 0.53 | 1.00 | 0.67 |

续表

| 地块编号 | 用地性质 | 交通可达性因子 | | | | | | 历史文化保护因子 | | | | 景观生态因子 | | | | 改造难度因子 | | | 城市发展因子 | | | | | 用地格局因子 | | |
|---|---|---|---|---|---|---|---|---|---|---|---|---|---|---|---|---|---|---|---|---|---|---|---|---|---|---|
| | | 主干路可达性因子 | 次干路可达性因子 | 支路可达性因子 | 地铁站点可达性因子 | 公交站点可达性因子 | 综合分值 | 文物保护单位因子 | 历史保护限高因子 | 历史地段保护因子 | 综合分值 | 相邻绿地规模因子 | 相邻绿地数量因子 | 山体水系融合度因子 | 综合分值 | 土地价值因子 | 拆迁成本因子 | 综合分值 | 区位因子 | 人口密度因子 | 商务商业聚集度因子 | 政策导向因子 | 综合分值 | 用地规模因子 | 用地形状因子 | 综合分值 |
| Q46-09 | Rb | 1.00 | 0.60 | 1.00 | 1.00 | 0.50 | 0.82 | 0.80 | 0.40 | 0.60 | 0.58 | 0.45 | 0.31 | 0.40 | 0.39 | 0.33 | 0.19 | 0.26 | 0.20 | 0.43 | 0.40 | 0.20 | 0.31 | 0.53 | 1.00 | 0.67 |
| Q50-13 | Rb | 1.00 | 0.60 | 1.00 | 1.00 | 1.00 | 0.92 | 1.00 | 0.60 | 1.00 | 0.84 | 0.23 | 0.41 | 1.00 | 0.52 | 0.43 | 0.37 | 0.40 | 0.60 | 1.00 | 0.70 | 0.70 | 0.73 | 0.38 | 1.00 | 0.57 |
| Q51-09 | Bb | 0.80 | 1.00 | 1.00 | 0.50 | 0.50 | 0.74 | 1.00 | 0.60 | 0.60 | 0.84 | 0.62 | 0.53 | 0.70 | 0.62 | 0.35 | 0.16 | 0.26 | 0.20 | 1.00 | 0.40 | 0.40 | 0.46 | 0.75 | 1.00 | 0.83 |
| Q58-01 | Bb | 1.00 | 0.80 | 1.00 | 0.70 | 0.30 | 0.75 | 1.00 | 1.00 | 1.00 | 1.00 | 0.18 | 0.53 | 1.00 | 0.53 | 0.69 | 0.32 | 0.51 | 1.00 | 0.40 | 1.00 | 1.00 | 0.88 | 1.00 | 1.00 | 1.00 |
| Q58-27 | Rb | 0.20 | 0.80 | 1.00 | 0.30 | 0.70 | 0.57 | 1.00 | 0.60 | 0.80 | 0.78 | 0.75 | 0.68 | 1.00 | 0.80 | 0.63 | 0.43 | 0.53 | 0.60 | 0.40 | 0.70 | 1.00 | 0.67 | 0.77 | 1.00 | 0.84 |
| Q62-19 | Bb | 1.00 | 1.00 | 1.00 | 1.00 | 0.70 | 0.94 | 1.00 | 0.40 | 1.00 | 0.76 | 0.85 | 1.00 | 0.70 | 0.85 | 0.52 | 0.17 | 0.35 | 0.80 | 0.46 | 0.70 | 0.70 | 0.68 | 0.55 | 1.00 | 0.69 |
| Q66-09 | Bb | 0.20 | 1.00 | 1.00 | 0.70 | 0.30 | 0.63 | 0.80 | 0.60 | 0.60 | 0.78 | 1.00 | 1.00 | 0.40 | 0.82 | 0.37 | 0.27 | 0.32 | 0.20 | 0.46 | 0.40 | 0.40 | 0.35 | 0.39 | 1.00 | 0.57 |

# 附录三  地块相似度计算 Python 程序代码

```python
import xlrd
import numpy as np
import xlsxwriter
eq_weights = [1.0/6] * 6
weights = [0.172,0.24,0.091,0.128,0.295,0.074]
def weightedL2(a,b,w):
    q = a-b
    return np.sqrt((w*q*q).sum())
xl_workbook = xlrd.open_workbook('ref.xlsx')
sheet_names = xl_workbook.sheet_names()
print 'reading ref. data'
xl_sheet = xl_workbook.sheet_by_name(sheet_names[0])
num_rows = xl_sheet.nrows
num_samp = num_rows-2
info_column =[7,11,15,18,23,26]
ref_sets = []
ref_index = []
ref_vol = []
for row in range(2,num_rows):
    data = np.array([xl_sheet.cell(row,column).value for column in info_column])
    ref_sets.append(data)
```

```
            ref_index.append(xl_sheet.cell(row,0).value)
            ref_vol.append(xl_sheet.cell(row,27).value)
ref_sets = np.array(ref_sets)
xl_workbook = xlrd.open_workbook('que.xlsx')
sheet_names = xl_workbook.sheet_names()
print 'reading query data'
xl_sheet = xl_workbook.sheet_by_name(sheet_names[0])
num_rows = xl_sheet.nrows
num_samp = num_rows-2
info_column =[7,11,15,18,23,26]
query_sets = []
query_index = []
for row in range(2,num_rows):
    data = np.array([xl_sheet.cell(row,column).value for column in info_column])
    query_sets.append(data)
    query_index.append(xl_sheet.cell(row,0).value)
##computing distance
workbook = xlsxwriter.Workbook('results.xlsx')
worksheet = workbook.add_worksheet()
for row_idx, single_query  in enumerate(query_sets):
    a = []
    worksheet.write(row_idx, 0, query_index[row_idx])
    min_dist = 1000
    for col_idx, single_ref in enumerate(ref_sets):
        c_dist = weightedL2(single_query,single_ref, weights)
        worksheet.write(row_idx, 1+col_idx, c_dist)
        a.append(c_dist)
        if c_dist < min_dist:
            min_dist = c_dist
            query_idx = ref_index[col_idx]
            query_vol = ref_vol[col_idx]
    worksheet.write(row_idx, 2+col_idx, query_idx)
    worksheet.write(row_idx, 3+col_idx, query_vol)
print 'results updated'
workbook.close()
```

# 后 记

随着我国城市化进程的快速发展,城市化地区面临着用地、设施等供给紧缺和需求高涨的巨大供需矛盾。以往"供给满足需求"的单向发展思路已难以解决城市发展问题,也难以维持城市的可持续发展。城市由增量发展进入存量发展的转型阶段。面对各方面的发展需求和城市品质提升的要求,协调城市供给端和需求端的矛盾成为制约城市持续良性发展的瓶颈问题。为了实现城市从"量"的发展到"质"的发展的转变,国内大中城市早已实施"退二进三""疏散并限制中心区人口""合理转移中心城区功能"等措施,但推进缓慢且收效甚微,中国城市的发展问题仍然严峻。作为城市规划工作者,我们必须反思:城市存量发展为何难以实现规划目标?造成存量地区"城市病"的具体内因是什么?面对发展困境和矛盾多重的城市存量地区,应当如何通过优化存量规划的途径,实现城市存量地区的更新与可持续发展?这是本书研究的背景和出发点。

在此背景下,本书基于供需共轭视角,以城市存量空间为实证研究对象,借鉴国际前沿的理论和方法,针对存量地区有限的空间资源如何应对多元的发展需求这一主要矛盾,采用SPSS相关性分析和GIS空间关系分析模型,提出基于供需共轭测度模型的"以供调需、需供平衡"的规划调控模式,构建了多因子研究体系,探讨了多层次、系统化的存量规划控制技术及优化策略。本书旨在探索存量空间研究的新视角,总结存量空间发展的客观规律和内在机制,丰富存量空间研究的理论内涵,为城市存量空间的提质增效、优化规划及调控管理提供理论依据。

以往的规划控制技术研究,偏重于城市空间外延扩张的增量规划型控制技术研究,其规划思路、技术方法已不能适应目前城市发展以存量开发为主的内涵增长的需求。本书研究紧扣我国当前城市建设中面临的主要矛盾——即供给端匮乏与需求端旺盛的供需矛盾,不同以往地引入了"供给能力"作为需求配置研究的参照系,以城市存量空间转型发展的瓶颈问题为导向,探索性地提出了"以供调需,需供平衡"的供需共轭新视角,从而打破以往增量规划偏重于"以需定供"的单一思路,围绕供给侧和需求侧进行双向创新,以"供给-需求"双线共轭的新视角构建了供需共轭的测度模型和规划调控模式,以供给能力协调配置需求,推动存量资源利用集约高效地进行,实现存量地区的转型发展。

传统的增量规划对所有地块采取同一套指标体系进行统一化控制,管控层面单一,控制方式相对粗放,难以应对城市存量建设中的复杂问题,无法实现有效的管理控制。本书研究针对存量空间转型发展的复杂性和特殊性,在对城市存量建设现状情况深入调研、理性分析的基础上,结合 GIS 平台的多因子叠加分析、审批用地信息、历史资源分布等情况,因地制宜地提出了差异化的规划策略,探索构建了基于供需共轭视角的存量规划控制技术的多层面、系统化的研究框架。研究从保护、改善、发展三重目标层面出发,探讨保护修复型、整治改善型、发展提升型三种类型的管控方式,从而在性质控制、容量控制、位置控制和品质提升四个方面研究如何优化存量规划控制指标体系。

研究对城市存量建设地区的资源供给能力和转型发展需求进行了多层面、系统化的测度和评价,突破以往增量规划以"量的控制"为主的单一层面研究,延伸至提升存量地区空间品质的"质的控制"的多层面、系统化研究,交叉覆盖城乡规划、城市经济、生态环境、社会人文、政策管理等多个学科领域。

供需共轭视角的存量规划控制技术的研究是一个艰苦的过程。如果没有大家的帮助和支持,本书不可能最终完成。在此,向热心帮助和支持我们的人们致以诚挚的谢意。

感谢东南大学胡明星教授、孔令龙教授、李百浩教授、吴晓教授、王承慧教授、高源教授、江泓副教授、殷铭副教授、徐瑾副教授,南京东南大学城市规划设计研究院姜劲松研究员级高级规划师、南京工业大学施梁教授,南京林业大学李志明教授,江苏省城市规划设计研究院袁锦富教授级高级规划师、汤蕾研究员级高级规划师对本书研究的指点和帮助。

特别要感谢的是我的学生们。对存量规划控制技术的研究涉及大量的数据调研和计算统计工作,我和我的学生组成的研究课题组共同完成了这项艰苦的工作。史淑洁、夏熠琳、徐扬波、蒋星、唐尧峰、王兆伟、郁晨、赵文飞、刘晶晶、赵宏钰、王雅琪、陈立鹏参与完成了实证研究项目《南京市主城区(城中片区)控制性详细规划——秦淮老城单元(NJZCa030)》《南京市主城区(城中片区)控制性详细规划——玄武老城单元(NJZCa020)》的规划编制工作。蒋星、唐尧峰、王兆伟完成了用地发展策略、公共设施配置模式、存量改造用地开发强度的专题研究工作。研究过程中的讨论交流,让我深刻体会到了教学相长的互动,没有他们的艰辛付出,研究不可能最终完成。

最后,希望本书的出版能够为我国的城市更新和存量规划的研究和实践提供一些参考和帮助。因笔者水平有限,书中难免存在欠缺之处,恳请大家给予指正。

巢耀明

2024 年 6 月